U0155457

Vue.js
全|家|桶
零基础入门到进阶项目实战

徐照兴　刘建华◎编著

北京大学出版社
PEKING UNIVERSITY PRESS

内 容 提 要

Vue.js 是一套构建用户界面的渐进式框架，本书旨在帮助读者全面掌握 Vue.js 全家桶技术和单页面前后端分离项目开发，理解 MVVM 框架思想，让前端和后端开发人员快速精通 Vue.js 全家桶技术。

本书贯穿入门准备实操、基础核心案例、中级进阶实战、综合进阶项目进行讲解，循序渐进、环环相扣，通俗易懂，并分析为什么这样使用，让你知其所以然。包含的主要技术：NPM/CNPM、VS Code、Vue.js、MVVM、Axios、Vue Router、webpack、ECMAScript 6、Vue Loader、Vue CLI、Element UI、Vuex、Mock.js、Easy Mock、ECharts、Promise、拦截器、组件通信、跨域问题、上线部署等。

本书适合有 HTML、CSS、JavaScript 基础的 Vue.js 零基础小白、前端开发人员、后端开发人员。同时，也适合以下人员阅读：在校生，需要掌握流行的新技术，做到与职场同步；在职人员，工作中需要学习使用 Vue；有基础学员，需要系统、全面、高效使用 Vue 技术。

图书在版编目（CIP）数据

Vue.js 全家桶零基础入门到进阶项目实战 / 徐照兴,刘建华编著. — 北京：北京大学出版社,2021.10
ISBN 978-7-301-32381-6

Ⅰ. ①V… Ⅱ. ①徐… ②刘… Ⅲ. ①网页制作工具 – 程序设计 Ⅳ. ①TP393.092.2

中国版本图书馆CIP数据核字(2021)第158178号

书　　　名	Vue.js 全家桶零基础入门到进阶项目实战
	Vue.js QUANJIATONG LINGJICHU RUMEN DAO JINJIE XIANGMU SHIZHAN
著作责任者	徐照兴　刘建华　编著
责任编辑	王继伟　刘云
标准书号	ISBN 978-7-301-32381-6
出版发行	北京大学出版社
地　　　址	北京市海淀区成府路 205 号　100871
网　　　址	http://www.pup.cn　新浪微博：@北京大学出版社
电子信箱	pup7@pup.cn
电　　　话	邮购部 010-62752015　发行部 010-62750672　编辑部 010-62570390
印　刷　者	天津中印联印务有限公司
经　销　者	新华书店
	787 毫米 ×1092 毫米　16 开本　37.5 印张　877 千字
	2021 年 10 月第 1 版　2021 年 10 月第 1 次印刷
印　　　数	1–4000 册
定　　　价	128.00 元

前言
INTRODUCTION

　　Vue、React、Angular是当今前端界的"三驾马车"，通过从GitHub上搜索星级指数或从招聘网站上搜索前端工程师对技术的要求可知，Vue在国内非常流行，不仅前端设计人员必须掌握，而且后端程序员也必须掌握。

　　目前市场上关于Vue的书并不少，但很多存在以下问题：第一，版本旧，基本是基于Vue 2.6以下版本；第二，没有真正针对零基础读者进行讲解；第三，讲解晦涩，很多文字来自官方文本；第四，注重理论分析，忽略实操的讲解；第五，内容不全面、不深入。本书的编写正好可以弥补这些方面的不足。

　　本书以读者的视角，从工程实用角度出发，针对目前Vue及其周边生态最新版技术，通过实例精讲的形式，由易到难、由浅入深、由小实例到综合项目一步步讲解实操及分析。全书共分4篇28章，主要内容如下。

　　第1篇为入门准备实操篇，精讲NPM包的安装及使用、Visual Studio Code开发工具的安装及配置，为Vue的学习做好必要的准备，为后续更好地学习奠定基础。

　　第2篇为基础核心案例篇，主要讲解Vue.js基础核心内容，包括Vue.js的核心思想、MVVM框架、常用指令、事件修饰符、按键修饰符、系统修饰符、计算属性、监听器、Vue实例生命周期等。掌握好这些内容就能初步使用Vue进行开发，同时也为进一步深入学习Vue奠定坚实基础。

　　第3篇为中级进阶实战篇，主要讲解Vue实例常用属性和方法、自定义指令、自定义过滤器、过渡、开发插件、组件及组件间的通信、使用Axios发送HTTP请求、使用Vue Router实现路由控制、使用webpack打包工具的方法、ECMAScript 6的语法、webpack与各种插件的配合使用、Vue CLI脚手架的搭建、Element UI的应用、Vuex的应用、Mock和Easy Mock的应用。掌握好上述内容，可助力读者全面理解Vue及其周边生态技术，并能够应用到项目中。

　　第4篇为综合进阶项目篇，主要以开发图书信息管理系统为例，讲解单页面前端与后端分离项目的开发，主要用到的技术包括Vue.js、Vue CLI、webpack、Vue Router、Axios、Vuex、Element、Easy Mock、ECharts。综合运用Vue及周边生态技术进行单页面前端与后端分离项目开发，全面巩固加深对Vue.js的理解，最后实现上线部署。

本书的优势和特色如下。

1.技术全面、完整、系统——对标企业项目技术栈

从Vue入门准备需要的知识到单页面前后端分离的综合进阶项目讲解，并上线于阿里云服务器，全面完整地讲解Vue全家桶技术，即包含周边生态技术，而且所讲技术版本均为当前最新。

2.讲解详细、通俗易懂——分析循序渐进且逻辑强

本书主要以案例形式讲解，撰写细致、条理清晰、通俗易懂，重在分析为什么，让读者知其所以然，没有晦涩的专业词汇，对实操部分均给出详细清晰的步骤。

3.有学习讨论交流群——快速成为前端工程师

对购买本书的读者，可以扫描作者的微信二维码加为好友，由作者拉入专门的学习讨论交流群。在学习过程中遇到任何问题都可以在微信群中讨论交流。

作者个人微信二维码

本书配套资源有源代码、需要用到的工具软件等，已上传至百度网盘，供读者下载。读者可关注封底"博雅读书社"微信公众号，找到"资源下载"栏目，根据提示获取。

由于时间仓促，加之作者水平有限，书中难免存在一些不足之处，欢迎广大读者批评和指正。

目录
CONTENTS

第 1 篇　入门准备实操篇

第 2 篇　基础核心案例篇

第 3 篇　中级进阶实战篇

第 20 章 Mock 数据生成器和创建服务接口实战精讲　　395

第 4 篇　综合进阶项目篇

第 21 章 图书信息管理系统基础框架搭建实战　　418

第25章 修改密码功能及完善系统 523

第26章 利用 ECharts+Vue 生成动态图表的技术 543

第27章 使用 Vuex 重构图书信息管理系统 553

第28章　项目上线部署及生产环境跨域问题解决　　571

第 **1** 篇

入门准备实操篇

第 1 章
NPM 包的安装及使用

　　在 Vue 的学习过程中，需要下载安装或卸载各种 JS 库（JavaScript 框架）或插件，并且使用频繁，如何更快捷方便地操作呢？这就需要使用 NPM。本章学习 NPM 包的安装及使用。

NPM 概述

NPM的全称是Node Package Manager，即Node包管理工具，那么Node又是什么？Node是指Node.js。Node.js是一个能够在服务器端运行JavaScript的开放源代码、跨平台JavaScript 运行环境。Node.js 由 Node.js 基金会持有和维护，并与 Linux 基金会有合作关系。通俗地说，Node.js环境可以使JavaScript用于服务器端的编程，而之前JavaScript只能用于前端编程，服务器端则需要用PHP、Python、Java、C#等。Node.js使前后端更加一体，十分方便。跨平台指Node.js 的程序可以在Microsoft Windows、Linux、UNIX、macOS等服务器上运行。

Node.js的主要模块是用JavaScript编写的，因此 NPM 也就是 JavaScript 的包管理工具，而且是 Node.js 平台的默认包管理工具。通过 NPM 可以安装、共享、分发代码，管理项目依赖关系。目前的 Node.js 安装包中已经包含了 NPM。

 NPM 安装

NPM是同Node.js一起安装的包管理工具，要安装NPM也就需要安装Node.js。

Node.js官网：https://nodejs.org/zh-cn/。

1.安装Node.js

进入Node.js官网首页（见图1-1），默认是下载适于Windows 64位操作系统的Node.js。该页面提供长期支持版和当前发布版的下载。长期支持版较稳定，bug少，出现问题时网上搜索一下就会有解决方案。当前发布版为最新版，bug相对多一些，因此建议安装长期支持版。

图 1-1　官网下载 Node.js 首页效果

如果操作系统不是Windows 64位，可选择图1-1上面的"下载"选项卡进入另一个页面，如图1-2所示，然后根据自己的操作系统进行选择。当然，还是建议安装长期支持版（LTS）。

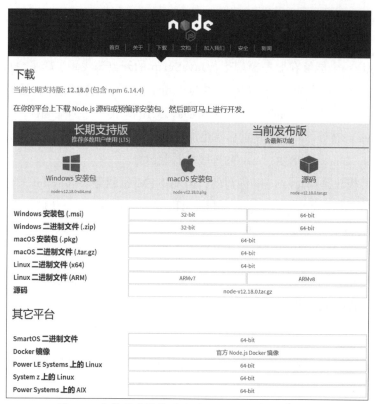

图 1-2　支持更多操作系统的 Node.js 版本下载页面

下载完之后如果不需要更改安装位置（建议更改一个安装位置，不要在系统盘），根据提示单击【Next】按钮即可完成安装。

2.检验NPM是否安装成功及查看版本

安装好后，打开cmd窗口（可以按快捷键【Win+R】，在弹出的对话框中输入cmd，然后单击【确定】按钮或者直接按【Enter】键），然后输入node-v，如图1-3所示，可以看到当前安装的Node.js版本，输入npm-v可看到当前安装的NPM版本（能看到相应的版本也就表示安装成功）。

图 1-3　查看安装的 Node.js 和 NPM 版本

注 意

由于 Node.js 和 NPM 版本在不断更新，我们在官网上看到的内容可能不同。另外，根据 NPM 版本的不同，有些模块要选择安装此版本能兼容的 JS 库（模块）。

1.3 配置 Node.js 环境（NPM 全局安装路径）

这里主要配置的环境是NPM安装的全局模块所在的路径，以及缓存路径。之所以要配置，是因为后续在全局安装某模块时，比如在执行npm install @vue/cli [-g]（[-g]表示可选参数，g代表global，即全局安装的意思）安装语句时，默认会将模块安装到C:\Users\用户名\AppData\Roaming\npm路径中，占用C盘空间。

例如，希望将全局模块所在路径和缓存路径放在Node.js安装的文件夹（也可以是其他文件夹）中，假设安装的文件夹为D:\Program Files\nodejs，就需要在这个文件夹下创建两个文件夹，分别为node_global和node_cache，如图1-4所示。

名称	修改日期	类型	大小
node_cache	2020/2/14 22:07	文件夹	
node_global	2020/2/11 10:25	文件夹	
node_modules	2020/1/4 16:35	文件夹	
install_tools.bat	2019/12/16 17:03	Windows 批处理...	3 KB
node.exe	2019/12/17 6:55	应用程序	28,113 KB
node_etw_provider.man	2019/10/10 6:01	MAN 文件	9 KB
nodevars.bat	2019/10/10 6:01	Windows 批处理...	1 KB
npm	2019/12/13 6:01	文件	1 KB
npm.cmd	2019/10/10 6:01	Windows 命令脚本	1 KB
npx	2019/12/13 6:01	文件	1 KB
npx.cmd	2019/10/10 6:01	Windows 命令脚本	1 KB

图 1-4　创建全局安装 Node.js 所需的两个文件夹

创建完上面两个空文件夹之后，打开cmd窗口，输入下面命令并执行：

```
npm config set prefix " D:\Program Files\nodejs\node_global"
npm config set cache " D:\Program Files\nodejs\node_cache"
```

接下来设置环境变量，关闭cmd窗口，选择【我的电脑】并右击，在弹出的快捷菜单中选择【属性】命令，在弹出的窗口中单击左侧的【高级系统设置】，选择【高级】，然后单击【环境变量】按钮，打开【环境变量】对话框，如图1-5所示。单击【lenovo的用户变量】（名称会根据计算机品牌而变化）或【系统变量】下的【新建】按钮，新建NODE_PATH变量，变量值输入D:\Program Files\nodejs\node_global。选择【lenovo的用户变量】下的【Path】变量，单击【编辑】按钮，弹出如图1-6所示的【编辑环境变量】对话框，然后单击【新建】按钮，输入D:\Program Files\nodejs\node_global，最后单击【确定】按钮。

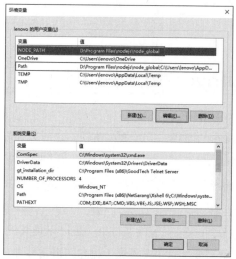 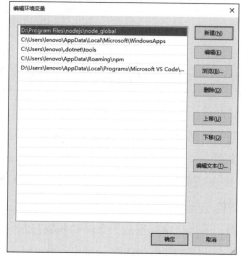

图 1-5　【环境变量】对话框　　　　　　　图 1-6　【编辑环境变量】对话框

设置环境变量的作用：任意目录下都可以使用NPM命令。

设置为系统变量与用户变量的区别：对于系统变量，任意用户都能使用；对于用户变量，只有该用户登录计算机才能使用。

 通过 NPM 初始化项目

安装NPM后，可以利用它来初始化一个项目，步骤如下：进入项目所在文件夹（见图1-7），项目文件夹为npm-demo1，选择地址栏，删除原有地址栏内容，并输入cmd，然后按【Enter】键，即打开cmd窗口，在当前选择到的位置输入NPM命令即可初始化项目。

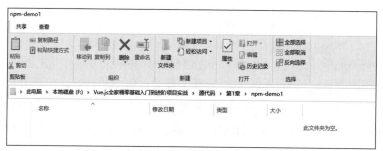

图 1-7　通过项目所在文件夹打开 cmd 窗口

通过NPM初始化项目有自己设置相关参数和采用默认参数两种方式。

1. 自己设置相关参数

输入初始化项目命令npm init，然后按【Enter】键，出现的提示与操作如图1-8所示。主要包括包名称设置（包名称一般不要使用大写字母，括号内的名称为默认包名称）、项目版本号、项目描述、项目入口文件、测试命令、上传到GitHub上的仓储地址、关键字（便于搜索本项目）、作者、默认许可证。如果需要设置某个选项，则在所需设置选项后面输入相应值，然后按【Enter】键即可完成当前设置并进入下一项的设置。最后，输入y即可完成项目的创建，如图1-9所示。

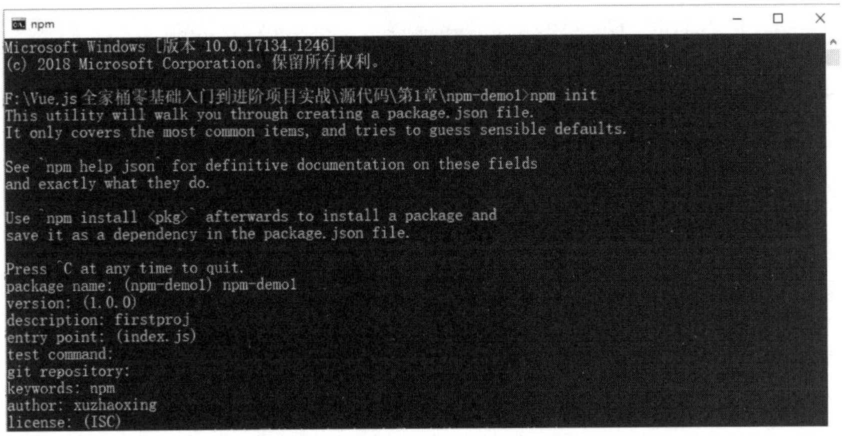

图 1-8　NPM 初始化的项目设置

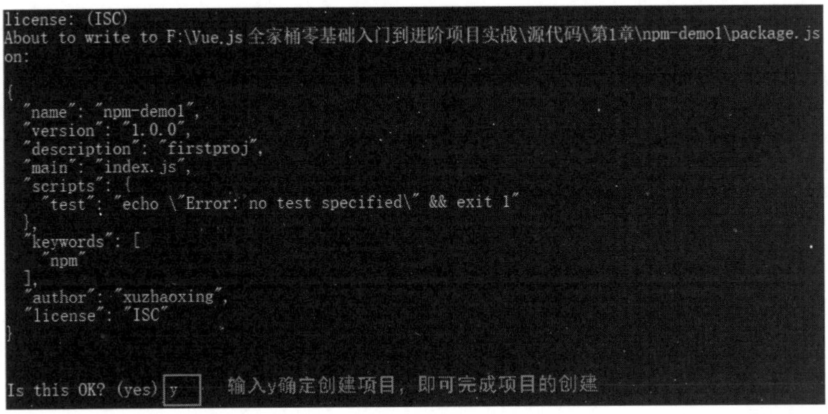

图 1-9　NPM 初始化完成

2. 采用默认参数

进入项目所在文件夹（如F:\Vue.js全家桶零基础入门到进阶项目实战\源代码\第1章\npm-demo2），打开cmd窗口，输入下面命令：

```
npm init -y
```

按【Enter】键即可，此时就会采用默认值创建项目。

进入项目所在文件夹，将会发现该文件夹下目前只有一个package.json 文件。打开package.json 文件（尚没有安装VS Code，可以用Notepad等工具打开）后，内容如下：

```
{
  "name": "npm-demo1",
  "version": "1.0.0",
  "description": "firstproj",
  "main": "index.js",
  "scripts": {
    "test": "echo \"Error: no test specified\" && exit 1"
  },
  "keywords": [
    "npm"
  ],
  "author": "xuzhaoxing",
  "license": "ISC"
}
```

从上述代码可以看出，基本就是前面自己设置的参数信息（实际在图1-9中也有项目信息）。其中的参数scripts在初始化时没有设置，它表示项目运行的脚本信息，是一个对象，本身里面又可以包含很多对象，即键值对信息。例如，默认有一个对象，键为test，表示测试开发环境，后面的值表示运行的脚本。后面开发中我们一般会设置 dev或serve去启动项目。

说　明

　实际开发项目中生成的 package.json 文件不会这么简单，还会有文件 dependencies、devDependencies 的值（表示生产环境、开发环境的依赖），表示相关依赖。有了 package.json 文件，要还原项目的依赖，只需要打开 cmd 窗口进入项目所在的根目录，然后输入 npm install 命令后按【Enter】键，就会根据 package.json 的依赖自动安装和维护当前项目所需的所有依赖模块。

1.5　安装模块（JS 库）

初始化项目之后，一般需要安装各种模块（JS库），包括本地安装和全局安装。

1.本地安装模块（JS库）

所谓本地安装，就是把JS库安装到当前执行安装命令时所在的目录下。也就是说，本地安装的JS库只有本项目使用。

（1）语法及示例分析

本地安装模块的语法如下：

```
npm install <module name>[@版本号 ]
```

例1：本地安装jQuery，不指定版本号。

进入本地项目所在文件夹，打开cmd窗口，输入npm install jquery，然后按【Enter】键，结果如图1-10所示。

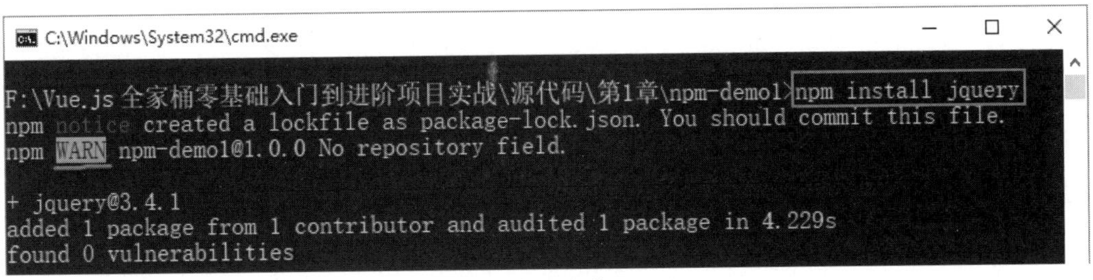

图 1-10　本地安装 jQuery

如果出现黄色底纹警告WARN信息，可以忽略，因为没有任何影响。安装好相应JS库后，进入相应文件夹（如F:\Vue.js全家桶零基础入门到进阶项目实战\源代码\第1章\npm-demo1）后发现多了node_modules文件夹和package-lock.json文件。

package-lock.json就是在执行npm install命令时生成的一个文件，打开该文件，内容如图1-11所示。

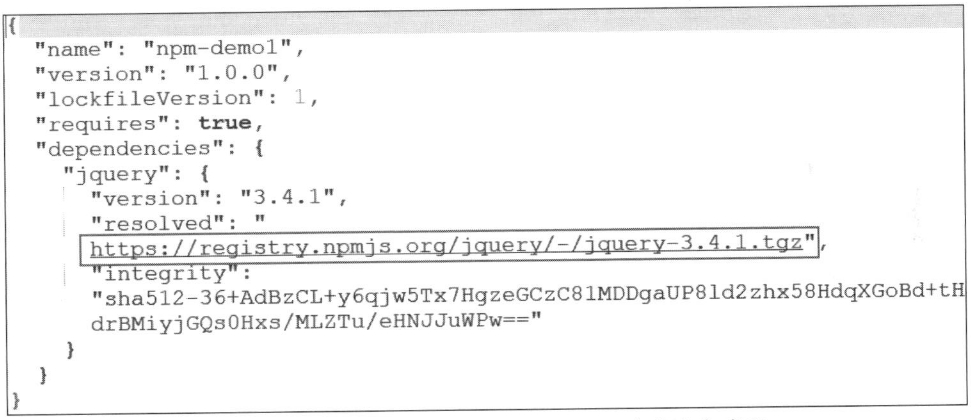

图 1-11　安装 jQuery 后 package-lock.json 文件内容截图

package-lock.json文件中记录了项目的名称、具体版本号及其依赖等。图1-11中显示依赖于jQuery，version后面是它的版本号，resolved表示来源，即https://registry.npmjs.org/jquery/-/jquery-3.4.1.tgz。也就是说，安装时一定要联网，需要到相应网站去下载。

node_modules文件夹用于存放下载的JS库。JS库具体位置如图1-12所示。项目中需要的就是jquery.js或jquery.min.js（压缩版，一般生产环境下使用）。

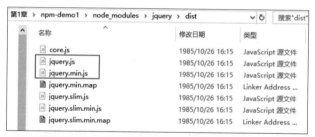

图 1-12 下载的 jQuery 库中 JS 文件所在路径截图

此时重新打开package.json文件，发现多了如图1-13所示框内的代码，表示项目依赖于jQuery，版本号为^3.4.1，且为生产依赖。

```
{
  "name": "npm-demo1",
  "version": "1.0.0",
  "description": "firstproj",
  "main": "index.js",
  "scripts": {
    "test": "echo \"Error: no test specified\" && exit 1"
  },
  "keywords": [
    "npm"
  ],
  "author": "xzx",
  "license": "ISC",
  "dependencies": {
    "jquery": "^3.4.1"
  }
}
```

图 1-13 安装 jquery 后 package.json 文件内容截图

说 明

　　package.json 文件一般不需要手动去创建。在项目文件夹下有 node_modules 文件夹，里面有相应的 JS 库。如果去下载别人的源文件，一般是看不到 node_modules 文件夹的，因为这个文件夹文件多，容量大，所以一般会删除掉再上传。那么下载下来的源代码就需要根据 package.json 配置文件去安装相应的模块（JS 库），使用 npm install 命令即可。

（2）版本号前面的"^"含义

上面示例中我们没有通过@指明版本号，3.4.1指的是最新版本。3为大版本号，4为次要版本号，1为小版本号。也就是说，一个软件的版本号一般由3组数字组成，中间用"."分隔，即"大版本号.次要版本号.小版本号"。当软件变化比较大时，比如架构都有变化了，一般改大版本号；如果是一些重要功能模块修改了，一般改次要版本号；如果只是一般bug的修复，一般改小版本号。那么，版本号前的"^"是什么意思？其实版本号前面还可能有"~"、latest。下面说明它们的含义（后续项目我们会根据package.json文件去安装相关依赖）。

① "^"称为插入号，如^3.4.1。表示在安装依赖jQuery时，安装的不一定就是3.4.1版本，而是安装3.X.X版本。X.X表示次要版本号和小版本号为最新的。注意：大版本号不会变。

②"~"称为波浪线，如~3.4.1，表示在安装依赖时，安装的不一定就是3.4.1版本，而是3.4.X
版本。也即是说，小版本号会根据最新的来安装，大版本号和次要版本号不变。

③latest：指明安装最新版本。

也就是说，package.json配置文件指定的JS库文件为模糊版本，而在package-lock.json文件中指
明了具体版本号，正如文件名中的"lock"，意思是锁定了具体版本号。

例2：安装指定版本的JS库。

假设要安装版本号为3.3.7的Bootstrap。进入安装位置后打开cmd窗口，输入npm install
bootstrap@3.3.7，如图1-14所示。

```
F:\Vue.js 全家桶零基础入门到进阶项目实战\源代码\第1章\npm-demo1>npm install bootstrap@3.3.7
npm WARN npm-demo1@1.0.0 No repository field.

+ bootstrap@3.3.7
added 1 package from 1 contributor and audited 2 packages in 26.596s
found 1 moderate severity vulnerability
  run `npm audit fix` to fix them, or `npm audit` for details
```

图 1-14　安装具体版本号的 Bootstrap 截图

说 明

要安装具体版本的JS库，需要在JS库名称后面通过@指定版本号，而且指定的版本号一定是要存在的，
否则会报错，导致安装不成功。

安装好后在项目根目录下的node_modules文件夹中自然就会有一个Bootstrap文件夹，包含相关
文件夹及JS文件等。

重新打开package.json配置文件，自然会多了一个Bootstrap的键值对，表示项目还要依赖于
Bootstrap，如图1-15所示。

```
{
  "name": "npm-demo1",
  "version": "1.0.0",
  "description": "firstproj",
  "main": "index.js",
  "scripts": {
    "test": "echo \"Error: no test specified\" && exit 1"
  },
  "keywords": [
    "npm"
  ],
  "author": "xzx",
  "license": "ISC",
  "dependencies": {
    "bootstrap": "^3.3.7",
    "jquery": "^3.4.1"
  }
}
```

图 1-15　安装了 Bootstrap 的 package.json 文件内容截图

当然，在package-lock.json文件夹下也会增加相关的依赖对象。

2.全局安装模块（JS库）

如果多个项目要共同使用/引用某一个JS库，就可以使用全局安装，也就是安装在一个公共位置（全局安装位置）。

（1）通过命令查看全局安装位置

公共安装的位置在哪呢？即1.3节中配置的全局安装路径，可以通过命令查看。命令语法如下：

```
npm root -g
```

执行效果如图1-16所示。

图 1-16　查看全局安装路径截图

从图1-16中可以看出，全局安装路径就是1.3节中指定的路径"D:\Program Files\nodejs\node_global\node_modules"。全局路径默认是在C盘，不建议安装在C盘，所以在1.3节中要重新配置。

（2）NPM全局安装JS库

全局安装命令语法如下：

```
npm install <module_name> -g
```

g代表global，表示全局安装的意思。

例3：全局安装Vue。

进入项目所在目录，打开cmd窗口，输入npm install vue -g，然后按【Enter】键即可，结果如图1-17所示。安装完成后，进入全局安装路径D:\Program Files\nodejs\node_global\node_modules，可以看到vue文件夹，vue文件夹下就会有vue.js等相关文件。

图 1-17　全局安装 vue 运行截图

（3）查看全局安装的JS库

查看全局安装的JS库的语法格式如下：

```
npm list -g
```

或

```
npm ls -g
```

打开cmd窗口，输入npm ls -g，然后按【Enter】键，运行效果如图1-18所示，可以看到当前全局安装了哪些JS库，目前只有vue@2.6.11。

图 1-18　查看全局安装的 JS 库

1.6　生产环境和开发环境依赖模块的安装

模块的安装有生产环境依赖和开发环境依赖两种，如果想具体指定哪种环境依赖，就需要采用相应的命令格式。

1.生产环境依赖模块的安装

如果项目中用到的JS库（如Vue、Axios、Element UI、ECharts）在项目最后打包上线后需要用到，就要使用生产环境依赖的安装。生产环境依赖安装的语法格式如下：

```
npm install <module-name> [--save|-S]
```

--save 可以缩写为--s，-S为--save的简写，同样install可简写为i。

实际上就是在前面安装的JS模块后面增加了--s或-S参数（注意：-为英文的短线）。加上此参数安装后会自动把模块和版本号添加到package.json中的dependencies对象中，简称dep，就是指生产环境依赖。

例4：安装Vue，使其为生产环境依赖。

这种安装一般会选择本地安装，也就是要进入到某个项目的目录下去执行命令，如图1-19所示。

图 1-19　生产环境依赖安装 vue

安装完成后进入项目的node_modules文件夹，可以看到文件夹下多了vue文件夹，其JS文件在vue\dist文件夹下。此时打开项目根目录下的package.json文件，可以看到该文件dependencies对象下自动多了模块名称vue及其版本信息，如图1-20所示。

```
{
  "name": "npm-demo1",
  "version": "1.0.0",
  "description": "firstproj",
  "main": "index.js",
  "scripts": {
    "test": "echo \"Error: no test specified\" && exit 1"
  },
  "keywords": [
    "npm"
  ],
  "author": "xzx",
  "license": "ISC",
  "dependencies": {
    "bootstrap": "^3.3.7",
    "jquery": "^3.4.1",
    "vue": "^2.6.11"
  }
}
```

图 1-20　安装 vue 之后的 package.json 文件内容截图

从图1-20也可以看出，前面安装的jQuery和Bootstrap都默认在dependencies对象下，即默认的本地安装是生产环境依赖安装。

2.开发环境依赖模块的安装

如果项目中用到的JS库（例如，只是在开发过程中需要进行语法格式检查使用的ESLint模块）在项目最后打包上线后不需要用到，就使用开发环境依赖的安装。其语法格式为：

```
npm install <module-name> [--save-dev|-D]
```

即在安装模块的命令格式后面增加了--save-dev或-D参数，不过参数--save-dev或-D放在<module-name>前面也行。安装后会自动把模块和版本号添加到package.json中的 devDependencies对象中，简称dev，就是指开发环境依赖。

例5：安装ESLint，使其为开发环境依赖。

这种安装一般会选择本地安装，也就是要进入到某个项目的目录下去执行命令，如图1-21所示。

```
C:\Windows\System32\cmd.exe

F:\Vue.js全家桶零基础入门到进阶项目实战\源代码\第1章\npm-demo1>npm install -D eslint
npm WARN rollback Rolling back readable-stream@2.3.6 failed (this is probably harmless): EP
ERM: operation not permitted, lstat 'F:\Vue.js全家桶零基础入门到进阶项目实战\源代码\第1章\npm-
demo1\node_modules\fsevents\node_modules'
npm WARN npm-demo1@1.0.0 No repository field.
npm WARN optional SKIPPING OPTIONAL DEPENDENCY: fsevents@1.2.11 (node_modules\fsevents):
npm WARN notsup SKIPPING OPTIONAL DEPENDENCY: Unsupported platform for fsevents@1.2.11: wan
ted {"os":"darwin","arch":"any"} (current: {"os":"win32","arch":"x64"})

+ eslint@6.8.0
added 97 packages from 76 contributors and audited 4412 packages in 51.058s

4 packages are looking for funding
  run `npm fund` for details

found 1 moderate severity vulnerability
  run `npm audit fix` to fix them, or `npm audit` for details

F:\Vue.js全家桶零基础入门到进阶项目实战\源代码\第1章\npm-demo1>
```

图 1-21　开发环境依赖安装 ESLint

安装完成后进入项目根目录打开package.json文件，会看到devDependencies对象下自动多了模块名称eslint及其版本信息，如图1-22所示。

```
{
  "name": "npm-demo1",
  "version": "1.0.0",
  "description": "firstproj",
  "main": "index.js",
  "scripts": {
    "test": "echo \"Error: no test specified\" && exit 1"
  },
  "keywords": [
    "npm"
  ],
  "author": "xzx",
  "license": "ISC",
  "dependencies": {
    "bootstrap": "^3.3.7",
    "jquery": "^3.4.1",
    "vue": "^2.6.11"
  },
  "devDependencies": {
    "eslint": "^6.8.0"
  }
}
```

图 1-22　安装 ESLint 之后的 package.json 文件内容截图

　　这个安装过程会比较慢，主要原因是要安装ESLint，而ESLint本身又有很多依赖的JS库，都要同时安装。进入项目根目录下的node_modules文件夹，将会发现都多了很多文件夹及其文件，打开根目录下的package-lock.json文件，将会发现多了很多依赖。

　　另外，还有一个原因就是NPM方式安装模块是从国外服务器下载相应JS库，受网络状况影响大，所以也会慢些。

1.7　CNPM 命令的安装

　　第1.6节提到通过NPM命令安装模块是从国外服务器下载，速度往往比较慢。那么，国内服务器能不能下载呢？

　　答案是能，但这需要安装CNPM，那么怎么安装CNPM呢？前提是也需要先安装node.js，可以先测试下npm命令，如果有用，那么表示node.js已经安装了。接下来只要在cmd窗口中输入如下命令（一般都全局安装）即可，效果如图1-23所示。

```
npm install -g cnpm --registry=https://registry.npm.taobao.org
```

　　等待一会儿会显示安装成功，然后就可以使用CNPM命令了。CNPM命令的作用就是加快模块的下载速度。

图 1-23　安装 CNPM

注 意

没有安装 CNPM 前，直接输入 CNPM 命令会报错，比如输入 cnpm install vue。

CNPM命令跟NPM命令用法基本一致，在执行命令时可将NPM改为CNPM。以后一般可采用CNPM命令代替NPM命令。

1.8　批量下载模块

从网上下载Vue的一些相关项目源码时，一般没有node_modules文件夹，即所有相关依赖的文件都没有，但是会有package.json文件，这时就需要根据package.json文件去安装所有相关依赖。

在上面的npm-demo1项目中下载安装的Vue、Bootstrap、jQuery、ESLint等，是一个个去下载安装的，这样会很麻烦。实际项目往往会有更多的依赖模块，那么如何批量下载安装呢？

只需要进入package.json文件所在目录，也就是项目的根目录，打开cmd窗口，输入npm install或cnpm install即可，建议选择后者。

例如，把npm-demo1项目中的node_modules文件夹删除，现在需要根据package.json文件去安装所有相关依赖。package.json文件中的4个相关依赖如图1-24所示。

```
{
  "name": "npm-demo1",
  "version": "1.0.0",
  "description": "firstproj",
  "main": "index.js",
  "scripts": {
    "test": "echo \"Error: no test specified\" && exit 1"
  },
  "keywords": [
    "npm"
  ],
  "author": "xzx",
  "license": "ISC",
  "dependencies": {
    "bootstrap": "^3.3.7",
    "jquery": "^3.4.1",
    "vue": "^2.6.11"
  },
  "devDependencies": {
    "eslint": "^6.8.0"
  }
}
```

图 1-24　package.json 文件内容截图

进入npm-demo1项目根目录，打开cmd窗口，输入cnpm install，然后按【Enter】键，即会根据项目根目录下的package.json文件中的依赖项目完成所有依赖的安装，如图1-25所示，显示4个依赖被安装。

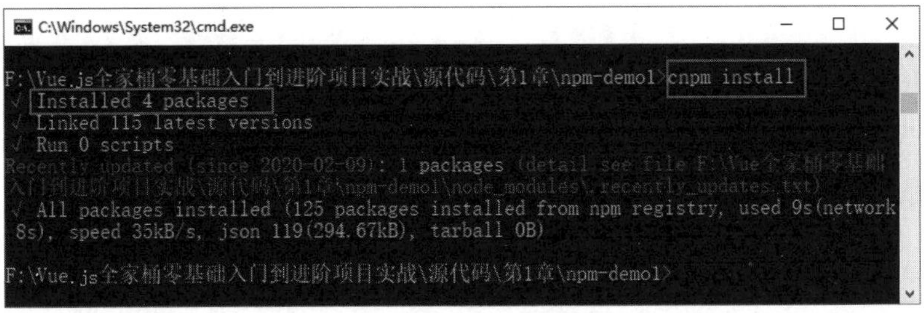

图 1-25　批量安装依赖的模块

此时进入项目根目录就可以看到node_modules文件夹及其相关文件夹。

1.9　其他常用 NPM 命令

前面几节讲了通过NPM命令进行初始化项目、安装模块及批量下载模块，除了这几个主要的命令外，还有如下几个常用命令。

1. 查看本地已安装模块

查看本地已安装模块主要有以下两个命令。

（1）npm list | ls

功能：用于查看本地安装的所有模块，包括依赖的子模块，往往会比较多，如图1-26所示。

图 1-26　查看所有安装的依赖模块

执行npm list命令时如果出现"UNMET DEPENDENCY"错误，即要更新为最新的依赖，其解决方案为执行如下3条命令：

```
npm -rf node_modules/      # 删除已安装的模块
npm cache clean            # 清除 npm 内部缓存
npm install                # 重新安装
```

（2）npm list | ls <module-name>

功能：用于查看本地安装的指定模块。如图1-27所示，为查看本地安装的jQuery模块，可以看到本地安装的jQuery版本为3.4.1。

图 1-27　查看本地安装的指定模块

2. 查看模块的最新版本

查看模块的最新版本的命令语法如下：

```
npm/cnpm view <module-name> version
```

例如查看Vue的最新版本，如图1-28所示。在此查看到Vue的最新版本是2.6.11。当然，这个版本号会根据当前Vue的实际版本号而显示不同。

图 1-28　查看 Vue 的最新版本

3. 查看模块的所有版本

查看某模块的所有版本的命令语法如下：

```
cnpm view <module-name> versions
```

例如，查看Vue的所有版本的命令如下：

```
cnpm view vue versions
```

4. 卸载本地模块

对于不需要的模块，可以将其卸载掉，其命令语法如下：

```
cnpm uninstall <module-name>
```

例如，要卸载本地安装的Bootstrap，执行cnpm uninstall bootstrap命令，如图1-29所示。

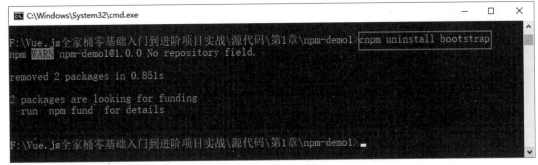

图 1-29　卸载本地安装的 Bootstrap

卸载之后再查看本地安装的Bootstrap，就会显示为empty。此时再查看package.json文件，将会发现也不存在Bootstrap依赖模块了。

5. 卸载全局模块

如果要卸载全局安装模块，其命令语法如下：

```
npm uninstall -g <module-name>
```

例如，要卸载全局安装的Vue，执行npm uninstall -g vue命令，如图1-30所示。

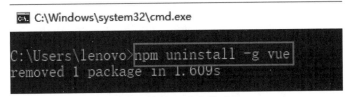

图 1-30　卸载全局安装的 Vue

> **说 明**
>
> 此处不能使用 CNPM 命令。

🕐 实战练习

1. 请为自己的计算机安装NPM，并更改NPM默认的全局安装路径，比如更改为D:\vueStudy\npm。

2. 通过NPM命令初始化项目npm-mydemo，假设该项目位置为F:\vueStudy，然后为该项目本地安装jQuery和全局安装Vue。

3. 在自己的计算机中安装CNPM的命令。

4. 开发环境依赖安装ESLint。

5. 查看本地已安装的所有模块。

⚙ 高手点拨

通过本章的学习，主要掌握以下知识与技能。

1. 掌握NPM/CNPM包的安装。

2. 掌握如何通过NPM初始化项目。

3. 掌握利用NPM/CNPM对模块（JS库）进行下载安装。

4. 掌握NPM/CNPM的常用操作命令。

5. 能够还原网上下载的项目源码的依赖。

第 2 章

VS Code 开发工具的
安装及配置

　　使用 Vue 进行前端开发，常用的工具有 Visual Studio Code（简称
VS Code 或 VSC）、WebStorm、License、Sublime 等，其中 Visual
Studio Code 是免费的，其他几个工具都不免费，所以一般会选择此开发
工具。工欲善其事，必先利其器。本章将学习 VS Code 开发工具的安装及
配置。

2.1 VS Code 开发工具的特点与安装

VS Code开发工具具有什么特点，以及应该如何安装呢？

1.VS Code开发工具的特点

VS Code开发工具除了免费之外，还具有以下特点。

- 跨平台——支持Windows、macOS、Linux操作系统。
- 轻量级。
- 开源、插件丰富、功能强大、性能优越（智能代码补全、语法高亮、括号匹配）。

> **说 明**
>
> 　插件安装得越多，功能越丰富，但是有些插件会导致 VS Code 占用 CPU 过高，在安装时要注意选择性地安装。

2.VS Code的安装与汉化

（1）VS Code的安装

下载VS Code可以进入官网，其地址如下：https://visualstudio.microsoft.com/zh-hans/。进入官网后根据操作系统选择不同版本，这里选择Windows版本，下载好的文件名为VSCodeUserSetup-x64-1.41.0.exe。

双击VSCodeUserSetup-x64-1.41.0.exe即开始安装，安装过程中单击【下一步】按钮即可，主要截图及注意事项如图2-1～图2-3所示。

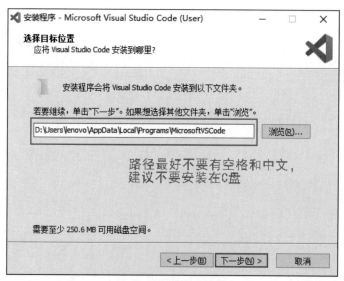

图 2-1　选择安装位置

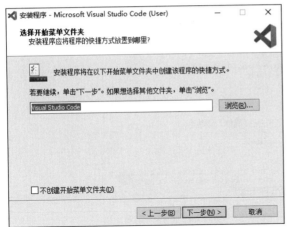
图 2-2　选择安装菜单文件夹

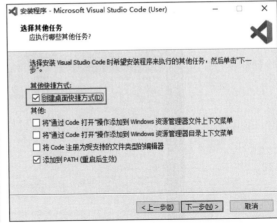
图 2-3　选中【创建桌面快捷方式】复选框

（2）VS Code的汉化

　　VS Code安装好后默认为英文版，那么如何转换成中文版呢？在界面左侧单击最下面的【Extensions】按钮或者按【Ctrl+Shift+X】组合键，在弹出的扩展文本框中输入Chinese，然后按【Enter】键，即可搜索到简体中文版插件，选择简体中文安装即可，如图2-4所示。

图 2-4　安装汉化插件

2.2　常用插件安装

　　为了提高编程效率，必须要安装插件。打开VS Code之后，在界面左侧单击下面第4个【扩展】按钮，如图2-5所示，然后在右侧【扩展】栏下面的文本框中搜索要安装的插件，搜索到相应插件即可进行安装，下面安装常用插件。

图 2-5　搜索插件窗口

1. Vue 2 Snippets

此扩展插件将Vue 2代码片段和语法突出显示，并添加到Visual Studio代码中。

该插件基于最新的Vue官方语法高亮文件添加了语法高亮，并且依据Vue 2的API添加了代码片段。

在图2-5所示的搜索文本框中输入vue，即可模糊搜索，然后选择Vue 2 Snippets，在界面右侧就会显示Vue 2 Snippets的相关信息，最后单击【Install】按钮，即可安装，如图2-6所示。

图 2-6　安装 Vue 2 Snippets 插件

> **说 明**
>
> 　　Vue VSCode Snippets 插件的功能与 Vue 2 Snippets 插件类似，因此也可以选择安装 Vue VSCode Snippets。

2. HTML Snippets

该插件的作用是用于HTML标签提示、补全。这个插件对新手来说非常实用，其安装方法同安装插件Vue 2 Snippets，只是搜索的插件名不同而已。

3. IntelliSense for CSS class names in HTML

该插件能智能提示CSS文件中的类名，需要关联添加CSS文件，即会根据导入的CSS文件，自动结合输入智能提示CSS文件中已有的类名。其安装方法同安装插件Vue 2 Snippets，只是搜索的插件名不同而已。

4. Open In Browser

由于 VS Code 没有提供直接在浏览器中打开文件的内置界面，而此插件在快捷菜单中添加了在默认浏览器查看文件的选项。其安装方法同安装插件Vue 2 Snippets，只是搜索的插件名不同而已。

在安装完Open In Browser插件后，在HTML代码中右击可以看到多了两个打开命令，如图2-7所示。

- Open In Default Browser：使用默认浏览器打开，快捷键为【Alt+B】。
- Open In Other Browsers：使用其他浏览器打开，快捷键为【Alt+Shift+B】。

例如，选择Open In Default Browser命令即可打开默认浏览器预览页面效果。

图 2-7　安装 open in browser 插件后的效果

那么如何设置或修改默认浏览器呢？操作步骤如下。

选择【文件】→【首选项】→【设置】命令，在搜索栏中输入open-in-browser.default，出现如图2-8所示的窗口。在该窗口的文本框中输入想设置为默认浏览器的名称即可，比如想设置默认谷歌浏览器打开，就在文本框中输入Chrome。如果想设置默认火狐浏览器打开，就在文本框中输入Firefox。设置完毕后按【Ctrl+S】快捷键进行保存即可。

图 2-8　设置默认浏览器窗口

5. Vetur

该插件用于格式化Vue文件、语法错误检查、语法高亮、代码自动补全，配合 ESLint 插件使用效果更佳。其安装方法同安装插件Vue 2 Snippets，只是搜索的插件名不同而已。

6. ESLint

ESLint是一个用来识别 ECMAScript 并且按照规则给出报告的代码检测工具，使用它可以避免低级错误和统一代码的风格。如果每次在提交代码之前都进行一次ESLint代码检查，就不会因为某个字段未定义而出现undefined或null这样的错误而导致服务崩溃，即通过该插件可以有效地控制项目代码的质量。其安装方法与安装插件Vue 2 Snippets相同，只是搜索的插件名不同而已。

7. Path Intellisense和vue-beautify

Path Intellisense插件用于自动路径补全。vue-beautify插件用于格式化代码，快速对齐代码。其安装方法与安装插件Vue 2 Snippets相同，只是搜索的插件名不同而已。

> **说 明**
>
> 　　在 VS Code 界面中单击左侧的【扩展】按钮，在右侧扩展栏下面的文本框中输入 "@installed"，然后按【Enter】键，即可显示出已安装了哪些插件，如图 2-9 所示。
>
> 图 2-9　查看已安装的插件

在后面的综合开发中，还会用到一些插件，比如Element UI Snippets等，用到时再安装。

2.3 VS Code 常用设置

1. 颜色主题设置

选择【文件】→【首选项】→【颜色主题】命令，在打开的窗口中根据需要选择喜欢的颜色主题，如图2-10所示。

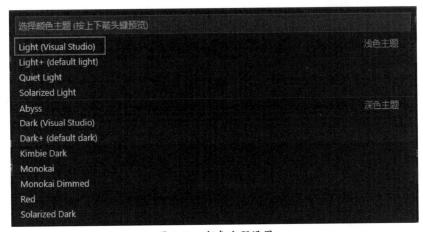

图 2-10　颜色主题设置

2. 字体及大小设置

选择【文件】→【首选项】→【设置】命令，打开的窗口如图2-11所示，在【用户】栏下选择【字体】，然后在右侧设置字体及大小。

如果选择【工作区】下的【字体】，则设置的内容只对当前工作区有效。

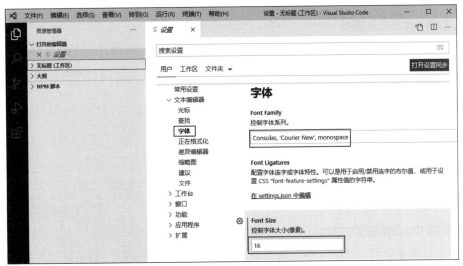

图 2-11　设置字体及大小

3. 设置为自动保存

保存的一般方法：按【Ctrl+S】快捷键（常用）；单击资源管理器右侧的【全部保存】按钮，
如图2-12所示。

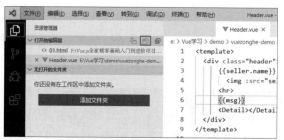

图 2-12　单击资源管理器中的【全部保存】按钮

此外，选择【文件】→【自动保存】命令，即可设置为自动保存。还可以选择【文件】→
【首选项】→【设置】命令，打开如图2-13所示的窗口，设置自动保存时间间隔或什么时间自动保存。

> **注 意**
>
> 自动保存是针对已经保存过的文件，后期的修改会根据设置的时间间隔自动保存。

图 2-13　自动保存设置

4. 让工作区代码自动换行

如果工作区中某些行的代码特别长，可以根据工作区的大小设置自动换行。操作方法：选择
【查看】→【切换自动换行】命令，就会在自动换行和非自动换行之间切换，选中了就表示自动
换行。

2.4　设置新建文件类型

1. 设置VS Code新建文件类型

使用Vue时需要创建HTML文件，特别是前面初阶课程，把VS Code新建文件的类型设置为
HTML文件的步骤如下。

选择【文件】→【首选项】→【设置】命令，在打开窗口的搜索框中输入files，然后按【Enter】键，接着在Files:Default Language下的文本框中输入html，如图2-14所示。

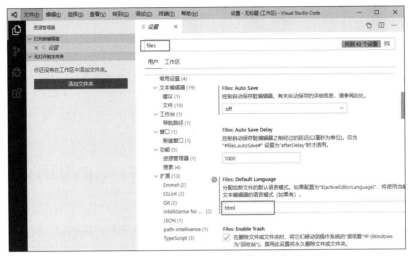

图 2-14　设置 VS Code 新建文件类型

2. 快速新建HTML文件

打开VS Code，选择【文件】→【新建文件】命令，默认新建一个名为Untitled-1的纯文本文件，如图2-15所示。

图 2-15　新建 VS Code 文件

在以上新建的空白HTML文件里输入一个英文感叹号，然后按【Tab】键即会生成HTML模板页面，效果如图2-16所示。

图 2-16　快速生成 HTML 模板页面

此外，在空白文件中输入html就会弹出智能提示，选择html:5，如图2-17所示，然后按【Enter】

键，也会生成HTML模板页面。

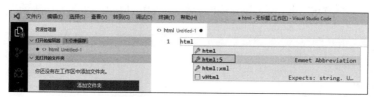

图 2-17　根据智能提示快速生成 HTML 模板页面

3. 保存新建HTML文件

要保存新建的HTML文件，一般操作方法如下。

- 按【Ctrl+S】快捷键。
- 将鼠标移到资源管理器的上边，才会出现【全部保存】按钮 ，如图2-18所示，然后单击【全部保存】按钮即可。

图 2-18　利用资源管理器保存文件

以上是基本操作。在实际开发中一般会先创建项目所在文件夹，然后打开项目所在文件夹，新建会略有不同，在后面将会讲解。

常用的快速编辑技巧

1.多光标插入技巧

对于多光标插入功能，可以做到同时在多处输入相同内容，操作方法如下。

- 按住【Alt】键，然后单击需要添加光标处。
- 按住【Ctrl + Alt】键，再按键盘的向上或者向下键，可以使一列出现多个光标。

2. 自动输入相应元素标签

第一种方法：先输入标签名，然后按【Tab】键。第二种方法：输入标签的前几个字符，然后根据智能提示选择需要的标签，再按【Enter】键即可。可以动手输入下面的标签进行尝试。

```
<button></button>
    <input type="text">
```

```html
<input type="button" value="">
<img src="" alt="" srcset="">
<img src="" alt="">
```

3. 格式化代码

要想快速格式化文档，只需要按【Shift + Alt + F】快捷键即可。

4. 单行注释

如果要注释某行，只需要先把光标定位在需要注释的行，然后按【Ctrl+/】快捷键即可。

如果快捷键有冲突，可以选择【文件】→【首选项】→【键盘快捷方式】命令，在打开的窗口中输入Ctrl+/，即打开如图2-19所示输入框，通过该输入框可以重新设置快捷键。

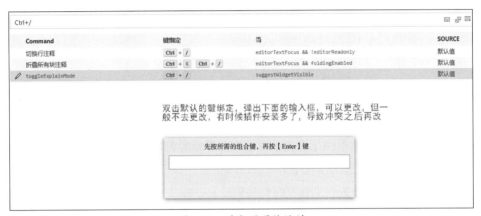

图 2-19　重新设置快捷键

5. 多行注释

一次注释多行的操作方法如下：先选择需要注释的多行，然后按【Shift+Alt+A】快捷键即可。

6. 快速输入表格

例如，要快速输入1行4列的表格，只要输入table>tr>td*4，然后按【Enter】键即可，生成的HTML代码如下。

```html
<table>
    <tr>
        <td></td>
        <td></td>
        <td></td>
        <td></td>
    </tr>
</table>
```

7. 设置VS Code智能提示

如果在输入代码过程中没有智能提示，可选择【文件】→【首选项】→【设置】命令，在打开的窗口中搜索prevent，如图2-20所示，取消选中【控制在活动代码片段内是否禁用快速建议。】复选框。

图 2-20   解决输入代码没有智能提示的一般设置

2.6　解决 VS Code 卡顿

VS Code用的时间越长，安装的插件越多。如果发现VS Code比较卡，占用的内存及CPU资源比较多，可尝试以下解决方案。

选择【文件】→【首选项】→【设置】命令，在弹出的窗口中分别搜索followSymlinks、git.enabled、git.autorefresh，均设置为不选中。

此外，关闭自动保存或设置自动保存时间间隔延长，卸载Auto Rename Tag插件等都能有效地减少VS Code占用内存和CPU资源。

实战练习

1. 为自己计算机中的VS Code安装常用插件，如Vue 2 Snippets、HTML Snippets、IntelliSense for CSS class names in HTML、open in browser、Vetur等。

2. 为VS Code设置自己喜欢的颜色主题及字体。

3. 设置VS Code的新建文件类型为html。

4. 尝试2.5节中的快速编辑技巧。

高手点拨

通过本章的学习，主要掌握以下知识与技能。

1. 掌握VS Code的安装与常用设置。

2. 掌握要安装哪些常用插件及其主要作用。

3. 掌握常用快速编辑技巧。

第2篇

基础核心案例篇

第 3 章
Vue 核心概念及第一个 Vue 程序精讲

通过第一篇的学习已经准备好了学习的环境和软件，接下来就来学习 Vue 的核心概念和编写第一个 Vue 程序。

Vue.js 的基本认识

1.Vue.js概述

Vue.js（简称Vue）是一套用于构建用户界面的渐进式框架，其核心有以下两点。

● 构建用户界面：即指用于前端开发。

● 渐进式框架：通俗地说，就是没必要弄懂Vue的每一个部件和功能就能够使用Vue。只需要从核心功能开始学习，逐渐扩展，掌握多少就使用多少，而且也可以把Vue很方便地与其他已有项目或框架相结合。

渐进式框架比较容易使用，基础的功能（页面渲染、表单处理等）学起来非常简单（可以用它替换jQuery来使用），若想提高项目的档次，可以用复杂的功能，比如用组件实现代码复用。随着项目的扩大，若发现用得还不"过瘾"，则可以使用前端路由、状态集中管理等功能最终实现一个高度工程化的项目。

> **总 结**
>
> Vue 的本质就是构建 Web 界面的 JavaScript 库。Vue 入门容易，但是要进阶还是比较难的。

2.Vue.js的发展历程

Vue已成为全世界有较大影响的一个开源框架，作者是尤雨溪，曾就职于 Google，由于工作中大量接触开源的Java项目而走上开源之路。Vue.js的发展历程如下。

● 2013年12月8日在 GitHub 上发布了 0.6 版。

● 2015年10月正式发布了 1.0 版本，开始真正"火"起来。

● 2016年10月正式发布了 2.0 版。

● 2019年12月14日发布了 Vue 2.6.11 版（目前最新）。

每个版本的更新日志见 GitHub官网。

3.主要应用场景

Vue一般用于开发单页面应用程序（Single Page Application，SPA）。

单页面应用程序，就是只有一个HTML页面的应用，用户与应用程序交互时，动态更新该页面的Web应用程序。例如，手机APP大多数为SPA，由系统的后端管理系统。

 Vue.js 的优点与核心思想

1.Vue.js的优点

Vue.js有以下几个优点。

- 易用：只要有 HTML、CSS、JavaScript的基础，就可以阅读官网教程开始构建应用。
- 灵活：Vue有不断繁荣的生态系统，可以在一个库和一套完整框架之间自如伸缩。这也是渐进式框架的体现。
- 高效：Vue.js的运行大小只有20KB，具有超快虚拟 DOM ，以及最省心的优化。

说 明

在使用 JS/jQuery 直接对 DOM 元素进行操作时，不管是对元素样式的修改（如背景颜色从红色变成蓝色），还是对页面中的某些布局进行动态调整（如通过单击按钮在列表中添加一行新的数据），这都会造成页面的重新渲染，从而影响网站的性能。Vue 在内存中生成与真实 DOM 对应的数据结构（虚拟DOM），当页面发生变化时，通过新的虚拟 DOM 树与旧的虚拟 DOM 树进行比对，就能很快找出差异点，只渲染变化的部分，从而实现高效运行。需注意的是，Vue 1.0 是没有虚拟 DOM 的。

注 意

在传统的前端开发中，为了完成某个任务，需要使用 JS/jQuery 获取 DOM 元素，随后对获取到的DOM 元素进行操作。当我们使用 Vue 进行前端开发时，对于 DOM 的所有操作将全部交由 Vue 来处理，我们只需要关注业务代码的实现就可以了。

2.Vue.js 的核心思想

- 数据驱动：DOM的渲染、显示、隐藏等均由数据的状态控制。当我们决定在项目中使用 Vue 时，需要转变思路，将操作 DOM 转变成操作数据。因此，写Vue时，尽量不要有操作DOM的代码出现。
- 组件化：通过扩展HTML元素，封装可重复用的代码。

以上两个核心思想需要随着学习的深入才能体会理解，这里只需要有一个印象和初步了解即可。

 ## 3.3　Vue 与 React、Angular 比较

Vue、React和Angular都是用于构建用户界面的 JavaScript 库，它们的核心技术有什么不同呢？

- Angular ：2009 年诞生，起源于个人开发，后来被 Google 收购，其核心技术为指令和数据绑定技术。
- React ：2013年5月开源，起源于 Facebook 的内部项目，其核心技术为组件化和虚拟DOM技术。
- Vue：吸收了上面两个框架的技术优点，即借鉴了Angular的指令和React的组件化，可谓后起之秀，其更轻量，更易上手，学习成本低。

注 意

Vue 不支持 IE8 及以下版本，因为 Vue 使用了 IE8 无法模拟的 ECMAScript 5 特性。

目前，React、Angular 在国外用得比较多，以及在大型项目用得多。国内 Vue用得比较多，特别是中小型公司。

此外，三者都是MVVM框架，但实际上Vue并没有完全遵守MVVM框架。一般我们认为它是MVVM框架。那么什么是MVVM框架呢？

3.4 MVVM 框架概述

要理解MVVM框架，首先应了解MVC（Model-View-Controller）。MVC是一种表现模式，它将软件的UI部分的设计拆分成3个主要单元，分别是Model、View和Controller。MVC的核心是控制器，它负责处理浏览器传送过来的所有请求，并决定要将什么内容响应给浏览器。

- Model：即模型，用于存储数据的组件。
- View：即视图，根据Model数据进行内容展示的组件。
- Controller：即控制器，接收并处理用户指令，并返回内容。

MVVM（Model-View-ViewModel）本质上就是MVC的改进版，其核心是ViewModel，它提供了对于Model和View的双向数据绑定，通过ViewModel连接View和Model，确保视图与数据的一致性，而这个过程是框架（Vue）自动完成的，无须手动干预。MVVM框架如图3-1所示。Model，即普通的JavaScript对象，也就是数据部分。View，即前端展示页面，也就是DOM元素。ViewModel，即用于双向绑定数据与页面，也就是Vue的实例。

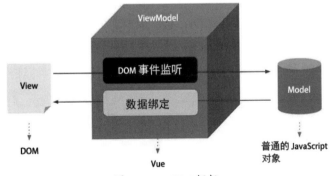

图 3-1　MVVM 框架

MVVM的核心思想：MVVM属于响应式编程模型，当改变View中的数据时，Model中的数据也跟着改变；当改变Model中的数据时，View中的数据也随之改变。这样可避免直接操作DOM，降低DOM操作的复杂性。

3.5 引入 Vue

使用Vue时可通过 <script> 标签引入。

1.下载vue.js文件并使用标签引入

（1）NPM/CNPM方式下载

一般进入项目所在文件夹，打开cmd窗口，输入cnpm install vue（没有通过@指定版本，默认安装最新稳定版本），按【Enter】键即可下载，如图3-2所示。

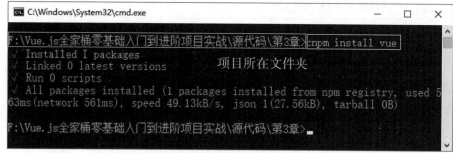

图 3-2　CNPM 方式下载安装 Vue 效果

下载完成后进入node_modules_vue@2.6.11@vue\dist文件夹即可看到vue.js文件，如图3-3所示。带有min的是压缩版，一般在生产环境下使用，在开发环境下使用非压缩版，就会有相应的智能提示。

本地磁盘 (F:) > Vue全家桶零基础入门到进阶项目实战 > 源代码 > 第3章 > node_modules > _vue@2.6.11@vue > dist			
名称	修改日期	类型	大小
README.md	1985/10/26 16:15	MD 文件	5 KB
vue.common.dev.js	1985/10/26 16:15	JavaScript 文件	313 KB
vue.common.js	1985/10/26 16:15	JavaScript 文件	1 KB
vue.common.prod.js	1985/10/26 16:15	JavaScript 文件	92 KB
vue.esm.browser.js	1985/10/26 16:15	JavaScript 文件	309 KB
vue.esm.browser.min.js	1985/10/26 16:15	JavaScript 文件	91 KB
vue.esm.js	1985/10/26 16:15	JavaScript 文件	319 KB
vue.js	1985/10/26 16:15	JavaScript 文件	335 KB
vue.min.js	1985/10/26 16:15	JavaScript 文件	92 KB
vue.runtime.common.dev.js	1985/10/26 16:15	JavaScript 文件	218 KB
vue.runtime.common.js	1985/10/26 16:15	JavaScript 文件	1 KB
vue.runtime.common.prod.js	1985/10/26 16:15	JavaScript 文件	64 KB
vue.runtime.esm.js	1985/10/26 16:15	JavaScript 文件	222 KB
vue.runtime.js	1985/10/26 16:15	JavaScript 文件	234 KB
vue.runtime.min.js	1985/10/26 16:15	JavaScript 文件	64 KB

图 3-3　Vue.js 下载后所在位置图

（2）直接官网下载

首先进入Vue官网，然后进入教程中安装的说明部分，如图3-4所示。单击【开发版本】按钮下载的是非压缩版的vue.js，单击【生产版本】按钮下载的是压缩版的vue.min.js。

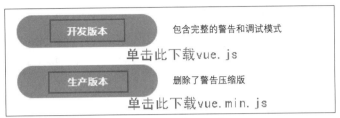

图 3-4　Vue 官网下载

（3）通过<script> 标签引入

通过<script> 标签引入，一般的引用代码如下（src为vue.js所在的相对路径）：

```
<script src=" node_modules\_vue@2.6.11@vue\dist
/vue.js"></script>
```

为了使引用的路径简单点，一般可以在项目的根目录下新建一个js文件夹，然后把vue.js文件移入该文件夹，这个时候的引入代码如下：

```
<script src="js/vue.js"></script>
```

2.直接通过CDN形式引入

通过CDN形式引入Vue，可以不需要下载vue.js而直接引入网络上的相关文件。如果需要引入最新版本，则引入代码如下：

```
<script src="https://cdn.jsdelivr.net/npm/vue/dist/vue.js"></script>
```

如果项目中实际使用的不是最新版本，可能会导致项目出问题。因此可以用指定版本的引用方式，即在Vue文件名后面通过@指定具体版本号，代码如下：

```
<script src="https://cdn.jsdelivr.net/npm/vue@2.6.11"></script>
```

3.重要说明

用<script>标签引入Vue后，Vue就会被注册为一个全局变量，即浏览器的内存中就存在了一个Vue 对象，编程中就可以直接使用Vue。

 ## 3.6　第一个 Vue 程序

1. 将文件夹添加到VS Code工作区

一般会先创建好项目的文件夹，假设路径为 "F:\Vue.js全家桶零基础入门到进阶项目实战\源代码\第3章"，然后打开VS Code，将文件夹添加到工作区即可。

2. 创建项目文件夹

在 "第3章" 文件夹下再创建一个项目文件夹firstVue，如图3-5所示。

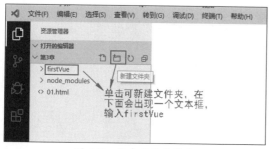

图 3-5　新建项目文件夹

3.创建文件

右击firstVue文件夹，新建文件helloworld. html，如图3-6所示。

图 3-6　新建项目文件

4. 创建HTML模板代码

在helloworld.html文件右侧空白区先输入英文"!"，然后按【Tab】键就可以创建基本的HTML模板代码。

此外，也可以通过输入html结合智能提示，创建基本的HTML模板代码。

5. 引入vue.js文件

一般在项目下面会创建一个js文件夹，然后把3.5节下载的vue.js文件复制到该js文件夹下，代码如下：

```
<script src="js/vue.js"></script>
```

如果没有提前下载vue.js文件，在此也可以下载。操作步骤如下。

● 右击项目所在文件夹，在弹出的快捷菜单中选择【在终端中打开】命令，打开终端窗口，相当于cmd窗口。

● 输入npm install vue，即可下载安装Vue，如图3-7所示。

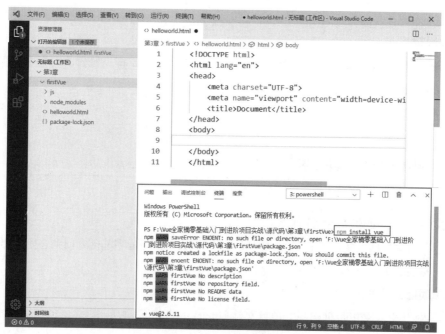

图 3-7　通过终端窗口安装 Vue

6.编写Vue程序，输出helloworld

Vue是MVVM框架，包括Model、View、ViewModel三部分。根据这三部分来写，主要代码如下：

```
<title>helloworld</title>
<script src="js/vue.js"></script>
</head>
<body>
    <!--View -->
    <div id="app">
        <h1>{{msg}}</h1>
    </div>
    <script>
        //Model 部分，用来存储数据，可以有若干个键值对
        var datamodel = {
            msg: "helloworld"
        }
        //Vue 实例——ViewModel 部分，用来关联 View 和 Model
        new Vue({
            el: '#app',// 挂载的元素，也即与哪个 View 关联，通过选择器进行关联，
                        // 但不能是 html、body
            data: datamodel// 关联的数据部分
        })
    </script>
</body>
```

> **说 明**
>
> Vue 实例中的 el 选项是标签选择器。如果 View 中标签为 class，则为".名称"；如果标签为 id，则为"#名称"；如果没有 class 或 id，则直接用标签名，但不能是 html、body。另外，Model 中的数据为键值对形式，键为自己取的名字。
>
> 如何把 Model 部分 data 对象中的 msg 数据渲染到 View 里面呢？通过两对花括号绑定数据即可，两对花括号中间为要绑定的数据对象，即 {{msg}}。
>
> {{}} 属于模板语法，也叫 Mustache 语法。
>
> {{msg}} 就叫 Mustache 语法（双大括号）的文本插值，也叫声明式渲染。这就是 Vue 的数据绑定语法。
> ViewModel 可以通过下面方式获得：
>
> ```
> new Vue({ //Vue 中的 V 要大写
>          // 中间设置选项，每个选项均为对象，即有属性和属性值
> })
> ```

> **注 意**
>
> 之所以能 new Vue()，是因为前面已经通过 <script> 标签导入了 vue.js。

因此，一个Vue实例由三部分组成：View部分，即DOM元素部分；Model部分，也就是模型部分，即要渲染的数据；ViewModel部分，就是new Vue()，即通过new Vue()实例化对象，设置选项并把数据绑定到View上，也就是JS代码部分。

3.7 第一个 Vue 程序改进与进一步理解声明式渲染

3.7.1 对第一个 Vue 程序改进

在3.6节的实例中通常会做如下改进。

1.将Model部分融入Vue实例的选项中

把3.6节实例helloworld.html中的Model部分代码融入Vue实例的选项中，代码如下：

```
new Vue({
        el: '#app',
        data:{   // 用来存储数据
            msg:"Hello World"
        }
})
```

2. 取一个变量vm来接收Vue实例

由于后续可能需要用到这个Vue实例，所以一般还会定义一个变量（通常会取名为vm）来接收，此时代码如下：

```
var vm= new Vue({
        el: '#app',
        data:{
            msg:"Hello World"
        }
})
```

那么DOM部分能否放到Vue实例后面写？

不能。因为在实例化Vue时需要查找挂载元素，正常代码是从上往下执行的，如果DOM部分在后面就找不到要挂载的DOM元素，并且会报错。除非用window.onload=function(){}括住Vue实例代码，因为这样就会等加载完DOM元素后再执行，但不建议采用这种写法。

3.7.2 声明式渲染的再理解

以上例子是通过声明式渲染（数据绑定语法）展示数据的，如果用JavaScript来实现，其思路是：先查找DOM节点元素，然后读取数据，再把数据赋值到节点上（通过设置属性值）。代码如下：

```
window.onload = function () {
        x = document.getElementById("app");
        x.innerHTML = "Hello JavaScript";
}
```

以上例子的声明式渲染是渲染一次，看不出优势。如果要渲染多次呢？即通过声明式渲染多次写入{{msg}}即可，JS代码不需要修改。代码如下：

```
<div id="app">
<h1>{{msg}}>{{msg}}>{{msg}}>{{msg}}</h1>
        <h1>{{msg}}</h1>
        <h1>{{msg}}</h1>
        <h1>{{msg}}</h1>
        <h1>{{msg}}</h1>
        <h1 id="t"></h1>
</div>
```

如果用原生JS去做，需要改动JS代码，多次查找DOM元素，并多次赋值。这就是声明式渲染的优势。

实战练习

编写自己的第一个Vue程序，使页面上显示"这是我的第一个Vue程序"。

高手点拨

通过本章的学习，主要掌握以下知识与技能。

1. 理解Vue是什么及主要应用场景。

2. 理解Vue的优点及核心思想。

3. 理解MVVM框架。

4. 掌握下载并引入Vue的方法。

5. 掌握并理解Vue程序编写的基本思路及方法。

第 4 章
Vue 常用指令使用

在第 3 章，我们学习了 Vue 的概念、核心思想等，与传统的前端开发不同，Vue 可以使我们不必再使用 JavaScript 去操作 DOM 元素（还是可以用，但是不推荐），而这一优秀特性的核心就是 Vue 的指令系统。本章一起来学习 Vue 的指令系统。

4.1 v-text 与 v-html 指令

1. 准备工作

首先，新建一个"第4章"文件夹作为存储本章源代码的文件夹；然后，通过VS Code打开此文件夹并在其中新建一个js文件夹，把第3章项目中的vue.js文件复制到该文件夹下。

2. 指令的含义

指令（Directives）是带有 v- 前缀的特殊属性（Vue指令都以v-开头）。指令属性的值预期是单个 JavaScript 表达式（v-for 是例外情况）。

3. v-text指令

第3章中的{{msg}}可以用v-text指令替代，代码如下：

```
<div id="app">
    <h1>{{msg}}</h1>
    <!-- {{msg}} 可以用 v-text 指令替代 -->
    <h1 v-text="msg"></h1>
</div>
<script>
    var vm=new Vue({
        el:'#app',
        data:{
            msg:'Hello World'
        }
    })
</script>
```

v-text指令的作用：显示data中的某变量值，如上面代码中设置v-text="msg"，即表示获取data中msg变量的值。与{{ }}语法基本一样，但是不完全相同。

假设把上面data中msg变量的值改为：

```
msg: "<a href="http://www.baidu.com"> 百度 </a>"
```

那么结果是显示这个字符串，还是显示"百度"超链接？

通过运行测试，从运行结果可以看出会显示为一个字符串。如果希望显示为"百度"超链接，就需要采用v-html指令。

4. v-html指令

例1：0401.html。

在第4章文件夹下新建0401.html文件，在head节中引入vue.js，并输入如下代码：

```
<div id="app">
    <h1>{{msg}}</h1>
    <!-- {{msg}} 可以用 v-text 指令替代 -->
```

```
            <h1 v-text="msg"></h1>
            <!--v-text 改为 v-html 指令 -->
            <h1 v-html="msg"></h1>
    </div>
    <script>
            var vm=new Vue({
                el:'#app',
                data:{
                    msg:'<a href="http://www.baidu.com">百度 </a>'
                }
            })
    </script>
```

运行结果如图4-1所示。

```
<a href="http://www.baidu.com">百度</a>

<a href="http://www.baidu.com">百度</a>

百度
```

图 4-1　0401.html 运行结果

从上面运行结果可以看出，通过v-html指令绑定的msg变量显示为"百度"超链接，而通过{{ }}和v-text指令绑定的msg变量都显示为原始字符串。

5. v-text、v-html、{{ }}的正确理解与区别

v-text 与 v-html 指令都可以更新页面元素的内容，不同的是，v-text 会将数据以字符串文本的形式更新，而 v-html 则是将数据以 HTML 标签的形式更新。当变量的值含有HTML标签时（如<a href="http://www.baidu.com">百度</a>），v-html会解析HTML标签，v-text就会原样显示。

在更新数据时，也可以使用Mustache语法（即{{ }}），不同于 v-text、v-html 指令，{{ }}表达式只会更新原本占位插值所在的数据内容，而 v-text、v-html 指令则会替换掉整个标签的内容。

例2：0402.html。

在第4章文件夹下新建0402.html文件，在head节中引入vue.js，并输入如下代码：

```
<div id="app">
        <p>+++++++++ {{msg}} -----------</p>
        <p v-text="msg">================</p>
        <p v-text="msgHtml">=============</p>
        <p v-html="msgHtml">============</p>
</div>
<script>
        new Vue({
            el: '#app',
            data: {
                msg: 'hello world',
                msgHtml: '<h3 style="color:blue">徐照兴欢迎您学习 vue.js</h3>'
            }
```

```
    });
</script>
```

运行结果如图4-2所示。

图 4-2   0402.html 运行结果

上面3种形式对于数据间的交互都是单向的，即只能将 Vue 实例里的值传递给页面，即Model里的数据变化了，View中的数据跟着改变，但是View中的数据并不容易改变，那么怎么让View中的数据更好地改变呢？这就需要使用v-model指令。

 4.2   v-model 指令

1.v-model指令举例及测试

v-model指令用于在表单控件或者组件上创建双向绑定。

例3：0403.html。

在第4章文件夹下新建0403.html文件，在head节中引入vue.js，并输入如下代码：

```
<div id="app">
        {{msg}}
        <input type="text" v-model="msg">
</div>
<script>
    var vm=  new Vue({
        el: '#app',
        data: {
            msg: 'hello world',
        }
    });
</script>
```

v-model默认是绑定在value属性上的，所以例3中v-model后面加"value"也是可以的，即v-model:value，但一般情况下直接写v-model。例3的运行结果如图4-3所示。

hello world hello world

图 4-3   0403.html 运行结果

下面对数据的双向绑定进行测试。

（1）改变Model的值看View的值变化

怎么改变Model呢？通过控制台手动改变，即0403.html运行后在浏览器中按【F12】键，打开浏览器的控制台，如图4-4所示。

图 4-4　手动改变 Model 的值

在控制台中输入vm.msg="123"，即可改变Model中msg的值，按【Enter】键后，发现页面中引用msg的值立即跟着改变。

结论：改变Model中的值时View的值跟着改变。

（2）改变View的值看Model的值变化

通过文本框改变View的值，然后在控制台中通过vm.msg输出Model中的msg值，发现Model中的值也跟着改变了，如图4-5所示。

图 4-5　通过文本框改变 View 的值

因为只有表单元素可以与用户进行交互，所以只能使用 v-model 指令在表单控件上创建双向绑定。

2. v-model指令常用的三个修饰符

（1）.lazy修饰符

在默认情况下，v-model指令在每次 input 事件触发后会将输入框的值与数据进行同步。

例4：0404.html。

```
<div id="app">
        {{msg}}
        <input v-model="msg" />
</div>
<script>
        var vm = new Vue({
            el: "#app",
            data: {
                msg: "hello"
```

```
            }
        })
</script>
```

说明：例4文本框中输入的信息与左侧显示的信息同步，每输入一个字符都会同步显示。

可以为v-model指令添加.lazy 修饰符，代码如下：

```
<input v-model.lazy="msg" />
```

则转变为失去焦点同步。也就是说，这时在文本框中输入字符时，左侧msg的值不会及时改变，要等光标移到文本框外面才同步改变。

（2）.number修饰符

如果想将用户的输入值自动转换为数值类型，可以给 v-model指令添加.number 修饰符。

例5：0405.html。

```
<div id="app">
        {{num1}}
        <input v-model ="num1" />
        {{num2}}
        <input v-model ="num2" />
        <!-- 要求 num1 和 num2 的和，这里 num1+num2 会变成字符串的连接 -->
        {{num1+num2}}
</div>
<script>
        var vm = new Vue({
            el: "#app",
            data: {
                msg: "hello",
                num1: 1,
                num2: 2
            }
        })
</script>
```

运行之后发现并没有对num1和num2求和，而是将二者的字符串相连。如果想要实现求和，则可以在v-model指令后面添加.number修饰符，代码如下：

```
{{num1}}
<input v-model.number="num1" />
{{num2}}
<input v-model.number="num2" />
```

如果不使用.number修饰符转换为数值型数据，也可以用parseInt进行转换，代码如下：

```
{{parseInt(num1)+parseInt(num2)}}
```

此时也可以进行求和。此外，还有parseFloat()方法，用于转换为float类型数据。

（3）.trim修饰符

如果要自动过滤用户在首尾输入的空白字符，可以给 v-model 指令添加 .trim 修饰符。

例6：0406.html。

```
<div id=" app" >
        {{msg}}
        <input v-model.lazy.trim =" msg"  />
</div>
<script>
        var vm=new Vue({
            el:" #app" ,
            data:{
                msg:" hello" ,
            }
        })
</script>
```

运行效果如图4-6所示。

图 4-6　运行效果

在图4-6中的文本框中hello的前后添加若干个空格，然而只要光标离开文本框在其他处单击，两端的空格就会自动去掉。在控制台中输入vm.msg获取msg的值时发现两端空格也没有了。

4.3　v-cloak 指令

{{ }}模板语法有一个缺点：可能会出现闪烁问题，即页面数据可能还没加载渲染完成，就提前出现了两对{ }。实际应用中可能就是Vue实例中的data数据。例如，通过发送异步请求获取来自网络（服务器）的数据，由于网络或者数据量大，需要一定的时间，这个时候Vue中的data尚没有数据，就不会去渲染View，那么在View中会提前看到类似{{msg}}的情况，这给用户的体验很不好，所以在数据尚未加载渲染完成时不要让类似{{msg}}出现，那么如何解决呢？可以使用v-cloak指令来解决。

使用v-cloak指令需要配合CSS样式一起使用，否则不会生效。通过CSS样式先设置为不显示，在数据渲染完成之后就会自动修改display值为显示。

例7：0407.html。

在第4章文件夹下新建0407.html文件，在head节中引入vue.js。

首先，在head部分输入如下代码：

```
<style>
        [v-cloak] {
            display: none;
        }
</style>
```

然后，在body部分输入如下代码：

```
<div id="app">
        <h3 v-cloak> {{msg}}</h3>
</div>
<script>
        var vm = new Vue({
            el: '#app',
            data: {
                msg: ' 欢迎来到徐照兴课堂 ',
            }
            // 使用 created 函数的作用就是测试页面尚未渲染数据时提前看到 {{}}，created 是
            //Vue 生命周期中的一个钩子函数
            created: function () {
                alert('Vue 实例刚创建, 页面尚未渲染数据 ')
            }
        });
</script>
```

运行结果如图4-7所示。在数据尚未渲染完毕时看不到{{msg}}。这里是通过运行生命周期钩子函数created来测试数据尚未渲染的效果。有关生命周期的钩子函数将在第6章讲解。

图 4-7　使用 v-cloak 指令的运行结果

 4.4　v-bind 指令

1. v-bind 指令基础知识

v-bind 指令可以用来绑定标签的属性（如img 的 src、title 属性等）和样式（可以用 style 的形

式进行内联样式的绑定，也可以通过指定 class 的形式指定样式）。要绑定的内容，是作为一个 JS 变量，因此，只需要对该内容编写合法的 JS 表达式即可。语法格式如下：

```
v-bind: 属性 =" 值 "
```

其中，属性指普通HTML属性，值指的是来自Vue中的数据。

v-bind指令可以简写，例如：

```
v-bind:src=""
```

简写为：

```
src=""
```

例8：0408.html。

在第4章文件夹下新建0408.html文件，在head节中引入Vue.js，并输入如下代码：

```
<div id="app">
    <!-- 通过 v-bind 指令绑定属性 src，属性是 HTML 的属性，不过是前面加了一个前缀 v-bind，
这样就可以直接访问 Vue 中的数据，而且不需要使用 {{ }}-->
    <img :src="url">
    <img v-bind:src="url" :width="w" :height="h">
    <!-- 所有属性（指普通 HTML 属性）都一样，只要在前面加一个 "："，即表示访问到 Vue 中
的数据（属性），也就是所谓的绑定属性 -->
    <img v-bind:src="url" :width="w" :height="h+'px'" :title="msg+' 欢迎您 '">
</div>
<script>
    var vm = new Vue({
        el: "#app",
        data: {
            url:' 徐照兴 .jpg',
            w:'200px',
            h:'100px',
        msg:" 徐照兴 "
        }
    })
</script>
```

2. 使用v-bind指令绑定class和style属性

使用v-bind指令绑定class和style（即:class、:style）时语法相对比较复杂些。

（1）使用 v-bind 指令绑定class属性

下面通过例子说明绑定写法，其正确写法及其含义见例子中的注释。

例9：0409.html。

在第4章文件夹下新建0409.html文件，在head节中引入Vue.js，并输入如下代码：

```
<style>
    .fontmy{
        color:red;
        font-size:20px;
```

```
            }
            .bgmy{
                background-color: royalblue;
            }
</style>
</head>
<body>
    <div id="app">
        <!-- 普通 CSS 绑定 -->
        <p class="fontmy"> 徐照兴 </p>
        <!-- 不能直接绑定，加了 ":" 表示到 Vue 中去找 fontmy 属性 -->
        <!-- <p :class="fontmy"> 徐照兴 </p> -->
        <!-- 正确方式 1：直接在原来的类名外面写上一对单引号 -->
        <p :class="'fontmy'"> 徐照兴 1</p>
        <!-- 正确方式 2：通过变量形式 -->
        <p :class="fontmyvar"> 徐照兴 2</p>
        <!-- 正确方式 3：应用多个样式，用数组形式，数组值为多个属性变量值 -->
        <p :class="[fontmyvar,bgmyvar]"> 徐照兴 3</p>
        <!-- 正确方式 4（常用）：采用 json 形式，即键值对形式，键是样式名，值固定为布尔型，即
true 或 false，true 表示应用该样式，false 表示不应用 -->
        <!-- 可以直接写 true 或 false，即用变量（比如 flag）表示来自 Vue 中的值 -->
        <p :class="{fontmy:flag,bgmy:false}"> 徐照兴 4</p>
        <p :class="{fontmy:num>0,bgmy:false}"> 徐照兴 5</p>
        <!-- 正确方式 5：通过变量引用 json 形式（一般用于键值对太长影响到阅读的情形） -->
        <p :class="varStyle"> 徐照兴 6</p>
    </div>
    <script>
        var vm = new Vue({
            el: "#app",
            data: {
                fontmyvar:'fontmy',
                bgmyvar:'bgmy',
                flag:true,
                num:-3,
                varStyle:{
                    fontmy:true,bgmy:true
                    // 这个地方只能写固定值 true 或 false，不能通过 flag 指定
                }
            }
        })
    </script>
</body>
```

运行效果如图4-8所示。

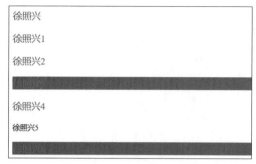

图 4-8   0409.html 运行效果

（2）使用v-bind指令绑定内嵌样式style属性

基本写法是 ":style="样式名""。如果要同时绑定多个样式，则需要使用数组的写法，即 ":style="[样式名1, 样式名2,……]""。其中样式名要在vm实例的data中存在。

例10：0410.html。

在第4章文件夹下新建0410.html文件，在head节中引入Vue.js，并输入如下代码：

```
<div id="app">
    <!-- 内嵌样式的绑定       -->
    <p :style="myStyle">徐照兴 1</p>
    <!-- 内嵌样式的绑定，使用数组形式         -->
    <p :style="[myStyle,myStyle2]">徐照兴 2</p>
</div>
<script>
    var vm = new Vue({
        el: "#app",
        data: {
            myStyle:{
                // 注意这里的属性名要使用驼峰命名法，属性值需要用单引号引起来
                // 驼峰命名法：当变量名、函数名等是由一个或多个单词联结在一起，而构成
                // 唯一的标识时，第一个单词以小写字母开始，从第二个单词开始以后的每个
                // 单词的首字母都采用大写字母
                color:'blue',
                fontSize:'30px'
            },
            myStyle2:{
                backgroundColor:'#ccc'
            }
        }
    })
</script>
```

运行效果如图4-9所示。

徐照兴1

徐照兴2

图 4-9　0410.html 运行效果

4.5　v-on 指令

1. 传统JS事件的绑定方法

在传统的前端开发中，想对一个按钮绑定事件时，需要获取到这个按钮的 DOM 元素，再对这个获取到的元素进行事件的绑定。然而，Vue秉持一个思想，对于 DOM元素的操作，全部由 Vue 完成，我们只关注业务代码实现。因此，我们可以使用 Vue 内置的 v-on 指令来完成事件的绑定。例如，传统绑定按钮单击事件的代码如下：

```
<input type="button" value=" 点我啊 ~~~" id="btn">
<script>
    // 传统的事件绑定方法
    document.getElementById('btn').onclick = function () {
        alert(' 传统的事件绑定方法 ');
    }
</script>
```

2. 通过Vue的v-on指令绑定事件

基本用法为v-on:事件名="函数"（"v-on:"可以简写为@），事件名可以为click、dblclick、mousedown、mouseup 等。

例11：0411.html。

```
<div id="app">
        <input type="button" value=" 单击我 " id="btn" v-on:click="alert(' 测试 ')">
</div>
<script>
        var vm = new Vue({
            el: "#app",
            data: {
            }
        })
</script>
```

运行【单击我】按钮时会报错，如图4-10所示，提示属性或方法alert未定义，说明Vue未识别原生alert方法。

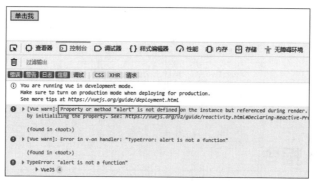

图 4-10　0411.html 运行效果

也就是说，直接把 JavaScript 代码写在 v-on 指令中是不可行的，需要自己去定义方法/函数。那么在哪定义呢？在实例化Vue时提供了一个methods选项，通过这个选项可以定义方法。

例12：0412.html。

对0411.html进行修改，主要代码如下：

```
<div id="app">
        <input type="button" value=" 单击我 " id="btn" v-on:click="handleclick">
        <input type="button" value=" 单击我调用带参数的方法 " id="btn" @click=
"handleClickWithParam(1)">
</div>
<script>
        var vm = new Vue({
            el: "#app",
            data: {

            },
            methods: {
                /* handleclick(){
                    alert(" 使用 v-on 指定绑定的事件 ")
                } */
                // 上面注释的内容实际上是下面写法的简写
                handleclick:function(){
                    alert(" 使用 v-on 指令绑定的事件 ")
                },
                handleClickWithParam(id){
                    alert(" 使用 v-on 指令绑定的事件, 方法参数为: "+id)
                }
            },
        })
</script>
```

在上面代码的methods选项中定义了handleclick和handleClickWithParam两个方法，其中后者带了参数。此时在v-on:click后面就可以引用methods中的方法。

methods中的方法头部handleclick:function()可以简写为handleclick()，即可以省略:function。

4.6 v-if 指令

v-if 指令可根据表达式的真假值判断元素的显示与否。如果为true，则v-if指令所在的元素就显示，为false则不显示。

1. 单分支

单分支指只有一个v-if指令。

例13：0413.html。

```
<div id="app">
        <!-- flag 为数据模型中的变量，为 true 就显示此节点，为 false 就不显示此节点 -->
        <div v-if="flag">Yes</div>
</div>
<script>
        var vm=new Vue({
            el:"#app",
            data:{
                flag:true
            }
        })
</script>
```

当flag值为false时DOM元素会销毁，当为true时又会重新创建，如图4-11和图4-12所示。

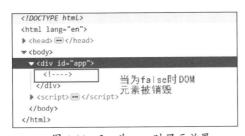

图 4-11　flag 为 true 时显示效果

图 4-12　flag 为 false 时显示效果

2. 多分支

多分支指除了有v-if，还有v-else或v-else-if等指令的组合。

例14：0414.html。

```
<div id="app">
        <!-- flag 为数据模型中的变量，为 true 就显示此节点，为 false 就不显示此节点 -->
        <!-- 双分支结构 -->
```

```
        <div v-if="flag">Yes</div>
        <!-- v-else 与上面 v-if 配对 -->
        <div v-else>no</div>

        <!-- 多分支结构 -->
        <div v-if="grade>=90">优秀 </div>
        <div v-else-if="grade>=70"> 中等 </div>
        <div v-else-if="grade>=60"> 及格 </div>
        <div v-else> 不及格 </div>
</div>
<script>
        var vm=new Vue({
            el:"#app",
            data:{
                flag:false,
                grade:78
            }
        })
</script>
```

运行结果如下：

```
no
    中等
```

3. 在<template> 元素上使用 v-if 指令进行分组显示与隐藏

如果v-if指令需要在多个元素上连续使用，且它们的属性值一样，如均为v-if="flag"，这时可以使用<template> 元素来包裹多个需要使用v-if的元素，即为<template> 元素设置v-if属性。

说明：<template> 元素不会解析为HTML标签。

例15：0415.html。

```
<div id="app">
        <!-- 下面 v-if="flag" 重复了很多遍 -->
        <div v-if="flag"> 计算机组成原理 </div>
        <div v-if="flag">C# 程序设计 </div>
        <div v-if="flag">ASP.NET 动态网页设计 </div>
    <hr>
        <!-- 下面采用 <template> 元素分组实现，运行效果与上面等效 -->
        <template v-if="flag">
            <div> 计算机组成原理 </div>
            <div>C# 程序设计 </div>
            <div>ASP.NET 动态网页设计 </div>
        </template>
</div>
<script>
        var vm = new Vue({
            el: "#app",
```

```
        data: {
            flag: true,
        }
    })
</script>
```

运行之后，效果如图4-13所示。

```
计算机组成原理
C#程序设计
ASP.NET动态网页设计

计算机组成原理
C#程序设计
ASP.NET动态网页设计
```

图 4-13   0415.html 运行效果

 ## 4.7   v-show 指令

1. v-show指令基本用法

v-show 指令也是根据表达式的真假值判断元素的显示与否。如果为true，则v-show指令所在的元素就显示，为false则不显示。

例16：0416.html。

```
<div id="app" style="font-size: 16px;">
        <h1 v-show="flag">徐照兴欢迎您！</h1>
</div>
<script>
        var vm=new Vue({
            el:"#app",
            data:{
                flag:true
            }
        })
</script>
```

带有 v-show 指令的元素始终会被渲染并保留在 DOM 中。v-show 指令只是简单地切换元素的 CSS 属性 display，当display属性为none时不显示。

当flag为true时，运行效果如图4-14所示。

图 4-14 当 flag 为 true 时的运行效果

当flag为false时，运行效果如图4-15所示。

图 4-15 当 flag 为 false 时的运行效果

2. v-show指令与v-if指令对比

v-show指令与v-if指令都是根据表达式的值显示或隐藏元素。其中，v-show指令通过display来实现，显示与隐藏只需切换display属性；v-if指令每次删除后会重新创建，即显示与隐藏是在销毁与创建元素之间切换。

例17：0417.html（通过单击按钮切换div的显示与隐藏）。

```
<div id="app">
        <!-- v-show 后面可以直接使用 true 或 false，也可以使用 Vue 实例中的对象（因为 v 指
    令都可以访问 Vue 实例中的数据） -->
        <div style="width:100px;height:100px;background-color:red;"v-show="flag">
欢迎来到徐照兴课堂 </div>
        <!-- 通过下面的按钮来切换上面 div 的显示与隐藏 -->
        <hr>
        <!-- 第一种方法 -->
        <!-- <button v-on:click="change">隐藏 </button> -->
        <button v-on:click="change">隐藏 / 显示 </button>
        <!-- 第二种方法：事件中也可以直接写一个语句 -->
        <button v-on:click="flag=false">隐藏 </button>
        <!-- 隐藏与显示切换 -->
        <button v-on:click="flag=!flag">隐藏 / 显示 </button>
</div>
<script>
        var vm = new Vue({
```

```
        el: "#app",
        data: {// 存储数据处
            flag:true
        },
        methods:{
            change(){
                // this.flag=false;// 隐藏
                this.flag=!this.flag;// 隐藏与显示切换
            }
        }
    })
</script>
```

运行之后，效果如图4-16所示。

图 4-16   0417.html 的运行效果

上面是通过v-show指令来显示与隐藏，切换到代码查看器，会发现div的显示与隐藏是通过display是否为none来实现的。

如果把v-show换成v-if，则当v-if后面表达式值为false时，是销毁整个div元素，为true时，则重新创建。

v-if指令是惰性的。如果在初始渲染时条件为假，则什么也不做，直到条件第一次变为真时，才会开始渲染条件块。

相比之下，v-show 指令简单得多。不管初始条件是什么，元素总是会被渲染，并且只是简单地基于 CSS 进行切换。但是v-show指令不支持 <template> 元素，也不支持 v-else。

一般来说，v-if指令有更高的切换开销，而 v-show指令有更高的初始渲染开销。因此，当需要频繁控制元素的显示与否时，推荐使用 v-show 指令，避免因为使用 v-if 指令而造成高性能消耗。

 4.8   v-for 指令

1.v-for指令基本用法

v-for 指令可以对数组、对象、数字、字符串进行循环，并获取到源数据的每个值。使用 v-for指令，必须使用特定语法 item in items ，其中 item 是当前遍历的元素的别名，而items 是源数据

（数组、字符串等），类似于 C# 中的 foreach 的循环格式。

例18：0418.html（循环数组）。

```
<div id="app">
    <ul>
        <li v-for="value in arr">
            {{ value }}
        </li>
    </ul>
</div>
<script>
    var app4 = new Vue({
        el: '#app',
        data: {
            arr: [1,2,3,4,5]
        }
    })
</script>
```

运行之后，效果如图4-17所示。

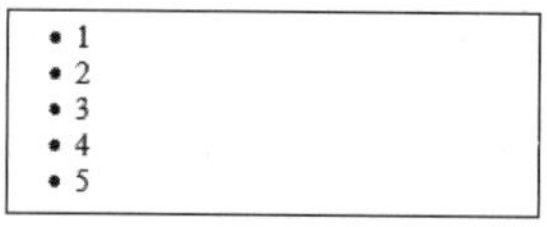

图 4-17　0418.html 的运行效果

循环时可以采用如下形式输出对象的值、键、索引。其中，val表示值，key表示键，index表示索引。

```
<div v-for="(val, key) in object"></div>
<div v-for="(val, name, index) in object"></div>
```

例19：0419.html（循环对象）。

```
<div id="app">
    <ul>
        <!-- 循环输出的是对象 users 的值 -->
        <li v-for="value in user">{{value}}</li>
    </ul>
    <ul>
        <!-- 循环输出的是对象 user 的键、值及索引 -->
        <li v-for="(value,key,index) in user">{{index}}:{{key}}={{value}}</li>
    </ul>
    <ul>

</div>
<script>
    var app4 = new Vue({
```

```
        el: '#app',
        data: {
            arr: [1,2,3,4,5],
            user:{id:1,username:' 张三 ',age:20,sex:' 男 '},
        }
    })
</script>
```

运行之后，效果如图4-18所示。

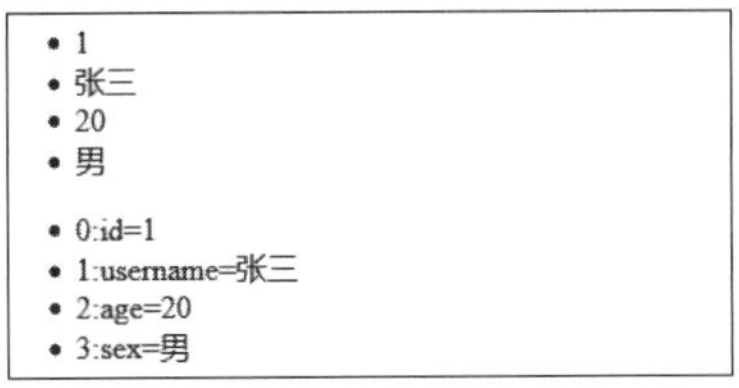

图 4-18　0419.html 的运行效果

当循环的是对象时，可以输出对象的属性值。

例20：0420.html[循环对象数组（指数组元素值为对象）]。

```
<div id="app">
        <ul>
 <!-- 循环输出的是对象 users 的属性值 -->
            <li v-for="(user,index) in users">
                {{index+1}}- {{user.id}}-{{user.username}}-{{user.sex}}
            </li>
        </ul>
</div>
<script>
        var vm = new Vue({
            el: '#app',
            data: {
                users:[
                {id:1,username:' 张三 ',age:20,sex:' 男 '},
                {id:2,username:' 李四 ',age:22,sex:' 女 '},
                {id:3,username:' 王五 ',age:23,sex:' 男 '},
                ]
            }
        })
</script>
```

运行之后，效果如图4-19所示。

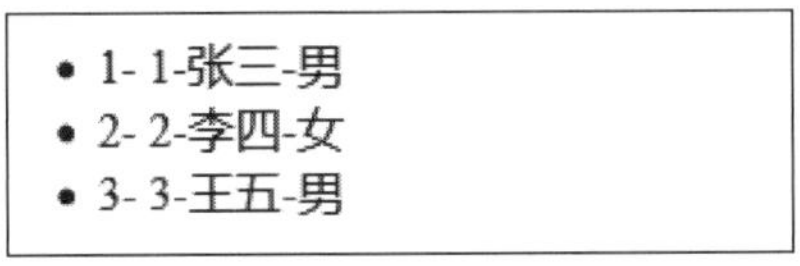

图 4-19　0420.html 的运行效果

2. 使用 v-for 指令时尽量提供 key，提高修改元素的效率

v-for 指令的默认行为是尝试原地修改元素而不是移动元素。如果强制其重新排列元素，则需要用 key 来提供一个排序提示。假如有如下代码：

```
<div id="app">
    <ul>
        <li v-for="value in arr2">{{value}}</li>
        <hr>
        <li v-for="(value,key) in arr2" :key="key">{{value}}</li>
    </ul>
</div>
<script>
    var app4 = new Vue({
        el: '#app',
        data: {
            arr2: [1,2,3,4,5],
        }
    })
</script>
```

上面代码通过指定 ":key" 属性为每个元素绑定一个唯一的key，其优势是当更新元素时可重用元素来提高效率。也就是说，假设数组arr2元素值发生变化时，如果没有 ":key" 属性，那么会把arr2所有值先删除再重新插入。有key的话就会重用原有元素，也就是在原先基础上修改。

3. 遍历数字与字符串

当遍历的对象为数字时，遍历的就是从1到该数字之间的所有整数。如：

```
<span v-for="item in 5" :key="item">{{ item }}</span>
```

输出结果为：12345。

当遍历的对象为字符串时，遍历的就是该字符串的每个字符。如：

```
<span v-for="item in ' 徐照兴 '" :key="item">{{ item }}</span>
```

输出结果为：徐照兴。

 devtools 插件安装

在项目的调试运行阶段常常看到如图4-20所示的两个警告提示。

图 4-20　Vue 项目运行时常见的两个提示

图4-20中第一个提示表示要安装一个devtools插件，其作用是在一个更友好的界面中审查和调试 Vue 项目，直接单击提示的网址即可进入下载页面，如图4-21所示。根据浏览器的不同，单击不同链接安装对应浏览器的devtools插件，如图4-21所示安装的是火狐浏览器对应版本的devtools插件。

图 4-21　根据浏览器不同安装不同版本的 devtools 插件

单击图4-21中的Get the Firefox Addon/（beta channel），弹出如图4-22所示页面。单击【Add to Firefox】按钮，如果出现相关提示，则单击【添加】按钮，在控制栏右侧会增加如图4-23所示框内的按钮，表示Vue的devtools插件安装成功。

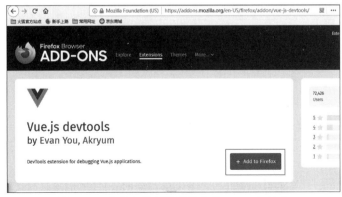

图 4-22　安装火狐浏览器版本的 devtools 插件

图 4-23 火狐浏览器中 devtools 插件安装成功

关闭火狐浏览器，重新用火狐浏览器打开文件，按【F12】键打开开发者工具，就会发现控制台右侧多了一个Vue图标，同时还会发现第一个警告提示没有了，如图4-24所示。

图 4-24 控制台中显示 Vue 图标

单击控制台右侧的Vue图标，如图4-25所示（运行的是0415.html），然后在控制台左侧选择某节点，在右侧就会显示相关信息，这些信息有助于调试Vue程序。

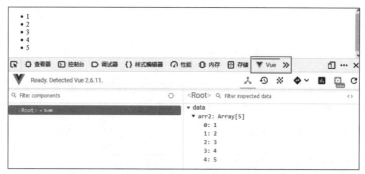

图 4-25 通过控制台 Vue 选项卡显示相关信息

图4-20第二个提示说明开发的时候用开发模式vue.js，开发完毕后应该用生产模式，即vue.min.js。

4.10 v-if 与 v-for 指令结合使用

当 v-if 与 v-for 指令一起使用（条件与循环的结合）时，v-for 指令具有比 v-if 指令更高的优先级，当只想为部分项渲染节点时，这种优先级的机制会十分有用。也就是说，当 v-if 与 v-for 指令一起使用时，v-for循环在外，v-if条件判断在内部。

例21：0421.html。

```html
<div id="app">
      <ul>
          <li v-for="item in items" v-if="item.isOk">{{item.text}}</li>
      </ul>
</div>
<script>
      var vm=new Vue({
          el:"#app",
          data:{
              items:[
                  {text:"vue",isOk:true},
                  {text:"react",isOk:true},
                  {text:"angular",isOk:true},
                  {text:"html5",isOk:false},
                  {text:"css3",isOk:false},
              ]
          }
      })
</script>
```

上述代码是对items对象数组进行循环，每次遍历时判断对象的isOK属性，如果为true，则把它作为li的元素值输出，运行结果如图4-26所示。

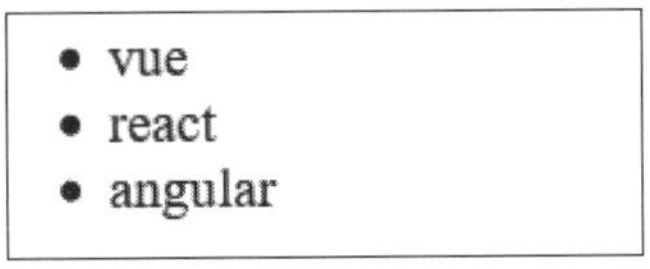

- vue
- react
- angular

图 4-26　0421.html 运行结果

当然，如果是有条件地跳过循环的执行，那么可以将 v-if 置于外层元素上。

例22：0422.html。

```html
<div id="app">
<!-- 这里不再是 item.isOk，因为这里不存在 item -->
      <ul v-if="isOK">
          <li v-for="item in items" >{{item.text}}</li>
      </ul>
      {{num}}
</div>
<script>
      var vm=new Vue({
          el:"#app",
          data:{
              isOK:true
```

```
                items:[
                    {text:"vue",isOk:true},
                    {text:"react",isOk:true},
                    {text:"angular",isOk:true},
                    {text:"html5",isOk:false},
                    {text:"css3",isOk:false},
                ]
            }
        })
</script>
```

运行之后，结果如图4-27所示。

- vue
- react
- angular
- html5
- css3

图 4-27   0422.html 运行结果

如果把上面代码中isOK后面的true改为false，将不再显示整个无序列表内容。

4.11 v-once 与 v-pre 指令

v-once指令不需要表达式，只渲染元素和组件一次。随后的重新渲染，元素/组件及其所有的子节点将被视为静态内容并跳过。这可以用于优化更新性能。

v-pre指令不需要表达式，不解析Mustache 标签（{{ }}），即跳过这个元素和其子元素的编译过程。跳过大量没有指令的节点会加快编译。

例23：0423.html。

```
<div id="app">
        <input type="text" v-model="msg">{{msg}}</input><br>
        <!-- 只绑定一次，后面修改了 msg 的值，这里不变 -->
        <h3 v-once>{{msg}}</h3>
        <!-- 把 {{}} 显示出来， 加一个 v-pre 指令 -->
        <h3 v-pre>{{msg}}</h3>
        <!-- <h3 v-pre>{{hello vue}}</h3> 这里如果没有 v-pre 指令就会报错，因为会认为
hello vue 是 data 里的一个属性，而实际不存在，所以会报错 -->
</div>
<script>
        var vm = new Vue({
            el: "#app",
            data: {
```

```
            msg:" 欢迎来到小豆子学堂 "
        }
    })
</script>
```

运行之后，效果如图4-28所示。

图 4-28　0423.html 运行效果

假如网页中有一篇文章，文章内容不需要被 Vue 管理渲染，则可以在此元素上添加 v-pre 指令，将会忽略对文章编译（不会去检测文章内容是否含有Vue的语法，并对其进行解析），从而提高性能。

⏱ 实战练习

1. 写出下面程序代码运行的结果，并分析原因。

```
<div id="app">
    <button @click="show()"> 点我 </button>
    <button v-on:click="show"> 点我 </button>
    <hr>
    <button v-on:click="add()"> 向数组中添加一个元素 </button><br>
    {{arr}}
    <hr>
    <button v-on:mouseover="show"> 鼠标经过时执行 </button>
    <button v-on:dblclick="show"> 鼠标双击时 </button>
</div>
<script>
        var vm = new Vue({
        el: "#app",
        data: {
            arr: [12,23,34,45]
        },
        methods:{
            show()
            {
                console.log(" 这是 show 方法 ")
            },
            add:function(){
                console.log(this);
```

```
                            console.log(this===vm)
                            this.arr.push(88);
                            vm.arr.push(99);
console.log(this.arr)
                            this.show();
                        }
                    }
                })
</script>
```

2. 写出下面程序代码运行的结果，并分析原因。

```html
<div id="app">
    <input type="text" v-model="id"/>
    <input type="text" v-model="pname"/>
    <button @click="addData">添加数据 </button>
    <br/>
    <table id="tb">
        <tr>
            <th>编号 </th>
            <th>名称 </th>
            <th>创建时间 </th>
            <th>操作 </th>
        </tr>
        <tr v-show="list.length==0">
            <td colspan="4">当前列表没有任何数据 </td>
        </tr>
        <tr v-for="item in list">
            <td>{{item.id}}</td>
            <td>{{item.name}}</td>
            <td>{{item.ctime}}</td>
            <td>
                <a href="javascript:void (0)" @click="">删除 </a>
            </td>
        </tr>
    </table>
</div>
<script>
    var vm=new Vue({
        el:"#app",
        data:{
            color1:"red",
            list:[{
                id:1,
                name:" 奔驰 ",
                ctime:new Date()
            },{
```

```
            id:2,
            name:"宝马",
            ctime:new Date()
        },{
            id:3,
            name:"奇瑞",
            ctime:new Date()
        }],
        id:0,
        pname:''
    },
    methods:{
        addData:function(){
            var p={
                id:this.id,
                name:this.pname,
                ctime:new Date()
            }
            this.list.push(p);
            this.id='';
            this.pname='';
        }
    }
})
</script>
```

🔧 高手点拨

通过本章的学习，主要掌握常用 Vue 指令的用法及注意事项，包括 v-text、v-html、v-model、v-cloak、v-bind、v-on、v-if、v-show、v-for、v-once 和 v-pre。各指令主要含义如表 4-1 所示。

表 4-1   常用指令主要含义表

指令名称	主要含义
v-text	读取文本内容，不解析 HTML 标签
v-html	读取文本内容，解析 HTML 标签
v-model	数据双向绑定
v-cloak	解决显示闪烁问题
v-bind	绑定标签属性
v-on	绑定自定义方法
v-if	判断显示/隐藏，这个操作 DOM 安全性好
v-show	判断显示/隐藏，操作的是 display，不删除元素的 DOM 节点
v-for	循环遍历数据
v-once	只渲染元素和组件一次
v-pre	不解析 Mustache 标签（{{ }}）

第 5 章

事件修饰符、按键修饰符
与系统修饰符

熟悉了 Vue 的指令系统后，在实际开发中，不可避免地会使用到对事件的操作，如何处理 DOM 事件流，成为必须要掌握的技能。不同于传统的前端开发，Vue 中提供了事件修饰符、按键修饰符和系统修饰符，本章一起来学习如何使用这些修饰符进行 DOM 事件流的操作等。

DOM 事件流相关概念

在完成页面中的某些功能时，需要使用 v-on 指令去监听 DOM 事件。在 HTML 4 时代，IE 和 Netscape 的开发团队提出了两个截然相反的事件流概念。这一差异，也使得在写代码时需要考虑如何去处理 DOM 的事件细节。为了解决这一问题，Vue提供了事件修饰符，它使得方法只有纯粹的数据逻辑，而不用去处理 DOM 事件细节。DOM事件流相关概念如下。

① 事件：用户设定或者浏览器自身执行的某种动作，如click（单击）、load（加载）、mouseover（鼠标悬停）、change（改变）等。

② 事件处理程序：为了实现某个事件的功能而构建的函数/方法，也可称为事件监听器。

③ DOM 事件流：描述的是从页面中接收事件的顺序，也可以理解为事件在页面中传播的顺序。在 DOM 事件流中存在3个阶段，即事件捕获阶段、处于目标阶段和事件冒泡阶段。

- 从文档的根节点流向目标对象，这个过程即事件捕获阶段。
- 在目标对象上被触发，即处于目标阶段。
- 从目标对象回溯到文档的根节点，这个过程为事件冒泡阶段。

④ 事件捕获（event capture）：当鼠标单击或者触发 DOM 事件时，浏览器会从根节点开始由外到内进行事件传播。

例如以下代码：

```
<!DOCTYPE html>
<html>
    <head>
        <title>Event Capture Example</title>
    </head>
    <body>
        <div id="myDiv">Click Me</div>
    </body>
</html>
```

单击 <div>元素就会按document、<html>、<body>、<div>的顺序触发 click 事件。

⑤ 事件冒泡（event bubbing）：当鼠标单击或者触发 DOM 事件时，浏览器会从触发事件的节点开始由内到外进行事件传播，即单击了子元素，则先触发子元素绑定的事件，逐步扩散到父元素绑定的事件。

如果单击了页面中的 <div> 元素，那么这个 click 事件会按照<div>、<body>、<html>、document的顺序传播。

之前提到的 IE 和 Netscape 的开发团队提出了两个截然相反的事件流概念，IE 采取的是事件冒泡流，而标准的浏览器的事件流则是事件捕获流。所以，为了兼容 IE 需要改变某些写法。

5.2 事件修饰符

5.2.1 .stop 修饰符

.stop修饰符用于阻止事件冒泡，即阻止事件的继续传播。

例1：0501.html。

```html
<div id="app" class="divDefault">
    <div id="div1" @click="divHandlerClick">
        <input type="button" value=" 单击 " @click="btnHandlerClick" />
    </div>
</div>
<script>
   var vm = new Vue({
       el: '#app',
       data: {},
       methods: {
           divHandlerClick() {
               alert(' 我是 div 的单击事件！ ')
           },
           btnHandlerClick() {
               alert(' 我是 button 的单击事件 ')
           }
       }
   });
</script>
```

上面分别创建了一个 button 的单击事件和外侧的 div 的单击事件，根据事件的冒泡机制可知，当单击了按钮之后，会扩散到父元素，从而触发父元素的单击事件。也就是说，会先弹出"我是button的单击事件"窗口，然后弹出"我是div的单击事件！"窗口。

如何阻止事件冒泡呢？

1. 原生JS做法

如果不希望出现事件冒泡，单击的方法需要传入\$event事件对象，然后在方法内部调用事件对象的stopPropagation()方法。

① 使用@click方法传入\$event，代码如下：

```html
<input type="button" value=" 单击 " @click="btnHandlerClick($event)" />
```

② 处理单击按钮事件的方法：先要有一个形参对象用来接收单击时传过来的事件，然后再使用stopPropagation()方法阻止事件冒泡。代码如下：

```js
btnHandlerClick(e) {
```

```
                alert(' 我是 button 的单击事件 ');
                e.stopPropagation()
    }
```

这时单击"单击"按钮只会弹出"我是button的单击事件"的窗口。

2. 采用Vue的.stop事件修饰符

原生JS做法有点麻烦，如果不希望出现事件冒泡，可以使用 Vue 内置的修饰符便捷地阻止事件冒泡的产生。因为是单击 button 后产生事件冒泡，所以只需要在 button 的单击事件上加上.stop 修饰符即可。代码如下：

```
<input type="button" value=" 单击 " @click.stop="btnHandlerClick" />
```

这时单击"单击"按钮也只会弹出"我是button的单击事件"的窗口。

5.2.2 .prevent 修饰符

.prevent是阻止默认事件修饰符。阻止默认事件是指有些标签本身会存在事件，如<a>标签的跳转，form 表单中 submit 按钮的提交事件等，在某些时候只想执行自己设置的事件，这时就需要阻止标签的默认事件的执行。采用原生 JS方法，需要在方法中传入$event事件对象，然后在方法内部使用事件对象 preventDefault() 方法来实现。在 Vue 中，只需要使用.prevent 修饰符就可以了。

1. 阻止<a>标签默认事件

例2：0502.html。

```
<div id="app">
    <a href="http://www.baidu.com" @click.prevent="aHandlerClick">链接跳转 </a>
</div>
<script>
    var vm = new Vue({
        el: '#app',
        data: {},
        methods: {
            aHandlerClick() {
                alert(' 我是 <a> 标签的单击事件 ')
            }
        }
    });
</script>
```

上述代码中，如果@click后面没有添加.prevent修饰符，则为<a>标签添加了一个单击事件，由于<a>标签本身具有默认的跳转事件，当单击跳转链接后，最终还是会执行<a>标签的默认事件。也就是先打开弹窗，然后跳转到链接的网站。如果在@click后面加上.prevent修饰符，就只会打开弹窗，不会跳转到链接的网站，因为默认的跳转事件被阻止了。

2. 阻止表单的默认提交事件重新加载页面

对于表单的提交事件，默认提交后会重新加载页面。

例3：0503.html。

```
<div id="app">
    <form v-on:submit.prevent="tijiao">
        <input type="text" name="username" />
        <input type="submit" value=" 提交 " />
    </form>
</div>
<script>
    var vm = new Vue({
        el: "#app",
        data: {
        },
        methods: {
            tijiao: function () {
                console.log(" 已阻止了默认的重新加载页面 ")
            }
        }
    })
</script>
```

在上述代码中，假设v-on:submit后面没有.prevent修饰符，则在控制台上看不到输出"已阻止了默认的重新加载页面"，因为提交后页面重新加载了，可看到标志浏览器的【刷新】按钮转动了。

如果要阻止上述代码中的默认重新加载页面，只需要在submit事件后加.prevent 修饰符就可以了，再次运行后就能看到在控制台上输出"已阻止了默认的重新加载页面"，如图5-1所示。

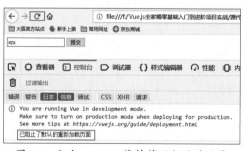

图 5-1　加上 .prevent 修饰符运行后的效果

再如，右击也有默认事件。如果只想弹出自己设置的右击事件，那么也可以使用.prevent修饰符去阻止。

采用原生JS方法阻止表单的默认提交事件重新加载页面，代码如下：

```
<div id="app">
    <form v-on:submit="tijiao($event)">
        <input type="text" name="username" />
        <input type="submit" value=" 提交 " />
```

```
        </form>
    </div>
    <script>
        var vm = new Vue({
            el: "#app",
            data: {
            },
            methods: {
                tijiao: function (e) {
                    console.log("已阻止了默认的重新加载页面");
                    e.preventDefault();
                }
            }
        })
    </script>
```

3. 修饰符串联

修饰符可以串联，即多个修饰符连接在一起使用，如下面代码既阻止冒泡，又阻止默认行为。

```
<a href="http://www.baidu.com"v-on:click.stop.prevent="doThat"></a>
```

4. 只有修饰符，没有具体方法

只有修饰符，即只是阻止一个行为，但不做"事情"，后面不需要提供方法，例如：

```
<form v-on:submit.prevent></form>
```

又如，下面代码片段中的v-on:submit.prevent后面也没有提供要执行的方法。

```
<form v-on:submit.prevent>
        <input type="text" name="username" />
        <input type="submit" value=" 提交 " />
</form>
```

5.2.3 .capture 修饰符

在上面的学习中了解到，事件捕获模式与事件冒泡模式是一对相反的事件处理流程，如果想要将页面元素的事件流改为事件捕获模式，只需要在父级元素的事件上使用.capture 修饰符即可。在0501.html的代码中，如果在 div 绑定的单击事件上使用.capture 修饰符，则单击按钮首先触发的就是最外侧的 div 的事件。

例如，在例1中，适当修改view部分，代码如下：

```
<div id="app" class="divDefault">
        <div id="div1" @click.capture="divHandlerClick">
            <input type="button" value=" 单击 " @click="btnHandlerClick" />
        </div>
</div>
<script>
```

```
            var vm = new Vue({
                el: '#app',
                data: {},
                methods: {
                    divHandlerClick() {
                        alert(' 我是 div 的单击事件！ ')
                    },
                    btnHandlerClick() {
                        alert(' 我是 button 的单击事件 ');
                    }
                }
            });
</script>
```

关键是在父级元素的单击事件中加了.capture，在单击按钮时先弹出"我是div的单击事件！"，然后弹出"我是button的单击事件"，即与原来的事件冒泡方式反过来了。

5.2.4 .self 修饰符

加上.self修饰符后，只能在 event.target 是当前元素自身时触发处理函数。

在0501.html中，为 div 绑定了一个单击事件，假设本意是只有单击 div 后触发这个事件，而实际情况是不论事件冒泡还是事件捕获都会触发这个事件，这与本意不符。在 Vue 中，可以使用.self修饰符去修饰事件，让这个事件只有在单击.self修饰符所在的节点时才触发。

例4：0504.html。

```
<style>
    .divDefault{
        background-color: red;
        width: 200px;
        height: 100px;
    }
    /* 为了更好地看到 div1 的范围，添加此样式 */
    #div1{
        background-color: blue;
        height: 50px;
    }
</style>
</head>
<body>
    <div id="app" class="divDefault">div1
        <div id="div1" @click.self="divHandlerClick">
            <input type="button" value=" 单击 " @click="btnHandlerClick" />
        </div>
    </div>
```

```
<script>
    var vm = new Vue({
        el: '#app',
        data: {},
        methods: {
            divHandlerClick() {
                alert(' 我是 div 的单击事件！ ')
            },
            btnHandlerClick() {
                alert(' 我是 button 的单击事件 ');
            }
        }
    });
</script>
```

只有单击div1本身时才会触发divHandlerClick事件。单击div1内部的button时不会触发divHandlerClick，只会触发button绑定的事件，与在button单击事件中用.stop修饰符阻止冒泡效果一样，但实现机理不一样。实际上，通过.self修饰符的单击button按钮会去尝试冒泡传播事件，但是传播到div1时，发现传播过来的事件不是div1本身触发的，所以不会触发div1的单击事件。然而，通过.stop修饰button的单击事件，直接就阻止了事件的传播。

5.2.5 .once 修饰符

.once修饰符使得事件只触发一次。如果想要绑定的事件只在第一次的时候触发，这时就可以使用.once 修饰符去修饰绑定的事件。例如，在下面的代码片段中，只有第一次单击时才会触发绑定的事件，之后再单击都不会触发。

```
<input type="button" value=" 单击 " @click.once="btnHandlerClick" />
```

5.3 按键修饰符

在某些实际场景中，可能需要设定各种按键事件去优化页面的交互，接下来学习在 Vue 中监听键盘事件的方法。

需求：用户输入账号和密码后按【Enter】键即可进行登录。

在传统的前端开发中，对于这种类似的需求，需要知道按键所对应的 keyCode（如按【Enter】键keyCode为13），然后通过判断 keyCode 得知用户按了哪个按键，继而执行后续的操作。

5.3.1　获取按键的 keyCode

要想获取按键的keyCode，可以通过v-model指令进行数据双向绑定，并同时绑定一个keydown事件，在keydown事件中输入keyCode。

例5：0505.html。

```
<div id="app">
    <input type="text" v-model="msg" v-on:keydown="keydown"></input>
</div>
<script>
    var vm=new Vue({
        el:"#app",
        data:{
            msg:"输入字符，输出 keyCode"
        },
        methods:{
            keydown:function(e){
                console.log(e.keyCode)
            }
        }
    })
</script>
```

运行之后，效果如图5-2所示。

图 5-2　0505.html 运行效果

测试可知：0～9键的keyCode是48～57。此外，方向键左、上、右、下（顺时针）的keyCode分别是37～40，【Enter】键的keyCode为13，【空格】键的keyCode为32，【F2】键的keyCode为113。

例6：0506.html。

需求：在文本框中不断输入字符，当按【Enter】键时显示前面已输入的字符，同时清空文本框。代码如下：

```
<div id="app">
    <div>在文本框中不断输入字符，当按【Enter】键时显示前面已输入的字符，同时清空文本框</div>
        {{msg}}
        <input type="text" v-on:keydown="keydown"></input>
```

```
    </div>
    <script>
        var vm=new Vue({
            el:"#app",
            data:{
                msg:""
            },
            methods:{
                keydown:function(e){
                    console.log(e.keyCode)
                    if(e.keyCode==13)
                    {
                        this.msg=e.target.value;// 获取文本框中的值
                        e.target.value="";
                    }
                }
            }
        })
    </script>
```

运行之后，效果如图5-3所示。

在文本框中不断输入字符，当按【Enter】键时显示前面已输入的字符，同时清空文本框
123456 │

图 5-3   0506.html 运行效果

5.3.2   监听按键事件

在 Vue 中，提供了一种便利的方式来实现监听按键事件。在监听按键事件时，经常需要查找常见的按键所对应的 keyCode。

例7：0507.html。

```
<div id="app">
    <div> 在文本框中不断输入字符，当按【Enter】键时显示前面已输入的字符，同时清空文本框 </div>
    {{msg}}
    <input type="text" v-on:keydown.13="keydown"></input>
</div>
<script>
        var vm=new Vue({
            el:"#app",
            data:{
                msg:""
            },
            methods:{
                keydown:function(e){
```

```
                console.log(e.keyCode);
                // if(e.keyCode==13) 对其进行注释，不做 if 判断
                // {
                    this.msg=e.target.value;
                    e.target.value="";
                // }
            }
        }
    })
</script>
```

上面例7中使用了v-on:keydown.13，13表示【Enter】键的keyCode。Vue 为常用的按键提供了别名，常见别名如下（通过别名不需要判断keyCode，也不需要特别去记住keyCode值）。

- .enter：捕获【Enter】键。
- .tab：捕获【Tab】键。
- .delete：捕获【Delete】键和【Backspace】键。
- .esc：捕获【Esc】键。
- .space：捕获空格键。
- .up：捕获向上方向键。
- .down：捕获向下方向键。
- .left：捕获向左方向键。
- .right：捕获向右方向键。

根据以上别名，将例7中的13直接换成Enter即可。

> **注 意**
>
> 有一些按键（如【Esc】键及所有的方向键）在 IE9 中有不同的 keyCode 值，如果想要支持 IE9，这些内置的别名是首选。

5.3.3 自定义按键修饰符

Vue 实际上并没有对所有的按键都定义别名。但是，Vue 提供了一种通过定义全局 config.keyCodes 来自定义按键修饰符的别名的方式。例如，在0507.html中是通过按【Enter】键取输入到文本框中的值，现在需求改变了，需要通过按【F2】键来获得文本框的值，这时就可以通过自定义按键修饰符来实现操作。

例8：0508.html。

```
<div id="app">
    <label> 姓名: </label>
    <input id="name" type="text" v-model="name" @keyup.F2="pressF2">
</div>
<script>
```

```
        // 自定义按键修饰符
        Vue.config.keyCodes.f2 = 113
        var vm = new Vue({
            el: '#app',
            data: {
                name: ''
            },
            methods: {
                pressF2() {
                    console.log("name:"+this.name +"，是通过【F2】按键获得 ");
                }
            }
        })
    </script>
```

运行之后，效果如图5-4所示。

图 5-4　0508.html 运行效果

说 明

实际上，【F2】键等 F 功能键及 a ~ z 字母键的别名都有了，无须自定义，直接使用就可以。也就是说，删除 Vue.config.keyCodes.f2 = 113 代码也可以。

"console.log("name:"+this.name +"，是通过【F2】键获得 ");" 可以用下面的代码代替：

```
console.log(`name:${this.name}，是通过【F2】键获得 `);
```

上面写法更简洁，注意两端不是双引号，也不是单引号，而是反单引号 `` ，这是 ECMAScript6 语法，关于 ECMAScript6 的基本语法详见第 14 章讲解。

5.4　系统修饰符

在 Vue 的2.1.0以后的版本中，开发者提供了系统修饰符，来实现在按相应按键（键盘按键、鼠标按键）时才触发键盘或鼠标事件的监听器事件。

1. 键盘按键修饰符

```
.ctrl
.alt
.shift
.meta
```

> **注 意**
>
> 在 Mac 系统键盘上，meta 对应 command 键（⌘）。在 Windows 系统键盘上，meta 对应 Windows 徽标键（▣）。在 Sun 操作系统键盘上，meta 对应实心宝石键（◆）。

例9：0509.html。

```html
<div id="app">
    <label>姓名：</label>
    <input id="name" type="text" v-model="name" @keyup.ctrl="log">
</div>
<script>
    var vm = new Vue({
        el: '#app',
        data: {
            name: ''
        },
        methods: {
            log() {
                console.log('name:${this.name}');
            }
        }
    })
</script>
```

当按【Ctrl】键时，控制台不会输出任何信息，即自定义的方法其实并没有执行。因为系统修饰符一般与另外一个系统修饰符一起使用才有效。试着按【Ctrl】键加另外一个系统修饰符，如【Ctrl+Alt】键或【Ctrl+Shift】键，发现可以生效，不过按【Ctrl+A】键和【Ctrl+C】键等也会生效。于是需要去指定系统修饰符与另外一个字母键进行组合。即例9中ctrl可以改为.ctrl.67 或者.ctrl.c，即按【Ctrl+C】键（C的keyCode为67）。如果改为.alt.67，即表示按【Alt+C】键，此时按其他键均无效。

总结：系统修饰符主要是以一种组合按键的形式使用。

又如配合单击事件，代码如下：

```html
<div @click.ctrl="doSomething">Do something</div>
<!-- 单击 Do something 的同时按【Ctrl】键才能触发方法 doSomething-->
```

2. 鼠标按钮修饰符

在 Vue 的2.2.0以后的版本中，开发者提供了鼠标按钮修饰符去触发鼠标事件监听器。常见的鼠标按钮修饰符有.left、.right、.middle。

例10：0510.html。

```
<div id="app">
    <input id="name" type="text" v-model="name">
    <button @click.right="log">log</button>
</div>
<script>
    var vm = new Vue({
        el: '#app',
        data: {
            name: ''
        },
        methods: {
            log() {
                console.log('name:${this.name}');
            }
        }
    })
</script>
```

在例10中，右击按钮时才会触发自定义的 log 事件，此时会发现右击时的默认事件出现了，可以通过.prevent修饰符去阻止，运行效果如图5-5所示。

图 5-5　0510.html 运行效果

⏱ 实战练习

写出下面程序代码运行的结果，并结合注释分析原因。

```
<div id="demoExc">
<p>------------ 事件处理修饰符 ----------------</p>
        <!-- 阻止单击事件继续传播，将上面两个方法绑定到一组具有父子关系的元素上 -->
        <div @click="div_click">
            <a v-on:click.stop="stop_click">click.stop</a>
        </div>
```

```
        <div @click="div_click">
            <a v-on:click="stop_click">click without stop</a>
        </div>
        <!-- 提交事件时不再重载页面阻止表单提交并刷新当前页面的默认行为 -->
        <form v-on:submit.prevent="form_submit">
            <input type="submit" value="submit">
        </form>
        <!-- 修饰符可以串联 -->
        <a v-on:click.stop.prevent="doThis"> 串联 </a>
        <!-- 只有修饰符 -->
        <form v-on:submit.prevent></form>
</div>
<p>-----------------------------</p>
<div id="demoExc-2" v-on:click.capture="doThis">test capture</div>
<p>-----------------------------</p>
<!-- 该指令只当事件是从事件绑定的元素本身触发时才触发回调 -->
<div id="demoExc-3" v-on:click.self="div_click" style="display:inline-block;
width:200px; background-color:red;">
        <button type="button" @click="stop_click">Button</button>
</div>
<button type="button" @click.once="once_click">Onceclick</button>
<p>-----------------------------</p>
<div id="demo24-4">
        <!-- Enter -->
        <input v-on:keyup.13="doThis">
        <input type="text" @keyup.enter="enter_click" placeholder="enter_click">
        <!-- Alt + C -->
        <input @keyup.alt.67="doThis">
        <!-- Ctrl + Click -->
        <div @click.ctrl="doThis">doThis</div>
        <!-- 即使【Alt】键或【Shift】键被一同按下时也会触发 -->
        <button @click.ctrl="doThis">A</button>
        <!-- 有且只有【Ctrl】键被按下时才触发 -->
        <button @click.ctrl.exact="doThis">B</button>
        <!-- 没有任何系统修饰符被按下的时候才触发 -->
        <button @click.exact="doThis">C</button>
</div>
<script>
        var vm = new Vue({
            data: {
                name: "vue.js",

            },
            methods: {
                doThis: function () {
                    alert("Hello" + name + "!");
```

```
        },
        div_click() {
            console.log("div click");
        },
        stop_click() {
            console.log("stop click");
        },
        form_submit() {
            console.log("form submit");
        },
        enter_click() {
            console.log("enter click");
        },
        once_click() {
            console.log("once click");
        }
    }
})
</script>
```

⚙ 高手点拨

通过本章的学习，主要掌握以下知识与技能。

1. 理解DOM事件流。

2. 能灵活使用常见事件修饰符，如.stop、.prevent、.capture、.self、.once。

3. 能灵活使用按键修饰符和系统修饰符。

第 6 章
计算属性与监听器、Vue 实例的生命周期

在 Vue 中,可以很方便地将数据使用 {{ }} 的方式渲染到页面元素中(声明式渲染),但是 {{ }} 的设计初衷是用于简单运算,即不应该对 {{ }} 里的数据做过多的操作。当需要对 {{ }} 里的数据做进一步的处理时,就应该使用 Vue 中的计算属性来完成这一操作。

计算属性基础知识

在{{ }}（模板）中放入太多的逻辑会让模板内容过重且难以维护。例如以下代码：

```
<div id="example">
  {{ message.split('').reverse().join('') }}
</div>
```

在上面的{{ }}中，模板不再是简单的声明式逻辑。必须看一段时间才能看懂，这里是想要显示变量 message 反转后的字符串。当想要在模板中多次引用此处的反转字符串时，就会更加难以处理。因此，对于任何复杂逻辑，都应当使用计算属性。那么如何定义计算属性呢？计算属性要定义在Vue实例的computed选项中，计算属性本质是一个方法。

例1：0601.html。

```
<div id="app">
        <!-- 这里实际上是通过 msg 计算出来的值，这样写不是 {{}} 的使用初衷 -->
        {{msg.split("").reverse().join("")}}
        <!-- 下面通过计算属性来实现，ReverseMsg 是通过 msg 计算出来的值 -->
        {{ReverseMsg}}
</div>
<script>
        var vm=new Vue({
            el:"#app",
            data:{
                msg:"hello vue"
            },
            computed:{
                ReverseMsg:function(){
                    return this.msg.split("").reverse().join("")
                }
            }
        })
</script>
```

以上结果都是输出"hello vue"反转后的字符。计算属性虽称为属性，但也是用来存储数据的（像data选项一样），它的本质是方法。即例1中，将定义计算属性的代码改为像属性一样直接赋值是不行的，必须是通过方法返回。

```
ReverseMsg:this.msg.split("").reverse().join("")
```

计算属性一般是用来描述一个属性值依赖于另一个属性值，当使用模板表达式{{ }}将计算属性绑定到页面元素上时，计算属性会在依赖的属性值变化时自动更新 DOM 元素。改进0601.html，增加加粗代码，以方便改变msg值。

例2：0602.html。

```
<div id="app">
        <!-- 这里实际上是通过 msg 计算出来的值，这样写不是 {{}} 的使用初衷 -->
        {{msg.split("").reverse().join("")}}
        <!-- 下面通过计算属性来实现，ReverseMsg 是通过 msg 计算出来的值 -->
        {{ReverseMsg}}
        <input v-model="msg">
</div>
<script>
        var vm=new Vue({
            el:"#app",
            data:{
                msg:"hello vue"
            },
            computed:{
                ReverseMsg:function(){
                    return this.msg.split("").reverse().join("")
                }
                //ReverseMsg:this.msg.split("").reverse().join("")
            }
        })
</script>
```

运行后发现通过文本框改变msg值，计算属性ReverseMsg值会跟着改变。也就是说，改变计算属性的依赖值就可以改变计算属性的值。

6.2　计算属性的组成

计算属性实际上由get函数和set函数组成，分别用来获取和设置计算属性的值。0602.html中定义的计算属性只有一个方法，实际上就是get函数，即默认写的函数就是get函数，通过get函数可获取到计算属性的值，不过在需要时也可以提供一个 set函数。当然，改变了计算属性的值，set函数就会被执行，也就是通过计算属性的set方法可以监测到计算属性改变。

例3：0603.html。

```
<div id="app">
        <!-- 通过计算属性来实现，ReverseMsg 是通过 msg 计算出来的值 -->
        {{ReverseMsg}}
        <input v-model="msg">
</div>
<script>
```

```
var vm = new Vue({
    el: "#app",
    data: {
        msg: "hello vue"
    },
    computed: {
        // 只有一个 get 函数时的写法
        /*  ReverseMsg:function(){
             return this.msg.split("").reverse().join("")
          } */
        // 有 get 函数和 set 函数时的写法
        ReverseMsg: {
            get: function () { // 方法名固定为 get
                return this.msg.split("").reverse().join("")
            },
            set: function (newvalue) {// 方法名固定为 set, 参数 newvalue 为改变
                                      // 后的计算属性的值
                console.log(" 计算属性值被改变了 ");
                console.log(" 改变后的值为: "+newvalue)
            }
        }
    }
})
console.log(vm.ReverseMsg);// 当读取 ReverseMsg 的值时即会调用 get 方法
vm.ReverseMsg = " 小豆子学堂 "// 当为 ReverseMsg 设置值时就会调用 set 方法
</script>
```

运行之后，效果如图6-1所示。

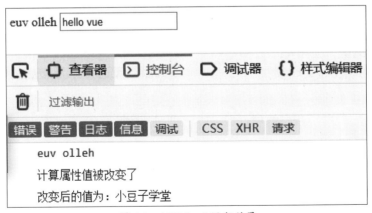

图 6-1　0603.html 运行效果

注 意

　　在 set 方法里面不要去直接改变计算属性（ReverseMsg）的值，否则会导致死循环。要想改变计算属性的值，一般是通过改变它的依赖值。

6.3 计算属性与方法对比

例4：0604.html。

在 computed 选项中定义一个 reversedMessage 属性，它根据 data 中的 message 属性的变化自动获取反转后的 message 属性值。

```html
<div id="app">
        输入的值: <input type="text" v-model="message"><br/>
        反转的值: {{reversedMessage}}
</div>
<script>
        var vm = new Vue({
            el: '#app',
            data: {
                message: ''
            },
            computed: {
                reversedMessage() {
                    // 这里的 this 指向当前的 vm 实例
                    return this.message.split('').reverse().join('')
                }
            },
            methods: {}
        })
</script>
```

运行之后，效果如图6-2所示。

输入的值: 徐照兴1
反转的值: 1兴照徐

只要在文本框中输入字符，在
下面就会动态显示反转后的值

图 6-2　0604.html 运行效果

从例4可以看出，这里的写法与在定义方法时很相似，完全可以在 methods 中定义一个方法来实现这个需求。把0604.html改为用方法来实现，如例5。

例5：0605.html（使用方法实现）。

```html
<div id="app">
        输入的值: <input type="text" v-model="message"><br />
        反转的值: {{reversedMessage()}}
</div>
<script>
```

```
            var vm = new Vue({
                el: '#app',
                data: {
                    message: ''
                },
            methods: {
                    reversedMessage() {
                        // 这里的 this 指向当前的 vm 实例
                        return this.message.split('').reverse().join('')
                    }
                }
            })
</script>
```

在使用计算属性的时候，是把计算属性的名称直接当作属性来使用，而并不会把计算属性当作一个方法去调用。作为方法调用直接写在{{ }}里，方法后面需要写()。

为什么要使用计算属性而不是去定义一个方法呢？因为，计算属性是基于它们的依赖进行缓存的。即只有在相关依赖发生改变时才会重新求值。例如在0605.html中，只要 message 的属性值没有发生改变，无论什么时候使用到 reversedMessage 属性，都会立即返回之前的计算结果，而不必再次执行函数。

反之，如果使用方法的形式实现，当使用到 reversedMessage 方法时，无论 message 属性是否发生了改变，方法都会重新执行一次，这无形中增加了系统的开销。

例6：0606.html。

```
<div id="app">
    <!-- 下面通过计算属性来实现，ReverseMsg 是通过 msg 计算出来的值 -->
    {{ReverseMsg}}  {{ReverseMsg}}  {{ReverseMsg}}{{ReverseMsg}}{{ReverseMsg}}
    <!-- 如果 msg 的值不改变，则 get 函数不再重新执行，因为计算一次后就具有缓存功能 -->
    <br />
    <!-- 通过方法实现反转，计算每次渲染时都会重新执行方法 -->
    {{ReverseMsg1()}}{{ReverseMsg1()}}{{ReverseMsg1()}}{{ReverseMsg1()}}
{{ReverseMsg1()}}
</div>
<script>
    var vm=new Vue({
        el:"#app",
        data:{
            msg:"hello vue"
        },
        computed:{
            ReverseMsg:{
                get:function(){
```

```
                    console.log(" 计算属性 "+Date.now());
                    return this.msg.split("").reverse().join("")
                }
            }
        },
        methods:{
            ReverseMsg1:function(){
                console.log(" 执行的是方法 "+Date.now());
                return this.msg.split("").reverse().join("")
            }
        }
    })
</script>
```

运行之后，效果如图6-3所示。

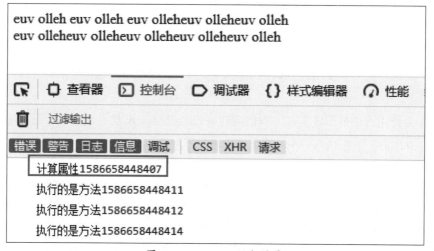

图 6-3　0606.html 运行效果

　　上面例6通过多次绑定计算属性和方法，因为依赖值没有改变，所以计算属性的get方法只执行了一次，因此带有系统时间的执行结果只有一个。通过计算方法绑定多次，每绑定一次都会重新执行计算方法，当然由于速度太快，没有把每次执行的带有系统时间的结果输出（因为同一个时刻可能执行了2次或更多次绑定，调用了2次或更多次方法）。

　　因此，计算属性多次使用时性能更高。实际上，计算属性具有缓存功能，再次渲染时只要依赖的属性值没有改变就可以直接使用上次的执行结果。

6.4 监听属性 watch

1. 监听属性watch的基本含义

监听属性watch也是Vue实例的一个选项。使用 watch 监听器的方法可以监测某个数据是否发生变化，如果发生变化则可以执行一系列业务逻辑操作。

监听器以 key-value 的形式定义，key 是一个字符串，它是需要被监测的对象，而 value则可以是字符串（指方法的名称，是通过methods定义好的方法）、函数（通过函数可以获取到监听对象改变前的值及更新后的值）或是一个对象[对象内可以包含回调函数的其他选项，例如是否初始化时执行监听 immediate（是就设置为true），或是否执行深度遍历 deep，即是否对对象内部的属性进行监听]。value实际上是监听到key变化后执行的回调函数。

2. 回调值为函数

下面通过例子来演示当回调值为函数的情况。

例7：0607.html。

```
<div id="app">
        {{msg}}
        <!-- 通过文本框改变 msg 的值 -->
        <input v-model="msg" />
</div>
<script>
        var vm=new Vue({
            el:"#app",
            data:{
                msg:"hello vue"
            },
            computed:{
            },
            methods:{
            },
            watch:{
                // 监听 msg 的值是否发生改变，发生改变时执行相应的回调函数，
                // 从而执行业务逻辑（在控制台下输出新的值）
                msg:function(newValue,oldValue)
                {
                    console.log(`新值: ${newValue} --------- 旧值: ${oldValue}`)
                }
            }
        });
</script>
```

运行之后，效果如图6-4所示。

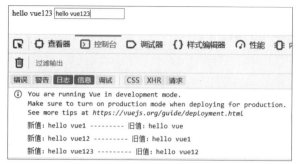

图 6-4　0607.html 运行效果

回调函数的参数newValue表示被监听属性改变后的值，而oldValue则表示被监听属性改变前的值。监听的回调函数也可以是在methods中已定义好的方法。

例8：0608.html。

```
<div id="app">
        {{msg}}
        <!-- 通过文本框改变 msg 的值 -->
        <input v-model="msg" />
</div>
<script>
        var vm=new Vue({
            el:"#app",
            data:{
                msg:"hello vue"
            },
            computed:{
            },
            methods:{
                watchMsg:function(newValue,oldValue)
                {
                    console.log(' 新值: ${newValue} --------- 旧值: ${oldValue}')
                }
            },
            watch:{
               msg:'watchMsg'   // 注意单引号不要漏掉
            }
        });
</script>
```

3. 回调值为对象

当监听的回调值为一个对象时，不仅可以设置回调函数，还可以设置一些回调的属性。

例9：0609.html。

```
<div id="app">
        用户姓名: <input type="text" v-model="User.name">
```

```
    </div>
    <script>
            var vm = new Vue({
                el: '#app',
                data: {
                    message: '',
                    User: {
                        name: 'zhangsan',
                        gender: 'male'
                    }
                },
                computed: {},
                watch: {
                    // 回调值为对象
                    'User': {
                        handler: function (newValue, oldValue) {
                            console.log(' 对象记录: 新值: ${newValue.name} --------- 旧值:
                                        ${oldValue.name}')
                        },
                        deep: true // 设置为深度遍历
                    }
                },
                methods: {}
            })
    </script>
```

运行之后，效果如图6-5所示。

图 6-5　0609.html 运行效果

在上面的例9中监听了 User 这个对象，同时执行了深度遍历。当监听到 User.name 这个属性发生改变的时候，就可以执行回调函数。需要注意的是，深度遍历默认为 false，当不启用深度遍历时，是无法监听到对象内部属性的变化的。

这里newValue 与 oldValue 是一样的。因为当监听的数据为对象或数组时，newValue 和 oldValue 是相等的，因为对象和数组都为引用类型，这两个形参指向的也是同一个数据对象（旧值获取不到）。同时，如果不启用深度遍历（deep:false）将无法监听到对象（User）中属性（name）的变化。

6.5 vm.$watch 及 watch 使用总结

1. vm.$watch使用

Vue实例方法vm.$watch的格式如下：

```
vm.$watch(data,callback[,options])
```

第一个参数为要监听的数据；第二个参数为回调；第三个参数为选项，可有可无。

实际上，vm.$watch与Vue实例选项watch是一样的，只是写的位置不一样。实例方法vm.$watch写在new Vue()外面，watch选项写在new Vue( )里面，另外实例方法前面有$符号。

例10：0610.html（对0608.html的改进）。

```
<div id="app">
      {{msg}}
      <!-- 通过文本框改变 msg 的值 -->
      <input v-model="msg" />
</div>
<script>
      var vm = new Vue({
          el: "#app",
          data: {
              msg: "hello vue"
          },
          computed: {
          },
      })
      // 注意：下面的 msg 外的单引号不能漏掉，其也可以换成双引号
      vm.$watch('msg', function (newValue, oldValue) {
          console.log(' 新值: ${newValue} --------- 旧值: ${oldValue}')
      })
    </script>
```

运行之后，效果如图6-6所示。

图 6-6   0610.html 运行效果

2. 计算属性与监听属性watch使用总结

计算属性的结果会被缓存起来，只有依赖的属性发生变化时才会重新计算，必须返回一个数据，主要用来进行纯数据的操作。

监听器主要用来监听某个数据的变化，从而去执行某些具体的回调业务逻辑，但不仅仅局限于返回数据。比如，当在数据变化时需要执行异步发送Ajax请求或开销较大的操作时，采用监听器较好。

6.6 Vue 实例生命周期

6.6.1　Vue 实例生命周期基础知识

在使用 Vue 时，都会创建一个 Vue 的实例，这个实例不仅是挂载 Vue 框架的入口，也是 MVVM 思想中的 VM（ViewModel）。每个 Vue 实例在被创建时都要经过一系列的初始化过程。例如，需要设置数据监听、编译模板、将实例挂载到 DOM 并在数据变化时更新 DOM 等。在这个过程中，Vue 会运行一些生命周期钩子函数，在钩子函数中可以编写一些自定义方法，用于在 Vue 的整个生命周期的某些阶段实现特殊需求。下面就来学习 Vue 实例的生命周期，主要学习钩子函数的应用。

在使用 Vue 的整个过程中，归根结底都是在对这个 Vue 实例进行操作。因此，只有了解 Vue 实例的生命周期，才可以更好地实现需要的业务逻辑。

Vue实例从创建到销毁的整个过程，称为Vue实例生命周期。Vue实例生命周期流程图如图6-7所示。

Vue实例生命周期共8个钩子函数，分别是beforeCreate、created、beforeMount、mounted、beforeUpdate、updated、beforeDestroy、destroyed。这8个钩子函数都是Vue实例的选项，也就是在 new Vue()时都可以设置。

从字面意思可以清楚地看出来，这8个钩子函数两个一组，分别对应于 Vue 实例的创建、挂载、更新、销毁，接下来解释钩子函数在Vue 实例各个阶段中的作用。

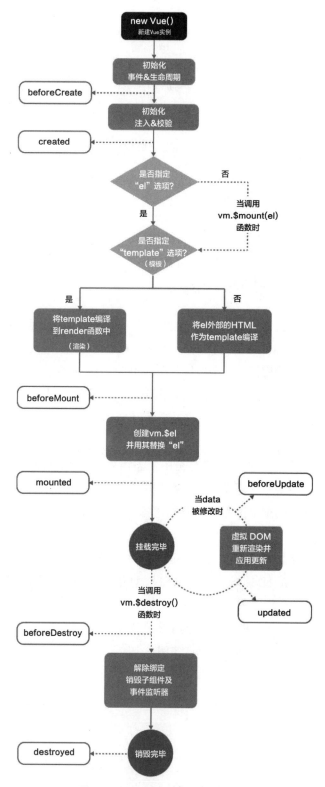

图 6-7　Vue 实例生命周期流程图

例11：0611.html。

```
<div id="app">
        {{msg}}
</div>
<script>
        var vm = new Vue({
            el: "#app",
            data: {
              msg:' 欢迎来到小豆子学堂 '
            },
            // 所有钩子函数都是 Vue 实例的一个选项
            beforeCreate(){
                alert(' 组件实例刚刚被创建，还未进行数据的观测和事件配置 ')
            },
            created(){
                alert(' 实例已经创建完成，并且已经进行数据观测和事件配置 ')
            },
            beforeMount(){
                alert(' 模板编译之前，还未挂载 ')
            },
            mounted(){
                alert(' 模板编译之后，已经挂载，此时才会渲染页面，才能看到页面上数据的
                      展示 ')
            },
            beforeUpdate(){
                alert(' 数据更新之前 ')
            },
            updated(){
                alert(' 数据更新之后 ')
            },
            beforeDestroy(){
                alert(' 组件销毁之前 ')
            },
            destroyed(){
                alert(' 组件销毁之后 ')
            }
            // 上面钩子函数的执行顺序与书写位置顺序没有关系
        })
</script>
```

运行时前面的4个钩子函数依次执行，但后面的4个钩子函数未执行，因为没有更新组件，也没有销毁组件。

例12：0612.html。

```
<div id="app">
        {{msg}}
        <br>
```

```
            <button @click="update">更新数据 </button>
            <!-- 组件销毁之后再单击【更新组件】按钮是没用的 -->
            <button @click="destroy">销毁组件 </button>
    </div>
    <script>
            var vm = new Vue({
                el: "#app",
                data: {
                    msg:' 欢迎来到小豆子学堂 '
                },
                methods:{
                    update(){
                        this.msg="welcome to xdz"
                    },
                    destroy(){
                        this.$destroy();// 组件销毁，占用的内容空间都被收回
                    }
                },
                // 所有钩子函数都是 Vue 实例的一个选项，对应一些函数
                beforeCreate(){
                    alert(' 组件实例刚刚被创建，还未进行数据的观测和事件配置 ')
                },
                created(){// 常用
                    alert(' 实例已经创建完成，并且已经进行数据观测和事件配置 ')
                },
                beforeMount(){
                    alert(' 模板编译之前，还未挂载 ')
                },
                mounted(){// 常用
                    alert(' 模板编译之后，已经挂载，此时才会渲染页面，才能看到页面上数据的
                        展示 ')
                },
                beforeUpdate(){
                    alert(' 数据更新之前 ')
                },
                updated(){
                    alert(' 数据更新之后 ')
                },
                beforeDestroy(){
                    alert(' 组件销毁之前 ')
                },
                destroyed(){
                    alert(' 组件销毁之后 ')
                }
                // 上面钩子函数的执行顺序与书写位置顺序没有关系
            })
    </script>
```

单击【更新组件】按钮会执行beforeUpdate和updated两个钩子函数。单击【销毁组件】按钮会执行beforeDestroy和destroyed两个钩子函数，销毁之后，单击【更新组件】就不再有反应了。

6.6.2　钩子函数 beforeCreate & created 示例

通过 new Vue() 创建了一个 Vue 实例之后会执行 init 方法，此时只会初始化 Vue 实例所包含的一些默认的事件与生命周期函数，在这个实例还未被完全创建之前，则会执行beforeCreate 钩子函数。

例13：0613.html。

```
<div id="app">
        {{message}}
</div>
<script>
        var vm = new Vue({
            el: '#app',
            data: {
                message: 'Hello World!'
            },
            methods: {
                show() {
                    console.log(' 执行了 show 方法 ');
                }
            },
            beforeCreate() {
                console.log('Vue 实例挂载对象 el: ${this.$el}')
                console.log('Vue 实例的 data 对象: ${this.$data}')
                console.log('Vue 实例的 message 属性值: ${this.message}')
                console.log('Vue 实例的 methods 对象: ${this.$options.methods}')
                this.show();
            }
        })
</script>
```

运行之后，效果如图6-8所示。

图 6-8　0613.html 运行效果

从浏览器的控制台中可以看到，此时Vue 实例中的挂载点元素、data、message属性，在 beforeCreated 生命周期钩子函数执行时，都没有进行初始化，methods对象产生了，但里面的方法不能使用。

> **注 意**
>
> 显示"Hello World！"是因为 Vue 实例已经创建完成了，并未阻止创建 Vue 实例时前面 4 个周期的自动执行。要观察 Vue 实例生命周期每个阶段都能执行什么，需要在控制台中编写代码。

当 beforeCreated 钩子函数执行完成后，Vue 实例已经初步初始化完成，此时将要执行生命周期中的 created 钩子函数来监听对于数据的更改或是监听事件。

例14：0614.html（与0613.html代码相比钩子函数不同）。

```html
<div id="app">
        {{message}}
</div>
<script>
        var vm = new Vue({
            el: '#app',
            data: {
                message: 'Hello World!'
            },
            methods: {
                show() {
                    console.log(' 执行了 show 方法 ');
                }
            },
            created() {
                console.log('Vue 实例挂载对象 el: ${this.$el}')
                console.log('Vue 实例的 data 对象: ${this.$data}')
                console.log('Vue 实例的 message 属性值: ${this.message}')
                console.log('Vue 实例的 methods 对象: ${this.$options.methods}')
                this.show();
            }
        })
</script>
```

运行之后，效果如图6-9所示。

图 6-9　0614.html 运行效果

从浏览器控制台输出的信息可以看出，在执行 created 钩子函数的过程中，自定义的属性 message和自定义的方法 show 已经初始化完成，此时整个 Vue 实例已经初始化完成。但是，Vue 实例的挂载点元素还没有进行初始化。也就是说，当执行完 created 钩子函数之后，Vue 实例与 View （视图层）之间依旧处于隔离的状态，created钩子函数初始化完成的 Vue 实例依旧没有与 DOM 进行绑定。

6.6.3　钩子函数 beforeMount & mounted 示例

当 Vue 实例执行完 beforeCreated、created 钩子函数之后，Vue 实例已经初始化完成，但并没有挂载到页面的 DOM 上。在挂载到页面 DOM 元素之前，需要执行 beforeMount 钩子函数将实例绑定到模板上进行编译渲染。

例15：0615.html。

```
<div id="app">
        <h3 id="h3">{{message}}</h3>
</div>
<script>
        var vm = new Vue({
            el: '#app',
            data: {
                message: 'Hello World!'
            },
            methods: {
                show() {
                    console.log('执行了 show 方法');
                }
            },
            beforeMount() {
                console.log(document.getElementById('h3').innerText)
            }
        })
</script>
```

运行之后，效果如图6-10所示。

图 6-10　0615.html 运行效果

通过图6-10可以看出，控制台输出的信息能获取到\<h3\>元素，也就是当执行到 beforeMount 钩子函数时，已经将模板编译完成，但是尚未挂载到页面上。

　　当把编译完成的模板挂载到页面上时，需要执行 mounted 钩子函数，在这个阶段，用户就可以看到已经渲染好的页面。

　　例16：0616.html（与0615.html相比钩子函数不同）。

```
<div id="app">
        <h3 id="h3">{{message}}</h3>
</div>
<script>
        var vm = new Vue({
            el: '#app',
            data: {
                message: 'Hello World!'
            },
            methods: {
                show() {
                    console.log(' 执行了 show 方法 ');
                }
            },
            mounted() {
                console.log(document.getElementById('h3').innerText)
            }
        })
</script>
```

运行之后，效果如图6-11所示。

图 6-11　0616.html 运行效果

　　从图6-11可以看到，已经获取到了data数据中的值，即当执行到 mounted 钩子函数时，页面已经渲染完成了。

　　从上面的例16可以看出，mounted 是创建 Vue 实例过程中的最后一个钩子函数，当执行完 mounted 钩子函数之后，实例已经创建完成，并渲染到页面中。

6.6.4　钩子函数 beforeUpdate & updated 示例

　　在执行完 mounted 钩子函数之后，Vue 实例实际已经脱离了实例的创建阶段，进入实例的运行阶段。此时，对实例的 data 进行修改时，会触发 beforeUpdate、updated 这两个钩子函数。

　　例17：0617.html。

```
<div id="app">
        <h3 id="h3">{{message}}</h3>
```

```
    </div>
    <script>
        var vm = new Vue({
            el: '#app',
            data: {
                message: 'Hello World!'
            },
            methods: {
                show() {
                    console.log('执行了 show 方法');
                }
            },
            beforeUpdate() {
             console.log('页面上的数据：${document.getElementById('h3').innerText}')
                console.log('data 中的 message 数据：${this.message}')
            }
        })
    </script>
```

运行之后，效果如图6-12所示。

图 6-12　0617.html 运行效果

从上面例16可以看到，在控制台对 data 中的 message 属性进行修改时，在执行 beforeUpdate 钩子函数时，页面上的数据还是旧的数据，而 data 中 message 属性已经将值修改成了最新的值（这里页面中显示的为修改后的数据，是因为执行了后面的钩子函数updated，将修改后的数据同步渲染到了页面上）。

Vue 作为一个具有数据双向绑定特性的框架，在修改了页面元素的值之后，会对页面同步变更数据。在执行 beforeUpdate 钩子函数之后，实例中已经修改了数据，然后只需要重新渲染到页面就可以了，将会执行 updated 钩子函数。

例18：0618.html（与0617.html相比钩子函数不同）。

```
<div id="app">
        <h3 id="h3">{{message}}</h3>
</div>
<script>
        var vm = new Vue({
```

```
        el: '#app',
        data: {
            message: 'Hello World!'
        },
        methods: {
            show() {
                console.log(' 执行了 show 方法 ');
            }
        },
        updated() {
         console.log(' 页面上的数据：${document.getElementById('h3').innerText}')
            console.log('data 中的 message 数据：${this.message}')
        }
    })
</script>
```

运行之后，效果如图6-13所示。

图 6-13　0618.html 运行效果

从控制台可以看到，当 updated 钩子函数执行的时候，页面和 data 中的数据已经完成了同步，显示的都是最新数据。此时，整个页面数据实时变更的操作也已经完成了。

6.6.5　钩子函数 beforeDestroy & destroyed 示例

既然 Vue 实例会有创建，那么在不需要的时候Vue实例也会将这个实例进行销毁，beforeDestroy 和 destroyed 钩子函数则可以实现这一目的。

例19：0619.html。

```
<div id="app">
        {{message}}
</div>
<script>
        var vm = new Vue({
            el: '#app',
            data: {
                message: 'Hello World!'
```

```
        },
        methods: {
            show() {
                console.log(' 执行了 show 方法 ');
            }
        },
        beforeDestroy() {
            console.log('Vue 实例挂载对象 el: ${this.$el}')
            console.log('Vue 实例的 data 对象: ${this.$data}')
            console.log('Vue 实例的 message 属性值: ${this.message}')
            console.log('Vue 实例的 methods 对象: ${this.$options.methods}')
            this.show();
        },
        destroyed() {
            console.log('Vue 实例挂载对象 el: ${this.$el}')
            console.log('Vue 实例的 data 对象: ${this.$data}')
            console.log('Vue 实例的 message 属性值: ${this.message}')
            console.log('Vue 实例的 methods 对象: ${this.$options.methods}')
            this.show();
        }
    })
</script>
```

运行之后，效果如图6-14所示。

图 6-14　0619.html 运行效果图

上面例19通过在控制台中手动输入vm.$destroy()销毁 Vue 实例，从控制台的输出内容可以看到，在 beforeDestroy 和 destroyed 钩子函数执行中，依旧可以获取到 Vue 实例的相关内容。但是，更新 message 属性值（比如更改为123）时会发现，页面上显示的值并没有发生改变（还是原来的值）。原来，这里的销毁并不是把 Vue 实例彻底删除，而是将 Vue 实例与页面的 DOM 元素解绑。

vm.$destroy()的作用：销毁Vue实例，实质就是vm与挂载的DOM元素解绑。

例20：0620.html。

```
<div id="app">
        {{msg}}
</div>
<script>
        var vm = new Vue({
            data: {
                msg: 'welcome to vue'
            }
        }).$mount('#app')
        vm.$destroy()// 销毁 Vue 实例，实质就是 vm 与上面 DOM 元素解绑了
        console.log(vm.msg)// 销毁 Vue 实例，但是这个属性本身还是 vm 的，所以能够显示出来
</script>
```

运行之后，效果如图6-15所示。

图 6-15　0620.html 运行效果

 6.7　综合应用实例

通过v-model指令双向绑定的数据，通过文本框改变数据并刷新后，浏览器会重新回到原来的值。

例21：0621.html。

```
<div id="app">
        {{msg}}
        <input v-model="msg" />
</div>
<script>
        var vm=new Vue({
            el:"#app",
            data:{
                msg:"hello vue"
            },
            watch:{
            }
        });
```

```
</script>
```

在例21中，通过文本框改变msg值并刷新后，又变回了原来的值，因为刷新相当于重新实例化了一个Vue对象，msg的值并没有存起来。运行效果如图6-16所示。

图 6-16   0621.html 运行效果

那么在改变msg属性值并刷新浏览器后，如何显示改变后的值呢？

实现思路：当通过文本框改变msg值后，把改变后的值存储到本地，可以借助本地存储对象localStorage。localStorage是HTML 5的一个新特性，这个特性主要是作为本地存储来使用的。localStorage主要有以下方法。

① 清除本地存储器：

```
localStorage.clear()
```

② 存储数据：

```
localStorage.setItem("name","storageValue")
```

即存储名字为name，值为storageValue的变量。

③ 读取数据：

```
localStorage.getItem("name")
```

即读取保存在localStorage对象里名为name的变量的值。

④ 删除某个变量：

```
localStorage.removeItem("name")
```

即删除名字为name的变量。

例22：0622.html（对0621.html进行改进）。

```
<div id="app">
        {{msg}}
        <!-- 绑定文本框的内容发生改变后，通过方法存储改变后的值，这里最好用 keyup，释放按
键即可触发，如果使用 change，则要等失去焦点时才触发  -->
        <input v-model="msg" v-on:keyup="gaibian" />
</div>
<script>
        var vm = new Vue({
            el: "#app",
            data: {
                msg: "hello vue"
            },
            methods: {
                gaibian: function () {
```

```
                            //localStorage 为内置本地存储对象
                            localStorage.setItem("msg", this.msg);
                    }
                }
            });
        </script>
```

运行之后，效果（刷新前）如图6-17所示。msg初始值为hello vue，当通过文本框改变msg的初始值后，可以看到msg值已经存储在本地浏览器中。

图 6-17　0622.html 刷新前运行效果

重新刷新浏览器，可以发现文本框中的值变回了初始值hello vue，如图6-18所示，但是存储到本地浏览器中的值没有改变。

图 6-18　0622.html 刷新后运行效果

也就是说，运行时通过文本框改变msg值，会存储在本地localStorage里，在刷新浏览器后文本框中的值还是原来的（为hello vue），但localStorage里存储着改变后的值（如hello vue123）。

因此，刷新后只需要把localStorage中存储的值赋给msg即可，有以下两种方法。

第一种：直接把data中的msg:"hello vue"改为下面代码。

```
msg: localStorage.getItem("msg")
```

第二种：把msg设置为空，当DOM元素挂载完毕再赋值数据，即在钩子函数mounted时执行。改变后的完整代码如下：

```
<div id="app">
        {{msg}}
        <!-- 绑定文本框的内容发生改变后，通过方法存储改变后的值，这里最好用 keyup，释放按
    键时就触发，如果使用 change，则要等失去焦点时才触发 -->
```

```
          <input v-model="msg" v-on:keyup="gaibian" />
    </div>
    <script>
          var vm = new Vue({
                el: "#app",
                data: {
                      //msg: "hello vue"
                      //msg: localStorage.getItem("msg")
                      msg:''
                },
                mounted:function(){
                      this.msg=localStorage.getItem("msg")
                },
                methods: {
                      gaibian: function () {
                            //localStorage 为内置本地存储对象
                            localStorage.setItem("msg", this.msg);
                      }
                }
          });
    </script>
```

第二种方法是通过v-on:keyup="gaibian"来触发gaibian方法的，在方法里值存储在本地，通过methods来实现，那么可否通过watch来实现呢？当然可以。通过watch来监听msg的值是否改变，只要改变，就把改变的值存储到本地。改变后的代码见0623.html。

例23：0623.html。

```
<div id="app">
      {{msg}}
      <!-- 绑定文本框的内容发生改变后，通过方法存储改变后的值，这里最好用 keyup，释放按
键时就触发，如果使用 change，则要等失去焦点时才触发  -->
      <input v-model="msg"/>
</div>
<script>
      var vm = new Vue({
            el: "#app",
            data: {
                  //msg: "hello vue"
                  //msg: localStorage.getItem("msg")
                  msg:''
            },
            mounted:function(){
                  this.msg=localStorage.getItem("msg")
            },
            /*  methods: {
                  gaibian: function () {
```

```
                //localStorage 为内置本地存储对象
                localStorage.setItem("msg", this.msg);
            }
        } */
        watch:{
            msg:function(newValue)
            {
                localStorage.setItem("msg",newValue);
            }
        }
    });
</script>
```

⏱ 实战练习

1. 写出下面程序代码运行的结果，并分析原因。

```
<body>
    <div id="root">
        {{fullName()}}
        {{age}}
    </div>
    <script>
        var vm = new Vue({
            el: "#root",
            data:{
                firstName:"Yu",
                lastName:"Lee",
                age:21,
            },
            // 方法一：计算属性
            computed:{
                fullName:function () {
                    console.log(" 计算了一次 ");
                    return this.firstName +" "+this.lastName;
                }
            },
            // 方法二：方法（无缓存）
            methods:{
                fullName:function () {
                    console.log(" 计算了一次 ");
                    return this.firstName +" "+this.lastName;
                }
            },
```

```
        // 方法三：监听
        watch:{
            firstName:function () {
                console.log("计算了一次");
                return this.firstName +" "+this.lastName;
            },
            lastName:function () {
                console.log("计算了一次");
                return this.firstName +" "+this.lastName;
            }
        }
    })
</script>
</body>
```

2. 请详细说明你对Vue实例生命周期的理解。

⚙ 高手点拨

通过本章的学习，主要掌握以下知识与技能。

1. 能灵活使用计算属性。

2. 能灵活使用监听属性watch。

3. 理解Vue实例的生命周期并能使用钩子函数解决问题，8个钩子函数及其含义如表6-1所示。

表 6-1　Vue 实例生命周期钩子函数及其含义

钩子函数	含义
beforeCreate	Vue 实例进行初始化，此时实例的各个组件还没有完成初始化，因此不能访问 data、computed、watch、methods 的方法和数据，同时，Vue 实例的挂载点也没有进行初始化
created	Vue 实例初始化完成，此时可以访问 data、computed、watch、methods 的方法和数据，但是依旧没有进行 Vue 实例的挂载点初始化
beforeMount	将实例绑定到模板并进行渲染，但并不会将实例挂载到页面上
mounted	将渲染好的模板绑定到页面上（实例挂载到页面上了），此时，Vue 实例已完全创建好
beforeUpdate	数据变更时执行，在实例数据更改之前执行自定义逻辑或操作
updated	将 Vue 实例更新完成的数据重新渲染到内存中的虚拟 DOM 上，再将虚拟 DOM 应用到页面上
beforeDestroy	Vue 实例进入销毁阶段，此时实例上的 data、methods、过滤器、指令等仍处于可用的状态，还没有真正执行销毁的过程（解除与页面 DOM 元素的绑定）
destroyed	实例被销毁（解除 Vue 实例与页面 DOM 元素的绑定，但该 Vue 实例的对象、数据仍然可以使用）

第**3**篇

中级进阶实战篇

第 7 章
Vue 实例常用的属性和方法

前面已经学习了 Vue 的常用指令、各类修饰符、计算属性、监听器和 Vue 实例生命周期。然而，Vue 实例还有很多常用属性和方法，通过属性可以获取 Vue 实例的选项值，本章就来学习 Vue 实例常用的属性和方法。

7.1 **Vue 实例常用属性**

1. vm.$el和vm.$data

在new Vue()实例中经常设置el、data选项，data选项里面又可以定义很多属性（常称为数据属性），那么能不能获取到el所挂载的DOM元素，能不能获取data对象呢？当然可以。因为Vue 实例提供了一些有用的实例属性与方法，它们都有前缀 $，以便与用户定义的属性相区别。

使用Vue实例属性vm.$el可获取到Vue实例挂载的DOM元素，返回的是一个DOM对象（如div），获取DOM元素后可以为它设置样式等。

使用Vue实例属性vm.$data可获取到Vue实例的data选项数据对象，返回的是一个对象。

例1：0701.html。

```
<div id="app">
        {{msg}}
</div>
<script>
        var vm = new Vue({
            el: "#app",
            data: {//data 常规存储数据
              msg:"welcome to vue"
            }
        })
        //vm.$el 获取 vm 实例关联的元素 / 选择器，是一个 DOM 对象，就是上面的 div
        console.log(vm.$el);
        // 获取 DOM 元素，可以设置样式等
        vm.$el.style.color="red";
        vm.$el.style.backgroundColor="blue"
        //vm.$data 获取数据对象 data
        console.log(vm.$data);
        //vm.$data.msg 可以获取 data 里面的 msg 属性值，只不过使用 vm.msg 更简单
        console.log(vm.$data.msg);
         //vm. 属性名可获取 data 中的属性 ( 不是在上面的 DOM 中获取，上面 DOM 获取直接使用
{{msg}} 即可 )
        console.log(vm.msg);
</script>
```

上例中的vm改为this可以吗？不可以，在new Vue()内部才可以用this。

运行之后，效果如图7-1所示。

图 7-1　0701.html 运行效果

2. vm.$options和vm.$refs

前面已经学过如下选项的设置：el、data、methods、computed、watch、钩子函数等。此外，也可以自定义一些选项，如简单属性或方法，然后通过vm.$options获取自定义选项。当然，vm.$options也可以获取默认选项值，只不过el、data等有更简单的获取方式。

在使用 JS/jQuery 获取页面的 DOM 元素时，一般是根据 id、class、标签、属性等标识来获取的。可以说，很难抛弃jQuery 的一个主要原因，就是当需要获取到页面上的 DOM 元素时，使用jQuery 的 API 相比于原生的 JS 代码，简单到极致。

例如，document.getElementById('id').value 可写为 $('#id').val()。

在 Vue 中获取 DOM 元素还是采用这样的方式吗？答案当然是否定的。这种直接操纵 DOM 元素的方式与使用 Vue 的初衷不符，虽然能达成效果，但是却不提倡（因为 Vue 采用 Virtual DOM 的做法渲染网页，如果直接操作 DOM，很容易产生实际网页与 Vue 产生的 Virtual DOM 不同步的问题），这里就可以使用 ref 来获取页面上的 DOM 元素。

vm.$refs属性可用来获取页面中所有具有ref属性的元素，返回的是DOM元素集合对象。

例2：0702.html。

```
<div id="app">
        {{msg}}
        <h2 ref='hello'>你好</h2>
        <p ref='world'>小豆子学堂欢迎您</p>
</div>
<script>
        var vm = new Vue({
            el: "#app",
            data: {//data 常规存储数据
              msg:"welcome to vue"
            },
        methods: {
            show12(){
                    alert("1111")
                }
            },
```

```
        // 也可以自定义一些 Vue 选项，然后通过 vm.$options 获取自定义选项
        name:'zhangsan',
        age:28,
        show:function(){
            console.log(' 自定义选项 show 方法 ')
        }
    })
    console.log(vm.$options.methods)
    vm.$options.methods.show12()
        //vm.$options 获取自定义选项
        console.log(vm.$options.name);
        console.log(vm.$options.age);
        vm.$options.show();// 获取执行 show 方法的结果
        // 使用 Vue 基本不需要去根据 id、class 获取某个 DOM 元素，但是某些时候可能也有需要，
        // 原生的 JS 或者 jQuery 就是通过 id、class 或者元素标签去获取
        //vm.refs 获取页面中所有具有 ref 属性的元素，返回的是 DOM 元素集合对象
        console.log(vm.$refs);
        // 获取 ref 属性值为 hello 的 DOM 对象
        console.log(vm.$refs.hello);
        // 获取 DOM 元素后，就可以做些操作，比如设置 DOM 元素的文字颜色
        vm.$refs.hello.style.color='blue'
</script>
```

运行时先弹出"1111"对话框，单击【确定】按钮之后效果如图7-2所示。

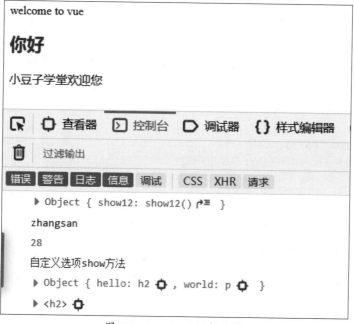

图 7-2   0702.html 运行效果

7.2 **Vue 实例常用方法**

7.2.1 与 Vue 实例生命周期相关的方法

1. vm.$mount( )

vm.$mount()用来实现手动挂载vm实例到某个DOM元素上。

例3: 0703.html。

```
<div id="app">
        {{msg}}
</div>
<script>
        var vm = new Vue({
            //el: "#app",
            data: {//data 常规存储数据
                msg:"welcome to vue"
            }
        })
        /* Vue 实例方法 */
    //vm.$mount() 用来实现手动挂载 vm 实例。如上面是通过 el: "#app" 告知挂载到
    //app 元素上，如果注释掉该句，则可以通过下面手动挂载
    vm.$mount('#app')
</script>
```

因此上述new Vue()代码也可以写成如下代码:

```
    new Vue({
            data: {
                msg: 'welcome to vue'
            }
    }).$mount('#app')
```

2. vm.$nextTick( )

vm.$nextTick(callback) 在DOM元素更新完成之后再执行此回调函数，一般是在修改数据之后
使用该方法，以便获取更新后的DOM元素。

例4: 0704.html。

```
<div id="app">
        {{msg}}
        <h1 ref='title'>标题: {{name}}</h1>
</div>
<script>
        var vm = new Vue({
```

```
        data: {
            msg: 'welcome to vue',
            name: '张三',
        }
    }).$mount('#app')
    console.log(vm.$refs.title) // 得到的是具有 ref 属性且属性值为 title 的 DOM 元素
<h1></h1>
    console.log(vm.$refs.title.textContent)// 取得 DOM 元素 h1 的文本内容
</script>
```

运行之后，效果如图7-3所示。

图 7-3   0704.html 运行效果

例5：0704.html改进1（改变name属性值）。

```
<div id="app">
        {{msg}}
        <h1 ref='title'>标题：{{name}}</h1>
</div>
<script>
        var vm = new Vue({
            data: {
                msg: 'welcome to vue',
                name: '张三',
            }
        }).$mount('#app')
        vm.name='李四'
        console.log(vm.$refs.title) // 得到的是具有 ref 属性且属性值为 title 的 DOM 元素
<h1></h1>
        console.log(vm.$refs.title.textContent)// 取得 DOM 元素 h1 的文本内容
</script>
```

运行之后，效果如图7-4所示。

图 7-4　0704.html 改进 1 运行效果

上面例5改变name属性值，DOM中显示出来的是修改后的值，但是发现后面输出的textContent获取的仍然是前面的张三，原因是DOM还没更新完成。Vue实现响应式并不是数据发生改变之后DOM立即变化，需要按照一定的策略进行DOM更新，会需要一定的时间，而执行完vm.name='李四'后，立即执行console.log(vm.$refs.title)代码，这个执行速度很快，比DOM更新要快，即下面语句先执行了，然后才更新DOM，所以控制台显示的还是未更新前的。

那么如何做可以让 console.log(vm.$refs.title.textContent)在DOM更新完成之后再执行呢？使用vm.$nextTick(callback)方法。该方法里面有一个回调函数，这个回调函数会等到DOM更新之后再执行。

例6：0704.html改进2（等DOM更新之后再执行回调函数）。

```
<div id="app">
    {{msg}}
    <h1 ref='title'>标题：{{name}}</h1>
</div>
<script>
    var vm = new Vue({
        data: {
            msg: 'welcome to vue',
            name: ' 张三 ',
        }
    }).$mount('#app')
    vm.name=' 李四 '
    console.log(vm.$refs.title) // 得到的是具有 ref 属性且属性值为 title 的 DOM 元素
<h1></h1>
    console.log(vm.$refs.title.textContent)// 取得 DOM 元素 h1 的文本内容
    vm.$nextTick(function(){
        console.log(vm.$refs.title.textContent);
    })
</script>
```

运行之后，效果如图7-5所示。

图 7-5　0704.html 改进 2 运行效果

7.2.2　为对象添加和删除属性的方法

1. vm.$set( )

vm.$set(object,key,value)的作用是为对象添加属性key，并给定属性值value。

例7：0705.html。

```
<div id="app">
      <h1>{{user.name}}</h1>
</div>
<script>
      var vm=new Vue({
          el:'#app',
          data:{
              user:{
                  id:1001,
                  name:'jack'
              }
          }
      })
</script>
```

下面更新属性和添加属性。

```
<div id="app">
       <button  @click='update'>修改属性 </button>
       <button  @click='add'>添加属性 </button>
       <hr />
      <h1>{{user.name}}</h1>
      <h1>{{user.age}}</h1>
</div>
<script>
      var vm=new Vue({
```

```
            el:'#app',
            data:{
                user:{
                    id:1001,
                    name:'jack'
                }
            },
            methods:{
             update(){
                this.user.name=' 徐照兴 '
             },
             add(){
                this.user.age=28;
                console.log(this.user);
             }
            }
        })
</script>
```

运行之后，效果如图7-6所示。

图 7-6　更改属性和添加属性运行效果

上面添加属性（this.user.age=28）时，对象里面已经有了属性age，但是在页面中并没有显示出来，也就是说这种添加属性的方式不是响应式的，可以使用vm.$set方法实现响应，代码如下：

```
vm.$set(this.user,'age',28)
```

注　意

属性名 age 外的单引号不能少，也可以是双引号。添加属性后的运行效果如图 7-7 所示。

图 7-7　通过 vm.$set 添加属性运行效果

这里vm.$set中的vm可以换成this，写在new Vue()内部即可。

另外，vm.$set是全局 Vue.set 的别名，即可以用Vue.set来实现，代码如下：

```
vm.$set(this.user,'age',28)
```

又可以改为下面的代码：

```
Vue.set(this.user,'age',28);//Vue.set 是全局的 set 方法，写法为前面是 Vue，
                            // 后面的 set 前没有 $ 符号
```

在实际开发中，一般会先做个判断。比如，当前如果有age属性，就让age值加1；如果没有，则添加age属性，并让初始值为22，代码如下：

```
vm.$set(this.user,'age',22)
```

将上述代码进行以下修改：

```
// 第一次单击添加属性，显示 age 为 22，后面每单击一次加 1
if(this.user.age){ //age 属性存在则加 1
    this.user.age++;
}
else
{
    Vue.set(this.user,'age',22);
}
```

此时的运行效果如图7-8所示。

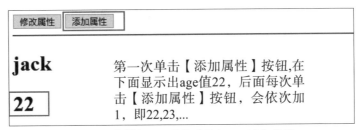

图 7-8　先判断 age 属性再添加 age 运行效果

2. vm.$delete( )

vm.$delete(object,key)的作用是删除object对象的属性key。

例8：0706.html。

```
<div id="app">
        <button  @click='update'>修改属性</button>
        <button  @click='add'>添加属性</button>
        <button @click='deleteage'>删除属性</button>
        <hr />
        <h1>{{user.name}}</h1>
        <h1>{{user.age}}</h1>
</div>
<script>
        var vm=new Vue({
            el:'#app',
            data:{
                user:{
                    id:1001,
                    name:'jack'
                }
            },
            methods:{
             update(){
                    this.user.name='徐照兴'
             },
             add(){
                    if(this.user.age){ //age 属性存在则加1
                        this.user.age++;
                    }
                    else
                    {
                        Vue.set(this.user,'age',22);
                    }
             },
             deleteage(){
                    if(this.user.age)
                    {
```

```
            //delete this.user.age // 这种写法无效
            vm.$delete(this.user,'age')
          }
        }
      }
    })
</script>
```

另外，vm.$delete是全局 Vue.delete 的别名，即可以用Vue.delete来实现，即上面加粗代码又可以改为下面代码：

```
Vue.delete(this.user,'age')
```

⏱ 实战练习

1. 写出下面程序代码运行的结果，并分析原因。

```
<body>
    <div id="app">
        {{msg}}
        <h1 ref="hello">我是注册过 ref 特性的 </h1>
    </div>
    <script>
        var vm=new Vue({
                el:"#app",
                data:{
                    msg:"hello world!"
                },
                name:"yang",
                age:23,
                show:function(){
                    console.log("show!");
                }
        })
        //vm. 属性名可获取 data 中的属性
        console.log(vm.msg);
        //vm.$el 获取 Vue 实例使用的根 DOM 元素
        console.log(vm.$el);
        vm.$el.style.color="red";
        //vm.$data 获取数据对象 data
        console.log(vm.$data);
        console.log(vm.$data.msg);
        //vm.$options 获取自定义属性和调用自定义方法
        console.log(vm.$options.name);
        console.log(vm.$options.age);
```

```
            vm.$options.show();
            //vm.$refs 获取所有添加过 ref 属性的元素（一个对象，持有注册过 ref 特性的所
            // 有 DOM 元素和组件实例）
            console.log(vm.$refs.hello);
            vm.$refs.hello.style.color="blue";
        </script>
</body>
```

2. 设计如图7-9所示效果的Web页面。

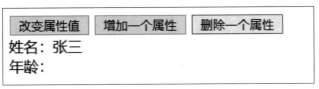

图 7-9 运行效果

其他功能说明：单击【改变属性值】按钮，把姓名"张三"改为"李四"；第一次单击【增加一个属性】按钮，增加年龄属性值，即在年龄后面显示20，然后每单击一次【增加一个属性】按钮，年龄值在上一次的基础上加1；单击【删除一个属性】按钮，删除年龄后面的值。

⚙ 高手点拨

通过本章的学习，主要掌握以下知识与技能。

1.掌握Vue实例的常用属性vm.$el、vm.$data、vm.$options和vm.$refs。

2.掌握Vue实例的常用方法vm.$mount()、vm.$nextTick()、vm.$set()和vm.$delete()。

第 8 章
自定义指令及过渡(动画)

对于 Vue 提供的内置指令，目前已经学习了 v-text、v-html、v-show、v-if、v-else、v-else-if、v-for、v-on、v-bind、v-model、v-pre、v-cloak、v-once 等，如果觉得这些指令还不能满足实际需求，Vue 也允许注册自定义指令，分为自定义全局指令和自定义局部指令。另外，在对元素进行显示或隐藏时可以为其添加过渡或动画效果。本章就来学习自定义指令及过渡（动画）。

自定义指令

8.1.1 自定义全局指令

1. 注册全局指令

所谓全局指令，是指可以在多个Vue实例中使用（后面例子中可以再定义一个new Vue()实例，然后去使用全局指令）的指令。

注册全局指令时，指令名不要用大写字母，且不要加v-，但是使用时一定要加前缀v-。注册全局指令格式如下：

```
Vue.directive(' 指令名 ', {
    定义对象
})
```

定义对象为钩子函数，钩子函数主要有5个：bind: function () 、inserted: function () 、update: function () 、componentUpdated: function () 和unbind: function () 。

以上钩子函数可以根据需要进行定义。钩子函数根据需要可以有参数，也可以没有参数，下面通过实例来理解其具体含义。

例1：0801.html（**理解钩子函数的执行时机**）。

```
<div id="app">
    <h3 v-my-dir="msg">{{msg}}</h3>
    <button @click='change'>更新数据 </button>
    <button @click="jiebang">解绑 </button>
</div>
<script>
        /* 自定义全局指令
        注意：使用指令时必须在指令 ID 名称前加前缀 v-，即 "v- 指令名"。自己为指令取名字的时
候不要加 v-*/
        Vue.directive('my-dir',{
            bind(){// 常用
            // 此例的指令绑定到 h3 时就执行
                alert(' 指令第一次绑定到元素上时调用，只调用一次，一般执行初始化操作 ')
            },
            inserted(){
                // 被绑定元素此例为 h3，h3 插入 div 中时执行
                alert(' 被绑定元素插入 DOM 中调用 ')
            },
            update(){
                alert(' 被绑定元素所在模板更新时调用 ')
            },
```

```
            componentUpdated(){
                alert(' 被绑定元素所在模板完成一次更新周期时调用, 相当于已经完成更新时
调用 ')
            },
            unbind(){
                alert(' 指令与元素解绑时调用, 只调用一次 ')
            }
                })
        var vm = new Vue({
            el: '#app',
            data: {
                msg:'welcome to xdz'
            },
            methods:{
                change:function(){
                    this.msg=' 欢迎来到小豆子学堂 '
                } ,
                jiebang(){
                    vm.$destroy();    //vm 实例与 DOM 元素解绑后, vm 实例中的指令自然也与
                                      //DOM 元素解绑了
                }
            }
        })
</script>
```

运行测试钩子函数的执行时机, 实际就是alert方法的参数说明。

例2: 0802.html (扩展v-text功能, 如果是英文, 则首字母大写, 并且设置为红色)。

```
<div id="app">
        <h3 v-text="msg"></h3>
        <!-- xzx 为传给指令的参数 -->
        <h3 v-red-text:xzx="msg"></h3>
</div>
<script>
        /*  自定义全局指令
        注意: 使用指令时必须在指令 ID 名称前加前缀 v-, 即 "v- 指令名"。自己为指令取名字的时
候不要加 v-*/
        Vue.directive('red-text',{
            bind(el){
                //el 表示指令绑定的 DOM 元素, 此例即为 h3
                el.style.color='red' // 获取 DOM 元素之后就可以为它设置样式,
                                     // 放到 inserted 钩子函数里面写也是可以的
            },
            inserted(el,binding){
                /*第二个参数 binding 为一个对象, 包含一些属性, 比如 name (指令名, 不包括
v- 前缀)、value (指令绑定到的值)、expression (字符串形式的指令表达式)、arg (传给指令的
参数)。不妨通过下面代码测试下 */
```

```
                //console.log(binding);
                //console.log(binding.name);         //red-text
                //console.log(binding.value);        //welcome to xdz
                //console.log(binding.expression); //msg
                //console.log(binding.arg);          //xzx
                el.innerHTML=binding.value.charAt(0).toUpperCase()+binding.value.
slice(1);
                //el.style.color='red'
            },
        })
        var vm = new Vue({
            el: '#app',
            data: {
                msg:'welcome to xdz'
            }
        })
</script>
```

运行之后，效果如图8-1所示。

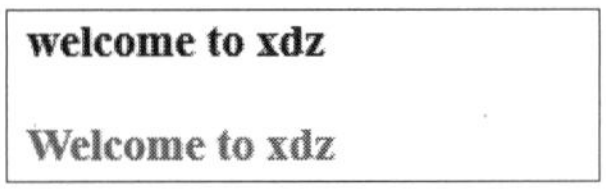

> **welcome to xdz**
>
> **Welcome to xdz**

图 8-1　0802.html 运行效果

定义指令后，在需要的时候就可以使用了，例如：

```
<p v-red-text="name"></p> // 此句放在 DOM 元素中
name:'jack'                // 此句放在 data 中
```

全局指令还有一个主要特点就是该指令可以在所有的Vue实例中使用。假设还有一个Vue实例，代码如下：

```
var vm2 = new Vue({
        el: '#app2',
        data: {
            msg:'welcome to xdz2',
        }
})
```

该Vue实例挂载到app2元素下，在此也可以使用全局指令red-text。

```
<div id="app2">
        <h3 v-text="msg"></h3>
        <!-- xzx2 为传给指令的参数 -->
        <h3 v-red-text:xzx2="msg"></h3>
</div>
```

2. 钩子函数简写

在很多时候，可能想在 bind 和update时触发相同行为，而不关心其他的钩子函数。比如上面的自定义指令可这样写：

```
Vue.directive('red-text',function(el,binding){
        el.innerHTML=binding.value.charAt(0).toUpperCase()+binding.value.slice(1);
        el.style.color='red'
})
```

即第二个参数直接传入一个函数。这个函数相当于bind和update钩子函数，也就是在刚绑定到元素上会执行，在被绑定元素更新时也会执行。

8.1.2 自定义局部指令

在某个Vue实例内部定义，即通过Vue实例选项directives:{}定义的指令为局部指令。

例3：0803.html[使用该指令时，当被绑定元素插入DOM中时获得焦点（即刷新页面时就获得焦点）]。

```
<div id="app">
        被绑定元素自动获取焦点： <input type="text" v-myfocus>
</div>
<script>
    var vm = new Vue({
        el: '#app',
        data: {
            msg: 'welcome to xdz',
        },
        directives: {
            'myfocus': { //注意：指令名不能有大写字母
                inserted(el) {
                    el.focus();
                }
            }
        }
    })
</script>
```

运行之后，效果如图8-2所示。

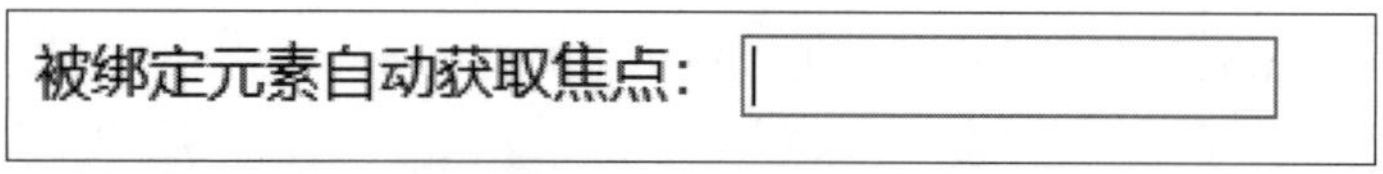

被绑定元素自动获取焦点： [   ]

图 8-2　0803.html 运行效果

假设下面增加了一个Vue实例，绑定到app2上，在app2下能使用局部定义指定 v-myfocus吗？答案是不能。代码如下：

```
<div id="app">
        被绑定元素自动获取焦点： <input type="text" v-myfocus>
```

```
</div>
<div id="app2">
        被绑定元素自动获取焦点 2：  <input type="text" v-myfocus>
</div>
<script>
        var vm = new Vue({
            el: '#app',
            data: {
                msg: 'welcome to xdz',
            },
            directives: {
                'myfocus': { // 注意：指令名不能有大写字母
                    inserted(el) {
                        el.focus();
                    }
                }
            }
        })
        var vm = new Vue({
            el: '#app2',
            data: {
                msg: 'welcome to xdz',
            }
        })
</script>
```

8.2 过渡效果实现

1. 什么是过渡

元素在显示和隐藏时，不会直接显示或隐藏，而是会有一个过渡或者动画的效果。常用的过渡效果是使用 CSS 来实现的。

Vue 在插入、更新或者移除 DOM 时，提供多种不同方式的应用过渡效果。

2. 基本用法

使用transition组件，将要执行过渡的元素包含在该组件内。代码如下：

```
<transition>
        想要运动的元素
</ transition>
```

例4：0804.html。

```
<head>
```

```
    <meta charset="UTF-8">
    <meta name="viewport" content="width=device-width, initial-scale=1.0">
    <title>Document</title>
    <script src="js/vue.js"></script>
    <style>
        #app p {
            width: 200px;
            height: 200px;
            background-color: red;
        }
    </style>
</head>
<body>
    <div id="app">
        <!-- 单击【点我】下面的 <p> 标签进行显示与隐藏 -->
        <button @click="flag=!flag">点我 </button>
        <p v-show="flag">徐照兴 </p>
    </div>
    <script>
        var vm = new Vue({
            el: '#app',
            data: {
                flag: false
            }
        })
    </script>
</body>
```

运行之后，效果如图8-3所示。

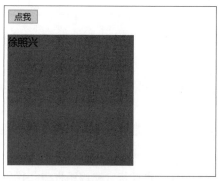

图 8-3　0804.html 运行效果

单击【点我】按钮，对<p>标签进行显示与隐藏，但是没有任何过渡效果，因此需要对其进行
改进，使显示与隐藏有一个过渡效果。需要为目标元素添加一个父元素 <trasition name='xxx'>，让
父元素通过自动应用 class 类名来达到效果。

设置过渡效果时会为对应元素动态添加的相关 class 类名有以下几种。

- xxx-enter：定义显示前的效果。

- xxx-enter-active：定义显示过程的效果。

- xxx-enter-to：定义显示后的效果。

- xxx-leave：定义隐藏前的效果。

- xxx-leave-active：定义隐藏过程的效果。

- xxx-leave-to：定义隐藏后的效果。

如果不设置此name属性，则类名就以v-开头，即xxx改为v，如图8-4所示。

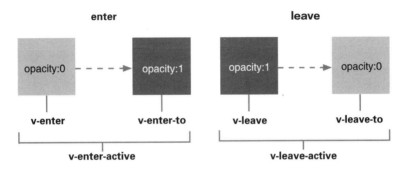

图 8-4　过渡类名及含义

例5：0805.html。

```
<style>
    /* 这里样式名不能用 #，也就是下面的元素不能通过设置 id 来设置样式 */
    /*  #app p {
        width: 200px;
        height: 200px;
        background-color: red;
    } */
    .p1 {
        width: 200px;
        height: 200px;
        background-color: red;
    }
    /* 设置动画进入和离开时的共同效果。如果 transition 组件没有设置 name 属性，此处
就以 v- 开头 */
    .fade-enter-active,.fade-leave-active{
    /* transition 是设置过渡的属性。all 指的是所有属性都赋予过渡效果，过渡时间延
续 2 秒，ease 表示过渡类型是平滑过渡 */
        transition:all 2s ease;
    }
```

```
                /* （1）单独设置进入过程的过渡效果 */
                .fade-enter-active{
                    opacity:1;
                    width:200px;
                    height:200px;
                }
                /* （2）单独设置离开过程的过渡效果 */
                .fade-leave-active{
                    opacity:0;/* 为 0 即为隐藏 */
                    width:0px;
                    height:0px;
                }
                /* （3）刚开始进入的状态效果和离开之后的效果。此样式必须放在最后，否则无效 */
                .fade-enter,.fade-leave-to{
                    opacity:0;
                    width:50px;
                    height:50px;
                }
        </style>
    </head>
    <body>
        <div id="app">
            <!-- 单击【点我】下面的 <p> 标签进行显示与隐藏 -->
            <button @click="flag=!flag"> 点我 </button>
            <!-- 把要实现动画效果的标签放入 transition 组件内，一般跟组件设置 name 属性，名
    称任意，设置样式时会用到 -->
            <transition name="fade">
                <p v-show="flag" class="p1">徐照兴 </p>
            </transition>

        </div>
        <script>
            var vm = new Vue({
                el: '#app',
                data: {
                    flag: false
                }
            })
        </script>
    </body>
```

运行之后，效果如图8-5所示。运行时单击【点我】按钮，从控制台中可以看到<p>标签的样式
在不断地切换。也就是说，过渡效果实际上就是在不同的样式之间切换。

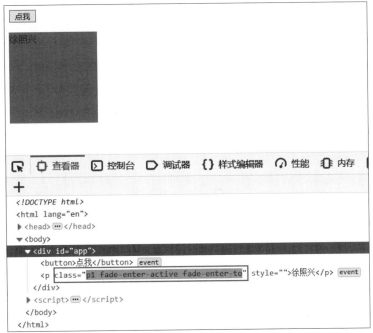

图 8-5　0805.html 运行效果

8.3 钩子函数与动画呈现

1. 演示钩子函数的执行时机

transition组件提供6个钩子函数可以实现在动画呈现的不同时机做不同的事情。6个钩子函数如下。

- beforeEnter：动画进入之前执行。
- enter：动画进入时执行。
- afterEnter：动画进入后执行。
- beforeLeave：动画离开前执行。
- leave：动画离开时执行。
- afterLeave：动画离开后执行。

例6：0806.html。

```
<style>
    ...
    /* 样式略，与 0805.html 一样 */
</style>
<div id="app">
```

```
        <button @click="flag=!flag"> 点我 </button>
        <!-- 把要实现动画效果的标签放入 transition 组件内，一般跟组件设置 name 属性，名
称任意，后面设置样式时会用到 -->
        <!-- 还可以通过钩子函数来实现在动画呈现的不同时机做不同的事情 -->
        <transition name="fade"
        @before-enter="beforeEnter"
        @enter="enter"
        @after-enter="afterEnter"
        @before-leave="beforeLeave"
        @leave="leave"
        @after-leave="afterLeave"
        >
            <p class="p1" v-show="flag"> 徐照兴 </p>
        </transition>
    </div>
    <script>
        var vm = new Vue({
            el: '#app',
            data: {
              flag:false
            },
            methods:{
                beforeEnter(){
                    alert(' 动画进入之前 ')
                },
                enter(){
                    alert(' 动画进入 ')
                },
                afterEnter(){
                    alert(' 动画进入之后 ')
                },
                beforeLeave(){
                    alert(' 动画离开之前 ')
                },
                leave(){
                    alert(' 动画离开 ')
                },
                afterLeave(){
                    alert(' 动画离开之后 ')
                }
            }
        })
    </script>
```

对于以上钩子函数，可以根据需要只设置部分钩子函数，同时可以传入参数el，表示应用
动画的元素。

2. 用transition的钩子函数改进动画效果

需求：对例6改进，要求动画进入之后背景颜色变为蓝色；每次开始进入前动画背景颜色还是红色。

对钩子函数的方法做相应的修改。只需要把0806.html中的methods部分替换为下面的代码，其他代码不变。

```
methods:{
            afterEnter(el){
                el.style.background="blue"
            },
            afterLeave(el){
                el.style.background="red"
            }
}
```

8.4 动画效果的实现

动画实现方法同过渡方法，同样需要用到transation组件，只不过需要采用 animation 来指定动画效果。

需求：单击按钮后，文本内容有放大或缩小效果。

例7：0807.html。

```
<head>
    <meta charset="UTF-8">
    <meta name="viewport" content="width=device-width, initial-scale=1.0">
    <title>Document</title>
    <script src="js/vue.js"></script>
<style>
        /* 显示过程中的动画效果 */
        .bounce-enter-active {
            /* bounce-in 为引入下面定义的动画效果（弹跳） */
            animation: bounce-in 1s;
        }
        /* 隐藏过程中的动画效果 */
        .bounce-leave-active {
            animation: bounce-in 3s reverse;   /*reverse 表示为相反的顺序 */
        }
        @keyframes bounce-in {
            0% { /* 持续时间的百分比，如上面设定为1s，则0% 就表示 0 秒的时候，50% 就表示
0.5 秒的时候，100% 就表示 1 秒的时候 */
                transform: scale(0);   /* 缩小为 0 */
```

```
            }
            50% {
                transform: scale(1.5);/* 放大到1.5倍 */
            }
            100% {
                transform: scale(1);/* 原始大小 */
            }
        }
    </style>
</head>
<body>
    <div id="example-2">
        <button @click="show = !show">Toggle show</button>
        <transition name="bounce">
            <p v-if="show">Lorem ipsum dolor sit amet, consectetur adipiscing elit.
Mauris facilisis enim libero, at lacinia diam fermentum id. Pellentesque habitant
morbi tristique senectus et netus.</p>
        </transition>
    </div>
    <script>
        new Vue({
            el: '#example-2',
            data: {
                show: true
            }
        })
    </script>
...
```

运行时的初始效果如图8-6所示。单击【Toggle show】按钮显示进入时的效果：下面文字段先由正常大小放大到1.5倍，然后又回到正常大小，整个进入过程持续时间为1秒。单击【Toggle show】按钮显示离开时的效果：下面文字段先由正常大小放大到1.5倍，然后退出，整个过程持续时间为3秒。

Toggle show

Lorem ipsum dolor sit amet, consectetur adipiscing elit. Mauris facilisis enim libero, at lacinia diam fermentum id. Pellentesque habitant morbi tristique senectus et netus.

图 8-6　0807.html 运行初始效果

8.5　结合第三方动画库 Animate.css 一起使用

Animate.css是一个有趣的、跨浏览器的CSS 3动画库。它预设了抖动（shake）、闪烁（flash）、弹跳（bounce）、翻转（flip）、旋转（rotateIn/rotateOut）、淡入淡出（fadeIn/fadeOut）等多种动画效果，几乎包含了所有常见的动画效果，且使用非常简单。

首先打开cmd窗口执行cnpm install animate.css，下载animate.css文件；然后把下载的animate.css
文件复制到项目的css文件夹下，并在项目中引入，代码如下：

```
<link rel="stylesheet" href="css/animate.css"></link>
```

进入Animate.css官网，根据需要的效果在右侧进行选择，选择的就是对应类名，如图8-7所示。

图 8-7　Animate.css 官网效果

例8：0808.html。

```
<head>
    <meta charset="UTF-8">
    <meta name="viewport" content="width=device-width, initial-scale=1.0">
    <title>Document</title>
    <script src="js/vue.js"></script>
    <link rel="stylesheet" href="css/animate.css"></link>
    <style>
        /* 这里的样式名不能用 #，也就是下面的元素不能通过设置 id 来设置样式 */
        .p1{
            width:200px;
            height:200px;
            background-color: red;
            margin:0 auto;
        }
    </style>
</head>
<body>
    <div id="app">
        <button @click="flag=!flag">点我 </button>
<!-- enter-active-class 为设置进入时的动画效果样式类名，leave-active-class 为设置离开时
的动画效果样式类名，后面的类名根据官网效果进行选择，但是前面都必须加上类名 animated-->
        <transition enter-active-class="animated bounceInLeft" leave-active-class="
animated bounceOutRight">
            <p class="p1" v-show="flag">徐照兴 </p>
        </transition>
    </div>
```

```
    <script>
        var vm = new Vue({
            el: '#app',
            data: {
                flag:false
            }
        })
    </script>
</body>
```

读者可以自行测试运行效果。

如果要更改为左边淡入、右边淡出效果，将上面加粗代码改为如下代码即可：

```
<transition enter-active-class="animated fadeInLeft" leave-active-class="animated
fadeOutRight">
```

如果要更改为放大/缩小效果，将上面代码改为如下代码即可：

```
<transition enter-active-class="animated zoomIn" leave-active-class="animated
zoomOut">
```

8.6 多元素动画

如果需要多个元素一起展现动画效果，可以把多个元素用<transition-group>包裹起来。需要注意的是，每个 <transition-group> 的子节点必须有独立的 key 。如果是v-bind:key这种形式，key需要为数值型数据，并且数字可以不写引号，因为认为是索引；如果直接写key，值就可以为字符串型。

例9：0809.html。

```
<head>
    <meta charset="UTF-8">
    <meta name="viewport" content="width=device-width, initial-scale=1.0">
    <title>Document</title>
    <script src="js/vue.js"></script>
    <link rel="stylesheet" href="css/animate.css"></link>
    <style>
        /* 这里的样式名不能用#，也就是下面的元素不能通过设置id来设置样式 */
        .p1{
            width:100px;
            height:100px;
            background-color: red;
            margin:20;
        }
    </style>
</head>
```

```
<body>
    <div id="app">
        <button @click="flag=!flag"> 点我 </button>
<!-- enter-active-class 设置进入时的动画效果样式类名，leave-active-class 设置离开时的
动画效果样式类名，后面的类名根据官网效果进行选择，但是前面都必须加上类名 animated-->
        <transition-group enter-active-class="animated zoomIn" leave-active-class=
"animated zoomOut">
    <!-- 如果直接使用 key，值就可以为字符串型，比如 one、two-->
            <p class="p1" v-show="flag" :key="1"> 徐照兴 </p>
            <p class="p1" v-show="flag" :key="2">xzx</p>
        </transition-group>
    </div>
    <script>
        var vm = new Vue({
            el: '#app',
            data: {
                flag:false
            }
        })
    </script>
</body>
```

运行后单击【点我】按钮，两个<p>标签将按照一定的动画效果进行展示。动画展示之后的
效果如图8-8所示。

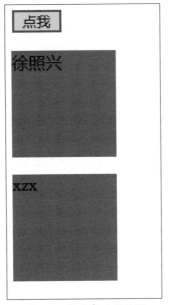

图 8-8　多元素动画效果

⏱ 实战练习

1. 写出下面程序代码运行的结果，并分析原因。

```
<div id="test">
        <p v-color='{color:"red",text:" 自定义的文字颜色 "}'></p>
</div>
<script>
   Vue.directive('color',function(el,binding){
        el.style.color = binding.value.color;
        el.innerHTML = binding.value.text;
      })
   new Vue({
        el:'#test',
        data:{
        }
   })
</script>
```

2. 结合注释，写出下面程序代码运行的结果并分析原因。

```
<head>
    <meta charset="UTF-8">
    <meta name="viewport" content="width=device-width, initial-scale=1.0">
    <title>Document</title>
    <script src="js/vue.js"></script>
    <style>
        .list-item {
            transition: all 1s;
            margin-right: 10px;
            display: inline-block;
        }
        .list-enter,
        .list-leave-to {
            opacity: 0;
            transform: translateY(30px);
            /* 垂直向下移动 30px */
        }
        .list-leave-active {
            position: absolute;
        }
    </style>
</head>
<body>
    <div id="list-demo" class="demo">
        <button v-on:click="add">Add</button>
```

```
            <button v-on:click="remove">Remove</button>
            <transition-group name="list" tag="p">
                <span v-for="item in items" v-bind:key="item" class="list-item">
                    {{ item }}
                </span>
            </transition-group>
        </div>
        <script>
            new Vue({
                el: '#list-demo',
                data: {
                    items: [1, 2, 3, 4, 5, 6, 7, 8, 9],
                    nextNum: 10
                },
                methods: {
                    randomIndex: function () {
                        // 随机返回数组内的一个索引，作为插入新值的位置
                        return Math.floor(Math.random() * this.items.length)
                    },
//Math.floor 返回小于参数的最大整数
                    add: function () {
                        // 把获取的随机数作为位置插入新元素，0 表示当前位置，第 3 个参数表示要
                        // 插入的数
                        this.items.splice(this.randomIndex(), 0, this.nextNum++)
                    },
                    remove: function () {
                        // 随机删除某个位置的元素，第 2 个参数 1 指删除 1 项
                        this.items.splice(this.randomIndex(), 1)
                    },
                }
            })
        </script>
    </body>
```

⚙ 高手点拨

通过本章的学习，主要掌握以下知识与技能。

1. 能够根据需要自定义指令并使用。

2. 能根据需要自定义过渡或动画效果。

3. 能结合第三方库实现动画效果。

第 9 章
自定义过滤器及开发插件

　　前面讲过的方法（methods 选项）、计算属性（computed 选项）等都可以对数据进行处理，但是如果仅仅对数据做些格式上的处理，一般选用过滤器。另外，插件可用来为 Vue 添加全局功能。本章学习自定义过滤器及开发插件。

9.1 自定义过滤器

过滤器用来对Vue中的属性或数据进行过滤，即在显示之前进行数据处理或筛选。

过滤器可以用在两个地方：双花括号插值和 v-bind 表达式（后者从Vue 2.1.0以后版本开始支持）。

过滤器的语法如下：

```
{{ data | filter( 参数 ) }}
```

注 意

> data 实际上是 filter 的第一个参数（隐性参数），而括号中的参数是指第二个及以后的参数。

过滤器的用法如下：

```
<!-- 在 双花括号中 -->
{{ message | capitalize }}
<!-- 在 v-bind 中 -->
<div v-bind:id="rawId | formatId"></div>
```

为什么叫自定义过滤器呢？因为Vue 2.0以后删除了所有内置过滤器（Vue 1.0中有许多内置过滤器，如uppercase、lowercase、orderby等）。

1.自定义全局过滤器

使用全局方法Vue.filter(过滤器ID,过滤器执行的函数)可自定义全局过滤器。所谓全局方法就是在多个实例中都可以使用。比如，再定义一个new Vue({})，在这个实例挂载的元素中也可以使用。

对于过滤器执行的函数，一般建议用箭头函数来表示（就是lambda表达式写法）。

例 1：0901.html。

```
<div id="app">
        <h3>{{ 8 | addZero }}</h3>
        <h3>{{ 12.345678 | filterNum(3) }}</h3>
        <h3>{{ 12.045 | filterNum(2) }}</h3>
        <h3>{{ 12.3051 | filterNum(2) }}</h3>
</div>
<script>
        // 自定义过滤器，当数字为 1 位数字时，在前面加 0，变成两位数
        // 过滤器执行的函数的第一个参数 data 就表示要过滤处理的数据（隐性参数），过滤器名称
        // 后面还可以有很多个参数，具体含义要根据过滤器来决定
        Vue.filter("addZero", function (data) {
                //console.log(data);//data 表示要格式化的数据，此处为 8
                return data<10?"0"+data : data;
        })
        // 过滤器执行的函数用箭头函数表示，对 data 保留 n 位小数
```

```
Vue.filter("filterNum",(data,n)=>{
    //console.log(data,n)
    return data.toFixed(n);//toFixed 是 JS 的一个固有方法，用来保留几位小数，
    // 参数就是要保留的小数位数
    /*注意：当要保留两位数字时，第三位数字为 5，且 5 后面不再有数字时，不进位，有
数字且为 1 及以上就进位 */
})
var vm = new Vue({
    el: "#app",
    data: {

    }
})
</script>
```

运行之后，结果如图9-1所示。

| 08 |
| 12.346 |
| 12.04 |
| 12.31 |

图 9-1　0901.html 运行结果

注 意

过滤器要先定义，然后再 new Vue() 实例，否则会失效且报错（也就是过滤器要写在 new Vue() 前面）。

例2：0902.html。

```
<div id="app">
    <!-- 这里 currentDate 显示的是日期时间的毫秒数，通过过滤器显示为"年 - 月 - 日 时：分：
秒" -->
    <h3>{{ currentDate | dateFilter}}</h3>
</div>
<script>
    Vue.filter('dateFilter',data=>{
        var d=new Date(data);
        return d.getFullYear()+'-'+(d.getMonth()+1)+'-'+d.getDate()+''+d.getHours()+
':'+d.getMinutes()+':'+d.getSeconds()
    })
    var vm = new Vue({
        el: "#app",
        data: {
            currentDate:Date.now()
```

```
        }
    })
</script>
```

运行之后，结果如图9-2所示。

2020-1-24 16:22:54

图 9-2　0902.html 运行结果

2.自定义局部过滤器

局部过滤器就是写在实例内部，通过filters选项设置，只能应用在对应的Vue实例挂载的DOM上。

例3：0903.html。

```
<div id="app">
        <!-- 这里显示的是日期时间的毫秒数，通过过滤器显示为 "年 - 月 - 日 时：分：秒" -->
        <h3>{{ currentDate | dateFilter }}</h3>
        <h3>{{ 12.345678 | filterNum(3) }}</h3>
        <h3>{{ 8 | addZero }}</h3>
</div>
<script>
        // 全局过滤器
        Vue.filter('dateFilter', data => {
            var d = new Date(data);
            return d.getFullYear() + '-' + (d.getMonth() + 1) + '-' + d.getDate() +
' ' + d.getHours() + ':' + d.getMinutes() + ':' + d.getSeconds()
        })
        var vm = new Vue({
            el: "#app",
            data: {
                currentDate: Date.now()
            },
            filters: {
                // 局部过滤器
                filterNum: (data, n) => {
                    //console.log(data,n)
                    return data.toFixed(n);
                },
                // 局部过滤器
                addZero: function (data) {
                    //console.log(data);//data 表示要格式化的数据，此处就为 8
                    return data < 10 ? "0" + data : data;
                }
            }
        })
</script>
```

运行结果如图9-3所示。

| 2020-2-24 17:15:36 |
| 12.346 |
| 08 |

图 9-3　0903.html 运行结果

例4：0904.html。

```
<div id="app">
        <!-- 下面用过滤器方法来实现字符串的倒置，formatmy 为过滤器，formatmy 在下面 Vue 实
例中定义 -->
        {{ msg | formatmy }}
</div>
<script>
        new Vue({
                el: "#app",
                data: {
                        msg:'hello vue'
                },
                filters: {
                        // 此处 value 表示 formatmy 要修饰的字符串，即 msg；过滤器也就是一
个方法，因此下面斜体加粗代码去掉也行（简写方法）
                        formatmy: function (value) {
                                return value.split("").reverse().join("")
                        }
                // 采用箭头函数写法也可以，为了不影响，在此注释此写法
                        /*    formatmy: value=>{
                                return value.split("").reverse().join("")
                        } */
                }
        });
</script>
```

运行之后，结果如图9-4所示。

| euv olleh |

图 9-4　0904.html 运行结果

如果觉得写过滤器函数麻烦，也可以使用第三方工具库，里面有很多函数，与过滤器功能类
似（都是些JS文件，引入即可使用）。例如以下几种。

● lodash：里面的函数基本带有下划线开头，俗称下划线库。

- date-fns：要对日期进行操作，可以使用date-fns工具库。date-fns 是一个现代的 JavaScript 日期工具类库，提供了最全面、最简单和一致的工具集，用于在浏览器和 Node.js 中操作 JavaScript 日期。

- Accounting.js：用来将一个数字格式化为货币格式。

在简单项目中一般不会使用，在需要使用的时候，可以去查阅相关资料。

9.2 开发插件

1. 插件的作用

插件通常用来为 Vue 添加全局功能。插件的功能范围没有严格的限制，一般有下面几种。

- 添加全局方法或者属性。
- 添加全局资源（指令/过滤器/过渡等）。
- 通过全局混入来添加一些组件选项。
- 添加 Vue 实例方法，通过把它们添加到 Vue.prototype 上实现。

2. 插件的使用

通过全局方法 Vue.use() 使用插件。它需要在调用 new Vue() 启动应用之前完成。

```
// 调用 'MyPlugin.install(Vue)'
Vue.use(MyPlugin)

new Vue({
…// 组件选项
})
// 也可以传入一个可选的选项对象
Vue.use(MyPlugin, { someOption: true })
```

3. 插件的开发

Vue.js 的插件应该暴露一个 install 方法。这个方法的第一个参数是 Vue 构造器，第二个参数是一个可选的选项对象。

```
MyPlugin.install = function (Vue, options) {
  //（1）添加全局方法或属性
  Vue.myGlobalMethod = function () {
  …
  }

  //（2）添加全局资源
  Vue.directive('my-directive', {
```

```
      bind (el, binding, vnode, oldVnode) {
        ...
      }
      ...
    })

    //（3）注入组件选项
    Vue.mixin({
      created: function () {
        ...
      }
      ...
    })

    //（4）添加实例方法
    Vue.prototype.$myMethod = function (methodOptions) {
      ...
    }
}
```

Vue官网提供了Vue-Router、Vuex等插件，下面动手来开发一个插件。

例5：0905.html。

定义插件plugin.js，一般是一个JS文件，放在JS文件夹下。固定格式如下：

```
(function(){
    ...
})()
```

主要代码及注释说明如下：

```
(function(){
    // 先声明要开发的插件对象 MyPlugin
    const MyPlugin={ }
    // 一定要通过 install 方法进行定义，可理解为外面调用这个插件就是去安装这个插件
    MyPlugin.install = function (Vue, options) {
        //（1）添加全局方法或属性
        Vue.myGlobalMethod = function () {
            // 这里简单测试
            alert('MyPlugin 插件的全局方法 myGlobalMethod 被调用了 ')
        }

        //（2）添加全局指令
        Vue.directive('my-directive', {
            inserted (el, binding) {// 钩子函数 bind 换为 inserted
                //binding.value 获取绑定到指令上的值
                el.innerHTML="MyPlugin 插件的指令 my-directive 被调用了 "+binding.value
```

```
        }
    })
    //（3）添加实例方法，Vue.prototype 得到 Vue 的原型，$myMethod 为方法名，$ 不能少
    Vue.prototype.$myMethod = function (methodOptions) {
        alert('Vue 实例的方法 myMethod 被调用了 ')
    }
    //（4）定义全局过滤器，首字母大写
    Vue.filter("upcase", function(value) {
        //value 为 null 时什么都不做
        if (!value) return ''
        value = value.toString()
        //slice 表示从第 1 个字符开始取后面所有的
        return value.charAt(0).toUpperCase() + value.slice(1)
        })
    }
    // 最后还要将插件暴露出来，即将插件添加到 window 对象，固定格式
    window.MyPlugin=MyPlugin
})()// 最后这个 () 不能少，让它立即执行


<head>
    <meta charset="UTF-8">
    <meta name="viewport" content="width=device-width, initial-scale=1.0">
    <title>Document</title>
    <script src="js/vue.js"></script>
    <!-- 导入插件 plugin.js，而且前面要先导入 Vue.js，因为插件开发过程中就需要用到 Vue-->
    <script src="js/plugin.js"></script>
</head>
<body>
    <div id="app">
        <!-- v- 一定要加在自定义指令最前面 -->
        <span v-my-directive="msg"></span>
        <h3>{{msg|upcase}}</h3>
    </div>
    <script>
        // 引入插件 MyPlugin，MyPlugin 两端没有单引号，实质就是安装 MyPlugin 插件
        Vue.use(MyPlugin)
        var vm = new Vue({
            el: "#app",
            data: {
                msg: "hello world"
            }
        });
        // 调用 Vue 实例的方法，注意是 vm 调用，不是 Vue，因为不是全局方法，是实例方法
        vm.$myMethod(" 徐照兴 ")
```

```
    // 调用 Vue 的全局方法，注意这里是 Vue，而不能用 vm，因为是全局方法
    Vue.myGlobalMethod()
  </script>
</body>
```

运行后会先弹出如图9-5所示的对话框，然后弹出如图9-6所示的对话框，并在页面上显示"MyPlugin插件的指令my-directive被调用了hello world"。

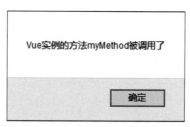

图 9-5　实例方法被执行 1

图 9-6　实例方法被执行 2

上面的底纹效果是后面加的，即在开发插件时先增加了一个全局过滤器（首字母大写），在HTML文件中使用插件该功能。

实战练习

1. 定义一个过滤器，只要数值型数据不为空，就使用过滤器在该数值型数据前面加一个人民币符号"¥"。采用全局过滤器和局部过滤器两种方式实现。

2. 试着自己开发一个插件，该插件包含一个全局的方法、全局的指令、实例方法、全局过滤器等（全局的方法、全局的指令、实例方法、全局过滤器等功能不限）。

⚙ 高手点拨

通过本章的学习，主要掌握以下知识与技能。

1. 掌握自定义全局过滤器和局部过滤器的方法技能。

2. 掌握开发插件的一般方法技能。

第 10 章
组件及组件间的通信

　　前面对 Vue 的一些基础核心语法进行了讲解，可以看出，使用 Vue 的整个过程主要是在对 Vue 实例进行一系列操作。

　　这里就会引出一个问题，就像刚开始学习 C# 时把全部的代码一股脑地写到 main() 方法中，现在把所有对于 Vue 实例的操作全部写在一块，这必然会导致这个方法又长又不好理解。在 C# 的学习过程中，随着学习的不断深入，开始将一些相似的业务逻辑进行封装，重用一些代码，从而达到简化的目的。那么，在 Vue 中如何实现相似的功能呢？这里就需要用到组件。本章就来学习 Vue 中组件的相关知识。

10.1 组件的概念

组件是Vue.js的强大功能之一,它用来扩展HTML元素,封装可重用代码。可以说,组件是自定义HTML标签。组件的本质是可复用的 Vue 实例,因此它们与 new Vue() 接收相同的选项,如 data、computed、watch、methods 及生命周期钩子等。仅有的例外是el选项,它是根实例特有的选项。

例如,在一个系统中,绝大多数的网页都包含 header、menu、body、footer 等部分。在很多时候,同一个系统中的多个页面,可能仅仅是页面中 body 部分显示的内容不同。因此,可以将系统中重复出现的页面元素设计成组件,如图10-1所示。当需要使用时,引用这个组件即可。

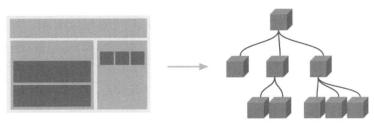

图 10-1 把网页各部分内容抽象成组件

与C# 对代码进行模块化的划分不同,模块化主要是为了实现每个模块、方法的职能单一,一般是通过代码逻辑的角度进行划分;而 Vue 中的组件化,更多的是为了实现对于前端 UI 组件的重用。

10.2 组件的注册及使用

在 Vue 中创建一个新的组件之后,为了能在模板中使用,这些组件必须先进行注册以便 Vue 能够识别。在 Vue 中有两种组件的注册类型:全局注册和局部注册。

全局注册的组件可以用在其被注册之后的任何(通过 new Vue)新创建的 Vue 根实例(实例化的代码不能放到自定义组件的前面),也包括在其组件树中所有子组件的模板中使用;而局部注册的组件只能在当前注册的 Vue 实例中进行使用。

10.2.1 全局组件的注册及使用

1. 全局组件的注册方式

(1)第一种方式

先使用 Vue.extend 全局方法构建模板对象,然后通过 Vue.component 方法来注册组件。因为组件最后会被解析成自定义的 HTML 代码，所以可以直接在 HTML 中把注册后的组件名当作标签来使用。

例1：1001.html。

```
<div id="app">
        <!-- 使用自定义的组件（实际上就是一个 HTML 标签） -->
        <hello></hello>
</div>
<script>
    //（1）创建模板对象，利用 Vue 的全局方法 extend
    var MyComponent=Vue.extend({
        template:'<h3>hello world</h3>'// 这里面可以写得复杂些，通过 template 选项
                                     // 设置模板
    });
    //（2）根据模板对象注册组件，利用 Vue 的 component 方法
    Vue.component('hello',MyComponent);// 第一个参数为组件名，也就是标签名；
                                     // 第二个参数为模板对象

        var vm = new Vue({
            el: '#app',
            data: {

            }
        })
</script>
```

运行之后，效果如图10-2所示。

图 10-2　1001.html 运行效果

从图10-2所示的控制台中可以看到，自定义的组件已经被解析成了 HTML 元素。

注 意

当采用驼峰命名法命名组件时，在使用这个组件的时候，需要将大写字母改成小写字母，同时，两个单词之间需要使用"-"进行连接。

Camel命名法就是当变量名或函数名是由一个或多个单词连结在一起，而构成唯一的标识时，第一个单词以小写字母开始，从第二个单词开始及以后的每个单词的首字母都采用大写字母。

注 意

> 注册组件时不能用 link 名称，因为 link 是一个内置标签，但是允许使用 Link，即 L 要大写。

对1001.html采用驼峰命名法，命名组件改进后的代码如下：

```
<div id="app">
        <!-- 使用自定义的组件（实际上就是一个 HTML 标签） -->
        <my-hello></my-hello>
</div>
<script>
    // （1）创建模板对象，利用 Vue 的全局方法 extend
    var MyComponent=Vue.extend({
        template:'<h3>hello world</h3>'        // 这里面可以写得复杂些
    });
    // （2）根据模板对象注册组件，利用 Vue 的 Component 方法
    Vue.component('myHello',MyComponent) ;// 第一个参数为组件名，也就是标签名；
                                          // 第二个参数为模板对象

    var vm = new Vue({
        el: '#app',
        data: {

        }
    })
</script>
```

通过Vue的调试器可以看出，最终还是会被转为每个单词首字母大写的形式，如图10-3所示。从图10-3也可以看出，Vue实例挂载的元素实际就是根节点Root。

图 10-3　通过 Vue 的调试器查看运行效果

（2）第二种方式

在 Vue.component 中以一种类似 C# 中匿名对象的方式直接注册全局组件，如1002.html中加粗代码（实际就是第一种方式中前面两个步骤的合并）。

例2：1002.html。

```
<div id="app">
        <my-hello></my-hello>
        <my-hello2></my-hello2>
</div>
<script>
        Vue.component('myHello', Vue.extend({
```

```
        template: '<h3>hello world</h3>' // 这里面可以写得复杂些
    }))
        var vm = new Vue({
    el: '#app', // 这个 Vue 实例实际上也是一个 Vue 组件，称之为根组件 Root
    data: {

    }
    })
</script>
```

上面加粗代码也可以把Vue.extend方法省略，即改为下面写法：

```
// 下面这种写法更简单
Vue.component('myHello2', {
template: '<h3>hello vue</h3>'
})
```

2. 体会全局组件的使用

知道了全局注册组件的注册方式后，下面通过例子来体会全局组件的使用。

例3：1003.html。

```
<div id="app">
        <my-hello></my-hello>
        <my-hello2></my-hello2>
</div>
<div id="app2">
        <my-hello></my-hello>
        <my-hello2></my-hello2>
</div>
<script>
        Vue.component('myHello', Vue.extend({
            template: '<h3>hello world</h3>' // 这里面可以写得复杂些
        }))
        // 下面这种写法更简单
        Vue.component('myHello2', {
            template: '<h3>hello vue</h3>'
        })
        var vm = new Vue({
            el: '#app',// 这个 Vue 实例实际上也是一个 Vue 组件，称之为根组件 Root
            data: {

            }
        })
        var vm2 = new Vue({
            el: '#app2',// 这个 Vue 实例实际上也是一个 Vue 组件，称之为根组件 Root
            data: {

            }
```

```
    })
</script>
```

在该例中通过Vue.component方法注册了两个全局组件，它们在两个Vue实例中都可以使用，实际上不管多少个Vue实例都可以去使用全局组件。

3. 用<template>标签来定义模板

在前面的例子中，只是在 template 属性中定义了简单的 HTML 代码，在实际的使用中，template 属性指向的模板内容可能包含很多元素，而使用 Vue.extend 创建的模板必须有且只有一个根元素。因此，当需要创建具有复杂元素的模板时，可以在最外层再套一个 div。

例4：1004.html（template 属性中有多个元素时缺乏根元素报错）。

```
<div id="app">
        <my-hello></my-hello>
</div>
<script>
        Vue.component('myHello', {
                template: '<h3>hello vue</h3><h4> 徐照兴欢迎您 </h4>' // 缺乏根元素报错
        })
        var vm = new Vue({
                el: '#app',
                data: {

                }
        })
</script>
```

运行效果如图10-4所示，报错的原因是template 属性中有多个元素时缺乏根元素。如何解决呢？在外面加根元素div即可解决。代码如下：

```
template: '<div><h3>hello vue</h3><h4> 徐照兴欢迎您 </h4></div>'
```

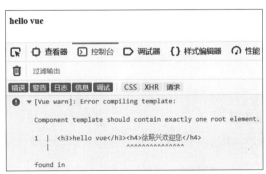

图 10-4　template 属性缺乏根元素报错

但是这样写不美观，因为不能实现换行。那么如何实现换行呢？只需要把外面的单引号改为反单引号``即可。代码如下：

```
template: `<div>
```

```
        <h3>hello vue</h3>
        <h4>徐照兴欢迎您</h4>
    </div>`
```

对于以上这种写法，当内容比较多时也不美观且不方便。怎么办呢？可以使用<template>标签来定义模板，并为之取一个id名称，注册组件时通过id来指明模板。

例5：1005.html（使用**<template>标签来定义模板**）。

```
<div id="app">
        <my-hello></my-hello>
</div>
<!-- template 属于 DOM 元素，不要写到下面的 script 中 -->
<template id="tmp1">
        <div>
                <h3>hello vue</h3>
                <h4>徐照兴欢迎您 </h4>
        </div>
</template>
<script>
        Vue.component('myHello', {
            template: '#tmp1'
        })
        var vm = new Vue({
            el: '#app',
            data: {

            }
        })
</script>
```

运行之后，结果如图10-5所示。

hello vue

徐照兴欢迎您

图 10-5 1005.html 运行结果

4. 自定义组件中的data选项

自定义组件时，data选项必须是一个函数，通过函数去返回对象。

例6：1006.html。

```
<div id="app">
        <my-hello></my-hello>
</div>
 <!-- 自定义组件中访问不到 vm 实例中的 data 属性，但是可以在自定义组件中定义 data 属性选项 -->
<template id="tmp1">
```

```
        <div>
            <h3>hello vue</h3>
            <h4>{{msg}}</h4>
            <input type="button" value=" 单击我 " @click="tanchu" />
        </div>
    </template>
    <script>
        Vue.component('myHello', {
            template: '#tmp1',
            data: function () { // 此处组件中 data 必须是一个函数，通过函数返回对象
                return {
                    msg: " 徐照兴欢迎您 "
                }
            },
            methods: {
                tanchu: function () {
                    alert(this.msg)
                }
            }
        })
        var vm = new Vue({
            el: '#app',
            data: {
            name:"xzx"
            }
        })
    </script>
```

运行之后，效果如图10-6所示。

图 10-6　1006.html 运行效果

10.2.2　局部组件的注册及使用

1. 局部组件基本用法

所谓局部组件，就是只能在某个实例中使用的组件。局部组件是在某个实例中通过components
选项注册的。

例7：1007.html。

```
<div id="app">
    <my-hello></my-hello>
```

```
    </div>
    <!-- template 属于 DOM 元素，不要写到下面的 script 中 -->
    <template id="tmp1">
        <div>
            <h3>hello vue</h3>
            <h4>{{msg}}</h4>
            <input type="button" value=" 单击我 " @click="tanchu" />
        </div>
    </template>
    <script>
        var vm = new Vue({
            el: '#app',
            data: {

            },
            components: {
                myHello: {
                    template: '#tmp1',
                    data: function () { // 此处 data 必须是一个函数，通过函数返回对象
                        return {
                            msg: " 徐照兴欢迎您 "
                        }
                    },
                    methods: {
                        tanchu: function () {
                            alert(this.msg)
                        }
                    }
                }
            }
        })
    </script>
```

1007.html的运行结果与1006.html的一样。假如在下面增加一个new Vue()实例，代码如下：

```
 var vm2=new Vue({
        el:'#app2',
        data:{

        }
    })
```

然后在上面增加一个DOM，绑定的是新增加的vm2实例，代码如下：

```
<div id="app2">
    <my-hello></my-hello>
</div>
```

在这个DOM中是不能使用my-hello组件的，因为my-hello组件是在vm的实例中注册（局部组件）的，所以只能在vm实例挂载的DOM元素app中使用。

2. 把组件定义简化为一个对象写法

把组件简化为一个对象，这样如果需要在多个Vue实例中注册，写法就会更简单。主要针对局部组件这样写，因为全局组件本身就可以在多个Vue实例中使用，不需要在多个Vue实例中注册。

例8：1008.html（改进1007.html）。

```html
<div id="app">
        <my-hello></my-hello>
</div>
<template id="tmp1">
        <div>
                <h3>hello vue</h3>
                <h4>{{msg}}</h4>
                <input type="button" value=" 单击我 " @click="tanchu" />
        </div>
</template>
<script>
        var zujian={
            myHello: {
                    template: '#tmp1',
                    data: function () { // 此处 data 必须是一个函数，通过函数返回对象
                        return {
                            msg: " 徐照兴欢迎您 "
                        }
                    },
                    methods: {
                        tanchu: function () {
                            alert(this.msg)
                        }
                    }
                }
        }
        var vm = new Vue({
            el: '#app',
            data: {

            },
            components: zujian // 不要用引号引起来
        })
</script>
```

10.3 动态组件的应用

所谓动态组件，就是多个组件在同一个位置显示，但不是同时显示，比如满足一定条件时显示A组件，满足其他条件时显示B组件。也就是说，多个组件使用同一个挂载点，然后动态地在多个组件之间切换。这种效果可以通过v-show来实现，但是比较麻烦，可以通过内置的component组件来实现。

1. 内置组件component的应用

需要用到内置的component组件，根据 is 属性的值来决定哪个组件被渲染。is属性的值是哪个组件名称就显示哪个组件。

```
<component :is="currentComponent"></component>
```

例9：1009.html。

```
<div id="app">
    <!-- 注意：my-hello 要作为一个字符串，所以其单引号不能少，否则认为是一个变量，
会到 data 中去找变量 -->
    <button @click="currentComponent='my-hello'"> 显示 hello 组件 </button>
    <!-- 注意：my-world 要作为一个字符串，所以其单引号不能少，否则认为是一个变量，
会到 data 中去找变量 -->
    <button @click="currentComponent='my-world'"> 显示 world 组件 </button>
    <div>
        <!-- 把两个组件全部展示出来 -->
        <!-- <my-hello></my-hello>
        <my-world></my-world> -->
        <!-- 如果为上面两个组件各加一个 v-show 属性，然后通过单击按钮设置它们为 true/
false，可以实现但是比较麻烦，不过 Vue 提供了一个内置组件 component -->
        <!-- 渲染一个 "元组件" 为动态组件。根据 is 的值来决定哪个组件被渲染。is 的值
是哪个组件名称就显示哪个组件 -->
        <component :is="currentComponent"></component>
    </div>
</div>

<script>
    var vm = new Vue({ // 这个 Vue 实例实际上也是一个 Vue 组件，称之为根组件 Root
        el: '#app',
        data: {
            currentComponent:"my-hello"
        },
        // 定义局部组件，在某个 Vue 实例内部定义，通过 components 属性定义
        components:{
            'my-hello':{
                template:'<h3> 我是 hello 组件 </h3>',
```

```
            data(){
                return {
                    x:Math.random() // 产生一个随机数作为 x 的值
                }
            }
        },
        'my-world':{
            template:'<h3> 我是 world 组件 </h3>',
            data(){
                return {
                    y:Math.random() // 产生一个随机数作为 y 的值
                }
            }
        }
    }
})
</script>
```

运行之后，效果如图10-7所示。单击【显示hello组件】按钮显示的是hello组件内容，单击【显示world组件】按钮显示的是world组件内容。

图 10-7　1009.html 运行效果

在上述代码的两个组件内容后面分别加上变量x和y：

```
template:'<h3> 我是 hello 组件 {{x}}</h3>',
template:'<h3> 我是 world 组件 {{y}}</h3>',
```

运行之后，效果如图10-8所示。

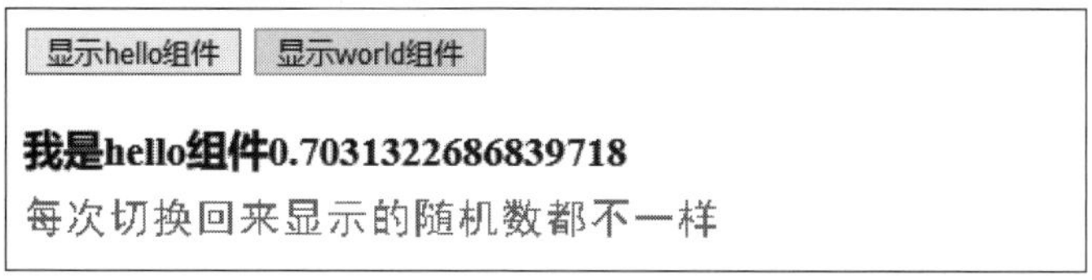

显示hello组件　显示world组件

我是hello组件0.7031322686839718
每次切换回来显示的随机数都不一样

图 10-8　1009.html 改进后运行效果

每次切换组件时都会销毁非活动组件并重新创建，效率比较低。那么如何缓存非活动组件内容，即如何保存非活动组件的状态，避免每次切换重新渲染呢？可以应用内置组件keep-alive。

2. 内置组件keep-alive的应用

使用keep-alive组件包裹component组件，可以缓存非活动组件内容。把1009.html中component组件的代码用内置组件keep-alive包裹起来，其他地方不改，代码如下：

```
<keep-alive>
        <component :is="currentComponent"></component>
</keep-alive>
```

运行之后，效果如图10-9所示。

显示hello组件　显示world组件

我是world组件0.4146006631753537

看到的效果就是每次切换回来都是显示原来产生的那个随机数

图 10-9　1009.html 采用 keep-alive 改进后的运行效果

10.4　is 特性的使用

1. 引出问题

当模板为某种标签的子元素（如table的tr，ul的li）时，会带来什么问题呢？

例10：1010.html（模板对象直接为tr，没有table）。

```
<div id="app">
        <component-tr></component-tr>
</div>
<script>
        var componentTr={
            template:'<tr><td>学号 </td><td> 姓名 </td></tr>'
        }
        var vm=new Vue({
            el:"#app",
            data:{
                msg:"hello"
            },
            components:{
                'component-tr':componentTr
            }
        })
</script>
```

运行之后，效果如图10-10所示。

图 10-10　1010.html 运行效果

从图10-10中可以看出<tr>不在<table>标签内，不符合W3C标准。可以将组件<table>中的代码做如下改进：

```
<table>
    <component-tr></component-tr>
    <component-tr></component-tr>
    <component-tr></component-tr>
</table>
```

运行效果如图10-11所示，发现<tr>仍然不在<table>标签内，与没有添加<table>一样。

图 10-11　1010.html 简单改进后运行效果

那如何解决呢？需要使用is特性。

2. is特性的应用

把上面代码改为如下代码：

```
<table>
        <tr is= 'component-tr'></tr>
        <tr is= 'component-tr'></tr>
        <tr is= 'component-tr'></tr>
</table>
```

外面的<table>一定要加上，然后把自定义组件名作为is的属性值再次运行，效果如图10-12所示，发现<table>等都可正常显示。

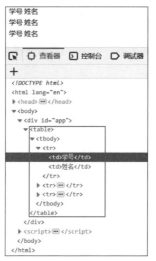

图 10-12　1010.html 简单改进后运行效果

总结：诸如<table>、<ul>、<ol>和<select>标签中的子元素要当作模板来使用，就要使用is特性。

text/x-template 类型应用

上面例子中定义模板的方式是为模板直接设置字符串，也称之为内联模板字符串，代码如下：

```
var componentTr = {
    template: '<tr><td>学号 </td><td>{{msg}}</td></tr>'
}
```

这种写法的缺点是如果模板的HTML代码比较多，写起来会不方便，因为不好换行。

另一种定义模板的方式是写在一个 <script> 元素中，并为其带上 text/x-template 的类型，然后通过一个 id 对模板进行引用。其实就相当于前面全局组件中的内置组件template的写法。

> **注 意**
>
> x-template 需要定义在 Vue 所属的 DOM 元素外，与 DOM 元素并列。

例11：1011.html（为1010.html的另一种写法）。

```
<div id="app">
    <table>
        <tr is='component-tr'></tr>
        <tr is='component-tr'></tr>
        <tr is='component-tr'></tr>
```

```
        </table>
</div>
<script type="text/x-template" id="tmp1">
        <tr>
                <td> 学号 </td>
                <td> 姓名 </td>
        </tr>
</script>
<script>
        var componentTr = {
            template: '#tmp1'
        }
        var vm = new Vue({
            el: "#app",
            data: {
                msg: "hello"
            },
            components: {
                'component-tr': componentTr
            }
        })
</script>
```

在注册组件时，还可以添加data属性，然后就可以引用data属性的数据，代码如下：

```
<div id="app">
        <table>
            <tr is='component-tr'></tr>
            <tr is='component-tr'></tr>
            <tr is='component-tr'></tr>
        </table>
</div>
<script type="text/x-template" id="tmp1">
        <tr>
            <td>{{num}}</td>
            <td>{{name}}</td>
        </tr>
</script>
<script>
        var componentTr = {
            template: '#tmp1',
            data(){
                return{
                    num:"1001",
                    name:" 徐照兴 "
                }
            }
```

```
        }
        var vm = new Vue({
            el: "#app",
            data: {
                msg: "hello"
            },
            components: {
                'component-tr': componentTr
            }
        })
</script>
```

如果数据是后端返回的一个数据集合，如对象数组，那么如何处理动态显示出所有数据呢？

例12：1012.html。

```
<div id="app">
        <table>
        <!-- 模板中写了循环，这里使用一对 tr 即可 -->
            <tr is='component-tr'></tr>
        </table>
</div>
<script type="text/x-template" id="tmp1">
        <!-- 这里需要另外添加一个根元素（如 div），如果 tr 作为根元素就不能使用 v-for，
因为循环就会有多个 tr，就不是唯一一个根元素了 -->
        <div>
            <tr v-for="item in stuList">
                <td>{{item.num}}</td>
                <td>{{item.name}}</td>
            </tr>
        </div>
</script>
<script>
        var componentTr = {
            template: '#tmp1',
            data() {
                return {
                    stuList: [
                        { num: '1001', name: 'zhangsan' },
                        { num: '1002', name: 'lisi' },
                        { num: '1003', name: 'wangwu' }
                    ]
                }
            }
        }
        var vm = new Vue({
            el: "#app",
            data: {
```

```
            msg: "hello"
        },
        components: {
            'component-tr': componentTr
        }
    })
</script>
```

 ## 10.6 父子组件的定义及使用

1. 父子组件的认识

在一个组件内部定义了另一个组件，称为父子组件。子组件只能在父组件的内部使用。

例13：1013.html。

```
<div id="app">
        <my-comp1></my-comp1>
        <!-- 在此直接使用 my-comp2 这个子组件会报错，因为 my-comp2 组件是在 my-comp1 组件
里面，也就是没有在根组件下注册 -->
        <!-- 结论：子组件只能在其父组件中使用。这里 app 的 div 就是根组件，也是 my-comp1 的
父组件 -->
        <!-- 因此下面的 my-comp2 组件只能在 my-comp1 组件中去用 -->
        <!-- <my-comp2></my-comp2> -->
</div>
<script type="text/x-template" id="comp1">
        <div>
            <h3> 我是 comp1 父组件 </h3>
            <hr>
            <my-comp2></my-comp2>
        </div>
</script>
<template id="comp2">
        <div>
            <h3> 我是 comp2 子组件 </h3>
        </div>
</template>
<script>
        var vm = new Vue({ // 根组件
            el: '#app',
            data: {

            },
            components: {// 父组件
```

```
              'my-comp1': {
                  data() {
                      return {
                          msg: '小豆子学堂',
                          name: 'zhangsan',
                          age: 25,
                          user: { id: 1001, username: 'lisi' }
                      }
                  },
                  template: '#comp1',
                  // 定义 my-comp1 组件的子组件（组件中定义组件）
                  components: {// 子组件
                      'my-comp2': {
                          template: '#comp2'
                      }
                  }
              }
          }
      })
</script>
```

运行之后，效果如图10-13所示。

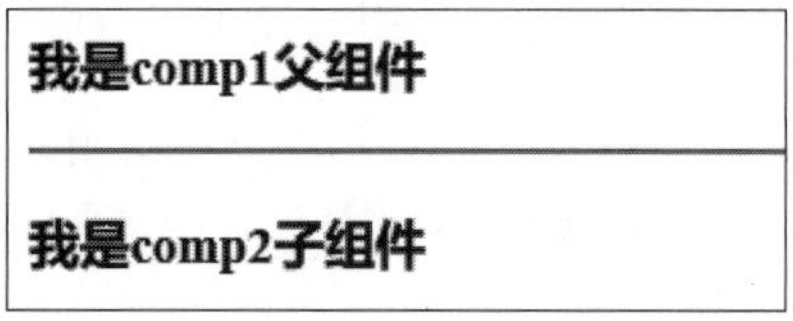

我是comp1父组件

我是comp2子组件

图 10-13   1013.html 运行效果

2. 理解每个组件的作用域是独立的

在上面例子斜体代码下面增加如下代码（在自己的组件中访问自己的数据）：

```
<h3>访问自己组件中的数据：{{msg}} {{name}} {{age}} {{user.username}}</h3>
```

运行之后，效果如图10-14所示，正确地获取了自己组件中的数据。

我是comp1父组件

访问自己组件中的数据： 小豆子学堂 zhangsan 25 lisi

我是comp2子组件

图 10-14   访问自己组件中的数据

如果在带下划线代码下面增加如下代码（访问父组件中的数据），结果将出现报错。

```
<h3>访问父组件中的数据：{{msg}},{{name}},{{age}},{{user.username}}</h3>
```

结论：在组件中可以访问自己组件中的数据，但是默认情况下，子组件无法访问到父组件中的数据。当然，父组件也无法访问到子组件中的数据，每个组件实例的作用域是独立的。

那么组件间是如何进行数据传递/通信的呢？

10.7 子组件访问父组件中的数据

本节就来学习子组件是如何访问父组件中的数据的。

10.7.1 子组件访问父组件中的数据基本示例

子组件访问父组件中数据的步骤如下。

① 在调用子组件时，绑定想要获取父组件的数据。

② 在子组件的内部，使用props选项声明获取的数据，即接收来自父组件的数据。

经过上面两个步骤，子组件访问父组件中的数据就变成了获取自己组件中的数据，因为父组件中的数据已经传递给了子组件。

例14：1014.html。

```
<div id="app">
        <my-comp1></my-comp1>
</div>
<template id="comp1">
        <div>
            <h3> 我是 comp1 父组件 </h3>
            <!-- 下面这句可正常显示数据 -->
            <h3>访问自己组件中的数据: {{msg}} {{name}} {{age}} {{user.username}}</h3>
            <hr>
            <!-- my-comp2 组件的父组件是 my-comp1，所以只能写到这里  -->
            <!-- (1) 在调用子组件时，绑定想要获取的父组件的数据。在这里获取 msg 数据没问题
（这是父组件范围，获取父组件数据），这里绑定的属性名 message 为自己取的名称，建议取与父组件
中相应属性名相同的名称，这里为了区分先取名为 message -->
                <my-comp2 :message="msg"></my-comp2>
        </div>
</template>
<template id="comp2">
        <div>
            <h3> 我是 comp2 子组件 </h3>
            <!-- 下面这句是会报错的，因为默认情况下子组件无法访问到父组件中的数据 -->
            <!-- <h4>访问父组件中的数据: {{msg}},{{name}},{{age}},{{user.username}}
</h4> -->
```

```
                    <!-- 这里 {{}} 里写的是调用子组件时绑定的属性名 -->
                    <h4> 访问父组件 msg 数据：{{message}}</h4>
            </div>
    </template>
    <script>
            var vm = new Vue({ // 根组件
                el: '#app',
                data: {

                },
                components: {// 父组件
                    'my-comp1': {
                        data() {
                            return {
                                msg: ' 小豆子学堂 ',
                                name: 'zhangsan',
                                age: 25,
                                user: { id: 1001, username: 'lisi' }
                            }
                        },
                        template: '#comp1',
                        // 定义 my-comp1 组件的子组件
                        components: {// 子组件
                            'my-comp2': {
                                template: '#comp2',
                                //(2) 在子组件的内部，使用 props 选项声明获取的数据，即接
                                // 收来自父组件的数据，采用字符串数组形式
                                props:['message']
                            }
                        }
                    }
                }
            })
    </script>
```

运行之后，效果如图10-15所示。

图 10-15　1014.html 运行效果

如果要访问父组件中的全部数据，可把上面3处加粗代码分别改为如下代码：

```
<my-comp2 :message="msg" :name="name" :age="age" :user="user"></my-comp2>
```

```
props:['message','name','age','user']
```

```
<h4>访问父组件 msg 等数据：{{message}},{{name}},{{age}},{{user.username}}</h4>
```

再次运行，效果如图10-16所示。从Vue调试工具中也可以看到，子组件通过props接收到了父组件传递过来的数据。

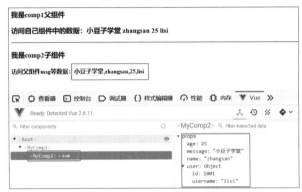

图 10-16　1014.html 调整后的运行效果

10.7.2　组件中 props 选项用法深入

上面例子中使用props接收父组件中的数据采用的是简单用法，即采用字符串数组的形式。

props 可以是简单的数组，或者使用对象作为替代，对象允许配置高级选项，如类型检测、自定义验证和设置默认值。props对象可以有以下选项。

type: x

x可以是下列原生构造函数中的一种：String、Number、Boolean、Array、Object、Date、Function、任何自定义构造函数或上述内容组成的数组。设置type就会检查prop 是否为给定的类型，否则抛出警告。

default: any

然后为该 prop 指定一个默认值。如果该 prop 没有被传入，则换用这个值。对象或数组的默认值必须从一个工厂函数返回。

required: Boolean

定义该 prop 是否为必填项。在非生产环境中，如果这个值为 true 且该 prop 没有被传入，则一个控制台警告将会被抛出。

validator: Function

自定义验证函数会将该 prop 的值作为唯一的参数代入。在非生产环境下，如果该函数返回一个 false值（也就是验证失败），一个控制台警告将会被抛出。

例如，把上面例子中的props选项代码：

```
props:['message','name','age','user']
```

改为例15所示。

例15：1015.html（其他代码与1014.html一样）

```
props:{// 也可以是对象，允许配置高级设置，如类型判断、数据校验、设置默认值
    message:String, // 表示传入的 message 值必须是 String 类型，
    // 如果需要更多的设置，设置值又可以是对象，如对 name 的设置
    name:{
        type:String,
        required:true,// 表示必须传入
    },
    age:{
        type:Number,
        default:18,// 表示没有传入时默认值为 18
        validator:function(value){//validator 必须是一个函数，value 表示传入的值
            return value>=0
        }
    },
    user:Object
}
```

在绑定父组件的属性时，这里假设没有绑定name属性，即没有下面带下划线的代码，那么运行会报错，如图10-17所示。

```
<my-comp2 :message="msg" :name="name" :age="age" :user="user"></my-comp2>
```

图 10-17　1015.html 运行效果

如果age没有传入，即没有上面斜体代码，那么age就显示为默认值18。又或者绑定了age，但age是一个负数，这样控制台也会报错。

如果对象或数组类型没有绑定，则默认值的设置必须采用函数，例如以下代码：

```
props:{// 也可以是对象，允许配置高级设置，如类型判断、数据校验、设置默认值
    message:String, // 表示传入的 message 必须是 String 类型，
    // 如果需要更多的设置，设置值又可以是对象，如下
    name:{
        type:String,
        required:true,// 表示必须传入
```

```
    },
    age:{
        type:Number,
        default:18,// 表示没有传入时默认值为 18
        validator:function(value){//validator 必须是一个函数，value 表示传入的值
            return value>=0
        }
    },
    // user:Object // 这样写没问题，如果对象 user 想复杂点，可设置如下
    user:{
        type:Object,
        // default:{id:0000,username:'xzx'}// 对象或数组类型的默认值不能直接这样
                                          // 写。必须以函数形式返回
        default:function(){
            return {id:0000,username:'xzx'}
        }
    }
}
```

因此，当子组件要访问父组件中的数据，需要在父组件中在调用子组件时，绑定想要获取的父组件的数据（如msg="msg"），然后在子组件中通过props选项即可去接收父组件中的数据。

10.8　父组件访问子组件中的数据

子组件通过props选项可以接收父组件中的数据，那么父组件如何去访问子组件中的数据呢？

10.8.1　父组件访问子组件中的数据基本用法

父组件访问子组件数据的总体思路：把子组件中的数据发送到父组件中，主要有下面两个步骤。

① 在子组件中使用vm.$emit(事件名,要发送的数据)触发一个自定义事件，事件名自定义。要发送的多个数据，直接用逗号隔开即可。

② 父组件在使用子组件的地方监听子组件触发的事件，并在父组件中定义方法获取数据。

下面结合例子来进行理解。

例16：1016.html（在1014.html基础上改进）。

```
<div id="app">
    <my-comp1></my-comp1>
</div>
<template id="comp1">
```

```html
<div>
    <h3> 我是 comp1 父组件 </h3>
    <!-- 下面这句正常显示数据没问题 -->
    <h3> 访问自己组件中的数据: {{msg}} {{name}} {{age}} {{user.username}}</h3>
    <h4> 访问子组件中的数据: {{sex}},{{height}}</h4>
    <hr>
<!-- 父组件在使用子组件的地方监听子组件触发的事件。这里 getData 方法自然写在父组件中 -->
    <my-comp2 :message="msg" :name="name" :age="age" :user="user"
@send-data="getData"></my-comp2>
    </div>
</template>
<template id="comp2">
    <div>
        <h3> 我是 comp2 子组件 </h3>
        <h3> 访问父组件 msg 等数据: {{message}},{{name}},{{age}},{{user.username}}</h3>
        <h4> 子组件访问自己的数据 :{{sex}},{{height}}</h4>
        <!-- 单击按钮触发事件 -->
        <button @click="send"> 将子组件中的数据向上传递给父组件 </button>
    </div>
</template>
<script>
    var vm = new Vue({ // 根组件
        el: '#app',
        data: {

        },
        components: {// 父组件
            'my-comp1': {
                data() {
                    return {
                        msg: ' 小豆子学堂 ',
                        name: 'zhangsan',
                        age: 25,
                        user: { id: 1001, username: 'lisi' },
                        sex:'',// 要先定义好用来接收数据的属性
                        height:0 // 要先定义好用来接收数据的属性，这里设置默认值为 0
                    }
                },
                template: '#comp1',
                methods:{
                    // 子组件通过事件 sendData 将数据发送过来，所以这里 getData
                    // 定义两个形参接收传过来的数据，形参名可以任意
                    getData(sex1,height1){
                        this.sex=sex1;// 把接收到的数据赋给预先定义好的 data 中的属性
                        this.height=height1;
                    }
```

```
            },
            // 定义 my-comp1 组件的子组件
            components: {// 子组件
                'my-comp2': {
                    template: '#comp2',
                    data(){
                        return{
                            sex:'male',
                            height:178
                        }
                    },
                    props:['message','name','age','user'],
                    methods:{
                        send(){
                            //console.log(this);// 此处 this 表示的不是 vm 实
                            // 例，而是当前的子组件实例，也就是 my-comp2 组件
                            // 使用 this.$emit() 触发一个事件（事件名建议用"-"
                            // 连接，每个单词首字母小写），发送数据
                            this.$emit('send-data',this.sex,this.height);
                        }
                    }
                }
            }
        }
    })
</script>
```

运行之后，效果如图10-18所示。

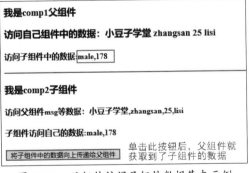

图 10-18 父组件访问子组件数据基本示例

运行过程分析：单击【将子组件中的数据向上传递给父组件】按钮时触发send方法，在send 方法中通过emit方法触发一个事件send-data（命名也很关键，建议不要有大写字母），传送数据。在父组件使用子组件的地方监听触发的事件send-data，并把getData方法赋给send-data（监听send-data 事件后执行getData方法，这个方法自然定义在父组件中），通过getData方法参数把接收到的数据赋

给父组件中预先定义好的相应属性。

因此，子组件通过事件给父组件发送消息，实际上就是子组件把自己的数据发送到父组件。

10.8.2 修改父组件数据后子组件数据跟着改变

前面学习了父子组件之间数据的传递问题，那么它们之间能不能互相修改数据呢？例如，父组件的数据给了子组件后，如果父组件中的数据修改了，子组件中的数据会不会自动修改呢？又如，子组件的数据发送给了父组件，那么子组件中的数据修改了，父组件中对应的数据会不会自动修改呢？

所有的 prop 都使得其父子 prop 之间形成了一个单向下行绑定：父级 prop 的更新会向下流动到子组件中，但是反过来则不行。这样可防止从子组件意外改变父组件的状态，从而导致应用的数据流向难以理解。

简单地说，prop是单向绑定的，当父组件的属性变化时，将传导给子组件，但是反过来不行。也就是说，子组件的属性变化时，不会传导给父组件。

例17：1017.html。

```
<div id="app">
        <h4>
                父组件：请输入需要传递给子组件的 title 值：{{title}}<input type="text"
v-model="title" />
        </h4>
        <child-node v-bind:parenttitle="title"></child-node>
</div>
<template id="child">
        <div>
            <h4>子组件：实时获取父组件 Vue 实例中的属性 title 值：{{parenttitle}}</h4>
        </div>
</template>
<script>
        var vm = new Vue({
            el: '#app',
            data: {
                title: ' 大家好 '
            },
            components: {
                'childNode': {
                    template: '#child',
                    props: ['parenttitle']
                }
            }
        });
</script>
```

运行之后，效果如图10-19所示。父组件数据修改了，子组件获取的父组件的对应数据也修改了。

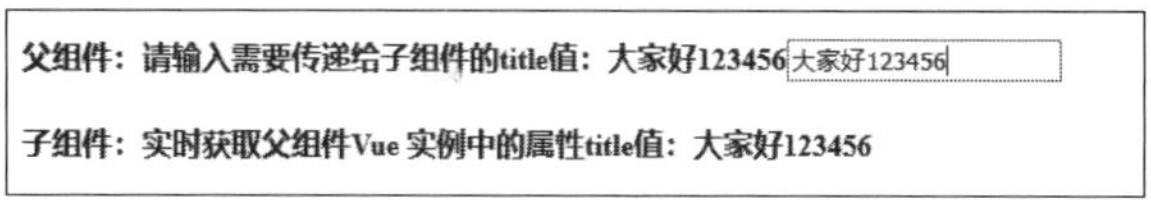

父组件：请输入需要传递给子组件的title值：大家好123456 [大家好123456]

子组件：实时获取父组件Vue 实例中的属性title值：大家好123456

图 10-19   1017.html 运行效果

例18：1018.html。

```
<div id="app">
        <h4> 父组件获取子组件中的 name 属性值 :{{name}}</h4>
        <child-node @send-data="getData"></child-node>
</div>
<template id="child">
        <div>
            <h4> 子组件 name 属性值: {{name}}</h4>
            <!-- 单击按钮触发事件 -->
            <button @click="send"> 将子组件中的数据向上传递给父组件 </button>
            <button @click="change"> 修改子组件 name 属性值 </button>
        </div>
</template>
<script>
        var vm = new Vue({
            el: '#app',
            data: {
                title: ' 大家好 ',
                name:''
            },
            methods: {
                // 子组件通过事件 sendData 将数据发送过来，所以这里 getData 定义一个形参
                // 接收传过来的数据，形参名可以任意
                getData(name1) {
                    this.name = name1;// 把接收到的数据赋给预先定义好的 data 中的属性
                }
            },
            components: {
                'childNode': {
                    data() {
                        return {
                            name: ' 徐照兴 '
                        }
                    },
                    template: '#child',
                    methods: {
                        send() {
```

```
                            // 使用 this.$emit() 触发一个事件（事件名建议用 "-" 连接，
                            // 每个单词首字母小写），发送数据
                            this.$emit('send-data', this.name);
                        },
                        change() {
                            this.name = "xzx"// 这里的 this 表示的是子组件 childNode,
                                            //this.parenttitle 表示的就是 props 获取的
                                            //title 数据，然后把 title 数据修改为 hello
                        }
                    }
                }
            }
        });
</script>
```

运行之后，效果如图10-20所示。将子组件的数据"徐照兴"传给父组件后，单击【修改子组件name属性值】按钮将子组件的name属性值修改为xzx，发现只修改了子组件的name属性值，没有修改父组件的name属性值。

父组件获取子组件中的**name**属性值:徐照兴

子组件**name**属性值: xzx

将子组件中的数据向上传递给父组件 修改子组件name属性值

图 10-20　　1018.html 运行效果

即子组件把数据发给了父组件，子组件修改了数据，父组件相应数据不会跟着变。那么如何做到子组件的数据修改了，父组件也跟着变化呢？

10.8.3 修改子组件数据后父组件数据跟着改变

要想子组件的数据修改了，父组件也跟着改变，其实现思路如下。

① 父组件中使用子组件的地方要绑定子组件对应数据属性，并使用.sync修饰符（说明：Vue 1.0版本支持，Vue 2.0版本不支持，Vue 2.3版本又开始支持）。

② 子组件中通过watch监听子组件属性的变化，如果变化了，通过this.$emit去修改父组件对象的属性值，格式为this.$emit ('update:要修改的属性名','属性值')，其中"要修改的属性名"及"属性值"是根据实际自己定义的，其他地方均为固定写法。

例19：1019.html。

```
<div id="app">
        <h4>父组件获取子组件中的 name 属性值 :{{name}}</h4>
        <child-node @send-data="getData" :name.sync="name"></child-node>
</div>
<template id="child">
        <div>
```

```
            <h4> 子组件 name 属性值：{{name}}</h4>
            <!-- 单击按钮触发事件 -->
            <button @click="send"> 将子组件中的数据向上传递给父组件 </button>
            <button @click="change"> 修改子组件 name 属性值 </button>
        </div>
</template>
<script>
        var vm = new Vue({
            el: '#app',
            data: {
                title: ' 大家好 ',
                name: ''
            },
            methods: {
                // 子组件通过事件 sendData 将数据发送过来，所以这里 getData 定义一个形
                // 参接收传过来的数据，形参名可以任意
                getData(name1) {
                    this.name = name1;// 把接收到的数据赋给预先定义好的 data 中的属性
                }
            },
            components: {
                'childNode': {
                    data() {
                        return {
                            name: ' 徐照兴 '
                        }
                    },
                    template: '#child',
                    methods: {
                        send() {
                            // 使用 this.$emit() 触发一个事件（事件名建议用 "-" 连接，每
                            // 个单词首字母小写），发送数据
                            this.$emit('send-data', this.name);
                        },
                        change() {
                            this.name = "xzx"// 这里的 this 表示的是子组件 childNode，
                                            //this.parenttitle 表示的是 props 获取的
                                            //title 数据，然后把 title 数据修改为 hello
                        }
                    },
                    watch: {
                        name(newVal) {
                            this.$emit('update:name', newVal)
                        }
                    }
                }
```

```
        }
    });
</script>
```

单击【修改子组件name属性值】按钮，父组件获取到的name属性值也跟着改变，如图10-21
所示。

图 10-21　1019.html 运行效果

同样可以修改为通过文本框实时更改子组件的属性值，让父组件获取到的对应属性值跟着改
变，对上面例19改变如下：

```
<div id="app">
        <h4> 父组件获取子组件中的 name 属性值 :{{name}}</h4>
        <child-node @send-data="getData" :name.sync="name"></child-node>
</div>
<template id="child">
        <div>
            <h4> 子组件 name 属性值: {{name}}</h4>
            // 通过文本框改变子组件 name 属性值: <input type="text" v-model="name">
            <br>
            <!-- 单击按钮触发事件 -->
            <button @click="send">将子组件中的数据向上传递给父组件 </button>

        </div>
</template>
<script>
        var vm = new Vue({
            el: '#app',
            data: {
                title: ' 大家好 ',
                name: ''
            },
            methods: {
                // 子组件通过事件 sendData 将数据发送过来，所以这里 getData 定义一个形参
                // 接收传过来的数据，形参名可以任意
                getData(name1) {
                    this.name = name1;// 把接收到的数据赋给预先定义好的 data 中的属性
                }
            },
            components: {
                'childNode': {
                    data() {
```

```
                    return {
                        name: '徐照兴'
                    }
                },
                template: '#child',
                methods: {
                    send() {
                        // 使用 this.$emit() 触发一个事件（事件名建议用 "-" 连接，
                        // 每个单词首字母小写），发送数据
                        this.$emit('send-data', this.name);
                    }
                },
                watch: {
                    name(newVal) {
                        this.$emit('update:name', newVal)
                    }
                }
            }
        });
</script>
```

运行之后，效果如图10-22所示。

父组件获取子组件中的name属性值:徐照兴123

子组件name属性值: 徐照兴123

通过文本框改变子组件name属性值: 徐照兴123
将子组件中的数据向上传递给父组件

图 10-22　通过文本框改变子组件属性值

10.9　非父子组件间的通信

如果多个组件不是父子组件，如并列关系，那么它们之间如何通信呢？先看三个组件是并列
关系的例子。

例20：1020.html。

```
<div id="app">
        <my-comp1></my-comp1>
        <my-comp2></my-comp2>
        <my-comp3></my-comp3>
</div>
<template id="tmpl1">
```

```html
        <div>
            <h3>第一个组件：{{name}}</h3>
        </div>
</template>
<template id="tmpl2">
        <div>
            <h3>第二个组件：{{age}}</h3>
        </div>
</template>
<template id="tmpl3">
        <div>
            <h3>第三个组件：无数据</h3>
        </div>
</template>
<script>
        var vm = new Vue({
            el: "#app",
            components: {
                // 下面三个组件是并列关系，不是父子关系
                'my-comp1': {
                    template: '#tmpl1',
                    data() {
                        return {
                            name: 'zs'
                        }
                    }
                },
                'my-comp2': {
                    template: '#tmpl2',
                    data() {
                        return {
                            age: 20
                        }
                    }
                },
                'my-comp3': {
                    template: '#tmpl3',
                    data() {
                        return {
                        }
                    }
                }
            }
        })
</script>
```

运行之后，效果如图10-23所示。

图 10-23　1020.html 运行效果

以上三个组件是并列关系，并且第三个组件没有数据。如果第三个组件要获取第一个和第二个组件的数据，怎么办呢？其核心为第一个、第二个组件要把数据发送给第三个组件。实现思路如下。

① var busvm=new Vue();——创建一个空的Vue实例。

② busvm.$emit('事件名',data);——通过空的Vue实例触发事件，发送数据。

③ busvm.$on('事件名',data=>{ });——通过空的Vue实例监听事件，接收数据。

根据此思路改进例20，代码如下：

```
<div id="app">
        <my-comp1></my-comp1>
        <my-comp2></my-comp2>
        <my-comp3></my-comp3>
</div>
<template id="tmpl1">
        <div>
                <h3> 第一个组件：{{name}}</h3>
                <button @click="send"> 将数据发送给第三个组件 </button>
        </div>
</template>
<template id="tmpl2">
        <div>
                <h3> 第二个组件：{{age}}</h3>
        </div>
    </template>
    <template id="tmpl3">
        <div>
                <h3> 第三个组件：{{name}}</h3>
        </div>
    </template>
    <script>
        // 定义一个空的 Vue 实例，用于发送和监听事件
        var busvm=new Vue();
        var vm = new Vue({
```

```
            el: "#app",
            components: {
                // 下面三个组件是并列关系，不是父子关系
                'my-comp1': {
                    template: '#tmpl1',
                    data() {
                        return {
                            name: 'zs'
                        }
                    },
                    methods:{
                        send(){
                        //this.$emit()//this 表示的是 my-comp1 本身的。此处不能用 this
                            busvm.$emit('data-1',this.name);
                                // 用于触发事件，第一个参数为事件名，第二个参数为要发送的数据
                        }
                    }
                },
                'my-comp2': {
                    template: '#tmpl2',
                    data() {
                        return {
                            age: 20
                        }
                    }
                },
                'my-comp3': {
                    template: '#tmpl3',
                    data() {
                        return {
                            name:''// 先初始化 name，为空即可
                        }
                    },
                    mounted(){// 该钩子函数在模板编译完成之后执行（也就是挂载之后），也
                            // 就是接收事件的时机
                        busvm.$on('data-1',name=>{
                            this.name=name;//this 表示自身组件（my-comp3），即左边的
                                        //name 指自身组件（my-comp3）的属性，右边的
                                        //name 为传递过来的数据
                        });// 用于监听自定义事件。第一个参数为要监听的事件；第二个参数为
                            // 回调函数，回调函数的参数为触发事件发送过来的数据，这里用箭
                            // 头函数
                    }
                }
            }
        })
    </script>
```

运行之后，效果如图10-24所示。

图 10-24　非父子关系组件数据通信演示

说明：上面回调函数只能用箭头函数形式来写，不能用function(name)，因为this的含义变为busvm实例了。

```
busvm.$on('data-1',function(name){
    this.name=name;//this 表示的是 busvm 实例，可以通过 console.log(this) 查看
});
```

同理，想把第二个组件的数据发送给第三个组件，完整代码如下：

```
<div id="app">
        <my-comp1></my-comp1>
        <my-comp2></my-comp2>
        <my-comp3></my-comp3>
</div>
<template id="tmpl1">
    <div>
        <h3> 第一个组件：{{name}}</h3>
        <button @click="send"> 将数据发送给第三个组件 </button>
    </div>
</template>
<template id="tmpl2">
    <div>
        <h3> 第二个组件：{{age}}</h3>
        <button @click="send"> 将数据发送给第三个组件 </button>
    </div>
</template>
<template id="tmpl3">
    <div>
        <h3> 第三个组件：{{name}} {{age}}</h3>
    </div>
</template>
<script>
    // 定义一个空的 Vue 实例，用于发送和监听事件
    var busvm=new Vue();
    var vm = new Vue({
        el:"#app",
```

```
components:{
    // 下面三个组件是并列关系，不是父子关系
    'my-comp1':{
        template:'#tmpl1',
        data(){
            return {
                name:'zs'
            }
        },
        methods:{
            send(){
                //this.$emit()//this 表示的是 my-comp1 本身的，此处不能用 this
                busvm.$emit('data-1',this.name);// 用于触发事件，第一个参数为事
                                                // 件名，第二个参数为要发送的数据
            }
        }
    },
    'my-comp2':{
        template:'#tmpl2',
        data(){
            return {
                age:20
            }
        },
        methods:{
            send(){
                //this.$emit()//this 表示的是 my-comp2 本身的，此处不能用 this
                busvm.$emit('data-2',this.age);// 用于触发事件，第一个参数为事件名，
                                               // 第二个参数为要发送的数据
            }
        }
        /*  mounted(){
            busvm.$emit('data-2',this.age);
        } */
    },
    'my-comp3':{
        template:'#tmpl3',
        data(){
            return {
                name:'',// 先初始化 name，为空即可
                age:''// 先初始化 age，为空即可
            }
        },
        mounted(){// 该钩子函数在模板编译完成之后执行（也就是挂载之后），也就是接
                  // 收事件的时机
            busvm.$on('data-1',name=>{
```

```
                    this.name=name;//this 表示自身组件（my-comp3），即左边的 name
                            // 指自身组件的属性，右边的 name 为传递过来的数据
                }); // 用于监听自定义事件。第一个参数为要监听的事件；第二个参数为回调
                    // 函数，回调函数的参数为触发事件发送过来的数据，这里用 lambda 形式
                busvm.$on('data-2',age=>{
                    this.age=age;
                })
            }
        }
    }
})
</script>
```

运行之后，效果如图10-25所示。

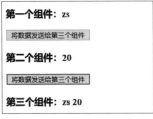

图 10-25　非父子组件间的通信

假设页面加载完成后把第二个组件的数据发送给第三个组件，使用钩子函数mounted挂载完成之后就发送，这样做不行。原因是第二个组件mounted挂载完成之后就发送，第三个组件mounted挂载完成之后去监听，实际上这个时候，第三个组件还没有开始去监听，即时机不对。正确的时机是第三个组件开始监听了，才能发送数据，否则接收不到数据。因此，当单击按钮时，所有的组件都已挂载完毕，也就是第三个组件已开始监听了。

总结：这种方法实现非父子组件间的通信只能是针对简单的需求，如果需求复杂则需要使用状态管理模式（Vuex）来实现。

10.10　slot 的用法

前面讲解了Vue的常用指令，下面学习slot指令，slot具有多种用法，下面进行分别讲解。

10.10.1　通过 slot 组件分发内容

前面使用自定义组件时代码如下：

```
<div id="app">
    <my-comp1></my-comp1>
```

```
        <my-comp2></my-comp2>
        <my-comp3></my-comp3>
    </div>
```

组件中间没有任何内容，那么可以在组件中写内容吗？答案是当然可以，下面先看例21。

例21：1021.html。

```html
<head>
    <meta charset="TF-8">
    <meta name="viewport" content="width=device-width, initial-scale=1.0">
    <title>Document</title>
    <script src="js/vue.js"></script>
    <style>
        .panel {
            margin: 10px;
            width: 150px;
            border: 1px solid #ccc;
        }
        .panel-header,
        .panel-bottom {
            height: 30px;
            background-color: antiquewhite;
        }
        .panel-body {
            /* 最小高度 */
            min-height: 50px;
        }
    </style>
</head>
<body>
    <div id="app">
        <panel>123456</panel>
    </div>
    <template id="panelTpl">
        <!-- panel 渲染的节点 -->
        <div class="panel">
            <div class="panel-header">头部标题 </div>
            <div class="panel-body">
                暂无内容
            </div>
            <div class="panel-bottom">更多 点赞 </div>
        </div>
    </template>
    <script>
        var panelTpl = {
            template: '#panelTpl'
        }
        var vm = new Vue({
```

```
            el: '#app',
            components: {
                "panel": panelTpl
            }
        });
</script>
```

运行之后，效果如图10-26所示。

图 10-26　1021.html 运行效果

上述代码在自定义组件panel中输入了内容"123456"，但并没有显示出来，那么如何获取中间输入的内容并显示出来呢？使用slot。那么如何用呢？

要使自定义组件中间的内容显示出来，需要使用<slot> 元素。<slot> 元素作为组件模板中的内容分发插槽，它自身将被替换。即自定义组件中间的内容想放到什么位置就把<slot></slot>写到自定义模板的什么位置。

假设panel组件需要多次使用，而且每个panel里面的内容都不一样，可能是文本、图片、超链接、ul等DOM元素，如何把panel组件中的内容传到panel-body中呢？也就是要把每个panel里的内容插到panel-body的div中，因此panel-body中要有一个插槽<slot></slot>，即把"暂无内容"换为插槽。修改后的代码如下：

```
    <style>
        .panel {
            margin: 10px;
            width: 150px;
            border: 1px solid #ccc;
        }
        .panel-header,
        .panel-bottom {
            height: 30px;
            background-color: antiquewhite;
        }
        .panel-body {
            /* 最小高度 */
            min-height: 50px;
        }
    </style>
</head>
<body>
    <div id="app">
        <panel>
            <p> 大家好，欢迎来到徐照兴课堂，有什么不理解的欢迎随时咨询 </p>
        </panel>
```

```
            <panel><div> 欢迎学习 Vue.js</div></panel>
            <panel> 后续还有更多实战课程哦 </panel>
        </div>
        <template id="panelTpl">
            <!-- panel 渲染的节点 -->
            <div class="panel">
                <div class="panel-header">头部标题 </div>
                <div class="panel-body">
                    <slot></slot>
                </div>
                <div class="panel-bottom">更多 点赞 </div>
            </div>
        </template>
        <script>
            var panelTpl = {
                template: '#panelTpl'
            }
            var vm = new Vue({
                el: '#app',
                components: {
                    "panel": panelTpl
                }
            });
        </script>
```

运行之后，效果如图10-27所示。

图 10-27　使用插槽分发内容

假如所有的头部标题也要能灵活地更换，则panel-header的div中的内容也要换为插槽以便灵活插入。为了区分中间部分的插槽，就需要给这里的插槽取名。例如，"<slot name="title">默认头部内容</slot>"，这种称为具名slot。中间的"默认头部内容"表示使用组件的地方没有传入内容，采用这里设置的默认内容。部分代码如下：

```
<div id="app">
        <panel>
            <h3 slot="title"> 教育部 </h3>
```

```
            <p> 大家好，欢迎来到徐照兴课堂，有什么不理解的欢迎随时咨询 </p>
        </panel>
        <panel>
            <h3 slot="title"> 教育厅 </h3>
            <div> 欢迎学习 vue.js</div>
        </panel>
        <panel> 后续还有更多实战课程哦 </panel>
</div>
<script type="text/x-Template" id="panelTpl">
        <!-- panel 渲染的节点 -->
        <div class="panel">
            <div class="panel-header">
                <slot name="title"> 默认头部内容 </slot>
            </div>
            <div class="panel-body">
                <!-- slot 就是插槽 -->
                <slot></slot>
            </div>
            <div class="panel-bottom"> 更多  点赞 </div>
        </div>
    </script>
```

也就是说，对要插入的内容（DOM元素）设置一个slot属性（如属性值为title），就插入name
为title的插槽slot，这个插槽叫具名slot。

当然对于"更多 点赞"，也可以改为用插槽灵活设置，代码如下：

```
<div id="app">
        <panel>
            <h3 slot="title"> 教育部 </h3>
            <p> 大家好，欢迎来到徐照兴课堂，有什么不理解的欢迎随时咨询 </p>
            <a href="http://www.baidu.com" slot="more"> 百度 </a>
        </panel>
        <panel>
            <h3 slot="title"> 教育厅 </h3>
            <div> 欢迎学习 Vue.js</div>
            <a href="http://www.jd.com" slot="more"> 京东 </a>
        </panel>
        <panel> 后续还有更多实战课程哦 </panel>
</div>
<script type="text/x-Template" id="panelTpl">
        <!-- panel 渲染的节点 -->
        <div class="panel">
            <div class="panel-header"><slot name="title"></slot></div>
            <div class="panel-body">
                <!-- slot 就是插槽 -->
              <slot></slot>
          </div>
```

```
            <div class="panel-bottom">
                <slot name="more">默认底部内容</slot>
            </div>
        </div>
    </script>
```

运行之后，效果如图10-28所示。

图 10-28　使用具名插槽的效果

以上操作与公共的样式一样（在需要变化内容的地方安放插槽），插槽内容可以通过在使用组件的时候传入。

注 意

插槽模板是 slot，它是一个空壳子，因为它显示与隐藏及最后用什么样的 HTML 模板显示，都由父组件控制。但是，插槽显示的位置由子组件自身决定，slot 写在组件 template 的哪块，父组件传过来的模板将来就显示在哪块。这样就使组件可复用性更高，更加灵活，可以随时通过父组件给子组件添加一些需要的东西。

10.10.2　用 v-slot 指令替代 slot

从Vue 2.6.x开始，Vue为具名和范围插槽引入了一个全新的语法，即v-slot 指令。目的就是想统一 slot 和 scope-slot 语法，使代码更加规范和清晰。从 Vue 2.6.0 开始，官方推荐使用 v-slot 来替代 slot 和 scope-slot。

v-slot 只能添加到template或自定义组件上，这与弃用的 slot 属性不同。

对例21进行改进，将DOM部分内容改为例22所示，通过template包裹自定义组件每个部分的内容，slot属性可以放到template上。

例22：1022.html。

```
<div id="app">
    <panel>
        <template slot="title">
            <h3>教育部</h3>
        </template>
        <template>
```

```
                <p> 大家好，欢迎来到徐照兴课堂，有什么不理解的欢迎随时咨询 </p>
            </template>
            <template slot="more">
                <a href="http://www.baidu.com" > 百度 </a>
            </template>
        </panel>
        <panel>
            <template slot="title">
                <h3> 教育厅 </h3>
            </template>
            <template>
                <div> 欢迎学习 Vue.js</div>
            </template>
            <template slot="more">
                <a href="http://www.jd.com" > 京东 </a>
            </template>
        </panel>
        <panel>
            <template>
                后续还有更多实战课程哦
            </template>
        </panel>
</div>
```

再使用 v-slot 指令改写上面的例子，即插槽的名字改用 v-slot:slotName 这种形式。没有名字的 <slot> 隐含有一个 "default" 名称。改完之后代码如下：

```
<div id="app">
        <panel>
            <template v-slot:title>
                <h3> 教育部 </h3>
            </template>
            <template v-slot:default>
                <p> 大家好，欢迎来到徐照兴课堂，有什么不理解的欢迎随时咨询 </p>
            </template>
            <template v-slot:more>
                <a href="http://www.baidu.com" > 百度 </a>
            </template>
        </panel>
        <panel>
            <template v-slot:title>
                <h3> 教育厅 </h3>
            </template>
            <template v-slot:default>
                <div> 欢迎学习 Vue.js</div>
            </template>
            <template v-slot:more>
```

```
                <a href="http://www.jd.com" >京东 </a>
            </template>
        </panel>
        <panel>
            <template v-slot:default>
                后续还有更多实战课程哦
            </template>
        </panel>
    </div>
```

10.10.3　作用域插槽的应用举例

有时父组件需要对子组件的内容进行加工处理，普通插槽不能满足需求，这时作用域插槽就可派上用场了。作用域插槽允许传递一个模板，而不是把已经渲染好的元素给插槽。之所以叫作作用域插槽，是因为模板虽然是在父级作用域中渲染的，却能获取子组件的数据。

作用域插槽的使用步骤如下。

① 在子组件的template模板定义中通过slot定义插槽位置（后续父组件中使用子组件的template模板的插入位置），并通过 v-bind 把子组件内部数据绑定到插槽上。

② 在父组件中使用子组件，通过v-slot指令接收子组件传递的数据。

例23：1023.html。

```
<div id="app">
        <!-- 在父组件中通过插槽展示这个用户的姓名（userInfo.name） -->
        <current-user>
            <!-- 作用域插槽：模板虽然是在父级作用域中渲染的，却能获取子组件的数据 -->
            <!-- 通过 v-slot 指定变量 userInfo 来接收子组件传递的数据。default 表示该模板
插入到没有命名的插槽 slot 节点上 -->
            <template v-slot:default="userInfo">
                通过父组件位置获取到子组件的用户姓名：{{userInfo.name}}
            </template>
        </current-user>
</div>
<template id="child">
        <div>
            显示子组件自己的数据：{{userInfo.name}}
            <br>
            <!-- 在插槽上绑定子组件的数据。通过 v-bind 把组件内部数据绑定到插槽上 -->
            <slot v-bind="userInfo"></slot>
        </div>
</template>
<script>
        var vm = new Vue({
            el: '#app',
            data: {
```

```
            },
            components: {
                'current-user': {
                    template: '#child',
                    data() {
                        return {
                            // 组件中有一条用户信息 userInfo
                            userInfo:{name:' 徐照兴 '}
                        }
                    }
                },
            }
        });
</script>
```

运行之后，效果如图10-29所示。

显示子组件自己的数据：徐照兴
通过父组件位置获取到子组件的用户姓名：徐照兴

图 10-29　1023.html 运行效果

v-slot 跟 v-on 和 v-bind 一样，也有缩写，即把参数之前的所有内容（v-slot: ）替换为字符 #，如 v-slot:header 可以被重写为 #header。

10.11 使用 ref 获取子组件对象

前面讲过使用 ref 属性可轻松获取页面的 DOM 元素，当需要获取子组件时，只在需要使用的子组件上添加 ref 属性即可。在下面的例24中添加了一个子组件，当单击 Vue 实例上的按钮时，会先调用子组件的方法，然后获取子组件的数据。因此，使用ref是父组件获取子组件数据、调用子组件的方法的有效手段。

例24：1024.html。

```
<div id="app">
        <input type="text" ref="msgText" v-model="msg" />
        <button @click="getElement">获取元素值</button>
        <hr>
        <child ref="childComponent"></child>
</div>
<template id="child">
        <div>
            <input type="datetime" name="datetime" v-model="local">
            <button @click="getLocalDate">获取当前时间</button>
```

```
        </div>
    </template>
    <script>
        var vm = new Vue({
            el: "#app",
            data: {
                msg: '徐照兴'
            },
            methods: {
                getElement() {
                    console.log('input 输入框的值为: ' + this.$refs.msgText.value)
                    // 调用执行子组件的方法（父组件调用子组件方法的有效手段）
                    this.$refs.childComponent.getLocalDate()
                    console.log(' 子组件 input 输入框的值为: '+this.$refs.childComponent.
                            local)
                            // 调用了组件的 local 属性值（父组件获取子组件数据）
                }
            },
            components: {
                'child': {
                    template: '#child',
                    data() {
                        return {
                            local: ''
                        }
                    },
                    methods: {
                        getLocalData() {
                            var date = new Date()
                            this.local = date.toLocaleString()
                        }
                    },
                }
            }
        });
    </script>
```

运行时单击【获取元素值】按钮，效果如图10-30所示。

图 10-30   1024.html 运行效果

单击【获取当前时间】按钮，会在左边文本框中显示系统当前的时间。

可以看到，在将 ref 添加到子组件上后，就可以在 Vue 实例上获取这个注册的组件引用，同注册的 DOM 元素一样，都可以使用添加的 ref 属性值作为 key 获取注册的对象。此时，就可以获取这个子组件上的 data 选项和 methods 选项。

⏱ 实战练习

1. 如图10-31所示，编写代码实现在父组件的文本框中输入字符（如"123"），在子组件中实时获取父组件文本框中输入的数据。注意：父子组件之间一定存在关系。

图 10-31　实战练习 1 运行效果

2. 如图10-32所示，在子组件的文本框中输入任意字符，在文本框左侧同步显示输入的字符，单击【传递数据】按钮，就把子组件中的数据传递给了父组件，并显示出来。

图 10-32　实战练习 2 运行效果

⚙ 高手点拨

通过本章的学习，主要掌握以下知识与技能。

1. 掌握全局组件、局部组件的注册及使用。

2. 掌握动态组件及is特性的使用。

3. 能灵活进行组件间的通信，包括父子组件之间的通信和非父子组件之间的通信。重点掌握props和emit的使用。props 经常用于将父组件值传递到子组件或是将 Vue 实例中的属性值传递到组件中使用。emit用于将子组件中的数据发送到父组件。

4. 掌握v-slot指令及作用域插槽的使用。

第11章

使用 Axios 发送 HTTP 请求实战

　　原来发送 HTTP 请求采用 jQuery.ajax() 非常方便。既然已经开始使用 Vue 进行前端开发，抛弃了对页面 DOM 元素的操作，难道为了方便地发送 HTTP 请求，还需要在项目中加载 jQuery？当然是不用的。目前在 Vue 社区中 Axios 开始占据 HTTP 库的主导地位，所以本章就来学习如何使用 Axios 发送 HTTP 请求。

11.1　Axios 简介与安装

1. Axios简介

Vue本身不支持发送Ajax请求，需要使用第三方插件，Vue 1.0推荐使用vue-resource，Vue 2.0官方推荐使用Axios，并且不再对vue-resource进行维护。Axios是用来发送Ajax请求的小插件，它是对Ajax的封装。Axios是基于promise的HTTP库；它会从浏览器中创建XMLHttpRequest。

2. 安装Axios并引入

打开cmd窗口，输入下面语句：

```
npm install axios -S
```

下载后打开下载的位置，如图11-1所示。

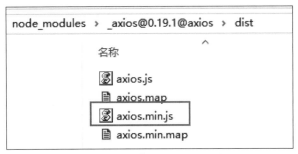

图 11-1　下载后的 axios 位置

也可以直接到GitHub社区中下载axios.min.js文件。最后把对应的axios.min.js或axios.js文件复制到项目下。

11.2　Promise 对象认识

Axios是基于Promise的HTTP库，那么Promise是什么呢？所谓Promise，简单地说是一个容器，里面保存着某个未来才会结束的事件（通常是一个异步操作）的结果，即Promise对象代表一个异步操作，有pending（进行中）、fulfilled（已成功）、rejected（已失败）三种状态。

通过Promise对象的then方法可以接收异步操作成功的回调函数；通过catch方法捕获异常，可以接收异步操作失败的回调函数。基本示例代码如下：

```
Login()
{
    return new Promise(function(resolve,reject){
```

```
        //doSomething;
        // 执行成功后执行的回调函数
        resolve(val);   // 执行成功的回调，即主调方调用成功后把 val 传给主调方
    }).catch(err=>{
            reject(err) // 执行失败的回调，即主调方调用失败后把 err 传给主调方
        });
}
```

其中，resolve在异步操作成功时调用，并将异步操作的结果作为参数传递出去；reject在异步操作失败时调用，并将异步操作报出的错误作为参数传递出去。主调方假设为X：

```
X.Login() .then( val => {   //promise 成功执行后执行
    console.log(val)     //'success'
}, err => { // 没出现错误则不会被执行
    console.log(err)
})
```

11.3 使用 Axios 发送 Ajax 请求

1. Ajax请求与HTTP请求的区别

Ajax请求与HTTP请求都是客户端向服务器发送请求的方式。不同的是，Ajax请求是通过xmlHttpRequest对象请求服务器，局部刷新页面，通常说是异步请求，不会阻塞其他代码执行。

HTTP请求是通过httpRequest对象请求服务器，更新数据时需要刷新整个页面。

2. Axios基本语法

使用Axios发送Ajax请求有3种方式。

（1）axios([options])

该方式既可以发送GET请求，也可以发POST请求。options为Axios方法参数选项，主要有method、url:、responseType。method表示请求方式类型；url:表示请求的地址；responseType表示后端返回数据的类型，整个options可以没有。

（2）axios.get(url[,options])

该方式指明了发送GET方式请求，url表示请求地址，options同（1）。

（3）axos.post(url[,data[,options]])

该方式指明了发送POST方式请求，url表示请求地址，data表示发送到服务器端的数据，options同（1）。

请求方式除了常用的GET、POST外，还有PUT（更新）、DELETE（删除）。

3. 使用Axios发送Ajax请求示例

例1：1101.html（单击【发送Ajax请求】按钮请求本地数据）。

一般发送请求是去获取数据，而且数据一般是json格式，所以假设在项目下有一个user.json格式数据文件，数据如图11-2所示。

```
{} user.json > ...
{
        "id":"1001",
        "name":"张三",
        "age":20
}
```

图 11-2　user.json 原有数据

```
<div id="app">
        <button @click="send"> 发送 Ajax 请求 </button>
</div>
<script>
        var vm = new Vue({
            el: "#app",
            data: {

            },
            methods:{
                send:function(){
                    axios({
                        method:'get', // 请求方式类型为 GET/POST
                        url:'user.json',//user.json 与当前文件在同一路径下，如果
                                        //user.json 不存在则返回 ' 请求失败 '
                        responseType: 'json'// 此句不能少，否则火狐浏览器下会报错
                    })// 上述之后会返回一个 Promise 对象，然后调用该对象的 then 方法，
                        // 也就是执行成功的回调方法
                    .then(function(resp){//resp 表示调用 Axios 执行成功的结果
                        console.log(resp);
                        console.log(resp.data)
                    }).catch(err=>{// 表示请求失败调用的函数，err 表示调用 Axios 执行
                                    // 失败的结果
                        console.log(' 请求失败 ');
                    })
                }
            }
        })
</script>
```

运行之后，效果如图11-3所示。

图 11-3　1101.html 运行效果

上面是请求成功的结果。这里的 then 方法相当于在 jQuery 中使用 Ajax 时的 success 回调方法，而 catch 方法则是 error 回调。如果想要请求失败，可改下请求的url使之不存在。

注　意

假设上面代码中没有 responseType: 'json'，那么火狐浏览器下会报出如图 11-4 所示的错误。因为 Ajax 请求指定了数据类型是 json，后端返回数据如果不指定内容类型则默认就是 HTML 类型，这样返回到前端就会自动调用 HTML 的解析器对文件进行解析，所以会报这个异常（不是所有浏览器都会存在这个错误，如在 Chrome 浏览器下没有这个错误）。

> ⊗ XML 解析错误：格式不佳
> 位置：file:///e:/Vue%E5%85%A5%E9%97%A8%E5%88%B0%E5%AE%9E%E6%88%98/demo/user.json
> 行 1，列 1：

图 11-4　缺乏返回数据类型错误提示

 11.4 **使用 axios.get 发送 Ajax 请求**

使用axios.get即发送GET方法请求，来实现简单的前后端的数据交互，先用.NET里的一般处理程序作为后端处理程序，也可以根据自己熟悉的语言进行选择。当然，如果之前并没有接触过后端，建议跟着教程做。

下面采用Visual Studio 2019直接创建一个空的Web项目（.NET Framewrok）axiosAjax，里面创建一个一般处理程序vueHandler.ashx作为后端处理程序。然后在该项目下新建HTML文件1102.html和js文件夹，并复制Vue.js和Axios.js到js文件夹下（直接在该项目下启动运行，避免发生跨域请求）。

例2：1102.html。

```
<div id="app">
        <button @click="sendGet"> 调用 GET 方法发送 Ajax 请求 </button>
</div>
<script>
```

```
        var vm = new Vue({
            el: "#app",
            data: {

            },
            methods:{
                sendGet() {
                    // 向 vueHandeler.ashx 发出 GET 请求，并传递参数 name 和 age
                    axios.get('vueHandler.ashx?name=zs&age=23')
                        .then(resp => {
                            console.log(resp.data)
                        })
                        .catch(err => {
                            console.log(" 请求失败 ")
                        })
                }
            }
        })
</script>
```

后端vueHandler.ashx接收前端传递过来的参数，主要代码如下：

```
public void ProcessRequest(HttpContext context)
    {
        context.Response.ContentType = "text/plain";
        string name = context.Request["name"];
        string age = context.Request["age"];
        context.Response.Write(" 姓名: " + name + " 年龄: " + age);
    }
```

运行之后，效果如图11-5所示。

图 11-5   Axios 发送 GET 请求运行效果

GET方法传参的方式有两种：第一种是直接把参数放在URL后面；第二种是通过params选项传递参数，如把上面加粗代码改为如下代码：

```
            axios.get('vueHandler.ashx', {
                params: {
```

```
                    name: "zs",
                    age: 23
                }
            })
```

可以发现，运行效果一样，如图11-5所示。

 ## 11.5　使用 axios.post 发送 Ajax 请求

axios.post的基本语法如下：

```
axios.post(url[,data[,config]])
```

第一个参数为要请求处理的服务器端程序；第二个参数为数据；第三个参数为选项，没有可以不写。

1. 官网示例写法

使用axios.post发送Ajax请求，官网示例如下：

```
axios.post('/user', {
    firstName: 'Fred',
    lastName: 'Flintstone'
  })
  .then(function (response) {
    console.log(response);
  })
  .catch(function (error) {
    console.log(error);
  });
```

在上面那个项目axiosAjax下面新建一个HTML文件1103.html。

例3：1103.html。

```
<div id="app">
        <button @click="sendPost"> 调用 POST 方法发送 Ajax 请求 </button>
</div>
<script>
        var vm = new Vue({
            el: "#app",
            data: {

            },
            methods:{
                sendPost() {
                    // post 请求第一个参数为要请求处理的服务器端程序；第二个参数为数据；
                    // 第三个参数为选项，可以不写
```

```
axios.post('vueHandler.ashx',{
        name:'zs',
        age:23
    })
        .then(resp => {
            console.log(resp.data)
        })
        .catch(err => {
            console.log(" 请求失败 ")
        })
    }
    }
})
</script>
```

运行之后，效果如图11-6所示（在Visual Studio 2019环境下浏览1103.html，使用QQ浏览器，以下测试均为QQ浏览器）。

图 11-6 模仿官网 Axios 发送 POST 请求

从图11-6可以看出，以上代码并没有发送数据到服务器端。因为Axios默认发送数据时，是以Request Payload（请求载荷）形式传递json格式参数（图11-7所示），并非常用的Form Data（表单数据）格式，所以数据发送不过去。因此，参数必须以键值对形式传递。

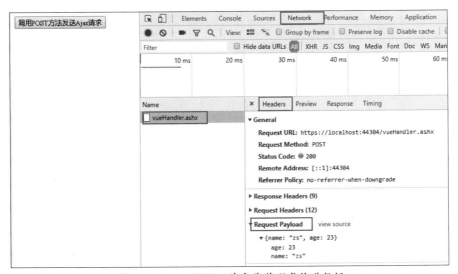

图 11-7 Axios 默认以请求载荷形式传递数据

2. 改进——以键值对形式传递参数

以键值对形式传递参数，类似于GET传值方式。把例3中加粗代码改为如下代码：

```
axios.post('vueHandler.ashx','name=zs&age=23')
```

再次运行，效果如图11-8所示，发现数据传递过来了。

图 11-8　Axios 改为以键值对形式传递数据

此时数据传递出来了，控制台切换到NetWork选项下的Headers选项，可以看到这个时候发送数据的格式是Form Data，如图11-9所示。

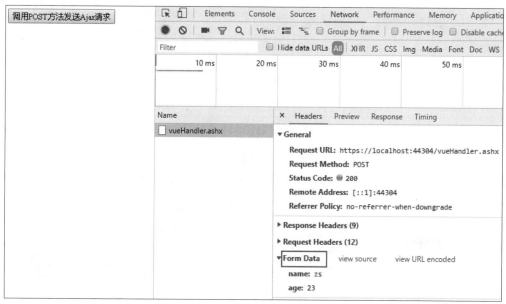

图 11-9　Axios 以表单数据格式传递数据

上面传递的数据是固定的数据，这种情况很少用。如果数据来自data呢？

在vm实例的data中增加以下代码：

```
data: {
        user: {
            name: '张三 ',
            age:23
        }
    },
```

把上面axios.post所在行代码改为如下代码：

```
axios.post('vueHandler.ashx','name='+this.user.name+'&age='+this.user.age)
```

此处传递参数的写法有点类似于GET请求方式，但是与GET不同，GET的请求数据在地址栏可以看到。此时运行，效果如图11-10所示。

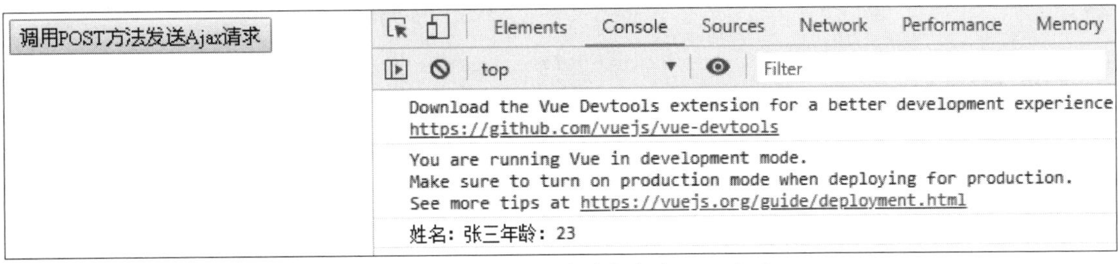

图 11-10　发送数据为动态来自 data 选项

3. 继续改进——解决字段拼接问题

如果字段比较多，使用上面方法拼接比较麻烦。Axios提供了transformRequest选项，可以在请求发送前对数据进行转换（拼接成'name=张三&age=23'形式），代码如下：

```
<div id="app">
        <button @click="sendPost"> 调用 POST 方法发送 Ajax 请求 </button>
</div>
<script>
        var vm = new Vue({
            el: "#app",
            data: {
                user: {
                    name: ' 张三 ',
                    age:23
                }
            },
            methods:{
                sendPost() {
                    //POST 请求第一个参数为要请求处理的服务器端程序；第二个参数为数据；
                    // 第三个参数为选项，可以不写
                    axios.post('vueHandler.ashx', this.user,{
                        //transformRequest 是一个数组，数组里面是一个函数，data 就是
                        // 第二个参数值（this.user），是一个对象
                        transformRequest:[
                            function(data){
                                var params='';
                                for(var item in data)
                                {
                                    params+=item+'='+data[item]+'&';
```

Vue.js 全家桶零基础入门
到进阶项目实战

```
                                    // 这里最后多了一个 & 符号，不过没关系，因为在最后
                            }
                            return params;
                        }
                    ]
                })
                    .then(resp => {
                        console.log(resp.data)
                    })
                    .catch(err => {
                        console.log(" 请求失败 ")
                    })
            }
        }
    })
</script>
```

4. 持续改进——用 URLSearchParams 传递参数

使用 URLSearchParams 类型传递参数，主要通过 URLSearchParams 对象的 append 方法把参数加入 URLSearchParams 对象中。持续改进后的代码如下：

```
<div id="app">
        <button @click="sendPost"> 调用 POST 方法发送 Ajax 请求 </button>
</div>
<script>
        var param = new URLSearchParams()
        param.append('name', ' 李四 ')
        param.append('age', 30)
        var vm = new Vue({
            el: "#app",
            data: {
                user: {
                    name: ' 张三 ',
                    age: 23
                }
            },
            methods: {
                sendPost() {
                    axios.post('vueHandler.ashx', param)
                        .then(resp => {
                            console.log(resp.data)
                        })
                        .catch(err => {
                            console.log(" 请求失败 ")
                        })
```

```
            }
        }
    })
</script>
```

运行之后，效果如图11-11所示。

图 11-11　用 URLSearchParams 类型传递参数

11.6　跨域请求

1. 什么是跨域

如果两个URL的协议、域名、端口相同，那么这两个URL就是同源，不是同源的就是跨域的。也就是说，凡是发送请求URL的协议、域名、端口三者中，任意一个与当前页面的URL不同即为跨域。

如果没有任何设置，存在跨域访问会报出类似如图11-12所示的错误。

```
ⓘ  You are running Vue in development mode.                                    vue.js:9064:47
    Make sure to turn on production mode when deploying for production.
    See more tips at https://vuejs.org/guide/deployment.html

⚠  已拦截跨源请求：同源策略禁止读取位于 https://localhost:5001/api/result 的远程资源。（原因：CORS 头缺少 'Access-
    Control-Allow-Origin'）。 [详细了解]
```

图 11-12　跨域请求错误提示

Axios本身并不支持发送跨域请求，所以只能使用第三方库，如使用jQuery、vue-resource。但是，如果要访问的URL本身已允许跨域访问，就可以直接访问。GitHub服务器本身就是允许跨域访问的，例如，查看GitHub个人账户信息的服务接口地址为https://api.github.com/users/账户ID。笔者将"账户ID"改为自己的，运行截图如图11-13所示。

```
{
    "login": "xuzhaoxing2020",
    "id": 60006319,
    "node_id": "MDQ6VXNlcjYwMDA2MzE5",
    "avatar_url": "https://avatars2.githubusercontent.com/u/60006319?v=4",
    "gravatar_id": "",
    "url": "https://api.github.com/users/xuzhaoxing2020",
    "html_url": "https://github.com/xuzhaoxing2020",
    "followers_url": "https://api.github.com/users/xuzhaoxing2020/followers",
    "following_url": "https://api.github.com/users/xuzhaoxing2020/following{/other_user}",
    "gists_url": "https://api.github.com/users/xuzhaoxing2020/gists{/gist_id}",
    "starred_url": "https://api.github.com/users/xuzhaoxing2020/starred{/owner}{/repo}",
    "subscriptions_url": "https://api.github.com/users/xuzhaoxing2020/subscriptions",
    "organizations_url": "https://api.github.com/users/xuzhaoxing2020/orgs",
    "repos_url": "https://api.github.com/users/xuzhaoxing2020/repos",
    "events_url": "https://api.github.com/users/xuzhaoxing2020/events{/privacy}",
    "received_events_url": "https://api.github.com/users/xuzhaoxing2020/received_events",
    "type": "User",
    "site_admin": false,
    "name": "徐照兴",
    "company": "www.jift.edu.cn",
    "blog": "",
    "location": "南昌",
    "email": null,
    "hireable": null,
    "bio": null,
    "public_repos": 0,
    "public_gists": 0,
    "followers": 0,
    "following": 0,
    "created_at": "2020-01-17T14:25:57Z",
    "updated_at": "2020-03-06T09:23:07Z"
}
```

图 11-13　跨域访问 GitHub 个人账户信息

2. 实例演示

例4：1104.html（跨域请求，通过文本框输入个人GitHub账户ID，获取个人GitHub账户信息）。

```
<div id="app">
        请输入 GitHub ID:<input type="text" v-model="uid"></input>
        <button @click="getUserByUid(uid)"> 获取指定 GitHub 账户信息 </button>
</div>
<script>
        var vm = new Vue({
            el: "#app",
            data: {
                user: {

                },
                uid:''
            },
            methods: {
                getUserByUid(uid){
                    // 这里到 GitHub 上找，不在同一个域，所以就是跨域
                    // 注意下面注释的写法两端不是单引号，如果用单引号则写法不一样
                    //axios.get(`https://api.github.com/users/${uid}`)
                    // 这种写法用的是单引号
                    axios.get('https://api.github.com/users/'+uid)
                    .then(resp=>{
                        console.log(resp.data);
```

```
                })
                .catch(err=>{
                    console.log(' 请求失败 ');
                })
            }
        }
    })
</script>
```

运行时输入笔者的GitHub账户ID（xuzhaoxing2020），效果如图11-14所示。与上面通过直接输入网址得到的结果一样。

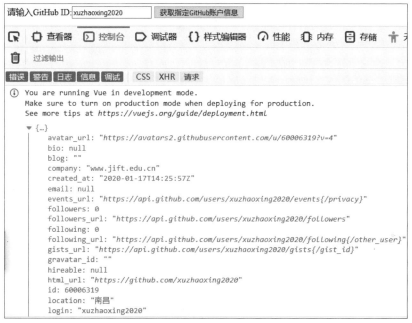

图 11-14　根据 GitHub ID 访问指定账户信息

有些浏览器会出现跨域拦截请求，可以多刷新或更换浏览器。

下面改进代码，获取账户信息后要显示出姓名及头像。

① 在DOM下面增加以下代码：

```
    <br>
    姓名: {{user.name}}<br>
    头像: <img :src='user.avatar_url' alt="" />
```

② 把上面代码 "console.log(resp.data);" 改为 "this.user=resp.data;"。

运行效果如图11-15所示（注意：有时会出现不允许跨域请求，可以进行刷新或重新启动，图像有时会因为网络原因显示出来会很慢）。

图 11-15   显示 GitHub ID 个人账户的姓名和头像

⏱ 实战练习

分析下面代码的执行结果，并实际运行以查看效果。

```
<div id="app">
        <input type="button" value="get 请求 "  @click="getM()">
        <input type="button" value="post 请求 " @click="postM()">
</div>
<script>
        var vm = new Vue({
            el: "#app",
            data: {
                user: {

                },
                uid: ''
            },
            methods: {
                getM() {
                    //https://autumnfish.cn/api/joke/ 为随机获取笑话的接口
                    axios.get('https://autumnfish.cn/api/joke/list?num=3')
                        .then(function (response) {
                            console.log(response);
                        })
                },
                postM() {
                    //https://autumnfish.cn/api/user/reg 为用户注册接口
                    axios.post('https://autumnfish.cn/api/user/reg',
 { username: "xuzhaoxing" })
```

```
                        .then(function (response) {
                            console.log(response);
                        })
                    }
                }
            })
    </script>
```

⚙ 高手点拨

通过本章的学习，主要掌握以下知识与技能。

1. 掌握利用Axios发送Ajax请求常见的各种方式方法，包括axios([options])、axios.get(url[,options])、axos.post(url[,data[,options]])。

2. 初步理解Promise对象。

3. 掌握跨域的含义，并能够利用Axios处理服务器本身允许跨域的跨域请求。

第 12 章
使用 Vue Router 实现 路由控制实战

如果你之前从事的是后端的工作，或者虽然有接触前端，但是并没有使用到单页面应用，那么"前端路由"这个概念对你来说还是会很陌生的。但是，在单页面应用中为什么会存在这么一个概念，以及前端路由与后端路由有什么异同呢？本章就来学习前端路由的概念，以及如何在 Vue 中使用 Vue Router 来实现路由控制。

12.1 前端路由及实现前端路由的基本原理

1. 前端路由

根据不同的URL地址显示不同的内容，但是显示在同一个页面中，即只有一个页面，所以称为单页面应用（Single Page Application，SPA），如移动端很多APP都是单页面应用。

改变URL地址可以显示不同的页面，实现的手段就是前端路由。

简单举例说明，假如有一台提供 Web 服务的服务器的网络地址是122.22.33.11，而该 Web 服务又提供了三个可供用户访问的页面，其页面 URI 分别是"http:// 122.22.33.11/"、"http:// 122.22.33.11/about"和"http:// 122.22.33.11/news"，那么其路径就分别是" /""/about""/news"。

当用户使用 http://122.22.33.11/about 来访问该页面时，Web 服务会接收到这个请求，然后解析 URL 中的路径" /about"，在 Web 服务的程序中该路径对应着相应的处理逻辑，程序会把请求交给路径所对应的处理逻辑，这样就完成了一次路由分发，这个分发就是通过路由来完成的。

简单地说，路由是指根据不同的 URL 地址展示不同的内容或页面。

以前路由都是后端做的，通过用户请求的URL导航到具体的HTML页面。前端路由就是通过配置JS文件改变URL地址，以显示不同的页面，这些是通过前端进行的。即 URL 变化引起 UI（用户界面）更新，而且页面不能刷新。

2. 实现前端路由的基本原理

要实现前端路由，需要解决以下两个核心问题。

- 如何改变 URL 却不引起页面刷新？
- 如何检测 URL 变化了？

目前前端路由的实现方式主要有下面两种。

- hash路由：location.hash+hashchange事件。
- history路由：history.pushState()+popState事件。

其实不管是哪种方式都是基于浏览器自身的特性。下面介绍这两种方式的基本实现原理。

（1）location.hash+hashchange事件基本实现原理

这种方式的好处在于支持IE浏览器。对早期的一些浏览器的支持比较好。在之前的前端开发中，对hash是有所接触的。例如，在某些情况下，需要定位页面上的某些位置，就像下面的例子中展现的那样，想要通过单击不同的链接跳转到指定的位置，这里使用的锚点定位其实就是 hash。

```html
<div id="content">
  <div class="btn-container">
    <a class="btn" href="#image1">图片 1</a>
    <a class="btn" href="#image2">图片 2</a>
  </div>
  <img src="./xxx/xxx.jpg" id="image1">
```

```
    <img src="./xxx/xxx.jpg" id="image2">
</div>
```

location.hash始终指向页面URL中#之后的内容。例如，假设当前页面的URL='www.taobao.com'，可以在浏览器的控制台输入location.hash为空（因为没有#），当页面指向URL='www.taobao.com/#/about'的时候，location.hash = '#/about'。通过读取location.hash可以知道当前页面所处的位置。通过hashchange事件可以监听location.hash的变化，从而进行相应的处理即可。

那么如何触发hash的改变呢？这里主要有两种方法。

第一，设置<a>标签，href = '#/about'，当单击标签的时候，可以在当前URL的后面增加上'#/about'，同时触发hashchange，在回调函数中进行处理。

第二，直接在JS中设置location.hash = '#/about'即可，此时URL会改变，也会触发hashchange事件。

说 明

> 改变 URL 中的 hash 部分（＃后面的内容）不会引起页面刷新。

（2）history.pushState()+popState事件基本实现原理

在之前的HTML版本中，可以通过 history.back()、history.forward()和 history.go() 方法来完成在用户历史记录中向后和向前的跳转。而该实现方式是通过pushState()修改URL的地址，popState事件监听地址的改变。pushState()方法和 replaceState事件是HTML 5新增的，它们的配合使用不会引起页面刷新。

在 Vue 中，Vue Router 是官方提供的路由管理器。它和 Vue.js深度集成，因此，不管是对采用hash 方式还是使用 history实现的前端路由都有很好的支持，下面采用 Vue Router 这一组件来实现前端路由。

12.2 Vue Router 的应用

1. 下载安装vue-router

打开cmd窗口执行以下命令：

```
npm/cnpm install vue-router -S
```

下载vue-router之后把对应的vue-router.js或vue-router.min.js文件复制到项目下。

2. Vue Router的一般使用过程

① 为Vue实例挂载路由实例对象，即设置router选项。为了书写方便，先要实例化router实例，即const router = new VueRouter。

② 实例化路由时主要设置路由选项routes，即设置单击不同的URL显示不同的组件内容。同样

为了书写方便，再定义一个routes对象 const routes 。

③ 在定义路由选项时，发现如下component 内容也比较多。

```
{path:'/about',component:{template:'<h3> 我是关于我们页面内容 </h3>'}}
```

因此继续简化，即单独定义组件变量。如：

```
var About = {
        template: '<h3> 我是关于我们页面内容 </h3>'
    }
```

④ 通过组件router-link的to属性指明跳转到的路由。

⑤ 通过router-view指定显示路由导航内容的位置。

例1：1201.html。

```
    <script src="js/vue.js"></script>
    <script src="js/vue-router.js"></script>
</head>
<body>
    <div id="app">
        <div>
            <!-- （1）使用 router-link 组件定义导航 -->
            <!-- router-link 相应于 a 标签，to 相当于 href，指要单击跳转到显示那个组件的
内容，默认最终浏览器还是会把 router-link 解析为 a 标签 -->
            <router-link to="/about">关于我们 </router-link>
            <router-link to="/news">新闻 </router-link>
        </div>
        <div>
            <!--（2）使用 router-view 指定显示路由导航内容的位置，也就是单击【关于我们】或【新
闻】链接的内容都在 router-view 组件指定位置显示  -->
            <router-view></router-view>
        </div>
    </div>
    <script>
        // （3）定义组件，也就是每个链接显示的内容
        var About = {
            template: '<h3> 我是关于我们页面内容 </h3>'
        }
        var News = {
            template: '<h3> 我是新闻页内容 </h3>'
        }
        // （4）配置路由。若有多个路由，通常定义为一个常量数组，里面每个对象就是一个路由
        const routes = [
            // 定义路由格式：path 指定路由的 URL，component 指定当单击 path 指定的 URL 时
            // 显示哪个组件内容。所以 Home 组件可不单独定义，即如下写法也可以，但阅读不便
            //{path:'/about',component:{template:'<h3> 我是关于我们页面内容 </h3>'}}
            { path: '/about', component: About },
```

```
            { path: '/news', component: News }
        ]
    //（5）创建路由实例。能新建路由实例就是因为引入了 vue-router.js。括号里要配置设
    // 置路由选项 routes，对象形式和路由条目
    const router = new VueRouter({
        // routes:routes// 左边 routes 为要设置的路由选项，右边 routes 为选项值，
        // 也就是第（2）步中定义的 routes，名字当然可以不同，但是一般设置为相同，这样
        // 可以简写为下面加粗代码（ECMAScript 6 语法）。第（4）步不单独定义，直接写
        // 在 "routes: " 后面也可以（见下面注释掉的内容）
        routes
        /*  routes: [
                        // 定义路由格式：path 指定路由的 URL，component 指定当单击
                        //path 指定的 URL 时显示哪个组件内容。所以 About 组件不单独定
                        // 义也行，即如下写法也可以，只不过阅读不方便
                        { path: '/about', component: { template: '<h3> 我是关于
                            我们页面内容 </h3>' } },
                        // { path: '/home', component: About },
                        { path: '/news', component: News }
                    ] */

    });
    //（6）创建 Vue 根实例，并将上面的路由实例挂载到 Vue 实例上，也称为注入路由
    // 通过 router 选项注入路由
    var vm = new Vue({
        el: "#app",
        //router:router// ":" 左右两边名称相同，可以简写（ECMAScript 6 语法）
        router// 注入路由
    })
</script>
</body>
```

运行效果如图12-1所示。

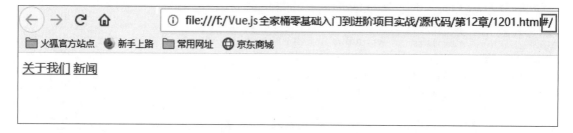

图 12-1　1201.html 运行效果

单击【关于我们】链接，效果如图12-2所示。

图 12-2　单击【关于我们】链接后的效果

单击【新闻】链接，效果如图12-3所示。

图 12-3　单击【新闻】链接后的效果

该项目就是单页面应用。从图12-2和图12-3中也可以看到<router-link>默认解析为<a>标签。

3. 使用Vue Router创建路由实例时默认采用hash路由

从图12-1中可以发现地址栏后面会自动再加一个"#/"，在【关于我们】和【新闻】之间切换，即切换路由，地址栏后面显示的分别是"#/about"和"#/news"。为什么是这种显示模式呢？因为在使用Vue Router创建路由实例时，默认采用的是hash路由配置模式（这种模式的优点是各种浏览器的兼容性比较好）。当在【关于我们】与【新闻】之间切换时，也就是当 URL 改变时，页面不会重新加载。

4. 通过mode选项可改为history路由

如何改为history路由呢？上面创建路由实例时只设置了一个必需的选项routes，可以通过设置路由配置模式mode选项来改变默认路由模式。如果不想使用 hash路由模式，只需要设置mode为history即可。也就是对上面代码第5步（创建路由实例）增加下面加粗代码。

```
const router = new VueRouter({
        routes,
        mode:'history'  // 设置路由配置模式，注意，单引号不能少
});
```

这种history路由配置模式的缺点是URL的兼容性不是很好，在有些浏览器下可能无法正常显示。

5. history路由模式运行效果分析

单击【关于我们】链接，运行效果如图12-4所示。

图 12-4　history 路由模式下单击"关于我们"链接后的效果

单击【新闻】链接后的运行效果如图12-5所示。

图 12-5　history 路由模式下单击【新闻】链接后的效果

从上面运行效果可以看出，不论切换到【关于我们】还是【新闻】，地址栏不会有任何变化，不过观察生成的HTML代码，会发现在当前导航会增加一个class样式。

```
class="router-link-exact-active router-link-active"
```

但是此样式没有效果显示出来，是因为内部只给出了样式名，没有设置具体样式，需要自己手动设置具体样式。

6. 为当前导航添加样式

实际上不论是hash路由模式还是history路由模式，系统都会自动为当前导航添加样式。例如，添加如下样式（当前导航字体为红色，大小为20px等）。

```
<style>
        .router-link-active{
            font-size:20px;
            color:red;
            text-decoration: none;
        }
</style>
```

需要注意的是，样式名取后面一个名称即可。此时运行效果如图12-6所示。

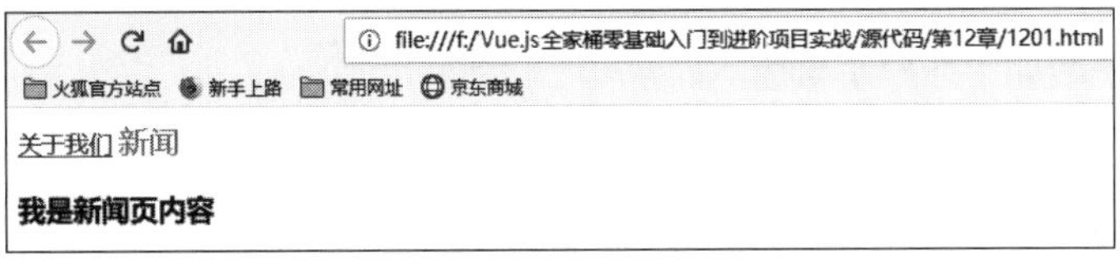

图 12-6 为路由添加样式后的运行效果

7. 改进系统默认生成的样式名

系统默认样式名为.router-link-active，如果觉得太长或不好记忆可以进行修改，如何改呢？在创建路由实例时增加一个linkActiveClass选项，可通过该选项设置样式名。代码如下：

```
const router = new VueRouter({
        routes,
        mode:'history',
        linkActiveClass:'active'
});
```

此时样式代码就要修改为如下：

```
<style>
        .active{
            font-size:20px;
            color:red;
            text-decoration: none;
        }
</style>
```

8. 配置根路由（路由重定向）

还有一个问题：不论哪种路由配置模式，刚打开页面时既没有显示【关于我们】链接的内容，也没有显示【新闻】链接的内容，因为默认打开时进入的是根路由，而根路由是不存在的。因此，配置路由时再增加一个路由（找不到路由时就重新定向到about）。代码如下：

```
// 配置路由。有多个路由，通常定义为一个常量数组，里面每个对象就是一个路由
const routes = [
        // 定义路由格式：path 指定路由的 URL，component 指定当单击 path 指定的 URL 时
```

```
            // 显示哪个组件内容
            //{path: '/about', component:{template:'<h3> 我是关于我们页面内容 </h3>' }},
            //
            { path: '/about', component: About },
            { path: '/news', component: News },
            {path:'*',redirect:'/about'}// 找不到路由时, 重定向到 about
        ]
```

12.3 前端路由嵌套

1. 为12.2节例子增加【账户】导航

实际生活中的应用界面,通常由多层嵌套的组件组合而成。同样地,对于URL中各段动态路径也按某种结构对应嵌套的各层组件,使用嵌套路由即可表达这种关系。

为了展示路由嵌套,下面为12.2节例子增加【账户】导航,同时为了更好地展示效果,为导航页内容添加背景等,即增加样式container。

例2:1202.html[嵌套路由(在1201.html基础上修改)]。

```
    <style>
        .container {
            background-color:blanchedalmond;
            margin-top: 10px;
            width: 600px;
            height: 300px;
        }
        .active{
            font-size:20px;
            color:red;
            text-decoration: none;
        }
    </style>
</head>
<body>
    <div id="app">
        <div>
            <router-link to="/about"> 关于我们 </router-link>
            <router-link to="/news">新闻 </router-link>
            <router-link to="/account">账户 </router-link>
        </div>
        <div class="container">
            <router-view></router-view>
        </div>
```

```
    </div>
    <script>
        // （1）定义组件，即每个链接显示的内容
        var About = {
            template: '<h3> 我是关于我们页面内容 </h3>'
        }
        var News = {
            template: '<h3> 我是新闻页内容 </h3>'
        }
        var Account={
            template:'<h3> 这里是账户页面 </h3>'
        }
        // （2）配置路由。有多个路由，通常定义为一个常量数组，里面每个对象就是一个路由
        const routes = [
            { path: '/about', component: About },
            { path: '/news', component: News },
            {path:'/account',component:Account},
            {path:'*',redirect:'/about'}//* 表示找不到路由时，重定向到 about
        ]
        // （3）创建路由实例。能新建路由实例就是因为引入了 vue-router.js。括号里要配置路由
        // 选项 routes、对象形式和路由条目
        const router = new VueRouter({
            routes,
            mode:'history',
            linkActiveClass:'active'
        });
        // （4）创建 Vue 根实例，并将上面的路由实例挂载到 Vue 实例上，也称为注入路由
        var vm = new Vue({
            el: "#app",
            router// 注入路由
        })
    </script>
</body>
```

2. 为【账户】导航添加【注册】和【登录】两个子导航

接下来要为【账户】添加【注册】和【登录】两个子导航，就是进入【账户】之后又有【注册】和【登录】两个子路由，即进行路由嵌套，改进1202.html例子，代码如下（样式代码省去）：

```
<div id="app">
    <div>
        <router-link to="/about"> 关于我们 </router-link>
        <router-link to="/news"> 新闻 </router-link>
        <router-link to="/account"> 账户 </router-link>
    </div>
    <div class="container">
        <router-view></router-view>
```

```
                </div>
        </div>
        <!-- 注意书写位置在 <script> 外面 -->
        <template id="tmpaccount">
                <div>
                        <h3> 这里是账户页面 </h3>
                        <!-- 生成嵌套子路由地址 -->
                        <!-- " /account/login" 前面的 "/" 不能少，否则第二次后单击【登录】/【注册】
按钮会有问题 -->
                        <router-link to="/account/login"> 登录 </router-link>
                        <router-link to="/account/register"> 注册 </router-link>
                        <div>
                                <!-- 生成嵌套子路由渲染节点 -->
                                <router-view></router-view>
                        </div>
                </div>
        </template>
        <script>
                // （1）定义组件，也就是每个链接显示的内容
                var About = {
                        template: '<h3> 我是关于我们页面内容 </h3>'
                }
                var News = {
                        template: '<h3> 我是新闻页内容 </h3>'
                }
                var Account = {
                        template: '#tmpaccount' // 这里模板内容变复杂了，所以单独定义
                }
                // 增加两个组件
                const Login = {
                        template: '<h4> 这里是登录页面内容 </h4>'
                }
                const Register = {
                        template: '<h4> 这里是注册页面内容 </h4>'
                }
                // （2）配置路由。有多个路由，通常定义为一个常量数组，里面每个对象就是一个路由
                const routes = [
                        { path: '/about', component: About },
                        { path: '/news', component: News },
                        {
                                path: '/account',
                                component: Account,
                                children: [{ //account下的子路由
                                        path: 'login',
                                        component: Login
                                },
```

```
            {
                path: 'register',
                component: Register
            }
            ]
        },
        { path: '*', redirect: '/about' }// 找不到路由时, 重定向到 about
    ]
    //（3）创建路由实例。能新建路由实例就是因为引入了 vue-router.js。括号里要配置
    // 路由选项 routes、对象形式和路由条目
    const router = new VueRouter({
        routes,
        mode: 'history',
        linkActiveClass: 'active'
    });
    //（4）创建 Vue 根实例, 并将上面的路由实例挂载到 Vue 实例上, 也称为注入路由
    var vm = new Vue({
        el: "#app",
        router// 注入路由
    })
</script>
```

运行效果如图12-7所示, 也可以把mode改为hash路由模式, 注释掉 "mode: 'history'," 即可, 区别就是地址显示方式不一样。

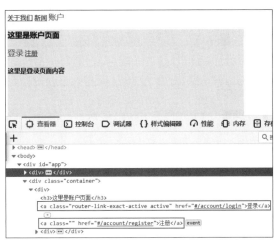

图 12-7　添加嵌套路由的运行效果

3. router-link标签的tag属性应用

如图12-7所示, router-link默认转为<a>标签。实际上可以为router-link增加tag属性指明转为其他标签, 比如转为<button>标签或<li>标签等。

（1）设置tag="button"

```
<router-link to="/account/login" tag="button"> 登录 </router-link>
```

```
<router-link to="/account/register" tag="button"> 注册 </router-link>
```

运行之后，效果如图12-8所示。

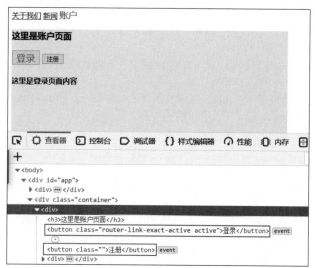

图 12-8　设置 tag 属性为 button 的运行效果

（2）设置tag="li"

把tag属性改为li，一般要在外面套一层<ul>变成无序列表。

```
<ul>
        <router-link to="/account/login" tag="li">登录 </router-link>
        <router-link to="/account/register" tag="li">注册 </router-link>
</ul>
```

运行之后，效果如图12-9所示。

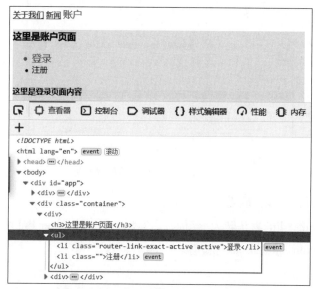

图 12-9　设置 tag 属性为 li 的运行效果

12.4 路由之间传参的两种方式及路由信息获取

在进行表单提交、组件跳转等操作时需要使用到上一个表单、组件的一些数据，这时就需要将需要的参数通过参数传参的方式在路由间进行传递。比如用户登录要传入用户名、密码，那么如何传递呢？

1. query 查询参数传参

query 查询参数传参，就是将需要的参数以 key=value 的方式放在 URL 地址中。类似下面代码：

```
login?name='xzx'&pwd='123'
```

当然，这里的参数值"xzx"和"123"，可以通过当前组件的表单输入来获取。

单击【登录】按钮时传递name和pwd参数，即登录路由代码改为：

```
<router-link to="/account/login?name=xzx&pwd=123" tag="li">登录</router-link>
```

进入Login组件后如何获取传入的参数呢？

当将实例化的 VueRouter 对象挂载到 Vue 实例后，Vue Router 在 Vue 实例上创建了两个属性对象，即 $router(router 实例) 和 $route(当前页面的路由信息)。通过this.$route.query（this表示当前Vue实例，这里可以省略）可以获取query查询参数。

```
var Login = {
        template: '<h4>这里是登录页面内容 </h4>'
        }
```

改为如下：

```
var Login = {
        template: '<h4>这里是登录页面内容 ,获取账户参数 :{{$route.query}},用
户名: {{$route.query.name}},密码: {{$route.query.pwd}}</h4>'
        }
```

此时再次运行，结果如图12-10所示，成功获取到了用户名和密码。

图 12-10　接收 query 查询参数传参

2. param方式传参

传递参数时采用类似 login/xzx/123456形式，那么xzx、123456分别代表什么？这个需要在路由中指明。比如，单击【注册】按钮时要传递用户名xzx和密码123456，即注册路由的代码如下：

```
<router-link to="/account/register/xzx/123456" tag="li">注册</router-link>
```

与 query 查询参数传参不同的是，在定义路由信息时，需要以占位符（:参数名）的方式将需

要传递的参数指定到路由地址中，否则系统不能识别传递的参数，即不能识别xzx、123456代表
什么。

在路由中指明上面参数的含义，代码如下：

```
children: [{ //account 下的子路由
            path: 'login',
            component: Login
        },
        {
            path: 'register/:name/:pwd',
            component: Register
        }
        ]
```

如果定义路由是不指明传递参数信息，xzx也可以表示register下面的子路由，123456是xzx下面
的子路由。

进入register组件时如何获取传递过来的参数？这与获取 query 参数的方式相同，同样可以通过
vm.$route 获取当前路由信息，通过 "$route.params.参数名" 的方式获取以 param 方式进行参数传递
的值，参数名也就是在路由中设置的参数名（/:后面的）。

定义注册register组件的代码如下：

```
const Register = {
        template: '<h4> 这里是注册页面内容，获取传递的参数 :{{$route.params}}, 用户
名: {{$route.params.name}}, 密码 :{{$route.params.pwd}}</h4>'
        }
```

运行之后，结果如图12-11所示，成功获取了用户名和密码。

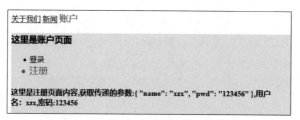

图 12-11　接收 param 方式参数传参

3. $route.path获取当前路由的路径

路由对象还有其他属性，如$route.path，即获取当前路由的路径。代码如下：

```
const Register = {
        template: '<h4> 这里是注册页面内容，获取传递的参数 :{{$route.params}}, 用
户名: {{$route.params.name}}, 密码 :{{$route.params.pwd}}, 路由路径 {{$route.path}}
</h4>'
        }
```

运行之后，结果如图12-12所示，即获取了当前路由，不过这里是表述性状态传递（Representational
State Transfer，REST）风格的路由，即xzx和123456不是子路由，前面指明了为用户名和密码。

关于我们 新闻 账户

这里是账户页面

- 登录
- 注册

这里是注册页面内容,获取传递的参数:{ "name": "xzx", "pwd": "123456" },用户名: xzx,密码:123456,路由路径/account/register/xzx/123456

图 12-12 获取当前路由路径

12.5 实现路由导航跳转的方式

前面例子中的传递参数都是固定不变的,现在改为由用户输入。

在 Vue Router 中有三种导航方法,分别为 push、replace 和 go。前面例子中通过在页面上设置 router-link 标签进行路由地址间的跳转,就等同于执行 push 方法。

1. $router.push()跳转路由/添加路由

当需要跳转新页面时,可以通过 push 方法将一条新的路由记录添加到浏览器的 history 栈中,通过 history 的自身特性,驱使浏览器进行页面的跳转。同时,因为在 history 会话历史中会一直保留这个路由信息,所以当后退时还是可以返回到当前的页面。

在 push 方法中,参数可以是一个字符串路径,或者是一个描述地址的对象。

```
// 字符串 => /account/register
this.$router.push('/account/register')
// 对象 => /account/register
this.$router.push({path:'/account/register'})
// 带查询参数方式 1
this.$router.push({path:'/account/login',query:{name:this.name,pwd:this.pwd}})
// 带查询参数方式 2
this.$router.push({path:'/account/login?name=' + this.name + '&pwd=' + this.pwd})
```

例3:1203.html。

需求:单击【账户】链接进入账户页面,该页面有【登录】和【注册】两个导航链接,单击【登录】链接进入登录页面,该页面中提供用户名和密码输入框及【提交】按钮,单击【提交】按钮在当前页面显示出用户名和密码信息。

代码如下:

```
<style>
    .container {
        background-color: blanchedalmond;
        margin-top: 10px;
        width: 600px;
```

```
                height: 300px;
            }
            .active {
                font-size: 20px;
                color: red;
                text-decoration: none;
            }
        </style>
</head>
<body>
    <div id="app">
        <div>
            <router-link to="/about">关于我们</router-link>
            <router-link to="/news">新闻</router-link>
            <router-link to="/account">账户</router-link>
        </div>
        <div class="container">
            <router-view></router-view>
        </div>
    </div>
    <template id="tmpaccount">
        <div>
            <h3>这里是账户页面</h3>
            <!-- 生成嵌套子路由地址 -->
            <!-- "/account/login" 前面的 "/" 不能少，否则第二次再单击【登录】/【注册】
会有问题 -->
            <ul>
                <router-link to="/account/login" tag="li">登录</router-link>
                <router-link to="/account/register" tag="li">注册</router-link>
            </ul>
            <div>
                <!-- 生成嵌套子路由渲染节点 -->
                <router-view></router-view>
            </div>
        </div>
    </template>
    <template id="tmplogin">
        <form action="">
            <div>
                <h4>欢迎来到登录页面，请输入登录信息</h4>
                用户名：<input type="text" name="name" v-model="name" /><br>
                密码：<input type="password" name="pwd" v-model="pwd" /><br>
                <input type="submit" value="提交" @click="submit">
            </div>
            <h4>你输入的登录信息是，用户名：{{this.$route.query.name}}，密码：
```

```
{{this.$route.query.pwd}}</h4>
    </form>
</template>
<script>
    // (1) 定义组件，也就是每个链接显示的内容
    var About = {
        template: '<h3> 我是关于我们页面内容 </h3>'
    }
    var News = {
        template: '<h3> 我是新闻页面内容 </h3>'
    }
    var Account = {
        template: '#tmpaccount', // 这里模板内容变复杂了，所以单独定义
    }
    // 增加两个组件
    const Login = {
        template: '#tmplogin',
        data(){
            return{
                name: '',// 为了获取用户输入数据，这里就要有对应存储数据属性
                pwd: ''
            }
        },
        methods: {
            submit() {
                this.$router.push({
                    // 想跳转到哪里就设置相应的路由，并传递参数信息
                    path:'/account/login',query:{name:this.name,pwd:this.pwd}
                })
            }
        },
    }
    const Register = {
        template: '<h4> 这里是注册页面内容 </h4>'
    }
    // (2) 配置路由。有多个路由，通常定义为一个常量数组，里面每个对象就是一个路由
    const routes = [
        { path: '/about', component: About },
        { path: '/news', component: News },
        {
            path: '/account',
            component: Account,
            children: [{ //account 下的子路由
                path: 'login',
                component: Login
            },
```

```
                {
                    path: 'register',
                    component: Register
                }
                ]
            },
            { path: '*', redirect: '/about' }//* 表示找不到路由时，重定向到 about
        ]
        //（3）创建路由实例。能新建路由实例就是因为引入了 vue-router.js。括号里要配置
        // 路由选项 routes、对象形式和路由条目
        const router = new VueRouter({
            routes,
            //mode: 'history', // 这里不能使用历史路由模式，否则跳转会有问题
            linkActiveClass: 'active'
        });
        //（4）创建 Vue 根实例，并将上面的路由实例挂载到 Vue 实例上，也称为注入路由
        var vm = new Vue({
            el: "#app",
            router// 注入路由
        })
    </script>
</body>
```

运行之后，效果如图12-13所示。

图 12-13　显示登录路由页面

如果要改为在注册页面显示信息，只需将push方法跳转对象进行更改即可，代码如下：

```
this.$router.push({
                // 想跳转到哪里就设置相应的路由，并传递参数信息
                path:'/account/register',query:{name:this.name,pwd:this.pwd}
            })
```

为了友好显示，在注册组件页面给出相应的提示信息，即注册组件代码修改如下：

```
const register = {
        template: '<h4>这里是注册页面内容,用户名：{{this.$route.query.name}},
密码：{{this.$route.query.pwd}}</h4>'
    }
```

运行之后，效果如图12-14所示。

图 12-14 显示注册路由页面

2. $router.replace ()替换路由

replace 方法同样可以实现路由跳转的目的。不过，从名字上也可以看出，与使用 push 方法跳转不同是，当使用 replace 方法时，并不会往 history 栈中新增一条新的记录，而是会替换掉当前的记录，因此无法通过后退按钮返回到被替换前的页面。

需求：在账户页面下有一个【替换路由】按钮，单击该按钮跳转到新闻页面。

对上面的例子中修改以下两处。

① 在账户页面下增加【替换路由】按钮，即下面加粗代码。此时运行效果如图12-15所示。

```
<template id="tmpaccount">
    <div>
        <h3> 这里是账户页面 </h3>
        <!-- 生成嵌套子路由地址 -->
        <!-- "/account/login" 前面的 "/" 不能少，否则第二次以后单击登录 / 注册会有
问题 -->
        <ul>
            <router-link to="/account/login" tag="li">登录 </router-link>
            <router-link to="/account/register" tag="li">注册 </router-link>
        </ul>
        <button @click="replace">替换路由 </button>
        <div>
            <!-- 生成嵌套子路由渲染节点 -->
            <router-view></router-view>
        </div>
    </div>
</template>
```

② 绑定对应方法replace，方法写在Account组件下，运行效果如图12-16所示。

```
var Account = {
    template: '#tmpaccount', // 这里模板内容变复杂了，所以单独定义
    methods:{
        replace(){
            this.$router.replace({
                path:'/news'
            })
        }
    }
}
```

图 12-15　账户路由下增加"替换路由"按钮　　　　图 12-16　单击"替换路由"按钮跳转到的页面

3. $router.go()跳转

当使用go方法时，可以在history记录中向前或者向后跳转。也就是说，通过go方法可以在已经存储的history路由历史中前后跳转。

```
// 在浏览器记录中前进一步，等同于 history.forward()
this.$router.go(1) // 下一页
// 后退一步记录，等同于 history.back()
this.$router.go(-1)// 上一页
// 前进两步记录
this.$router.go(2)
// 如果 history 记录不够用，会导致失败
this.$router.go(-60)
this.$router.go(60)
```

> $router 与 $route 的区别如下：
>
> ① $router 是路由操作对象，只写对象。比如，添加路由时使用 $router.push({ path: '/account/login' })，替换路由时使用 $router.replace({ path: '/news' })。
>
> ② $route 是路由信息对象，只读对象。比如，获取路由的路径时使用 $route.path，获取 param 方式传递的参数时使用 $route.params.name，获取 query 方式传递的参数时使用 $route.query.name。

12.6　命名路由和命名视图

1. 命名路由

在某些时候，生成的路由 URL 地址可能会很长，在使用中可能会显得有些不便。这时候通过一个名称来标识路由会更方便一些，因此在 Vue Router 中，可以在创建路由实例的时候，通过在 routes 配置中给某个路由设置名称，从而方便地调用路由。例如：

```
const router = new VueRouter({
  routes: [
    {
      path: '/aaa/bbb/about',
      name: 'about',
      component: '<div>about 组件</div>'
```

```
        }
    ]
})
```

在使用命名路由之后，当需要使用 router-link 标签进行跳转时，就可以采取给 router-link 的 to 属性绑定一个对象的方式，跳转到指定的路由地址上。例如：

```
<router-link :to="{ name: 'xxx'}">关于我们 </router-link>
```

① 给两个路由命名，代码如下：

```
const routes = [
        { path: '/about',name:'aa', component: About },
        { path: '/news', component: News },
        {
            path: '/account',
            component: Account,
            children: [{ //account 下的子路由
                path: 'login',
                component: login
            },
            {
                path: 'register',
                name:'reg',
                component: register
            }
            ]
        },
        { path: '*', redirect: '/about' }//* 表示找不到路由时，重定向到 about
    ]
```

② 修改跳转的链接属性，代码如下：

```
<div>
        <router-link :to="{name:'aa'}">关于我们 </router-link>
        <router-link to="/news">新闻 </router-link>
        <router-link to="/account">账户 </router-link>
</div>
<ul>
        <router-link to="/account/login" tag="li">登录 </router-link>
        <router-link :to="{name:'reg'}" tag="li">注册 </router-link>
</ul>
```

2. 命名视图

当打开一个页面时，整个页面可能是由多个 Vue 组件构成的。例如，一般后端管理首页可能是由 sidebar（侧导航）、header（顶部导航）和 main（主内容）这三个 Vue 组件构成的。此时，通过 Vue Router 构建路由信息时，如果一个 URL 只能对应一个 Vue 组件，整个页面将无法正确显示。

通过 router-view 标签，就可以指定组件渲染显示到什么位置。因此，当需要在一个页面上显示多个组件的时候，就需要在页面中添加多个router-view 标签。

那么，是不是可以通过一个路由对应多个组件，然后按需渲染到不同的 router-view 标签上呢？默认情况下不能，当我们将一个路由信息对应到多个组件时，不管有多少个 router-view 标签，程序都会将第一个组件渲染到所有的 router-view 标签上。

那怎么办呢？需要实现的是一个路由信息可以按照设计者的需求去渲染到页面中指定的 router-view 标签，这可以通过Vue Router命名视图的方式来实现。

命名视图与命名路由的实现方式相似。命名视图通过在 router-view 标签上设定 name 属性，然后在构建路由与组件的对应关系时，以一种 name:component 的形式构造出一个组件对象，从而指明是在哪个 router-view 标签上加载什么组件。

注意，这里在指定路由对应的组件时，使用 components（包含 s）属性进行配置组件。

例4：1204.html。

```html
<!-- 通过样式控制三个 router-view 的布局 -->
    <style>
        .container{
            height: 500px;
        }
        .top {
            background-color:beige;
            width: 100%;
            height: 80px;
        }
        .left{
            float: left;
            width: 20%;
            height: 100%;
            background-color: burlywood;
        }
        .right{
            float: left;
            width: 80%;
            height: 100%;
            background-color: aquamarine;
        }
    </style>
<body>
    <div id="app">
        <div class="top">
            <!-- 在 router-view 中，默认的 name 属性值为 default -->
            <router-view></router-view>
        </div>
        <div class="container">
            <div class="left">
```

```html
            <router-view name="sidebar"></router-view>
        </div>
        <div class="right">
            <router-view name="main"></router-view>
        </div>
    </div>
</div>
<template id="sidebar">
    <div class="sidebar">
        sidebar
    </div>
</template>
<script>
    // （1）定义路由跳转的组件模板
    const header = {
        template: '<div class="header"> header </div>'
    }
    const sidebar = {
        template: '#sidebar'
    }
    const main = {
        template: '<div class="main"> main </div>'
    }
    // （2）定义路由信息
    const routes = [{
        path: '/',      // 一个路由对应多个组件的情况
        components: {
            default: header,// 指定什么 router-view 显示对应的组件，即指明是在哪
                            // 个 router-view 标签上加载什么组件
            sidebar: sidebar,// 格式 name:component，name 为 router-view 的 name
            main: main
        }
    }]
    const router = new VueRouter({
        routes
    })
    // （3）挂载到当前 Vue 实例上
    const vm = new Vue({
        el: '#app',
        data: {},
        methods: {},
        router: router
    });
</script>
</body>
```

运行之后，效果如图12-7所示。

图 12-17　命名视图运行效果

 12.7 组件与路由间的解耦

在前面所讲路由传递参数的方法中，不管是 query 传参还是 param 传参，最终都是通过 this.$route 属性获取参数信息，如 $route.query.name或$route.params.name。这意味着组件和路由耦合到了一块，所有需要获取参数值的地方都需要加载 VueRouter，那么如何实现组件与路由的解耦呢？

在之前学习组件相关知识时，知道可以通过组件的 props 选项来实现子组件接收父组件传递的值。在 Vue Router 中，可以通过使用组件的 props 选项来进行组件与路由之间的解耦。下面介绍 props选项的三种使用情况。

1. 设置props:true情况

例5：1205.html。

在该示例中，在定义路由模板时，通过指定需要传递的参数为 props 选项中的一个数据项，然后在定义路由规则时指定 props 属性为 true，即可实现对于组件及 Vue Router 之间的解耦。代码如下：

```
<style>
    .container {
        background-color:blanchedalmond;
        margin-top: 10px;
        width: 600px;
        height: 300px;
    }
</style>
<body>
    <div id="app">
        <button type="button" @click="goMethod">路由与组件解绑示例</button>
        <div class="container">
```

```
                <router-view></router-view>
            </div>
        </div>
        <script>
            // 定义组件
            const mycomp = {
                props: ['id'],
                template: '<h3> 组件获取到了路由传递的参数：{{id}}，但此处并没有通过 $route
去获取。 </h3>' // 此处没有通过 $route.params.id 方式获取参数 id，也就不需要 router 实例
            }
            // 实例化路由
            const router = new VueRouter({
                routes: [{     // 定义路由规则
                    path: '/myRouter/:id', // 路由规则通过占位符指明传递的参数为 id，同时
                                           //id 为上面组件 props 选项中已有的值
                    component: mycomp,
                    props: true // 此处 props 要设置为 true，即可以实现组件与 Vue Router 之间
                                 // 的解耦
                }]
            })
            const vm = new Vue({
                el: '#app',
                data: {},
                methods: {
                    goMethod() { // 该方法实现路由跳转，跳转到 myRouter，并传入参数 123
                        this.$router.push({
                            path: '/myRouter/123' //param 方式传参
                        })
                    }
                },
                router
            })
        </script>
    </body>
```

运行之后，效果如图12-18所示。

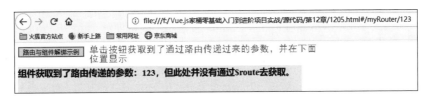

图 12-18　1205.html 运行效果

这里采用 param 传递参数的方式进行参数传递，而在组件中并没有加载 Vue Router 实例，也完成了对于路由参数的获取。需要注意的是，该方法实现组件与路由的解耦，要求路由传递参数方

式一定为 param 方式。

在定义路由规则时，对于指定 props 属性为 true 这种情况，在 Vue Router 中，还可以把路由规则的 props 属性定义成一个对象或是函数。

2. 设置props为对象情况

在将路由规则的 props 属性定义成对象后，不管路由参数中传递的是什么值，最终获取的都是对象中的值。同时，需要注意的是，props 中的属性值必须是静态的，即固定的。

例6：1206.html。

```
    <style>
        .container {
            background-color:blanchedalmond;
            margin-top: 10px;
            width: 600px;
            height: 300px;
        }
    </style>
<body>
    <div id="app">
        <button type="button" @click="goMethod">路由与组件解绑示例2</button>
        <div class="container">
            <router-view></router-view>
        </div>
    </div>
    <script>
        // 定义组件
        const mycomp = {
            props: ['id'],
            template: '<h3>组件获取到了路由传递的参数：{{id}}，但此处并没有通过$route
去获取。</h3>' // 此处没有通过$route.params.id方式获取参数id，也就不需要router实例
        }
        // 定义路由
        const router = new VueRouter({
            routes: [{    // 定义路由
                path: '/myRouter/:id', // 路由规则通过占位符指明传递的参数为id，同时
                                       //id要为上面组件props选项中已有的值
                component: mycomp,
                props:{
                    id:'123' // 组件获取的是这里的值
                }
            }]
        })
        const vm = new Vue({
            el: '#app',
            data: {},
```

```
        methods: {
            goMethod() {  // 该方法实现路由跳转，跳转到 myRouter
                this.$router.push({
                    path: '/myRouter/123456'//param 方式传递参数，随便写参数，但是
                                            // 必须有
                })
            }
        },
        router
    })
    </script>
</body>
```

运行之后，效果如图12-19所示。

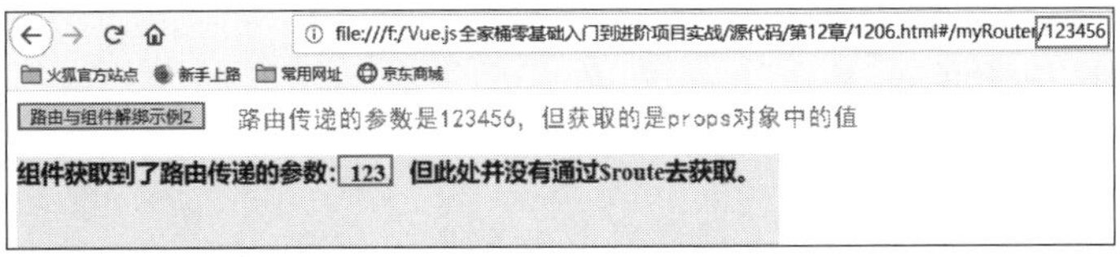

图 12-19   1206.html 运行效果

3. 设置props为函数情况

在对象模式中，只能接收静态的 props 属性值，而当使用函数模式之后，就可以对静态值做数据的进一步加工，或者是与路由传递参数的值进行结合。

例7：1207.html。

```
    <style>
        .container {
            background-color: blanchedalmond;
            margin-top: 10px;
            width: 600px;
            height: 300px;
        }
    </style>
<body>
    <div id="app">
        <button type="button" @click="goMethod">路由与组件解绑示例 3</button>
        <div class="container">
            <router-view></router-view>
        </div>
    </div>
    <script>
        // 定义组件
        const mycomp = {
            props: ['id', 'name'],
            template: '<h3>组件获取到了路由传递的参数：{{id}}——{{name}}，但此处并没
```

有通过 $route 去获取。 </h3>' // 此处没有通过 $route.params.id 方式获取参数 id，也就不需要
//router 实例

```
        }
        // 定义路由
        const router = new VueRouter({
            routes: [{    // 定义路由
                path: '/myRouter',
                component: mycomp,
                props: (route) => ({
                    id: route.query.id,// 获取到通过路由传递的参数，这个可以是动态的
                    name: 'zhangsan'// 这个是静态的
                })
            }]
        })
        const vm = new Vue({
            el: '#app',
            data: {
         //msg:'987'
},
            methods: {
                goMethod() { // 该方法实现路由跳转，跳转到 myRouter
                    this.$router.push({
                        path: '/myRouter?id=123'// 这要求 query 方式传参
//path: '/myRouter?id='+this.msg// 这要求 query 方式传参，动态参数
                    })
                }
            },
            router
        })
    </script>
</body>
```

运行之后，效果如图12-20所示。

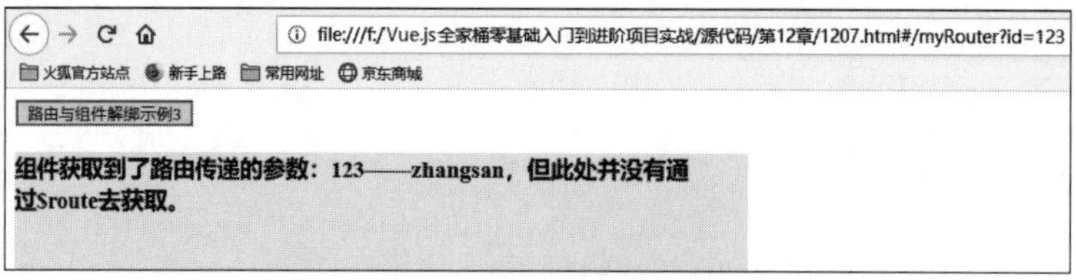

图 12-20　1207.html 运行效果

⏱ 实战练习

利用Vue Router及相关知识完成如图12-21所示的单页面项目的设计。整个网页由上、中、下三

部分组成，上部分指上面2行；中间部分又分为左、右两部分，左侧是6个导航，单击不同的导航在右侧显示对应的页面信息，信息内容可以自定义；下面部分是版权部分。

图 12-21　实战练习效果

⚙ 高手点拨

通过本章的学习，主要掌握以下知识与技能。

1. 了解什么是单页面应用。

2. 掌握 Vue Router 实现前端路由控制的方法。

3. 掌握路由之间传递参数的方法。

4. 掌握路由跳转的常见方法。

5. 掌握路由嵌套、命名路由、命名视图的应用。

6. 掌握组件与路由的解耦方法。

第 13 章

webpack 资源打包工具实战

随着前端开发要实现的逻辑越来越多，代码量也越来越大，因此现代前端开发一般都会基于模块化开发，也就是说会把功能相关的 JS 代码封装在一个 JS 文件里面，就形成一个个 JS 模块。然而这些 JS 文件浏览器不能直接识别，也就是解释不了。那怎么办呢？可以使用 webpack 资源打包工具，它能够把 JS 文件打包成一个浏览器能够识别运行的文件。本章就来学习 webpack 资源打包工具。

13.1　前端模块化开发

JavaScript在发展初期是为了实现简单的页面交互逻辑，但代码逻辑简单。如今CPU、浏览器性能得到了极大的提升，很多页面逻辑迁移到了客户端（如表单验证、分页等），客户端处理逻辑也就越来越多。随着前端代码量增大，模块化开发越来越重要，类似后端开发中封装类。其实很多语言支持模块化，如Java 语言通过import导入包，包就是封装后的模块；C#语言通过using导入命名空间，命名空间就是封装后的模块。

可以说，"模块化"是"传统前端"与"现代前端"最重要的标志。

所谓前端模块化，在编写前端代码过程中把一个相对独立的功能，单独形成一个文件（更多时候封装为js文件），可输入指定依赖、输出指定的函数，供外界调用，其他都在内部隐藏实现细节。这样既可方便不同的项目重复使用，也不会对项目造成额外的影响，也就是js脚本的模块化组织。

简单地说，模块的职责是封装实现、暴露接口和声明依赖。前端模块化开发主要的优势如下。

- 便于代码的复用、提高可维护性。
- 有很多第三方模块/插件，可以直接导入使用。
- 异步加载 js模块，避免浏览器"假死"。

注 意

> 前面讲过组件，组件也是一种封装，简称组件化。组件化与模块化有什么区别呢？
> 组件化更侧重于对 UI 的封装，模块化侧重的是对实现功能的代码和数据的封装。在组件中一般可调用模块（JS 模块）。

 ## 13.2　webpack 的基本认识

1. webpack的概念

现代前端一般都会基于模块化开发，也就是说会把功能相关的JS代码封装在一个JS文件里，形成一个个JS模块。但这些JS文件浏览器不能直接识别，而webpack能把这些JS文件打包成一个浏览器能够识别运行的文件，所有的相关依赖模块都会打包到一个文件里面。

本质上，webpack 是一个现代 JavaScript 应用程序的静态模块打包器（module bundler）。当webpack 处理应用程序时，它会递归地构建一个依赖关系图（dependency graph），其中包含应用程序需要的每个模块，然后将这些模块打包成一个或多个包（bundle）。

2. webpack的作用

① webpack 的核心主要是把JS文件打包成浏览器能够识别运行的文件。打包其他的静态资源都需要再安装相应插件/加载器。

② 如果要对png、jpg、CSS等文件打包，需要安装相关插件。打包成一个个静态文件，这样还可以减少页面的请求。

③ webpack可集成 babel 工具实现 ECMAScript 6（简称ES6，有些浏览器不支持ES6，如IE6、IE7、IE8）规范代码转换成更低版本的（如ES5）代码，用来兼容绝大多数浏览器。

④ webpack可集成模块热加载，当文件代码改变后自动刷新浏览器更新页面，同样需要安装相应的插件。

 13.3 webpack 的安装

在开始安装webpack之前，请确保安装了Node.js。建议使用Node.js最新的长期支持（Long Term Support，LTS）版本。第2章里讲NPM的使用时已安装。

1. webpack全局安装

把webpack安装在Node.js的全局环境下，可通过npm root -g命令查看全局安装位置。

（1）安装webpack

```
<!-- 安装最新版本 @4.42.1 -->
cnpm install --global webpack
<!-- 安装特定版本   -->
cnpm install --global webpack@<version>
```

（2）安装webpack-cli

如果安装的是 webpack v4.0以后的版本，还需要安装webpack-cli（4.0以前版本集成了），才能使用 webpack的命令，否则cmd窗口中webpack命令不起作用。

```
cnpm install --global webpack-cli
```

（3）查看安装的webpack版本

输入以下命令：

```
webpack -v
```

运行之后，结果如图13-1所示。

```
C:\Users\lenovo>webpack -v
4.42.0
```

图 13-1　查看已安装的 webpack 版本

官方不建议这种安装，而建议本地安装。因为，如果全局安装，打包的时候不会把webpack、webpack-cli打包进去（webpack在全局安装目录下），那么当这个项目要移植到其他计算机上的时候，自然就要用其他计算机全局安装的webpack。但是，如果其他计算机上全局安装的webpack与项目当初开发时使用的版本不一致，那么就可能导致项目构建不成功。本地安装就是把webpack、webpack-cli安装到所在项目的目录下，这样移植到任何计算机上都是使用本项目的webpack，自然不会有问题。

另外，如果全局安装的webpack是4.0版本，那么所有用到的webpack项目就都要使用webpack 4.0版本，显得不灵活（当然，另外在本地安装也可以）。

因此，一般每个项目单独安装webpack，也就是本地安装。

2. webpack本地安装

为了测试本地安装，先把全局安装的 webpack 和 webpack-cli 卸载掉。分别执行以下两条卸载命令。

```
npm uninstall -g webpack
npm uninstall -g webpack-cli
```

进入项目根文件夹（webpack-demo1），输入以下命令：

```
cnpm init -y
```

即采用默认配置初始化项目，结果如图13-2所示。

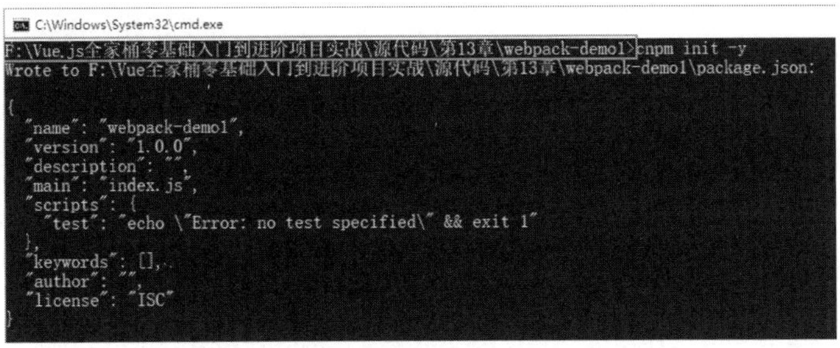

图 13-2　初始化项目

下面安装指定版本的webpack。例如安装 v4.42.0，注意前面不要少了 v，即开发依赖安装，也即发布之后不需要webpack。命令如下：

```
npm i -D webpack@v4.42.0
```

接着安装webpack-cli，也是开发依赖安装，发布之后不需要。命令如下：

```
npm i -D webpack-cli@3.3.11
```

安装后查看项目下的package.json文件，会发现多了以下代码（表示项目对webpack和webpack-cli产生了依赖，版本分别是4以上和3以上的）。

```
"devDependencies": {
    "webpack": "^4.42.0",
    "webpack-cli": "^3.3.11"
```

注 意

本地安装后直接使用 webpack -v 命令会报错，如图 13-3 所示。需要在项目下的 package.json 文件中的 "scripts" 节进行命令映射，如图 13-4 所示。

```
C:\Windows\System32\cmd.exe                                                    —    □

F:\Vue.js 全家桶零基础入门到进阶项目实战\源代码\第13章\webpack-demo1>webpack -v     报错
'webpack' 不是内部或外部命令，也不是可运行的程序
或批处理文件。

F:\Vue.js 全家桶零基础入门到进阶项目实战\源代码\第13章\webpack-demo1>npm run showVersion    不报错

> webpack-demo1@1.0.0 showVersion F:\Vue.js 全家桶零基础入门到进阶项目实战\源代码\第13章\webpack-demo1
> webpack -v

4.42.0

F:\Vue.js 全家桶零基础入门到进阶项目实战\源代码\第13章\webpack-demo1>
```

图 13-3 查看本地安装的 webpack 版本

```
webpack-demo1 > {} package.json > ...
{
    "name": "webpack-demo1",
    "version": "1.0.0",
    "description": "",
    "main": "index.js",
    "scripts": {
        "showVersion":"webpack -v"
    },                          键值对形式，键就是
    "keywords": [],             运行命令使用的名称，
    "author": "",               代码执行的是后面
    "license": "ISC",
    "devDependencies": {
        "webpack": "^4.42.0",
        "webpack-cli": "^3.3.11"
    }
}
```

图 13-4 对 webpack -v 命令映射

在 package.json 文件中命令映射后，在命令窗口中输入以下命令：

```
npm run showVersion
```

showVersion 就是映射的别名，但表示执行的是后面的 webpack -v 命令，这时可以正确地查看 webpack 的版本。

webpack 快速入门实操

13.4

在 13.3 节的 webpack-demo1 文件夹下先安装 webpack 及 webpack-cli，接下来进行下面的操作。

1. 创建目录结构和文件

在 webpack-demo1 文件夹下创建的文件结构及各文件主要作用如下：

webpack-demo1

```
|-index.html——主页文件（单页面应用唯一的 HTML 文件）
|-src——存放源文件（项目核心文件）文件夹
    |-main.js——入口文件，其他的相关（JS）模块文件都是通过它层层引入
            |-test.js——测试文件
|-webpack.config.js——webpack 的配置文件，必须放在项目的根目录下
|-dist——打包输出目录
|-package.json——前面初始化项目时已产生（整个项目配置文件）
```

2. 编写test.js文件（采用模块化编程）

编写模块化编程的JS文件test.js，浏览器不能直接解析，接下来一步步来演示操作。

```
// 在此写模块化代码，用的是 Node.js 语法
// 模块化编程，导出一个函数，即提供对外调用的接口
module.exports=function(){
    console.log(" 大家好，我是 test 模块 ")
}
```

3. 编写入口文件main.js文件（采用模块化编程）

编写入口文件main.js，在入口文件中导入上面编写的test.js文件。

```
//main.js 为入口文件
// 导入模块 test.js，变量 test 表示模块 test.js
var test=require('./test.js') // 扩展名 .js 可以省略
// 调用 test() 实际执行的就是 test.js 中提供对外调用的接口函数
test()
```

4. 采用node运行main.js文件（检测前面两个JS文件代码编写是否存在问题）

在VS Code环境的左侧右击src文件夹——在终端中打开，然后输入node main.js即可。如图13-5所示，运行结果正确，这说明上面编写的两个JS文件代码没问题。

图 13-5　通过 node 命令执行 JS 文件

> **注 意**
>
> 如果右击的是 webpack-demo1，那么就是运行 node ./src/main.js，需要注意 main.js 的路径。

5. 在主页文件index.html中引入main.js

index.html完整代码如下：

```
<!DOCTYPE html>
<html lang="en">
<head>
    <meta charset="UTF-8">
    <meta name="viewport" content="width=device-width, initial-scale=1.0">
```

```
    <title>Document</title>
</head>
<body>
    <script src="./src/main.js"></script>
</body>
</html>
```

6. 访问 index.html

启动运行index.html，发现浏览器无法识别JS模块化文件，并给出了错误，如图13-6所示。

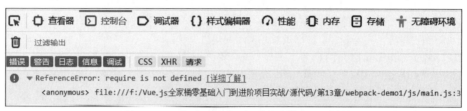

图 13-6 浏览器无法识别 JS 文件导致的错误

因此，需要通过webpack对JS模块文件进行打包并输出一个浏览器能够识别的文件。如果webpack是全局安装，只需要在命令窗口中输入下面命令即可：

```
webpack ./src/main.js -o ./dist/bundle.js
```

> **说 明**
>
> - webpack 是打包命令。
> - ./src/main.js 是要打包输出的 JS 文件。
> - -o 指定为输出（output）。
> - ./dist/bundle.js 为打包输出的路径及文件，bundle.js 文件名不是固定的，可以自己取名。

但是因为此处采用的是本地安装的webpack，所以执行上面打包命令会报出如图13-7所示的错误，不识别webpack命令。

```
PS F:\Vue全家桶零基础入门到进阶项目实战1\源代码\第13章\webpack-demo1> webpack ./src/main.js -o ./dist/bundle.js
webpack : 无法将"webpack"项识别为 cmdlet、函数、脚本文件或可运行程序的名称。请检查名称的拼写，如果包括路径，请确保路径正
确，然后再试一次。
所在位置 行:1 字符: 1
+ webpack ./src/main.js -o ./dist/bundle.js
+ ~~~~~~~~
    + CategoryInfo          : ObjectNotFound: (webpack:String) [], CommandNotFoundException
    + FullyQualifiedErrorId : CommandNotFoundException
```

图 13-7 本地安装 webpack 无法直接识别 webpack 命令

出现以上这种报错应该怎么办呢？在package.json文件中配置命令映射。

7. 在package.json文件中配置打包命令映射

package.json文件是整个项目的配置文件，通过scripts选项配置webpack命令的映射，如图13-8所示。其中，build为取的命令别名，build后面为webpack的打包命令，即后面执行build命令，实质也就是执行build后面的webpack打包命令。

```
{
    "name": "webpack-demo1",
    "version": "1.0.0",
    "description": "",
    "main": "index.js",
    "scripts": {
        "showVersion":"webpack -v",
        "build":"webpack ./src/main.js -o ./dist/bundle.js"
    },
    "keywords": [],
    "author": "",
    "license": "ISC",
    "devDependencies": {
        "webpack": "^4.42.0",
        "webpack-cli": "^3.3.11"
    }
}
```

图 13-8　package.json 中配置 webpack 命令映射

8. 通过映射后的命令执行打包

在cmd窗口下执行npm run build，如图13-9所示，正常打包。

图 13-9　通过执行映射后的命令执行打包

之后可以查看打包生成后的bundle.js文件，这个文件就是浏览器能够识别的文件，是一个压缩后的文件。如图13-9所示出现了警告提示，后面解决。

9. 调整主页文件index.html的引入文件

没有对JS模块打包前引入的是main.js，由于浏览器不能识别JS文件，所以通过webpack把JS文件打包为浏览器能够识别的bundle.js文件，此时只要引入该文件即可。

```
<body>
    <!-- 将 index.html 引入的 JS 文件改为打包之后浏览器可以识别的 JS 目标文件 -->
    <script src="./dist/bundle.js"></script>
</body>
```

此时再次运行，发现运行正常，可以看到正确结果，如图13-10所示。

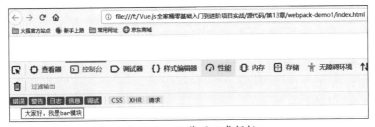

图 13-10　浏览器正常解析

● 第 7 步配置命令映射时，如果命令名取"start"，则在运行时可以省去"run"，如图 13-11 所示。也就是说，start 是一个特殊的名称。

图 13-11　映射别名取 start

● 如果 js 文件（如 test.js）有修改，需要用 webapck 重新打包生成输出文件。

● 编写 webpack 的配置文件 webpack.config.js，设置 mode 属性为 production 或者 none，即可取消图 13-9 所示的警告信息。

10. 编写webpack的配置文件webpack.config.js

这是webpack项目的一个核心文件。该文件除设置mode属性之外，还会指定入口文件（要打包的文件）和出口文件（打包后的文件），具体代码编写如下：

```
// 引用 Node.js 中的 path 模块，用来处理文件路径
const path=require("path");
// 导出一个 webpack 具有特殊属性配置的对象
module.exports={
mode:'production',// 指定打包为生产环境 production、开发环境 development（不会去压缩打
                  // 包输出的文件）或者设置 none，表示不去匹配环境
    // 入口
    entry:'./src/main.js',// 入口模块文件路径，指要打包的文件，而且会自动把所有相关依
                          // 赖的 JS 文件全部打包
    // 出口对象
    output:{
        // path 必须是一个绝对路径，__dirname 是当前配置文件 webpack.config.js 的绝对路
        // 径。然后与输出目录 dist 拼接成一个绝对路径，bundle.js 是自己取的名，建议一般取
        // 这个名字或者 build.js
        path:path.join(__dirname,'./dist'),
        filename:'bundle.js'
    }
}
```

上述代码读取当前目录下 src 文件夹中的 main.js（入口文件）内容，把对应的 JS 文件打包，并把打包后的 bundle.js 文件放入当前目录的 dist 文件夹下。该配置文件实质就是导出一个 webpack 具有特殊属性配置的对象。

思考：下面输出位置如何理解？

```
output:{
        path:__dirname,// 指定输出的位置，代表项目根目录，下面默认就是输出在项目根目录，
                        // 因此可以不写
        filename:'build.js' // 输出文件名为 build.js，可以自定义名称（习惯命名为 build.js）。
                            // 默认输出在项目的根目录。然后在 index.html 文件下手动引入该文件
    }
```

说 明

在此 webpack 配置文件中指明了入口文件和出口文件，那么在 package.json 文件中映射别名时就可以去掉后面的入口文件和出口文件，保留一个 webpack 即可。

"start"：" webpack ./src/main.js -o ./dist/bundle.js"

⏱ 实战练习

1. 尝试全局安装 webpack 和 webpack-cli。

2. 尝试卸载全局安装的 webpack 和 webpack-cli，然后新建一个项目进行本地安装。

3. 模仿 13.4 节中的例子重新创建一个项目，并把 13.4 节中的步骤都操作一遍，在控制台输出的内容自定义。

⚙ 高手点拨

通过本章的学习，主要掌握下面知识与技能。

1. 了解前端模块化开发。

2. 掌握 webpack 的概念及其安装。

3. 掌握应用 webpack 进行打包。

第 14 章

ECMAScript 6 在 Vue 项目中的常用语法精讲

　　ECMAScript 6 是 JavaScript 语言的下一代标准。因为 ECMAScript 6 是在 2015 年发布的，所以又称 ECMAScript 2015。虽然目前并不是所有浏览器都能兼容 ECMAScript 6 全部特性，但越来越多的程序员在 Vue 项目中已经开始使用 ECMAScript 6。本章就来学习 ECMAScript 6 在 Vue 项目中的使用。

ECMAScript 6 简介

ECMAScript是一种由ECMA国际（前身为欧洲计算机制造商协会，英文名称是European Computer Manufacturers Association）通过ECMA-262标准化的脚本程序设计语言。这种语言在万维网上应用广泛，又被称为JavaScript或JScript，但实际上JavaScript和JScript是ECMA-262标准的实现和扩展。

简单地说，ECMAScript是一种脚本语言的规范，JavaScript 是 ECMAScript 规范的一种实现。

ECMAScript 6 常用语法

1. 变量声明

let和const是新增的声明变量的开头关键字，在这之前，变量声明是使用var关键字。let和const与var的区别在于，它们声明的变量没有预解析（浏览器不会直接执行代码，而是加工处理之后再执行，这个加工处理的过程就称为预解析）。let和const的区别是，let声明的是一般变量，const声明的是常量（不能修改）。示例代码如下：

```
var vm = new Vue({  })// 这里 var 就可以改为 let
const name="zhangsan"
```

另外，const还可以用来定义组件，代码如下：

```
const mycomp = {
    props: ['id', 'name'],
    template: '<h3> 组件获取到了路由传递的参数：{{id}}——{{name}}，但此处并没
有通过 $route 去获取。 </h3>'
    }
```

2. 模板字符串

模板字符串用于基本的字符串格式化，可将表达式/变量嵌入字符串中进行拼接，用${ }来界定。如：

```
//ECMAScript 5 写法
var name = 'xzx'
console.log('hello' + name)
//ECMAScript 6 写法
const name = 'xzx'
console.log(`hello ${name}`) // 输出结果 hello xzx，外面不能用单引号，而是用反单引号
```

3. 反单引号

反单引号（``）用于多行字符串或者字符串一行行拼接。例如：

```
const template = `<div>
<span>hello world</span>
</div>`
```

4. 箭头函数

ECMAScript 6很有意思的一部分就是函数的快捷写法，即箭头函数。箭头函数最直观的三个特点如下。

- 不需要function关键字来创建函数。
- 省略return关键字。
- 继承当前上下文的 this 关键字。

用符号"=>"表示箭头函数，前后必须有空格，示例代码如下：

```
//ECMAScript 6 代码
(resolve,reject) => {
…
}
// 相当于 ECMAScript 5 代码
function(resolve,reject){
…
}
```

5. 对象初始化简写

对于对象一般都是以键值对的形式书写，但有可能出现键值对重名的情况，这时可以使用ECMAScript语法中的简写。示例代码如下：

```
function people(name, age) {
    return {
        name: name,
            age: age
    };
    }
```

以上代码可以简写为

```
function people(name, age) {
    return {
        name,
            age
    };
    }
```

6. 函数默认参数

ECMAScript 6为参数提供了默认值。在定义函数时便初始化这个参数，以便在参数没有被传递进去时使用。示例代码如下：

```
function action(name = " 徐照兴 ") {
    console.log(name)
    }
```

执行 action() 输出"徐照兴"，因为这里没有提供参数，所以输出默认值；执行action("李四") 输出"李四"。

7. 解构赋值

数组和对象是JS中最常用也是最重要的表示形式。为了简化提取信息，ECMAScript 6新增了解构，这是将一个数据结构分解为更小部分的过程。

（1）在对象中的用法

ECMAScript 5中的写法如下：

```
const people = {
    name: 'tom',
    age: 20
}

const name = people.name
const age = people.age
console.log(name + ' --- ' + age)
```

ECMAScript 6中的写法如下：

```
const people = {
    name: 'tom',
        age: 20
    }
    const { name, age } = people
    console.log('${name} --- ${age}')
```

也可以按需只导入一个，例如：

```
const { name} = people
console.log('${name}')
```

（2）在数组中的用法

```
const color = ['red', 'blue']
const [first, second] = color
console.log(first)        // 输出 red
console.log(second)       // 输出 blue
```

8. 扩展运算符

ECMAScript 6中另外一个特性就是扩展运算符（...），主要用于组装对象或者数组。示例代码如下：

```
// 数组
const color = ['red', 'black']
const colorful = [···color, 'yellow', 'green']
```

```
console.log(colorful) //[red, black, yellow, green]
// 对象
const numobject1 = { first: 'a', second: 'b'}
const numobject2 = { ···numobject1, third: 'c' }
console.log(numobject2 ) //{ "first": "a", "second": "b", "third": "c"
```

14.3 ECMAScript 6 中导出导入默认成员

ECMAScript 6中导出模块用export，等价于 module.exports；导入模块用import，等价于require。

第13章项目中的tcst.js和main.js文件采用的语法都是ECMAScript 6之前的语法。

在test.js文件中的代码：

```
module.exports=function(){
    console.log(" 大家好，我是 test 模块 ")
}
```

在main.js文件中的代码：

```
var test=require('./test.js') // 扩展名 .js 可以省略
// 调用 test() 实际执行的就是 test.js 中提供对外调用的接口函数
test()
```

为了更好更快地演示效果，直接把第13章的webpack-demo1项目复制到第14章项目下，整个结构保持不变。

注意

> 如果 webpack-cli 会导致失效，就需要重新安装下。

下面采用ECMAScript 6语法来改写，如var可改写为let。

1. 导出导入默认成员

导出语法：export default 成员。

导入语法：import xxx from 模块文件。

① 采用ECMAScript 6的语法改写，导出默认成员。默认成员为方法，因为为默认方法，方法名可以省略。test.js文件改为如下：

```
export default function(){
    console.log(" 大家好，我是 test 模块! ——ES6")
}
```

② main.js文件改为如下：

```
import test from './test.js' // 扩展名 .js 同样可以省略，test 为自己取的名字，一般就是取
                            //js 的文件名
```

```
test()
```

③ 用webpack重新打包，即在终端输入npm start。

④ 浏览index.html，进入控制台查看结果，运行正确，如图14-1所示。

图 14-1　导出导入默认成员为方法的运行效果

2. 导出导入默认成员为对象

① 采用ECMAScript 6语法改写，导出默认成员，默认成员为对象。test.js文件改为如下：

```
export default {
    name:" 徐照兴 "
}
```

② main.js文件改为如下：

```
import test from './test.js' // 扩展名 .js 同样可以省略，test 为自己取的名字，一般就是
                             // 取 js 的文件名

//test()
console.log(test)
console.log(test.name)
```

③ 用webpack重新打包，即在终端输入npm start。

④ 浏览index.html，进入控制台查看结果，运行正确，如图14-2所示。

图 14-2　导出导入默认成员为对象的运行结果

思考：如果既要导出方法，又要导出对象呢？可改为如下代码。

① test.js文件代码：

```
const t=function(){
    console.log(' 大家好，我是 test 模块 !!!!——ES6')
}
const n={
    name:" 徐照兴 "
}
export default {
    t,
    n
}
```

② main.js文件代码：

```
import test from './test'
test.t()
```

```
console.log(test.n)
console.log(test.n.name)
```

此时运行效果如图14-3所示。

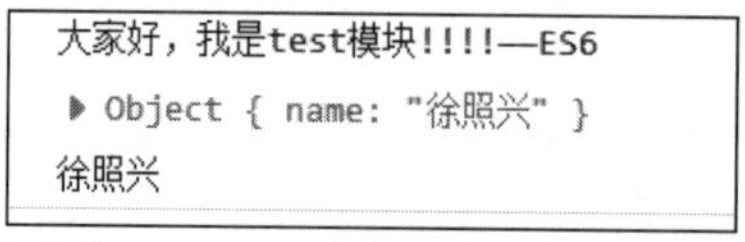

```
大家好，我是test模块!!!!—ES6
▶ Object { name: "徐照兴" }
徐照兴
```

图 14-3　导出导入默认成员既有方法又有对象的运行效果

以上修改后每次需要手动重新打包（执行npm start），比较麻烦，有没有不用每次手动执行打包的方法呢？有。在package.json的scripts节中增加一个命令映射watch，用来监视JS文件的变化，如果有变化会自动重新打包，此时scripts节的代码如下：

```
"scripts": {
    "showVersion": "webpack -v",
    "start": "webpack",
    "watch":"webpack --watch"
 },
```

然后在终端输入npm run watch打包，从终端窗口下面可以看到光标一直在跳动，即它的运行不会终止，也就是一直处于监视状态，如图14-4所示。

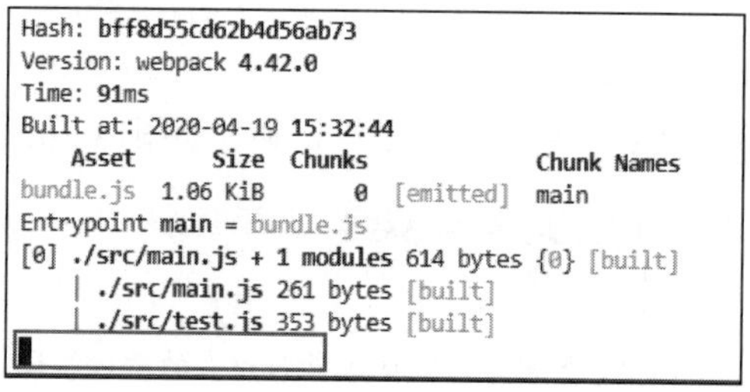

```
Hash: bff8d55cd62b4d56ab73
Version: webpack 4.42.0
Time: 91ms
Built at: 2020-04-19 15:32:44
     Asset       Size  Chunks             Chunk Names
  bundle.js  1.06 KiB       0  [emitted]  main
Entrypoint main = bundle.js
[0] ./src/main.js + 1 modules 614 bytes {0} [built]
    | ./src/main.js 261 bytes [built]
    | ./src/test.js 353 bytes [built]
```

图 14-4　执行 watch 命令后处于监视状态

这个时候再去修改下test.js文件，修改之后只要保存该文件，然后重新浏览刷新主页文件index.html，即可看到修改后的结果，无须再去打包。

注　意

> 默认成员只能有一个，也就是说只能有一个 export default 成员，否则保存后就会报错。

3. 导出导入默认成员为变量

① 采用ECMAScript 6语法改写，导出默认成员，默认成员为变量。test.js文件改为如下：

```
export default 'hello'
```

② main.js文件改为如下：

```
import test from './test.js'
console.log(test)
```

③ 浏览刷新index.html，进入控制台查看结果，看到输出了 hello。

14.4 ECMAScript 6 中导出导入非默认成员

1. 导出非默认成员

语法:

```
export 成员
```

说明:非默认成员必须有成员名称。导出的为非默认成员,方便按需导入。

采用ECMAScript 6语法,注意export后面没有s。test.js文件中输入以下内容:

```
export const name="李四"
export const age=21
//export sex="男" 为错误写法,不写 const 或写 var 都可以
// 此处函数名 add 不能少
export function add(num1,num2){
    return num1+num2
}
```

2. 导入非默认成员

在导出的JS文件模块中写好了要导出的成员,在入口文件中一般都要把它导入,以便使用。

方式一:按需导入指定成员,采用解构赋值的方式。语法如下:

```
import { 成员名 1,成员名 2,…,成员名 n} from 模块文件
```

> **注 意**
>
> "成员名 1,成员名 2,…,成员名 n"要与导出模块文件对应的非成员名保持一致。如果成员太多,可以使用一次性导入所有成员。

方式二:一次性导入模块文件中的所有成员(包含 default 成员)。语法如下:

```
import * as 别名 from 模块文件
```

在main.js文件写入以下测试代码:

```
import {name,age,add} from './test'
//add 是一个函数,需要传入相应参数
console.log(name,age,add(1,2))
import * as testobj from './test'
console.log(testobj)
console.log(testobj.name,testobj.add(2,3))
```

name对应test.js文件中的name成员,age对应test.js文件中的age成员,add对应test.js文件中的add成员。这是解构赋值方式。此时运行结果如图14-5所示。

```
李四 18 3
▼ {…}
    __esModule: true
  ▶ add: function add()
    age: 18
    name: "李四"
    Symbol(Symbol.toStringTag): "Module"
  ▶ <get add()>: function ()
  ▶ <get age()>: function ()
  ▶ <get name()>: function ()
  ▶ <prototype>: Object { … }
李四 5
```

图 14-5　导入非默认成员

“import * as testobj from './test'”这句默认成员也会被导出，下面进行测试。

① test.js文件中取消注释如下代码：

```
export default {
    name:"徐照兴123456"
}
```

② main.js文件中部分代码修改为如下：

```
console.log(testobj.name,testobj.add(2,3),testobj.default.name)
```

③ 对应输出结果为：

```
李四 5 徐照兴123456
```

注 意

运行测试打包（运行 npm run watch）时报出类似如图 14-6 所示错误，检查启动终端运行的路径是否正确。

```
F:\Vue.js全家桶零基础入门到进阶项目实战\源代码\第14章
\webpack-demo1 > npm run watch
    npm ERR! code ENOENT
    npm ERR! errno -4058
```

图 14-6　运行时报错

实战练习

1. 下面不属于ECMAScript规范的范围的是（　　）。

A. 数据类型　　B. 语法

C. DOM事件　　D. 内置对象和函数的标准库

2. 下面不属于关键字let的特点的是（　　）。

A. 只在 let 命令所在的代码块内有效

B. 会产生变量提升现象

C. 同一个作用域，不能重复声明同一个变量

D. 不能在函数内部重新声明参数

3. 关于关键字const，下列说法错误的是（　　　　）。

A. 用于声明常量，声明后不可修改

B. 不会发生变量提升现象

C. 不能重复声明同一个变量

D. 可以先声明，不赋值

4. 在数组的解构赋值中，var [a,b,c] = [1,2]结果中，a、b、c的值分别是（　　　　）。

A. 1 2 null　　　　　　B. 1 2 undefined

C. 1 2 2　　　　　　　D. 抛出异常

5. 关于模板字符串，下列说法不正确的是（　　　）。

A. 使用反单引号标识

B. 插入变量的时候使用${ }

C. 所有的空格和缩进都会被保留在输出中

D. ${ }中的表达式不能是函数的调用

6. 关于箭头函数的描述，错误的是（　　　）。

A. 使用箭头符号=>定义

B. 参数超过1个时需要用小括号（ ）括起来

C. 函数体语句超过1条时，需要用大括号{ }括起来，用return语句返回

D. 函数体内的 this 对象，绑定使用时所在的对象

7. module模块中，对下列语句的描述错误的是（　　　）。

A. export 导出　　　　　　　　B. import 导入

C. export default 默认导出　　　　D. import * as 重命名

8. 关于定义常量的关键字const，定义一个Object对象{ " name " : " Jack " }，再对属性name 的值进行修改，如：obj.name = " John " 。下列说法正确的是（　　　　）。

A. 修改常量，程序抛出异常

B. 程序不抛出异常，修改无效

C. 修改成功，name的值为John

D. 程序不抛出异常，name的值为undefined

⚙ 高手点拨

通过本章的学习，主要掌握以下知识与技能。

1. 了解ECMAScript 6。

2. 掌握ECMAScript 6在Vue项目中的常用语法，包括变量声明、模板字符串、反单引号、箭头函数、对象初始化、解构赋值、扩展运算符、导出导入默认成员、导出导入非默认成员等。

第 15 章

webpack 与常用插件结合使用实战

通过前面的学习知道，webpack 本身只能对 JS 文件进行打包（只能把引入的 JS 文件转换成浏览器能够识别的文件），如果要对其他类型（比如 CSS、jpg 等）文件作为模块引入，就需要结合第三方插件来使用。这些插件在 webpack 中被称为 Loader（加载器）。Loader 可以理解为其他类型文件的转换器，它实质是一个函数，参数就是要转换的源文件，返回值就是转换后浏览器能够识别的文件。因此，可以通过 require 或 import 来导入加载任何类型的模块文件，然后通过 webpack 结合各种 Loader 解析识别。本章就来学习 webpack 与常用插件的结合使用。

15.1 使用 webpack 结合插件打包 CSS 资源

1. 搭建项目框架

直接复制第14章的webpack-demo1，删除暂时不用的文件：整个dist文件夹，src下面的test.js（不删除也可以）。

为了从 JavaScript 模块中导入 CSS 文件，需要在 module 配置中安装并添加 style-loader 和 css-loader。

2. 安装并添加 style-loader 和 css-loader 插件

安装并添加 style-loader 和 css-loader 插件的命令如下：

```
npm install --save-dev style-loader css-loader
```

安装style-loader 和 css-loader 插件后，CSS代码会先被 css-loader 处理一次，然后再交给 style-loader 进行处理。那么这两步分别是做什么呢？

css-loader 的作用是处理CSS中导入的外部CSS资源，如（import './css/mystyle.css'），即把外部CSS文件中的样式解析出来。

style-loader 的作用是把外部解析出来的样式插入DOM中，方法是在head中插入一个<style>标签，并把样式写入这个标签里。

> **提 示**
>
> --save-dev 为开发环境依赖，安装完成之后，在项目的 package.json 文件中可以看到这两个依赖。

3. 配置webpack.config.js文件

打开项目下的webpack.config.js文件，增加下面斜体加粗代码：

```
// 引用 Node.js 中的 path 模块，用来处理文件路径
const path=require("path");
// 导出一个 webpack 具有特殊属性配置的对象
// 安装 Node Snippets 插件，输入 module 会有智能提示
module.exports={
    mode:'development',// 指定打包为生产环境、开发环境或者设置 none
    // 入口
    entry:'./src/main.js',// 入口模块文件路径
    // 出口对象
    output:{
        // path 必须是一个绝对路径，__dirname 是当前配置文件 webpack.config.js 的绝对
        // 路径。然后与输出目录 dist 拼接成一个绝对路径
        path:path.join(__dirname,'./dist'),
        filename:'bundle.js'
    },
    module: {
```

```
        rules: [ // 配置 CSS 转 JS 的规则
         {
           test: /\.css$/,// 正则表达式，\. 取消 . 的元字符含义，$ 表示结尾，即匹配
                          //CSS 文件，两端都要加"/"
           use: [ // 下面两个加载器的顺序不能调换
             'style-loader',
             'css-loader'
           ]
         }
       ]
     }
   }
```

上述代码中，module里面是rules对象，用于配置CSS转JS的规则。rules里面主要是配置test和use两个对象。test的值一般是一个正则表达式，表示要解释什么类型的文件；use的值为要使用的加载器。需要注意的是，引用style-loader和css-loader两个加载器的顺序不能调换。

此外，为了提高输入效率和降低出错概率，可以先安装Node Snippets插件。

4. 测试

① 在项目的src文件夹下新建一个文件夹css，下面添加一个style.css文件，并输入一个测试样式，代码如下：

```
body{
    background-color: azure;
}
```

② 在main.js文件中以模块化形式引入style.css文件，把main.js原有内容先全部删除。

```
// 将样式文件 style.css 以模块化（style.css 作为一个模块）引入该位置
import './css/style.css'
```

③ 打包，即在终端输入"…webpack-demo1> npm run start"。

执行之后，就会把main.js和style.css一起打包。打包的流程：结合package.json和webpack.config.js两个文件知道打包的入口文件是main.js，但是main.js中通过模块化形式引入了style.css，然后又配置了CSS加载器，能够识别CSS文件，因此就能够把它一起打包到输出文件（dist/bundle.js）。如果事先没有安装CSS加载器（css-loader，style-loader），则不能把样式文件style.css一起打包。

打开打包输出后的文件bundle.js，我们可能不太认识，但是浏览器认识，可以通过按【Ctrl+F】快捷键查询自己所写代码的踪迹（比如查找background）。如图15-1所示，这些都是浏览器能够识别的CSS模块化代码。

```
eval("// Imports\nvar ___CSS_LOADER_API_IMPORT___ = __webpack_require__(/*! ../../
node_modules/css-loader/dist/runtime/api.js */ \"./node_modules/css-loader/dist/runtime/
api.js\");\nexports = ___CSS_LOADER_API_IMPORT___(false);\n// Module\nexports.push(
[module.i, \"body{\\r\\n    background-color: azure;\\r\\n}\", \"\"]);\n//
Exports\nmodule.exports = exports;\n\n\n//# sourceURL=webpack:///./src/css/style.css?./
node_modules/css-loader/dist/cjs.js");
```

图 15-1 打包后的 CSS 文件

接下来在浏览器中打开index.html文件，可以看到通过CSS样式设置的背景颜色，如图15-2所示。同时，通过查看器查看源代码发现CSS样式文件的内容被加载进来了。

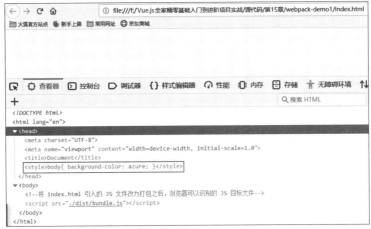

图 15-2　浏览器对 CSS 模块文件正确解析效果

15.2　使用 webpack 结合插件打包 image 资源

假如，现在正在下载 CSS，而且CSS中用到背景和图标等图片，那么如何把相关图片一起打包呢？使用文件加载器 file-loader，可以轻松地将这些内容混合到 CSS 中。

1. 安装file-loader

通过下面命令，可以安装文件加载器file-loader：

```
npm install --save-dev file-loader
```

2. 配置webpack.config.js文件

对png、svg、jpg、gif等格式的图片文件使用file-loader加载器，代码如下：

```
// 引用 Node.js 中的 path 模块，用来处理文件路径
const path = require("path");
...
    module: {
        rules: [ // 配置 CSS 转 JS 的规则
            {
                test: /\.css$/,// 正则表达式，匹配以 css 结尾的文件，不要用引号引住
                use: [ // 下面两个加载器的顺序不能调换
                    'style-loader',// 让 JavaScript 识别转换后的 JS（CSS）
                    'css-loader' //CSS 转为 JS
                ]
            },
```

```
            {
                test: /\.(png|svg|jpg|gif)$/, //svg是一种矢量图
                use: [
                    'file-loader'
                ]
            }
        ]
    }
}
```

3. 测试

① 找一幅图片（如bg.jpg）并放入CSS文件夹下。

② 修改style.css文件，增加一幅背景图片。按住【Ctrl】键，单击图片名称（bg.jpg）处能够把图片显示出来，说明路径没问题。

```
body{
    background-color: azure;
    background-image: url(./bg.jpg);
}
```

③ 保存，重新打包。打包输出之后发现最明显的是把原来的图片bg.jpg复制到了输出目录dist下，并且重新命名，如图15-3所示，因为不重新命名容易导致名称冲突。当然，打开输出文件bundle.js，在此文件中也可以看到该背景图片的踪迹。

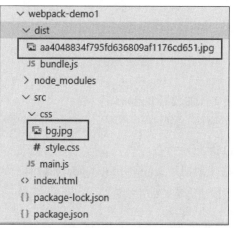

图 15-3　对图片文件进行打包后的效果

④ 浏览index.html文件查看效果，发现背景图片没有显示，如图15-4所示。原因是什么呢？通过源代码可以看到图片已经引入，但是路径不对（是相对引入）。如图15-4所示的写法表示index.html文件与背景图片文件在同一个目录下，但实际上当前的index.html文件在项目的根目录下，而背景图片文件在dist文件夹下，所以图片显示不出来。

图 15-4　对图片文件打包后引用图片路径不对效果

解决方案如下。

① 把打包生成的图片移到与index.html相同的位置。可以显示效果，但是这样做非常不好，打包后的文件不应该移出去，而且后续项目要发布，发布的就是dist这个目录，如果移出去就会变得麻烦。因此，把图片移回去。

② 把index.html复制一份放到dist目录下。这时需要修改index.htm中对bundle.js的引用路径，即将：

```
<script src="./dist/bundle.js"></script>
```

改为：

```
<script src="./bundle.js"></script>
```

这个时候要浏览效果，就是浏览dist目录下的index.htm，发现显示效果正常。后面还有更好的解决方案，请继续往下学习。

15.3　使用 webpack 配合 HtmlWebpackPlugin 插件解决文件路径

对于前面出现的问题：手动把index.html复制一份放到dist目录下；手动修改输出文件bundle.js的引用路径，如果该输出文件名在webpack.config.js里修改过了，那么这个文件名也得修改。

有没有不用手动操作就会自动复制index.html到输出目录下，并且会自动引用输出文件（webpack.config.js里配置好的输出文件名）的方法呢？有，这需要借助HtmlWebpackPlugin插件。

1. HtmlWebpackPlugin插件的作用

① 将 index.html 打包到输出文件（bundle.js）所在的目录中。

② 在 index.html 中自动地引入输出文件（bundle.js）。

2. 安装HtmlWebpackPlugin插件

打开cmd窗口，进入项目所在文件夹，然后执行下面命令：

```
npm install --save-dev html-webpack-plugin
```

3. 配置webpack.config.js文件

在原来webpack.config.js文件中增加如下加粗代码，然后保存：

```
// 引用 Node.js 中的 path 模块，用来处理文件路径
const path = require("path");
// 引入插件 html-webpack-plugin
const HtmlWebpackPlugin = require('html-webpack-plugin');
// 导出一个 webpack 具有特殊属性配置的对象
// 安装 Node Snippets 插件，输入 module 会有智能提示
module.exports = {
    mode: 'development',// 指定打包为生产环境、开发环境或者设置 none
    // 入口
    entry: './src/main.js',// 入口模块文件路径
    // 出口对象
    output: {
        //path 必须是一个绝对路径，__dirname 是当前配置文件 webpack.config.js 的绝对
        // 路径。然后与输出目录 dist 拼接成一个绝对路径
        path: path.join(__dirname, './dist'),
        filename: 'bundle.js'
    },
    // 配置插件
    plugins: [
        new HtmlWebpackPlugin({
            // 指定要打包的模板页面 index.html，采用的是相对路径，与当前配置文件在同级目录，
            // 所以为 ./。这样就能找到 index.html 文件并把它打包到与输出文件 bundle.js 的同
            // 级目录下
            template: './index.html'
        })
    ],
    module: {
        rules: [ // 配置 CSS 转 JS 的规则
            {
                test: /\.css$/,// 正则表达式，匹配以 css 结尾的文件
                use: [ // 下面两个加载器的顺序不能调换
                    'style-loader',// 让 JavaScript 识别转换后的 JS（CSS）
                    'css-loader'   //CSS 转为 JS
                ]
            },
```

```
        {
            test: /\.(png|svg|jpg|gif)$/,
            use: [
                'file-loader'
            ]
        }
    ]
}
}
```

4. 测试效果

① 为了达到更好的测试效果，先将原来整个的dist目录删除。

② 删除 index.html 文件中原来对bundle.js的引入语句，因为打包后会自动引入。

③ 保存后重新打包。

打包之后查看index.html文件，它在原来的index.html基础上增加一条对输出文件的引用语句。
如下：

```
<script type="text/javascript" src="bundle.js"></script>
```

最终预览的是dist目录下的index.html。

从这里发现根目录下的index.html文件中实际什么都没写（在后面单页面开发中也只需要在
index.html中加入<div id="app"></div>作为入口即可），这是因为打包时会自动在index.html文件中引
入打包输出后的文件（bundle.js），并放到dist目录下。最终我们只要发布dist目录即可。

15.4 使用 webpack 配合 webpack-dev-server 插件实现自动打包和刷新页面

问题：上面每次修改都需要重新打包，打包后还要重新刷新浏览器。虽然在package.json文件
中映射了webpack --watch的别名，能做到自动监视修改，并在修改后自动重新编译，但是在浏览器
中还是需要手动刷新。

那么有没有更自动的方法（修改后无须手动重新打包，也无须刷新浏览器，而是自动刷新浏
览器）呢？有，即配合使用webpack-dev-server插件。

1. webpack-dev-server插件的作用

webpack-dev-server 插件提供了一个简单的 Web 服务器，在运行时更新所有类型的模块后自
动打包和刷新页面，这可以很大程度地提高开发效率。

2. 安装webpack-dev-server

打开cmd窗口，进入项目所在文件夹，然后执行下面命令：

```
npm install --save-dev webpack-dev-server
```

3. 配置webpack.config.js文件

修改配置文件，让开发服务器知道哪里查找文件，添加的内容为下面加粗代码：

```
// 引用 Node.js 中的 path 模块，用来处理文件路径
const path = require("path");
// 引入插件 html-webpack-plugin
const HtmlWebpackPlugin = require('html-webpack-plugin');
// 导出一个 webpack 具有特殊属性配置的对象
// 安装 Node Snippets 插件，输入 module 会有智能提示
module.exports = {
    mode: 'development',// 指定打包为生产环境、开发环境或者设置 none
    // 入口
    entry: './src/main.js',// 入口模块文件路径
    // 出口
    output: {
        //path 必须是一个绝对路径，__dirname 是当前配置文件 webpack.config.js 的绝对路径。
        // 然后与输出目录 dist 拼接成一个绝对路径
        path: path.join(__dirname, './dist'),
        filename: 'bundle.js'
    },
    // 配置插件
    plugins: [
        new HtmlWebpackPlugin({
            //指定要打包的模板页面 index.html，采用的是相对路径，与当前配置文件在同级目录，
            // 所以为 ./。这样就能找到 index.html 文件并把它打包到与输出文件 bundle.js 的
            // 同级目录下
            template: './index.html'
        })
    ],
    // 实时重新加载
    devServer: {
        // 在当前目录的 dist 目录下查找文件
        contentBase: './dist'
    },
    module: {
        rules: [ // 配置 CSS 转 JS 的规则
            {
                test: /\.css$/,// 正则表达式，匹配以 css 结尾的文件
                use: [ // 下面两个加载器的顺序不能调换
                    'style-loader',// 让 JavaScript 识别转换后的 JS（CSS）
                    'css-loader'    //CSS 转为 JS
                ]
            },
            {
                test: /\.(png|svg|jpg|gif)$/,
```

```
                use: [
                    'file-loader'
                ]
            }
        ]
    }
}
```

以上配置也就是告知webpack-dev-server，在localhost:8080（默认端口）下建立服务，将dist目录下的文件作为可访问文件。

4. 修改package.json文件

打开package.json文件，添加一个 script 脚本，可以直接运行开发服务器。"webpack-dev-server --open"表示运行webpack-dev-server服务，打开浏览器，代码如下：

```
{
  "name": "webpack-demo1",
  "version": "1.0.0",
  "description": "",
  "main": "index.js",
  "scripts": {
    "showVersion": "webpack -v",
    "start": "webpack",
    "watch": "webpack --watch",
    "dev": "webpack-dev-server --open"
  },
  "keywords": [],
  "author": "",
  "license": "ISC",
  "devDependencies": {
    "css-loader": "^3.4.2",
    "file-loader": "^5.1.0",
    "html-webpack-plugin": "^3.2.0",
    "style-loader": "^1.1.3",
    "webpack": "^4.42.0",
    "webpack-cli": "^3.3.11",
    "webpack-dev-server": "^3.10.3"
  }
}
```

以上默认是通过8080端口进入，如果端口冲突会自动选择下一个，如8081。如果想指定端口，则可以做如下修改，此处指定端口为8000。注意：port后有一个空格。

```
"dev": "webpack-dev-server --open  --port 8000"
```

5. 测试效果

在命令行中运行 npm run dev，就会看到浏览器自动加载页面。如图15-5所示，可以看到当前项目作为一个服务在运行。当然，运行的是dist目录下的index.html文件。如果现在修改任意源文件，如把style.css中设置背景图片的样式注释掉，然后保存，就会看到项目会自动重新编译，编译之后浏览器会重新刷新。

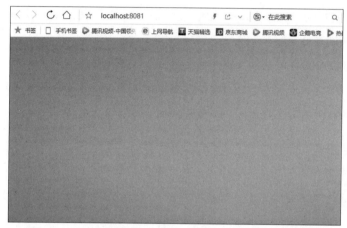

图 15-5　作为服务运行 index.html 实现自动打包和刷新页面

15.5 使用 webpack 配合 babel 解决浏览器的兼容性

在Vue开发中经常会使用ECMAScript 6新语法（箭头函数、const、解构赋值等），但是一些低版本浏览器不支持，如IE7等。

1. 安装babel-loader等相关插件

babel-loader插件主要用来解决浏览器的兼容性问题，让ECMAScript 6语法能够在低版本浏览器下支持。

打开cmd窗口，进入项目所在文件夹，然后执行下面命令，安装babel-loader等相关插件。

```
npm install -D babel-loader @babel/core @babel/preset-env webpack
```

2. 配置webpack.config.js文件

打开webpack.config.js文件，添加下面加粗代码，其含义见相关注释。

```
// 引用 Node.js 中的 path 模块，用来处理文件路径
const path = require("path");
// 引入插件 html-webpack-plugin
const HtmlWebpackPlugin = require('html-webpack-plugin');
// 导出一个 webpack 具有特殊属性配置的对象
// 安装 Node Snippets 插件，输入 module 会有智能提示
module.exports = {
```

```
mode: 'development',// 指定打包为生产环境、开发环境或者设置 none
// 入口
entry: './src/main.js',// 入口模块文件路径
// 出口对象
output: {
    //path 必须是一个绝对路径，__dirname 是当前配置文件 webpack.config.js 的绝对路径。
    // 然后与输出目录 dist 拼接成一个绝对路径
    path: path.join(__dirname, './dist'),
    filename: 'bundle.js'
},
// 配置插件
plugins: [
    new HtmlWebpackPlugin({
        // 指定要打包的模板页面 index.html，采用的是相对路径，与当前配置文件在同级目录，
        // 所以为 ./。这样就能找到 index.html 文件并把它打包到与输出文件 bundle.js
        // 同级的目录下
        template: './index.html'
    })
],
// 实时重新加载
devServer: {
    // 在当前目录的 dist 目录下查找文件
    contentBase: './dist'
},
module: {
    rules: [ // 配置 CSS 转 JS 的规则
        {
            test: /\.css$/,// 正则表达式，匹配以 css 的结尾文件
            use: [ // 下面两个加载器的顺序不能调换
                'style-loader',// 让 JavaScript 识别转换后的 JS（CSS）
                'css-loader'   //CSS 转为 JS
            ]
        },
        {
            test: /\.(png|svg|jpg|gif)$/,
            use: [
                'file-loader'
            ]
        },
        {   // 解决兼容性问题
            test: /\.m?js$/,
            exclude: /(node_modules)/,// 排除 node_modules（各种插件安装目录）下
                                      // 的代码不用 babel_loader 去转换
            use: {
                loader: 'babel-loader',
                options: {
```

```
                    presets: ['@babel/preset-env']//babel 中内置的转换规则工具
                }
            }
        }
    ]
}
}
```

3. 测试效果

① 在项目下的main.js文件中增加以下ECMAScript 6语法代码：

```
const name=" 徐照兴 "
const arr=[1,2,3,4,5]
arr.forEach(item=>{
    console.log(item)
})
```

② 通过下面命令重新打包项目：

```
npm start
```

③ 打开打包后的bundle.js文件，查找"徐照兴"，发现const变为var，箭头函数变为普通函数function。如果这样看还不够明显，可把 webpack.config.js配置中的mode: 'development'改为mode:'none'，这样就不会对bundle.js文件进行压缩。保存后重新运行 npm start打包，再查看bundle.js文件，代码如下：

```
var name = " 徐照兴 ";
var arr = [1, 2, 3, 4, 5];
arr.forEach(function (item) {
  console.log(item);
});
```

可以清楚看到const变为var，箭头函数变为普通函数function，这都是babel-loader进行转换的结果，使之能够兼容更多浏览器。

④ 下面测试把上面加粗代码注释掉并保存，即不启用babel-loader。然后重新打包，即执行npm start。打开bundle.js文件查看，main.js中的那段代码依然没有任何改变。也就是说没有进行转换，这样就不能兼容一些低版本浏览器。

```
const name=" 徐照兴 "
const arr=[1,2,3,4,5]
arr.forEach(item=>{
    console.log(item)
})
```

⏱ 实战练习

简述常见的loader，说说它们的主要用途，并编写案例测试其效果。

高手点拨

通过本章的学习，主要掌握以下知识与技能。

1. 掌握对CSS、图片等资源文件进行打包。

2. 掌握使用HtmlWebpackPlugin插件解决文件路径导致的问题。

3. 掌握使用webpack-dev-server插件实现自动打包和刷新浏览器。

4. 掌握使用babel插件解决浏览器兼容性问题。

第16章

使用 Vue Loader 打包
单文件组件实战

前面学习了 webpack 与常用的一些插件的配合使用，本章来学习
webpack 结合 Vue Loader 来打包 Vue 单文件组件。

16.1 webpack 结合 Vue Loader 打包单文件组件基本认识

1. 什么是单文件组件

前面通过Vue.component（全局组件）或components选项（局部组件）创建组件，并且写在HTML文件中的JS部分，对于小规模项目这样写没问题，但是项目大且有很多组件全部写在一个HTML文件中会非常不好。因此，希望能够把组件内容单独提出来，后续需要使用组件时把它作为模块去引入。

因此，Vue提供了单文件组件（single-file components），就是一种扩展名为 .vue的文件，是Vue.js自定义的一种文件格式，在文件内可以封装组件相关的HTML、CSS、JS。也就是说，一个.vue文件由以下三部分组成。

- <template>——HTML代码。
- <style>——CSS样式。
- <script>——JS代码。

当然不是三部分都必须有，但HTML代码部分必须有，其他两部分可以没有，也可以有其中一部分。

官方示例Hello.vue如图16-1所示。

```
Hello.vue

Hello.vue                          ×

<template>
  <p>{{ greeting }} World!</p>
</template>


<script>
module.exports = {
  data: function () {
    return {
      greeting: 'Hello'
    }
  }
}
</script>


<style scoped>
p {
  font-size: 2em;
  text-align: center;
}
</style>
```

图 16-1　官方单文件组件示例

但是浏览器能够直接识别扩展名为.vue的文件吗？

答案是不能。需要采用webpack对其打包，打包成浏览器能够识别的文件。但是前面讲过webpack本身只能对JS文件进行打包，那怎么办呢？因此需要使用Vue Loader加载器。

2. 什么是Vue Loader

Vue Loader 是一个 webpack 的加载器，它允许以一种名为单文件组件的格式撰写 Vue 组件。

简单地说，Vue Loader就是官方为webpack提供的一个加载器，用来配合webpack对单文件组件进行打包（打包成浏览器能够识别的文件）。

3. 手动配置webpack集成vue-loader

① 安装vue-loader 和 vue-template-compiler。vue-template-compiler是Vue的编译器，所以要同步安装。

直接复制第15章的项目到第16章目录下，接着通过VS Code终端安装。即执行如下代码：

```
npm install -D vue-loader vue-template-compiler
```

② 配置webpack.config.js，在该文件中添加以下3处加粗代码，其含义见注释。

```
// 引用 Node.js 中的 path 模块，用来处理文件路径
const path = require("path");
// 引入插件 html-webpack-plugin
const HtmlWebpackPlugin = require('html-webpack-plugin');
// （1）导入 vue-loader 插件
const VueLoaderPlugin = require('vue-loader/lib/plugin')
// 导出一个 webpack 具有特殊属性配置的对象
// 安装 Node Snippets 插件，输入 module 会有智能提示
module.exports = {
    mode: 'none',// 指定打包为生产环境、开发环境或者设置 none
    // 入口
    entry: './src/main.js',// 入口模块文件路径
    // 出口对象
    output: {
        //path 必须是一个绝对路径，__dirname 是当前配置文件 webpack.config.js 的绝对路径。
        // 然后与输出目录 dist 拼接成一个绝对路径
        path: path.join(__dirname, './dist'),
        filename: 'bundle.js'
    },
    // 配置插件
    plugins: [
        new HtmlWebpackPlugin({
            // 指定要打包的模板页面 index.html, 采用的是相对路径，与当前配置文件在同级目录，
            // 所以为 ./。这样就能找到 index.html 文件并把它打包到输出文件 bundle.js 的
            // 同级目录下
            template: './index.html'
        }),
        // （2）确保引入这个插件（实例化插件）
```

```
                new VueLoaderPlugin()
        ],
        // 实时重新加载
        devServer: {
                // 在当前目录的 dist 目录下查找文件
                contentBase: './dist',
        },
        module: {
                rules: [ // 配置 CSS 转 JS 的规则
                        {
                                test: /\.css$/,// 正则表达式，匹配以 css 结尾的文件
                                use: [ // 下面两个加载器的顺序不能调换
                                        'style-loader',// 让 JavaScript 识别转换后的 JS（CSS）
                                        'css-loader'   //CSS 转为 JS
                                ]
                        },
                        {
                                test: /\.(png|svg|jpg|gif)$/,
                                use: [
                                        'file-loader'
                                ]
                        },
                        {// 解决兼容性问题
                                test: /\.m?js$/,
                                exclude: /(node_modules)/,// 排除 node_modules（各种插件安装目录）下
                                                          // 的代码不用 babel_loader 去转换
                                use: {
                                        loader: 'babel-loader',
                                        options: {
                                                presets: ['@babel/preset-env']//babel 中内置的转换规则工具
                                        }
                                }
                        },
                        { // （3）指定扩展名为 .vue 的文件用 vue-loader 加载
                                test: /\.vue$/,
                                loader: 'vue-loader'
                        }
                ]
        }
}
```

上述代码中，第 2 个实例化插件是必需的。它的职责是将定义过的其他规则复制并应用到 .vue 文件里的相应语言块。例如，如果有一条匹配 /\.js$/ 的规则，那么它会应用到 .vue 文件里的 <script> 块。

4. 新建单组件文件

在src文件夹下新建一个单文件组件，如Hello.vue，编写代码如下：

```
// 有且只有一个根元素
<template>
    <div>
        <div>欢迎您学习 vue</div>
    </div>
</template>
<script>
    export default {

    }
</script>
<style>

</style>
```

接下来把单文件组件Hello.vue当作一个模块来引入。

5. 在main.js文件中把Hello.vue当作一个模块来引入

把main.js原来有的代码先删除，输入下面代码导入Hello.vue：

```
import Hello from './Hello.vue'
```

然后执行打包语句：npm run start。编译没有报错，说明上面的导入语法没有问题。

进入打包后的bundle.js文件可以看到Hello.vue中的代码被打包成类似下面代码：

```
return _c("div", [_vm._v(" 欢迎您学习 vue")])
```

这个就是浏览器能够识别的代码。

6. 创建单文件组件（.vue）的快捷方法

① 安装插件Vetur（第2章已安装）。

② 配置Vetur模板代码片段。

选择【文件】→【首选项】→【用户代码片段】命令，弹出一个搜索框，输入 vue ，默认内容如图16-2所示。

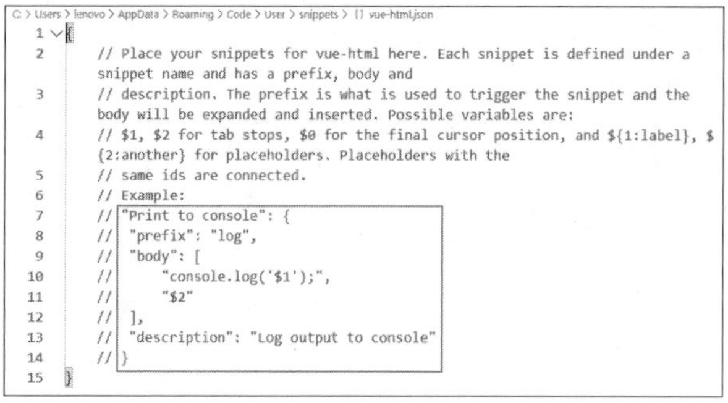

图 16-2　用户代码片段默认代码

把如图16-2所示的中间框住的注释内容改为如下代码：

```
"Print to console": {
        "prefix": "vue",
        "body": [
            "<template>",
            "   <div>",
            "      $0",    // 指光标出现位置
            "   </div>",
            "</template>",
            "",
            "<script>",
            "export default {",
            "  data () {",
            "    return {",
            "    }",
            "  },",
            "",
            "  components: {},",
            "",
            "}",
            "</script>",
            "",
            "<style scoped>",
            "</style>"
        ],
        "description": "Log output to console"
    }
```

上面代码中，body选项下双引号中的内容在生成默认模板时原样输出，$0表示默认光标位置。

上面代码也可以直接打开源代码下面的vue.json文件，复制里面的相关内容即可。

③ 后面创建.vue文件，创建好空白文件后，输入vue后按【Enter】键或者【Tab】键，即可生成默认模板代码。

16.2 webpack 结合 Vue Loader 打包单文件组件实战

1. 更改例子项目结构

对第16.1节中例子的项目结构进行如下更改：

```
webpack-demo1
|- index.html     // 单页面入口文件
|-src             // 源文件目录
  |-main.js       // 打包入口文件
```

```
    |-App.vue              // 根组件，替换 index.html 中的 APP 处
    |-router.js            // 路由配置文件
    |-components           // 存放组件的文件夹
    |-webpack.config.js    //webpack 配置文件
    |-package.json         // 项目配置文件
    |-node_modules         // 安装项目各种依赖的目录
```

因此，把Hello.vue重命名为App.vue；在src文件夹下添加router.js文件；在src文件夹下添加components文件夹，如果项目大则还可以在components文件夹下再进行组件分类，建立不同的文件夹。

在index.html文件body节中添加如下代码：

```
<!-- 这是 Vue 的入口 -->
<div id="app"></div>
```

2. 下载安装Vue（这里指定版本）

打开cmd窗口，进入项目文件夹，然后执行npm install vue@2.6.11命令，即

```
…webpack-demo1> npm install vue@2.6.11
```

3. 引入vue.js文件（编写main.js文件代码）

通过下面代码引入vue.js文件。

```
<script src="js/vue.js"></script>
```

现在只要在main.js中把Vue作为一个组件引入即可。

```
//Vue 是自己取的名称，一般 V 大写，后面的 vue 是安装的 vue 组件名称，不能更改。会自动到项目文
// 件夹下的 node_modules 文件夹下去找
import Vue from 'vue'
// 在 main.js 中要把 App.vue 作为其子组件使用，就要把它导入，并取名为 App。./ 就表示当前目录
import App from './App.vue'
// 导入 Vue 之后就可以使用 Vue 了
new Vue({
    el:"#app",//app 名称与 index.html 中 id 名称保持一致即可
    // 注册子组件
    components:{ // 上面导入了 App.vue，这里就把它作为 components 的一个选项设置即可
        //App:App 简写为 App
        App
    },
    // 为 Vue 组件（根组件）设置模板
    // 表示用上面注册的组件 App 替换 index.html 里面的 <div id="app"></div>
    template:'<App />', // 也可写成 <app></app>，a 大写或小写都可以
})
```

4. 打包项目

打开打包后的bundle.js文件，有9000多行代码，连vue.js文件内容都打包进去了。

打开打包后的index.html（dist目录下的index.html文件），多了下面一行代码：

```
<script type="text/javascript" src="bundle.js"></script>
```

5. 运行index.html

访问 dist/index.html，发现APP组件没有被渲染出来，按【F12】键查看控制台可发现警告，如图16-3所示。

图 16-3　APP 组件没有被渲染导致问题

警告大意：使用Vue仅运行时的版本，其中模板编译器不可用。要么将模板预编译成呈现函数，要么使用包含编译器的Vue进行构建。

出现此警告的原因是在main.js导入时的Vue版本有问题。原先我们引入vue.js如图16-4所示，实际发现Vue有很多版本，原先引入的vue.js是完整版本（具有编译和运行功能）。

```
webpack-demo1 > <> index.html > ⊗ html > ⊗ head > ⊗ script
<!DOCTYPE html>
<html lang="en">
<head>
    <meta charset="UTF-8">
    <meta name="viewport" content="width=device-width, initial-scale=1.
    <title>Document</title>
    <script src='./node_modules/vue/dist/v'
</head>                          JS vue.esm.js
<body>                           JS vue.js        完整版本
    <!-- 这是Vue的入口 -->          JS vue.min.js
    <div id="app">               JS vue.runtime.common.dev.js
                                 JS vue.runtime.common.js
                                 JS vue.runtime.common.prod.js
    </div>                       JS vue.runtime.esm.js
</body>                          JS vue.runtime.js  运行时版本
</html>                          JS vue.runtime.min.js
                                 ⌦ hljs-template-variable
                                 ⌦ hljs-value
                                 ⌦ hljs-variable
```

图 16-4　选择导入的 Vue 版本

main.js导入Vue代码如图16-5所示。这种方法导入的Vue不是完整版本，不具有编译功能，即不能对App.vue进行编译，而需要编译成浏览器能够识别的JS代码，这种方法导入的是运行时版本。

也就是说，对于template 渲染的字符串，运行时版本 Vue 无法解析。为什么说默认导入的是运行时版本的Vue呢？因为import Vue from 'vue' 导入的Vue文件默认是node_modules\vue\package.json中的 main 属性指定的文件，可以发现它并不是Vue完整版文件，而是运行时版本。

```
import Vue from 'vue'
// 这里Vue自然会找到根目录下的node_modules文件夹下的vue
// import Vue from 'vue/dist/vue.js'
//在main.js中要把App.vue作为其子组件使用，就要把它导入，并取名为App，./就表示当前目录
import App from './App.vue'
//导入Vue之后就可以使用Vue了
new Vue({
    el:"#app",//app名称与index.html中id名称保持一致即可
    //注册子组件
    components:{ //上面导入了App.vue，这里就把它作为components的一个选项设置即可
        // App:App 简写为App
        App //也叫注册组件
    },
    //为Vue组件(根组件)设置模板
    //表示用上面注册的组件App替换index.html里面的<div id="app"></div>
    template:'<App />', //写成<app></app> a大写或小写都可以的
})
```

图 16-5 导入 Vue 代码

但是不好对安装的依赖文件夹下的node_modules\vue\package.json 中的 main 属性进行修改，因为只要后续用户一安装插件，那个Vue就会被覆盖了。

6. 解决组件内容没有渲染出来

因为默认main.js文件中导入的不是Vue完整版，下面提供两种解决方案。

第1种解决方案：在main.js文件中把导入的Vue改为完整版本。代码如下：

```
import Vue from 'vue/dist/vue.js'
```

这里自然会找到根目录下的node_modules文件夹下的Vue。然后执行npm start重新打包，完成后可以查看打包后的bundle.js文件，发现有12000多行，就是因为这时打包的是完整版的vue.js。最后再重新运行dist/index.html，发现App.vue组件中的内容渲染出来了。但是这种解决方案不是很好，用得不多。

第2种解决方案：在main.js文件中导入Vue的代码保持不变。

```
import Vue from 'vue'
```

然后在webpack.config.js 中增加一个属性，放在最后一个"}"前即可，加粗代码如下：

```
...
,
// 去引用完整版 vue.js
    resolve:
    {
        alias:
            { 'vue$': 'vue/dist/vue.js' }
    }
}
```

执行npm start重新打包，打包之后可以查看bundle.js文件，发现有12000多行，是因为这时打包的是完整版的vue.js。

最后重新运行dist/index.html，发现App.vue组件中的内容（"欢迎您学习Vue"）渲染出来了。

以上两种方案都可以解决渲染问题，但是引用Vue完整版比运行时版本容量大，性能不如运行时版本Vue。官方更推荐Vue运行时版本，因为 vue-loader 可以编译 .vue 文件，所以是不需要Vue的

编译功能的，只需要渲染功能。

前面都是通过 template 属性引入组件，而template 自身没有渲染功能，最终渲染底层都是通过 render 函数实现的。因此，需要把template属性编译成 render 函数，这个编译过程有一定的性能损耗。

因此，最佳方案是使用Vue运行时版本，然后直接通过 render 函数来渲染组件即可。

16.3 持续改进——采用 render 函数渲染组件

1. 改进main.js

通过template属性导入App组件，改为直接通过render函数渲染。此外，通过render函数进行渲染组件，注册组件都可以不需要，因为作为h函数的参数，默认就是子组件。代码如下：

```
// 这种方法导入的 Vue 不是完整版本，不具有编译功能。因为这里 Vue 是指安装的 node_modules/
//vue/package.json 中的 main 属性指定的 Vue 版本 dist/vue.runtime.common.js，而这个版本
// 是运行时版本，不具有编译功能，所以会有警告错误
import Vue from 'vue'
// 解决方法 1：手动引入完整版本
//import Vue from 'vue/dist/vue.js'
// 在 main.js 中要把 App.vue 作为其子组件使用，就要把它导入，并取名为 App
import App from './App.vue'
// 导入 Vue 之后就可以使用 Vue 了
new Vue({
    el:"#app",
  /*  // 注册子组件
    components:{ //上面导入了 App.vue，这里就把它作为 components 的一个选项设置即可
        //App:App 简写为 App
        App
    }, */
    // 为 Vue 组件（根组件）设置模板
    //template 没有编译和渲染功能，编译功能可以使用 vue-loader 进行编译
    // 而渲染功能可以通过 render 函数进行，所以在此处只需要指定 render 函数渲染组件即可
    //template:'<App />', // 也可写成 <app></app>，a 大写也可以
    render:function(h){ //h是一个函数，用于接收要渲染的组件，一般就是根组件（App，
                        // 也就是 App.vue，该组件中相关依赖的组件都会被渲染）
        return h(App) // 函数返回值就是渲染的结果
    }
})
```

2. 注释掉main.js中下面引入完整版的vue.js代码

```
/*      // 去引用完整版 vue.js
    resolve:
```

```
    {
        alias:
            { 'vue$': 'vue/dist/vue.js' }
    } */
```

3. 打包运行测试

执行下面的命令进行打包运行测试：

```
npm start
```

浏览dist/index.html，正常解析渲染出结果。

4. 采用箭头函数优化render函数

① 上面render函数代码，可改为使用箭头函数，代码如下：

```
render:h=>{
    return h(App)
}
```

② h(App)就是返回值，return可以省略，{ }也可不要，因此改为如下代码：

```
render:h=>h(App)
```

③ 通过$mount挂载元素（后面默认构建的项目是这种简写方法），代码如下：

```
new Vue({
    render: h => h(App),
}).$mount('#app')
```

如果有怀疑可以重新打包浏览测试，可以发现能够正常运行出结果。

这时实例化Vue代码实际上写法很简单。含义可以这么理解：渲染子组件App（相对new Vue这个根组件）到index.html文件指定的App处。如果要问为什么是渲染到index.html文件的App处，因为在webpack.config.js中配置好了要打包的模板文件为main.js，而main.js中又引用了App.vue及vue.js，所以实质就是把main.js和App.vue及vue.js一起打包到bundle.js文件中（如果还有引入/依赖了其他组件都会被一起打包），同时打包后的bundle.js文件被引入index.html文件中，而这个时候在bundle.js中指定的App就是当前文件index.html中的App）。

需要注意的是，如果子组件还引入其他组件（组件依赖的组件），那么打包时会层层打包到各个依赖组件（根据依赖关系都会打包）。

16.4 完善改进——丰富 Vue 单文件组件

上面例子中只有一个根文件组件App.vue。

1. 新建子组件（也是单文件组件）

在components文件夹下面添加单文件组件Childapp.vue，代码如下：

```
// 根元素不要少
<template>
  <div>
     <h3> 我是 App 的子组件 </h3>
  </div>
</template>
<script>
</script>
<style>
</style>
```

2. 在根组件App.vue中引入子组件

引入子组件一般有三个步骤：第一，导入子组件；第二，注册子组件；第三，使用子组件。代码如下：

```
<template>
  <div>
     <div> 欢迎您学习 Vue ！！！ </div>
     <!-- 使用。下面两种写法都可以 -->
     <!-- <Childapp></Childapp> -->
     <!-- <childapp /> -->
     <Childapp />
  </div>
</template>
<script>
// （1）要使用某个组件，需要先导入，然后再使用。扩展名 .vue 不能少
import Childapp from "./components/Childapp.vue";
export default {
  // （2）注册子组件
  components: {
    Childapp
  }
};
</script>
<style>
</style>
```

3. 打包浏览测试

执行以下命令即可进行打包浏览测试：

```
npm start
```

或者

```
npm run dev
```

后者是以服务方式运行，建议使用这种方式更改App.vue等组件内容，浏览器自动更新内容。成功运行之后，结果如图16-6所示。

图 16-6　含有子组件的运行结果

如果执行npm run dev报出如图16-7所示的错误，可能原因是运行端口被占用了，可调整运行端口或者关掉该端口的运行程序。

```
npm ERR! code ELIFECYCLE
npm ERR! errno 1
npm ERR! webpack-demo1@1.0.0 dev: `webpack-dev-server --open --port 8000`
npm ERR! Exit status 1
npm ERR!
npm ERR! Failed at the webpack-demo1@1.0.0 dev script.
npm ERR! This is probably not a problem with npm. There is likely additional logging output above.

npm ERR! A complete log of this run can be found in:
npm ERR!     D:\Program Files\nodejs\node_cache\_logs\2020-04-21T09_52_51_046Z-debug.log
```

图 16-7　执行 npm run dev 报错

4. 丰富App.vue组件

为App.vue组件的导出默认成员对象添加data选项，并在template节中引用data属性msg，代码如下：

```
<template>
  <div>
    <div> 欢迎您学习 Vue！！！ </div>
    <!-- 下面两种写法都可以 -->
    <!-- <Childapp></Childapp> -->
    <!-- <childapp /> -->
    <Childapp />
    {{msg}}
  </div>
</template>
<script>
// 要使用某个组件，需要先导入，然后再使用
import Childapp from "./components/Childapp.vue";
// 导出一个默认成员对象，它就是当前组件对象，可以直接在对象中使用 Vue 的选项，如 data、methods、
//components、watch、钩子函数等，template 选项不需要，因为 template 选项的内容就是上面
//<template> 标签的内容
export default {
  // 注册子组件
  components: {
    Childapp
  },
  data(){
    return {
        msg:" 徐照兴欢迎您！！"
    }
```

```
    }
};
</script>
<style>
</style>
```

打开浏览器查看，即发现多了msg内容"徐照兴欢迎您！！"。

5. 继续丰富App.vue组件（加入样式内容）

为了更好地演示样式内容，适当修改Childapp.vue和App.vue内容。

① Childapp.vue：为template下内容套一层\<h3\>标签，代码如下：

```
<template>
    <h3> 我是 App 的子组件 </h3>
</template>
```

② App.vue：为template下内容分别套一层\<h3\>和\<h2\>标签，并增加\<h3\>标签样式，代码如下：

```
<template>
  <div>
    <div>
      <h3>欢迎您学习 Vue！！！ </h3>
    </div>
    <!-- 下面两种写法都可以 -->
    <!-- <Childapp></Childapp> -->
    <!-- <childapp /> -->
    <Childapp />
    <h2>{{msg}}</h2>
  </div>
</template>
<script>
// 要使用某个组件，需要先导入，然后再使用
import Childapp from "./components/Childapp.vue";
// 导出一个默认成员对象，它就是当前组件对象，可以直接在对象中使用 Vue 的选项，如 data、methods、
//components、watch 等，template 选项不需要，因为 template 选项的内容就是上面
//<template> 标签的内容
export default {
  // 注册子组件
  components: {
    Childapp
  },
  data() {
    return {
      msg: "徐照兴欢迎您 !!"
    };
  }
};
</script>
<style>
```

```
    h3 {
        color: blue;
    }
</style>
```

保存文件，浏览效果如图16-8所示。

图 16-8　App.vue 组件添加样式后的效果

从运行效果发现，h3的样式不仅作用在当前组件的<h3>标签上，还作用在依赖的组件Childapp.vue的<h3>标签上。

如果想让h3样式只作用在当前组件的<h3>标签上，可以在<style>标签后加一个scoped特殊属性。

注　意

> 组件的 <template> 标签下都要有且只有一个根元素（一般就用 div），否则可能会导致 scoped 属性失效。

在Vue文件中的style标签上有一个特殊的属性——scoped。当一个style标签拥有scoped属性时，它的CSS样式只能用于当前的Vue组件，可以使组件的样式不相互影响。

例如，App.vue中的style加上scoped属性，则只是对当前的<h3>标签改变颜色。

```
<style scoped>
    h3 {
        color: blue;
    }
</style>
```

说　明

> 在子组件中定义的样式默认不加 scoped 属性也会影响父组件相应标签的样式，因此也需要添加 scoped 属性。每个组件有且只能有一个 <template> 标签。<script> 和 <style> 标签根据需要可有可无。

6. 继续丰富App.vue组件（为export default添加methods选项）

改动代码如下：

```
<template>
  <div>
    <h3>欢迎您学习 Vue！！！ ——hello</h3>
    <!-- 下面两种写法都可以 -->
    <!-- <Childapp></Childapp> -->
    <!-- <childapp /> -->
    <Childapp />
    <h2>{{msg}}</h2>
    <h2 @click="change">{{msg}}</h2>
```

```
    </div>
</template>
<script>
// 要使用某个组件，需要先导入，然后再使用
import Childapp from "./components/Childapp.vue";
// 导出一个默认成员对象，它就是当前组件对象，可以直接在对象中使用 Vue 的选项，如 data、methods、
//components、watch、钩子函数等，template 选项不需要，因为 template 选项的内容就是上面
//<template> 标签的内容
export default {
  // 注册子组件
  components: {
    Childapp
  },
  data() {
    return {
       msg: " 徐照兴欢迎您 !!"
    };
  },
  methods: {
    change() {
      this.msg = "xuzhaoxing welcome";
    }
  }
};
</script>
<style scoped>
h2 {
  background-color: blue;
}
</style>
```

查看测试效果：单击"徐照兴欢迎您!!!"，内容变为了"xuzhaoxing welcome"，并且背景颜色改为蓝色，也即正常运行。

16.5 webpack 模块热替换

1. 模块热替换含义

模块热替换（Hot Module Replacement，HMR）是 webpack 提供的最有用的功能之一。它允许在运行时更新各种模块，而无须进行完全刷新，即只需要局部刷新。

模块热替换不适用于生产环境，这意味着它应当只在开发环境中使用。

与前面讲的使用webpack-dev-server插件实现自动打包和刷新页面的区别是：使用webpack-devserver实现刷新页面是当有内容修改时会刷新整个页面，而模块热替换是局部刷新内容更改处。

2. 启用模块热替换步骤

① 安装webpack-dev-server。本项目已安装。

② 配置webpack.config.js。有三个步骤，分别是导入webpack、启动模块热替换、实例化模块热替换插件，代码如下：

```
// 引用 Node.js 中的 path 模块，用来处理文件路径
const path = require("path");
// 引入插件 html-webpack-plugin
const HtmlWebpackPlugin = require('html-webpack-plugin');
// （1）添加 vue-loader 插件
const VueLoaderPlugin = require('vue-loader/lib/plugin')
// 导入 webpack，模块热替换需要
const webpack = require('webpack');
// 导出一个 webpack 具有特殊属性配置的对象
// 安装 Node Snippets 插件，输入 module 会有智能提示
module.exports = {
    mode: 'none',// 指定打包为生产环境、开发环境或者设置 none
    // 入口
    entry: './src/main.js',// 入口模块文件路径
    // 出口对象
    output: {
        //path 必须是一个绝对路径，__dirname 是当前配置文件 webpack.config.js 的绝对路径。
        // 然后与输出目录 dist 拼接成一个绝对路径
        path: path.join(__dirname, './dist'),
        filename: 'bundle.js'
    },
    // 配置插件
    plugins: [
        new HtmlWebpackPlugin({
            // 指定要打包的模板页面 index.html，采用的是相对路径，与当前配置文件在同级目录，
            // 所以为 ./。这样就能找到 index.html 文件并把它打包到与输出文件 bundle.js 的
            // 同级目录下
            template: './index.html'
        }),
        // （3）请确保引入这个插件
        new VueLoaderPlugin(),
        // 实例化模块热替换插件
        new webpack.HotModuleReplacementPlugin()
    ],
    // 实时重新加载
    devServer: {
        // 在当前目录的 dist 目录下查找文件
        contentBase: './dist',
        hot: true // 开启模块热替换
```

```
    },
    module: {
        rules: [ // 配置 CSS 转 JS 的规则
            {
                test: /\.css$/,// 正则表达式，匹配以 css 结尾的文件
                use: [ // 下面两个加载器的顺序不能调换
                    'style-loader',// 让 JavaScript 识别转换后的 JS（CSS）
                    'css-loader' //CSS 转为 JS
                ]
            },
            {
                test: /\.(png|svg|jpg|gif)$/,
                use: [
                    'file-loader'
                ]
            },
            { // 解决兼容性问题
                test: /\.m?js$/,
                exclude: /(node_modules)/,// 排除 node_modules（各种插件安装目录）下
                                         // 的代码，不用 babel_loader 去转换
                use: {
                    loader: 'babel-loader',
                    options: {
                        presets: ['@babel/preset-env']//babel 中内置的转换规则工具，
                                                     // 刚才配套一起安装的还有这个
                    }
                }
            },
            { //（2）指定扩展名为 .vue 的文件用 vue-loader 加载
                test: /\.vue$/,
                loader: 'vue-loader'
            }
        ]
    },
/*    // 去引用完整版 vue.js
    resolve:
    {
        alias:
            { 'vue$': 'vue/dist/vue.js' }
    } */
}
```

3. 测试效果

这个测试启用只能用npm run dev。因为dev才是通过webpack-dev-server去启用服务，这个时候才使用模块热加载。

假设修改Childapp.vue或App.vue组件的内容并保存，就会自动重新编译，稍等一会儿就看到更

新后的页面内容，但是并不是整个页面刷新，如图16-9所示。注意观察：刷新按钮不会转动。

图 16-9　模块热加载运行效果

注　意

　　模块热替换只是针对模块（单文件组件），如果更新 index.html 或 JS 文件（main.js）并不会立即更新，需要重新打包后重新浏览才会看到修改后的结果。

例如，在index.html中输入"啊啊啊啊啊啊"，代码如下：

```
<body>
    <!-- 这是 Vue 的入口 -->
    <div id="App">

    </div>
    啊啊啊啊啊啊
</body>
```

保存后，需要重新执行npm run dev（如果前面在运行则先停止），才会更改效果，如图16-10所示。

图 16-10　更新非单文件组件重新打包运行效果

再改变下Childapp.vue，代码如下：

```
<template>
  <div>
      <h3>我是 App 的子组件，测试热加载 111</h3>
      <h2>我是 App 的子组件 ----h2</h2>
      <ul>
          <li v-for="(value,key) in users" :key="key">{{value}}</li>
      </ul>
  </div>
</template>
<script>
 export default {
    // 这里的数据可以从后端获取，这里先"写死"
```

```
    data(){
        return{
            users:["tom","mike","jack","jhon"]
          }
        }
    }
</script>
<style scoped>
 h3 {
        background-color: red;
        }
</style>
```

保存后发现页面多了如下框住的内容，如图16-11所示。

图 16-11　模块热加载再次测试运行效果

实战练习

　　创建一个单页面项目，至少要包含一个单文件组件，内容任意，运行该单页面项目，能够做到模块加载。

高手点拨

　　通过本章的学习，主要掌握下面知识与技能。

1. 理解单文件组件和vue-loader。

2. 掌握单文件组件结构及代码编写。

3. 掌握利用Vue Loader打包单文件组件。

4. 掌握采用render函数来渲染组件的原因。

5. 掌握webpack模块热替换的启用。

第 17 章

运用 Vue CLI 脚手架构建项目实战

前面使用 webpack 创建项目架构都是手动搭建的，讲 webpack 与各种加载器配合使用时创建项目，webpack 的配置（webpack.config.js）都是手动配置，比较麻烦，实际开发中一般不会这么做。因为 Vue 提供了脚手架工具 Vue CLI，通过 Vue CLI 就可以自动搭建项目的基本架构及配置好基本的 webpack，下面就来学习 Vue CLI 的应用。

17.1 Vue CLI 的概念及其安装

1. Vue CLI的概念

Vue CLI 是 Vue 官方提供的插件，用来搭建项目脚手架（类似建房子也要先搭架子）的工具。它是 Vue.js 开发的标准工具，已经集成了 webpack，内置了很多合理的默认配置，使得在使用 Vue 开发项目时更加快速、标准。

Vue CLI 是一个丰富的官方插件集合，集成了前端生态中最好的工具。它还有一套完全图形化的创建和管理 Vue.js 项目的用户界面，本章通过命令来使用。

> **说明**
>
> Vue CLI 的包名称由旧版本 vue-cli 改成了新版本的 @vue/cli。vue-cli3.0 以上版本名称 @vue/cli；vue-cli3.0 以下版本叫 vue-cli。如果已经全局安装了旧版本的 vue-cli(1.x 或 2.x)，需要先通过 npm uninstall vue-cli -g 或 yarn global remove vue-cli 卸载它。
>
> 新版本的 @vue/cli 的卸载命令为：npm uninstall @vue/cli -g。
>
> Vue CLI 是基于 webpack，而 webpack 是基于 Node.js 的。
>
> Vue CLI 需要 Node.js 8.9 或更高版本（推荐 8.11.0+，执行 node --version 可查看）。

2. 安装Vue CLI

打开cmd窗口，执行下面其中一个。从命名可以看出需要全局安装。

```
npm install -g @vue/cli
```

或者

```
yarn global add @vue/cli
```

安装过程会同时安装很多相关依赖（插件），这个过程其实也就是配置Vue的命令环境，这样安装之后，就可以在命令行中访问 Vue 命令，注意不是vue-cli。Vue命令就是用来管理用脚手架创建的项目的命令。通过下面命令可以查看Vue CLI的版本，也可以验证Vue CLI是否正确安装，如图17-1所示。

```
vue --version
```

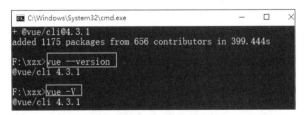

图 17-1　查看 Vue CLI 版本效果

执行上面命令后，命令行提示 'vue' 不是内部或外部命令。这是因为当前命令行没有找到npm.cmd文件，这个文件是在安装好Vue CLI之后会出现全局目录下，而系统环境找不到该目录（全局目录），所以找不到npm.cmd文件，命令就不识别。因此，需要配置环境变量（系统变量），这样就能找到该全局目录。

17.2 利用 Vue CLI 搭建 Vue 单页面项目

安装好Vue CLI脚手架之后，就可以用它来搭建项目。

17.2.1 默认配置

1. 运行vue create创建项目

先进入项目创建的位置，打开cmd窗口，运行下面命令，如图17-2所示。

```
vue create 项目名称
```

图 17-2　Vue create 创建项目采用默认配置效果

第1个选项选择"Yes"可以加快安装速度。第2个选项，一般新建项目选择default，babel是
ECMAScript 6的转换工具，解决浏览器兼容性问题，eslint是格式化代码工具，如检查是否有多余
空行并自动删除，语句是否以";"结尾。

选择default（babel，eslint）后按【Enter】键，开始安装Vue CLI。如果出现类似如图17-3所示
错误，解决方案如下。

① 需要删除npmrc文件。强调：不是Node.js安装目录npm模块下的那个npmrc文件（nodejs\
node_modules\npm），而是在C:\Users\{账户}\下的.npmrc文件。

② 直接用命令清理即可，控制台输入：

```
npm cache clean --force
```

图 17-3　安装 Vue CLI 可能遇到的错误截图

安装后根据提示进入项目根目录cd vue-cli-demo1，然后运行项目npm run serve，就会开始构建项目并启动项目，构建完成之后的提示界面如图17-4所示，按提示打开浏览器输入http://localhost:8081/就可以看到初始项目运行后的效果，如图17-5所示。

图 17-4　npm run serve 构建项目后的提示界面　　图 17-5　Vue CLI 默认配置初始化项目运行效果

2. 查看项目

进入项目所在文件夹，文件如图17-6所示（为了以后创建项目更快捷，可以把这个项目的架构压缩保存起来）。

本地磁盘 (F:) › Vue.js 全家桶零基础入门到进阶项目实战 › 源代码 › 第17章 › vue-cli-demo1			
名称	修改日期	类型	大小
node_modules	2020/3/15 15:00	文件夹	
public	2020/3/15 14:58	文件夹	
src	2020/3/15 14:58	文件夹	
.gitignore	2020/3/15 14:58	GITIGNORE 文件	1 KB
babel.config.js	2020/3/15 14:58	JavaScript 文件	1 KB
package.json	2020/3/15 14:58	JSON File	1 KB
package-lock.json	2020/3/15 14:58	JSON File	434 KB
README.md	2020/3/15 14:58	MD 文件	1 KB

图 17-6　Vue CLI 默认配置项目文件截图

接下来用VS Code打开查看其中代码。主要有以下3个文件：HelloWorld.vue；App.vue；main.js。

@vue/cli创建的项目里并没有webpack配置文件，那么是如何实现的？这些配置分别封装到相关的CLI工具里（17.3节会讲如何查看webpack配置），如果自己需要添加新的配置，请学习17.5节通过创建vue.config.js文件进行配置。

17.2.2　自定义配置

1. 运行vue create创建项目

先进入项目创建的位置，打开cmd窗口，运行下面命令：

```
vue create vue-cli-demo2
```

执行上面命令后弹出如图17-2所示的窗口，选择"Manually select features"，即手动设置安装插件，之后界面如图17-7所示。按空格键是选中或取消，按【A】键是全选，按【I】键是反选。

图 17-7　手动设置安装插件

图17-7中各选项含义如下。

● Babel：能够解决兼容性问题，支持ECMAScript 6代码转译成浏览器能识别的代码。

● TypeScript：它是JavaScript的一个超集，而且本质上向这个语言添加了可选的静态类型和基于类的面向对象编程。

● Progressive Web App (PWA) Suppor：渐进式的Web应用程序支持。

● Router：vue-router 路由。

● Vuex：是Vue.js应用程序的状态管理模式（常用）。

● CSS Pre-processors：支持 CSS 预处理器，Sass/Less预处理器。

● Linter / Formatter：支持代码风格检查和格式化。

● Unit Testing：支持单元测试。

● E2E Testing：支持 E2E 测试。

以上需要的模块没有选择安装，后续也可以安装。

这里选择图17-7中框住的4项，接下来的配置提示会根据这4个选项来进行。按【Enter】键后的提示及选择如图17-8～图17-13所示。

图 17-8　路由模式选择提示

图 17-9　CSS 预处理插件选择

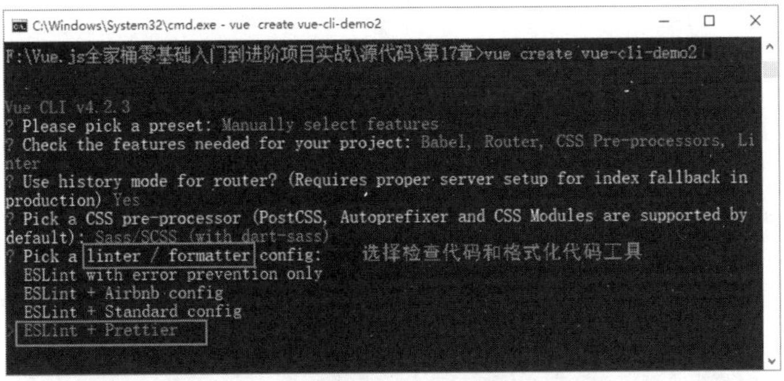

图 17-10 代码检查和格式化工具选择

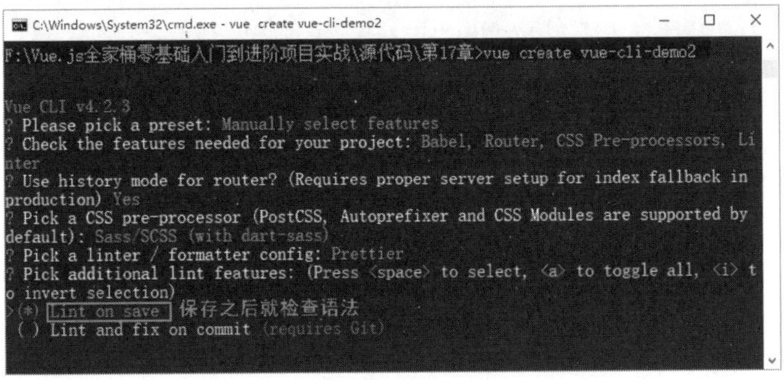

图 17-11 选择语法检查的时机

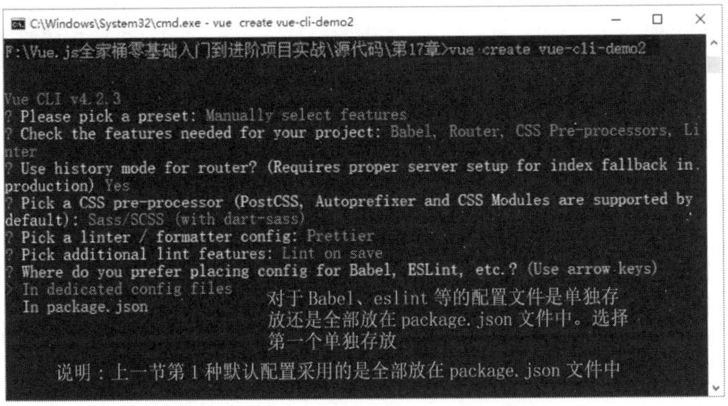

图 17-12 配置文件存放方式选择

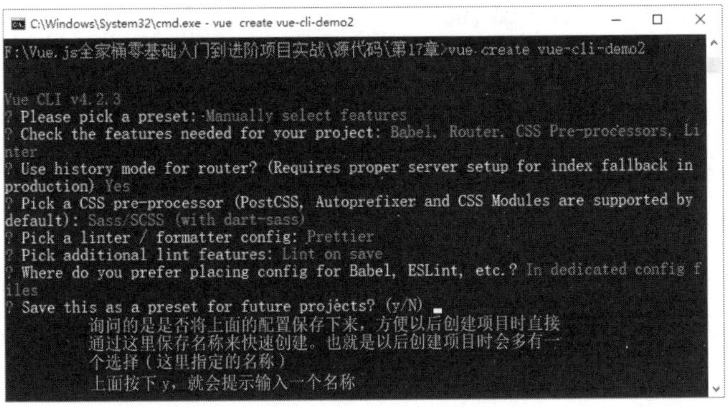

图 17-13 是否保存当前配置选择

成功创建后的cmd窗口如图17-14所示。

图 17-14　手动设置安装哪些插件

上面预配置文件在"C:\Users\你的用户名"目录下的 .vuerc 文件中，打开后各个配置含义如图17-15所示。

```
{
  "useTaobaoRegistry": true,
  "presets": {
    "xzx-vue-cli": {    预配置名称
      "useConfigFiles": true,  单独创建配置文件
      "plugins": {
        "@vue/cli-plugin-babel": {},  安装的插件
        "@vue/cli-plugin-router": {
          "historyMode": true  采用history路由模式
        },
        "@vue/cli-plugin-eslint": {
          "config": "prettier",  格式化工具prettier
          "lintOn": [
            "save"  保存时候检查
          ]
        }
      },
      "cssPreprocessor": "dart-sass"
    }       css预处理采用dart-sass
  }
}
```

图 17-15　.vuerc 文件里存储的各个配置截图

如果要删除预配置，只要把"presets"节内容全部删除即可。

安装后根据提示进入项目根目录cd vue-cli-demo2，然后运行项目npm run serve（vue-cli 3.0以下版本默认的启动命名是npm run dev），就会开始构建项目并启动项目，构建完成之后按提示打开浏览器并输入http://localhost:8081/就

可以看到初始项目运行后的效果，如图17-16所示。

图 17-16　Vue CLI 手动配置初始化项目运行效果

由于上面的手动预配置过程保存下来了，名称为xzx-vue-cli，后续再通过vue create创建项目时就会多出一个选择，如图17-17所示。

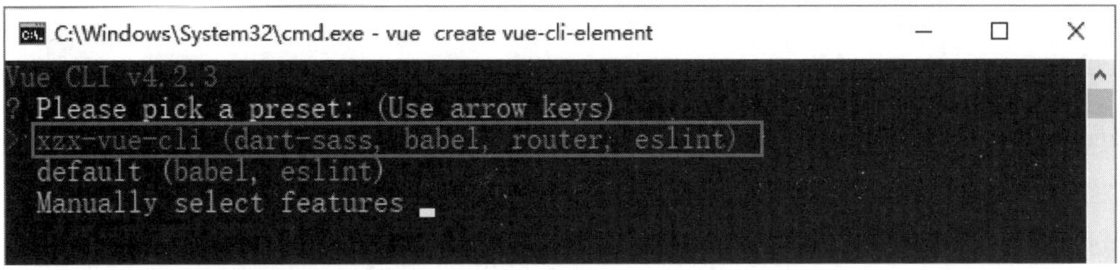

图 17-17　预配置生效可以提供配置选择

2. 查看项目

为了以后创建采用同样配置的项目更快捷，可以把这个项目的架构压缩保存起来，后续直接解压这个项目即可。

该手动配置的项目结构与vue-cli-demo1基本一致，主要就是多了下面几个配置文件。

● .browserslistrc——适用的浏览器配置。

● babel.config.js——babel配置文件。

● .eslintrc.js——ESLint配置文件。

在上一个项目中，这3种配置实际上都是存放在package.json文件中。与上一个项目效果相比，就是多两个路由的切换，与路由相关的两个文件如下。

① src/router/index.js代码如下：

```
import Vue from "vue";
import VueRouter from "vue-router";
import Home from "···/views/Home.vue";

Vue.use(VueRouter);

const routes = [
  {
    path: "/",
    name: "Home",
    component: Home
  },
  {
    path: "/about",
    name: "About",
    //route level code-splitting
    //this generates a separate chunk (about.[hash].js) for this route
    //which is lazy-loaded when the route is visited.
    component: () =>
      import(/* webpackChunkName: "about" */ "···/views/About.vue")
  }
];
const router = new VueRouter({
  mode: "history",
```

```
    base: process.env.BASE_URL,// 表示 ./，只不过这里引入一个常量
    routes
});
export default router;
```

② src/App.vue代码如下：

```
<template>
  <div id="app">
    <div id="nav">
      <router-link to="/">Home</router-link> |
      <router-link to="/about">About</router-link>
    </div>
    <router-view />
  </div>
</template>
<style lang="scss">
#app {
  font-family: Avenir, Helvetica, Arial, sans-serif;
  -webkit-font-smoothing: antialiased;
  -moz-osx-font-smoothing: grayscale;
  text-align: center;
  color: #2c3e50;
}
#nav {
  padding: 30px;
  a {
    font-weight: bold;
    color: #2c3e50;
    &.router-link-exact-active {
      color: #42b983;
    }
  }
}
</style>
```

17.3 Vue CLI 服务命令的使用

1. Vue CLI服务介绍

Vue CLI 服务（@vue/cli-service ）是一个开发环境依赖。局部安装在每个@vue/cli创建的项目中。查看package.json文件如图17-18所示，可以看到开发环境依赖确实安装了@vue/cli-service。

```
"devDependencies": {
  "@vue/cli-plugin-babel": "~4.2.0",
  "@vue/cli-plugin-eslint": "~4.2.0",
  "@vue/cli-plugin-router": "~4.2.0",
  "@vue/cli-service": "~4.2.0",
  "@vue/eslint-config-prettier": "^6.0.0",
  "babel-eslint": "^10.0.3",
  "eslint": "^6.7.2",
  "eslint-plugin-prettier": "^3.1.1",
  "eslint-plugin-vue": "^6.1.2",
  "prettier": "^1.19.1",
  "sass": "^1.25.0",
  "sass-loader": "^8.0.2",
  "vue-template-compiler": "^2.6.11"
}
```

图 17-18　Vue CLI 脚手架项目的 package.json 文件部分内容

Vue CLI服务实际上是对webpack和webpack-dev-server的封装。在一个 Vue CLI 项目中，@vue/cli-service 安装了一个名为 vue-cli-service 的服务，提供了serve、build、lint和inspect命令。在package.json文件中可以看到，如图17-19所示默认有3个。

```
"scripts": {
  "serve": "vue-cli-service serve",
  "build": "vue-cli-service build",
  "lint": "vue-cli-service lint"
},
```

图 17-19　vue-cli-service 提供的 3 个命令

2. Vue CLI命令使用

① serve命令：启动一个开发环境服务器（基于 webpack-dev-server），修改组件代码后，会自动热模块替换。可以输入npm run serve进行测试，如修改Home.vue内容。

② build命令：用于构建/打包项目，构建之后会在根目录下自动创建一个 dist/目录，打包后的文件都在其中。

在终端输入npm run build。打包后，有以下几种情况。

第一，单文件组件打包后会自动生成后缀为 .js 和 .map 的文件。

● .js文件：是经过压缩加密的，如果运行时报错，输出的错误信息无法准确定位到哪里的代码报错。

● .map文件：文件比较大，代码未加密，可以准确地输出是哪行哪列有错。

第二，打包后public文件夹下的文件会以原来的文件名直接放到dist目录下，其中index.html文件会进行压缩。查看index.html文件时可以看到，引用的组件是压缩加密后的.js文件。

思考：.map的文件可不可以不要让它打包生成，以加快打包速度？可以，继续往后学习。

第三，原src/assets下的文件打包后文件名重新更改了。

第四，打包后的dist/css文件来自哪里呢？来自App.vue中的样式。

③ lint命令：使用 ESLint 进行检查并修复代码，使其规范。

例如，将 main.js 中的new Vue中间多加个几个空格等，然后保存，再在终端执行 npm run lint 后它会自动去除多余空格 。

④ inspect命令：可以使用 vue-cli-service inspect 来查看一个 Vue CLI 项目的 webpack 配置信息。 首先在package.json中映射该命令别名，如图17-20所示。

```
"scripts": {
  "serve": "vue-cli-service serve",
  "build": "vue-cli-service build",
  "lint": "vue-cli-service lint",
  "inspect":"vue-cli-service inspect"
},
```

图 17-20　为 vue-cli-service 增加 inspect 命令

接下来在终端输入npm run inspect，即可在终端看到webpack的底层配置。

17.4　Vue CLI 脚手架创建的项目基本结构归纳解析

利用Vue CLI脚手架创建的项目的基本结构及含义如下。

- |-- node_modules：存放下载的依赖的文件夹。
- |-- public：存放静态文件的文件夹，它与src/assets的区别在于，public目录中的文件打包只会简单处理，文件名不会改变。
- |-- index.html：入口文件（单页面项目唯一的一个HTML文件，前面章节的项目都是在根目录下），打包后只会压缩后再复制到dist目录下，其余不变。
- |-- favicon.ico：在浏览器标题栏显示的图标 ，会原样复制到dist目录下。
- |-- src：源码文件夹（项目核心文件）。
- |-- assets：存放组件中的静态资源，如图片。
- |-- components：存放一些公共组件。
- |--router：存放路由相关的文件夹。
- |--index.js：存放路由配置。
- |-- views：存放路由组件的文件夹。

src文件夹下的文件打包处理后文件名都会改变，文件名后面会加一个hash值，其作用就是浏览器能够及时更新显示。因为浏览器有缓存功能，如果文件名不改变，打包后浏览时会依然使用缓存中的资源，这样显示内容得不到及时更新，而public文件夹下的两个文件实际上很少去改变，所以默认不会去改变这个文件夹的文件名称。

- |-- App.vue：根组件（其他组件一般通过这里引入）。

- |-- main.js：应用入口 JS（App.vue在这里引入）。

- |-- .browserslistrc：指定项目可兼容的目标浏览器范围，对应是package.json 的 browserslist选项。

- |-- .eslintrc.js：ESLint相关配置 。

- |-- .gitignore：git 上传到git仓库要忽略的文件的配置，如node_modules、/dist就一般不上传到 git。

- |-- babel.confifig.js：babel的配置，即ECMAScript 6语法编译配置 。

- |-- package-lock.json：用于记录当前状态下实际安装的各个包的具体来源和版本号等，保证 其他人在 npm install 项目时下载的依赖能一致。

- |-- package.json：项目基本信息，包依赖配置信息等。

- |-- README.md：项目描述说明的readme文件。

- |-- postcss.config.js：postcss是一种对CSS编译的工具，类似babel对JS的处理。

- |-- dist：打包后的目录。

- |--css：源文件中的CSS样式打包后存放文件夹。

- |--img：源文件中静态图片文件存放文件夹，一般存放src/assets文件夹下打包后的文件。

- |--js：源文件中各种组件打包后的JS文件，源文件大则会进行拆分，其中chunk-vendors一般 是引用的第三方库的代码。

.browserslistrc文件指定了项目可兼容的目标浏览器范围，主要代码及其含义如表17-1所示。

表 17-1   .browserslistrc 文件主要代码及其含义

主要代码	含义
> 1%	浏览器市场占有率大于1%
> 2% in US	美国市场占有量大于2%
last 2 versions	每种主流浏览器的最新两个版本
last 2 Chrome versions	谷歌浏览器的最后两个版本
ie 6-8	IE6 ～ IE8 浏览器
Firefox > 30	火狐浏览器版本在 30 以上
Firefox < 30	火狐浏览器版本在 30 以下
since 2019	2019 年之后发布的所有版本
iOS 7	指定 iOS 7 浏览器

17.5 通过 vue.config.js 自定义配置选项

1. vue.config.js简介

17.2节的两个项目都是采用Vue CLI默认的一些配置，如果这些配置不能满足需求，还可以自 己配置。那么怎么配置呢？

在vue-cli-demo2根文件夹下创建vue.config.js文件。vue.config.js 是一个可选的配置文件，如果项目的根目录等（与 package.json 同级的）中存在这个文件，那么它会被 @vue/cli-service 自动加载。这个文件要导出一个包含选项的对象，首先写入如下代码：

```
module.exports = {
    // 选项
    ...
}
```

2. 配置vue.config.js中的选项

（1）devServer选项

```
devServer: {
port: 8888, // 端口号，如果端口被占用，会自动加 1 。可以输入 npm run serve 进行测试
open: true, // 启动服务自动打开浏览器
https: false, // 协议
host: "localhost", // 主机名，也可以是 127.0.0.1
```

（2）lintOnSave选项

```
lintOnSave: false, // 关闭格式
```

检查默认为 true，当不符合ESLint语法规则时会给出警告提示。警告仅仅会被输出到命令行，且不会使得编译失败。

进行测试，先运行npm run serve；然后，比如修改main.js，把该有的空格去掉，再进行保存，就会给出警告提示。如果改回来，保存后就会成功编译下去。如果不想让它出现警告提示（后续可以通过执行npm run lint命令一次性解决这个格式问题），那么就可以把lintOnSave设置为false。如果再重新测试，需要先停止运行，然后再执行npm run serve命令，最后再修改main.js文件，去掉些该有的空格再保存，发现它会成功编译，不再给出警告。

（3）outputDir选项

```
outputDir: "dist2", // 设置存放打包文件的目录，默认是 dist
```

进行测试，先停止原来的运行项目；然后执行npm run build命令重新构建打包。执行命令后会发现这个时候打包已在dist2目录下了。

（4）assetsDir选项

```
assetsDir:"assets",// 存放打包生成的静态资源（JS、CSS、img、fonts）的（相对于 outputDir）目录
```

（5）indexPath选项

```
indexPath: "out/index.html", // 指定生成的 index.html 的输出路径（相对于 outputDir）。
                             // 默认值是 index.html，即在 outputDir 根目录下
```

进行测试，先停止原来的运行项目。然后再执行npm run build命令重新构建打包。执行命令后会发现这个时候已打包在dist2目录下了，如图17-21所示。

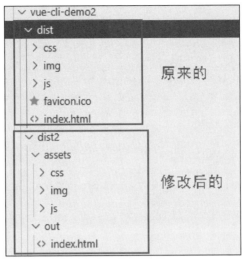

图 17-21　项目打包后的输出目录

（6）productionSourceMap选项

```
productionSourceMap: false, // 打包时，不生成 .map 文件，加快打包构建
```

对于该项同样可以再测试下。

ESLint 插件语法规则和配置

1. ESLint简介

ESLint 是一个语法规则和代码风格的检查工具，可以用来促进写出语法正确、风格统一的代码。

如果开启了ESLint，要严格按照其设置的语法，包括空格不能少或多，必须用单引号不能用双引号，语句后不可以写分号等，这些规则都是可以设置的。

如果是前端的初学者，最好先关闭这种校验，否则会浪费很多时间在语法的规范性检查上。如果以后做真正的企业级开发，建议开启。Vue CLI中默认是开启的。

2. ESLint配置

对项目根目录下的 package.json 文件（vue-cli-demo1）中的 eslintConfig 选项进行配置，或者在 .eslintrc.js文件（vue-cli-demo2）中单独配置。

.eslintrc.js文件默认内容如下：

```
module.exports = {
  root: true, // 用来告诉 ESLint 找当前配置文件
  env: {// 指定想启用的环境，下面的配置指定为 Node 环境
    node: true
  },
```

```
  extends: [
"plugin:vue/essential", // 格式化代码插件
"eslint:recommended", "@vue/prettier"],// 启用推荐规则
  parserOptions: {
    parser: "babel-eslint" // 用来指定 ESLint 解析器
  },
  rules: {// 配置检查规则
   // 是否在控制台输出（即是否启用 console.log）
   "no-console": process.env.NODE_ENV === "production" ? "warn" : "off",
   // 是否是 debug 方式
   "no-debugger": process.env.NODE_ENV === "production" ? "warn" : "off"
  }
};
```

3. 自定义ESLint语法规则

语法规则写在 package.json 或 .eslintrc.js 文件的rules 选项中，语法如下：

```
rules:{
    "规则名": [错误等级值，规则配置]
}
```

错误等级值如下。

```
"off" 或者 0     // 关闭规则
"warn" 或者 1    // 打开规则，作为警告（信息打印黄色字体）
"error" 或者 2   // 打开规则，作为错误（信息打印红色字体），错误级别会导致运行启动不起来
```

例如以下代码：

```
rules: {// 配置检查规则
    // 是否在控制台输出
    "no-console": process.env.NODE_ENV === "production" ? "error" : "off",
    // 是否是 debug 方式
    "no-debugger": process.env.NODE_ENV === "production" ? "error" : "off",
    "semi":[1,'never'], // 禁止用分号。对于 always（默认）要求在语句末尾使用分号，
                        // 对于 never 禁止在语句末尾使用分号
    "indent": [1, 2] // 缩进采用 2 个空格。强制使用一致的缩进风格。默认是 4 个空格
  }
```

要启用测试，vue.config.js中的lintOnSave要设置为 true，否则就是关闭检查。然后重新执行npm run serve命令，就会给出相应的错误提示。

4. 按规则自动修复代码

执行下面命令会根据 ESLint 定义的语法规则进行检查，并按语法规则自动修复项目中不合规的代码：

```
npm run lint   // 最主要是处理一些空格
```

17.7 在脚手架项目中引入 Axios 发送 Ajax 请求

安装Axios的命令如下：

```
npm install axios -S
```

1. 在需要使用Axios发送Ajax请求的组件中导入Axios

假设在App.vue中要发送Ajax请求，单击【发送Ajax请求】按钮，向GitHub上请求账号为xuzhaoxing2020的账户信息，代码如下：

```
<template>
  <div id="app">
    <div id="nav">
      <router-link to="/">Home</router-link> |
      <router-link to="/about">About</router-link>
    </div>
    <router-view />
     <hr>
    <button @click="send">发送 Ajax 请求 </button>
  </div>
</template>
<script>
import axios from 'axios' // 插件名就是 Axios，引入之后的名字也设置为 Axios
export default {
  methods:{
    send(){
      axios.get('https://api.github.com/users/xuzhaoxing2020')
      .then(resp=>{
        console.log(resp.data)
      })
      .catch(err=>{
        console.log(err)
      })
    }
  }
}
</script>
<style lang="scss">
...
</style>
```

运行之后，效果如图17-22所示。

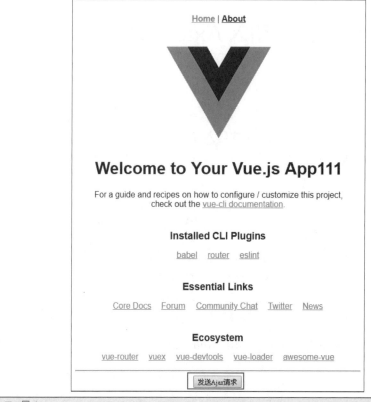

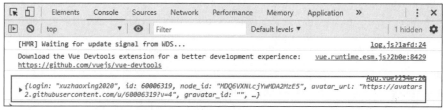

图 17-22　在脚手架项目中通过 Axios 发送 Ajax 请求

现在假设在About.vue组件中也要发送Ajax请求，也需要引入Axios，然后再去使用，代码如下。但这样引入Axios有点雷同，因此可以采用另外一种引入Axios方式。

在About.vue组件中引入Axios发送Ajax请求代码。

```
<template>
  <div class="about">
    <h1>This is an about page</h1>
    <button @click="send">about 页面发送 Ajax 请求 </button>
  </div>
</template>
<script>
import axios from 'axios' // 插件名就是 axios，引入之后的名字也设置为 axios
export default {
  methods:{
```

```
    send(){
      axios.get('https://api.github.com/users/xuzhaoxing2020')
      .then(resp=>{
        console.log(resp.data)
      })
      .catch(err=>{
        console.log(err)
      })
    }
  }
}
</script>
```

2. 在入口文件main.js全局引入Axios，做到一次引入多处使用

此时main.js代码如下：

```
import Vue from "vue";
import App from "./App.vue";
import router from "./router";
import axios from 'axios'
Vue.config.productionTip = false;


new Vue({
  router,
  render:h => h(App)
}).$mount("#app");
```

然后在各个组件中就可以直接去使用吗？测试看下，把App.vue中导入的Axios删除或注释掉，然后去查看运行效果。如果不行会报错，提示Axios没有定义。

因此，该方式是在入口文件main.js全局引入Axios，并要把Axios添加到Vue的原型中。此时main.js中代码就改为如下：

```
import Vue from "vue";
import App from "./App.vue";
import router from "./router";
import axios from 'axios'
Vue.config.productionTip = false;
// 通过 Vue.prototype 为 Vue 添加一个方法，方法名可自己命名
Vue.prototype.$http=axios;//$http 名字是自己任意取的方法名（一般取名为 $http，与 vue-
                          //resource 中发送请求名称保持一致），有这句话之后，Vue 里面就
                          // 有了 $http 方法，它实际就是 Axios
new Vue({
  router,
  render:h => h(App)
}).$mount("#app");
```

因此，在发送Ajax请求时原来的axios.get就可以改为 this.$http.get（this.$http实际指的就是Axios）即可。

此时，App.vue代码可改为如下发送Ajax请求：

```
<template>
  <div id="app">
    <div id="nav">
      <router-link to="/">Home</router-link> |
      <router-link to="/about">About</router-link>
    </div>
    <router-view />
    <hr>
    <button @click="send">发送 ajax 请求 </button>
  </div>
</template>
<script>
//import axios from 'axios' // 插件名就是 axios，引入之后的名字也设置为 axios
export default {
  methods:{
    send(){
      this.$http.get ('https://api.github.com/users/xuzhaoxing2020')
      .then(resp=>{
        console.log(resp.data)
      })
      .catch(err=>{
        console.log(err)
      })
    }
  }
}
</script>

<style lang="scss">
...
</style>
```

About.vue代码可改为如下发送Ajax请求：

```
<template>
  <div class="about">
    <h1>This is an about page</h1>
    <button @click="send">about 页面发送 Ajax 请求 </button>
  </div>
</template>
<script>
//import axios from 'axios' // 插件名就是 Axios，引入之后的名字也设置为 Axios
export default {
```

```
methods:{
  send(){
    this.$http.get('https://api.github.com/users/xuzhaoxing2020')
    .then(resp=>{
      console.log(resp.data)
    })
    .catch(err=>{
      console.log(err)
    })
  }
}
}
</script>
```

在其他组件中要使用Axios发送Ajax请求，也只需要使用this.$http.get()。如还要在Home.vue组件中发送Ajax请求，可以自己测试下。

实战练习

1. 安装Vue CLI。

2. 利用Vue CLI脚手架构建单页面项目，采用默认配置。

3. 利用Vue CLI脚手架构建单页面项目，采用手动配置，要求至少安装Babel、Router、CSS Pre-processors、Linter / Formatter。

高手点拨

通过本章的学习，主要掌握以下知识与技能。

1. 能灵活运用Vue CLI搭建vue单页面项目框架（含采用默认配置和手动配置），并理解框架含义。

2. 掌握通过vue.config.js更改默认脚手架的一些配置。

3. 理解Vue CLI服务命令和ESLint插件语法规则和配置。

4. 掌握脚手架项目配合Axios发送Ajax请求的方法。

第 18 章
Element UI 应用精讲

Element 是饿了么团队提供的一套基于 Vue 2.0 的组件库，利用它可以快速搭建网站，提高开发效率。有基于 PC 端和移动端的两套 UI，分别是 Element UI 和 Mint UI。本章重点学习基于 PC 端的 Element UI。

18.1 Element 快速上手

1. 通过vue-cli初始化项目

进入存放项目的根文件夹，打开cmd窗口，输入下面命令创建项目。

第1个执行的命令：vue create vue-cli-element（具体可以参见第17章vue-cli-demo1）。

2. 安装Element UI插件（本书采用的是@vue/cli4.x版本，需要下面方法安装）

第2个执行的命令（进入项目所在文件夹）：cd vue-cli-element。

第3个执行的命令（安装Element）：vue add element 或npm i element-ui -S。本章选择 vue add element命令进行安装。如果选择npm i element-ui -S安装方式，过程会有点不一样，在第4篇会使用此安装方式。

完整安装Element步骤如图18-1～图18-4所示。

图 18-1　完整安装 Element 第 1 步

图 18-2　完整安装 Element 第 2 步

图 18-3　完整安装 Element 第 3 步

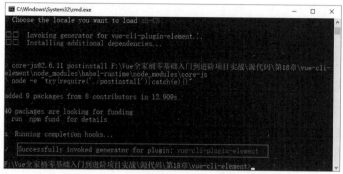

图 18-4　完整安装 Element 第 4 步

安装好后会在src文件夹下生成/plugins/element.js文件，打开该JS文件，内容如下：

```
import Vue from 'vue'
import Element from 'element-ui'
import 'element-ui/lib/theme-chalk/index.css'

Vue.use(Element)
```

即在该JS文件中导入了Element UI和对应的CSS文件。

3. 运行项目

执行下面命令：

```
npm run serve
```

效果与第17章的vue-cli-demo1有点不同，如图18-5所示。

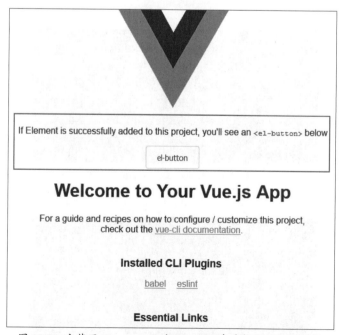

图 18-5　安装了 Element UI 的 Vue CLI 脚手架项目初始效果

在入口文件main.js中引入element-ui（全局引入），代码如下：

```
import Vue from 'vue'
import App from './App.vue'
import './plugins/element.js'
import ElementUI from 'element-ui' //element-ui 不能写错，是组件名称。这里引入的是 js
                                   // 文件，还要单独引入 css 文件
import 'element-ui/lib/theme-chalk/index.css';//index.css 这个文件在项目中已存在，
                                              // 如图 18-6 所示

Vue.use(ElementUI);// 指明使用 ElementUI

Vue.config.productionTip = false

new Vue({
  render: h => h(App),
}).$mount('#app')
```

通过以上代码实际上引入了Element UI中的所有组件，但是实际开发中有时可能只要用到
Element UI中的1～2个组件，而全部引入整个文件没有必要。因此，也可以按需引入。

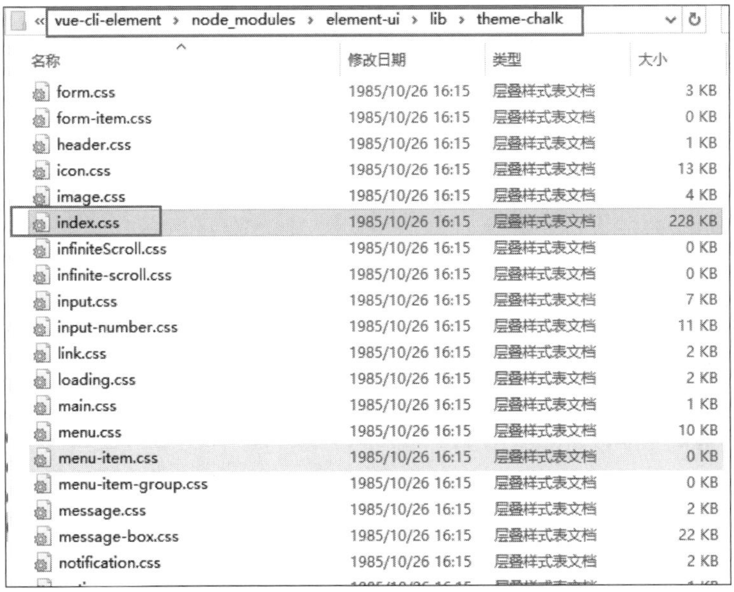

图 18-6　element ui 对应的 CSS 文件所在位置

至此，一个基于 Vue 和 Element 的开发环境已经搭建完毕，可以编写代码测试各个Element UI
组件。

说　明

当然也可以单独建一个组件来使用这些 Element UI。单独创建组件步骤如下：在 componets 文件夹下
新建组件；在 App.vue 中使用组件。由前面的学习可知有 3 个步骤：导入、注册、使用。

18.2 Layout 布局

1. 清理脚手架中组件的原有内容

为了更好地演示效果,将HelloWorld.vue和 App.vue组件template中的大部分内容删除。

HelloWorld.vue剩下如下代码:

```
<template>
  <div class="hello">
    <h1>{{ msg }}</h1>
  </div>
</template>
```

App.vue剩下如下代码:

```
<template>
  <div id="app">
    <HelloWorld msg="Welcome to Your Vue.js App"/>
  </div>
</template>
```

2. Layout布局示例

Element UI的布局通过基础的 24 分栏,可迅速简便地得到创建。

使用方法:在Element官网选择需要的效果,然后单击显示代码,就会显示出相应的代码。

示例效果如图18-7所示。

图 18-7　示例效果

HTML代码(1行4列)如下:

```
<el-row :gutter="20">
<el-col :span="6"><div class="grid-content bg-purple"></div></el-col>
<el-col :span="6"><div class="grid-content bg-purple"></div></el-col>
<el-col :span="6"><div class="grid-content bg-purple"></div></el-col>
<el-col :span="6"><div class="grid-content bg-purple"></div></el-col>
</el-row>
```

通过 row(行)和 col(列)组件,并使用 col 组件的 span 属性(相当于宽度属性,每行总宽度为24)就可以自由地组合布局。类似于表格。gutter 属性指定各栏/列的间隔,默认间隔为 0。

style代码部分如下:

```
<style lang="less">// 必须指定 lang="less",如果报错则可能是没有安装 less less-loader,
下面继续学习如何安装,代码如下:
```

```
.el-row {
```

```
    margin-bottom: 20px;
    &:last-child {
      margin-bottom: 0;
    }
  }
  .el-col {
    border-radius: 4px;
  }
  .bg-purple-dark {
    background: #99a9bf;
  }
  .bg-purple {
    background: #d3dce6;
  }
  .bg-purple-light {
    background: #e5e9f2;
  }
  .grid-content {
    border-radius: 4px;
    min-height: 36px;
  }
  .row-bg {
    padding: 10px 0;
    background-color: #f9fafc;
  }
</style>
```

3. 使用动态CSS——通过Less

Less 是一门 CSS 预处理语言，它扩展了 CSS 语言，增加了变量、函数、Mixin（一种简化代码的方法，能够提高代码的重复使用率）等特性，使 CSS 更易维护和扩展。通俗地说，采用Less语法后，CSS可以使用变量和函数。

需要安装less和less-loader插件，不过Vue CLI 4.X版本的脚手架默认已经安装了，并配置好了相应的loader，若没有安装则执行下面的命令：

```
npm install less less-loader -D
```

接下来可以使用Less语法，如上面的style中已使用Less语法，并且必须在<style>标签后指明lang="less"。

比如在App.vue中，上面代码改成如下：

```
<style lang="less">    // 必须指定 lang="less"
...
.bg-purple {
  background: @color;// 定义变量
  .h(50px);
}
```

```
@color:#f00
.h(@height){            // 此为定义函数, 方法名前面以 . 开头
  height:@height
}
...
</style>
```

实际上就是把背景颜色定义为一个变量, 然后为这个变量指定初值, 这样在其他样式中需要使用这个颜色的值时, 就可以直接引用这个变量。此外, 还定义了一个h函数 (写法上必须以.开头), 此函数用来设置height属性, height的值由方法传入。最终运行效果如图18-8所示。

图 18-8 动态 CSS 效果

例如, 要定义h1中字体颜色也为红色, 就可以使用变量@color。

```
h1{
  color:@color
}
```

Container 布局容器和 Color 色彩

1. Container 布局容器

Container是用于布局的容器组件, 方便快速搭建页面的基本结构。它由以下5个元素组成。

- <el-container>: 外层容器。当子元素中包含 <el-header> 或 <el-footer> 时, 全部子元素会垂直上下排列, 否则会水平左右排列。
- <el-header>: 顶栏容器。
- <el-aside>: 侧边栏容器。
- <el-main>: 主要区域容器。
- <el-footer>: 底栏容器。

以上组件采用了 flex 布局, 使用前需确定目标浏览器是否兼容。此外, <el-container> 的子元素只能是后四者, 后四者的父元素也只能是 <el-container>。示例代码如下:

```
<template>
  <div id="app">
    <el-container>
      <el-header>Header</el-header>
      <el-container>
        <el-aside width="200px">Aside</el-aside>
```

```
        <el-container>
          <el-main>Main</el-main>
          <el-footer>Footer</el-footer>
        </el-container>
      </el-container>
    </el-container>
  </div>
</template>

<script>
//import HelloWorld from "./components/HelloWorld.vue";

export default {
  name: "app"
  /*  components: {
    HelloWorld
  } */
};
</script>

<style>
.el-header,
.el-footer {
  background-color: #b3c0d1;
  color: #333;
  text-align: center;
  line-height: 60px;
}

.el-aside {
  background-color: #d3dce6;
  color: #333;
  text-align: center;
  line-height: 200px;
}

.el-main {
  background-color: #e9eef3;
  color: #333;
  text-align: center;
  line-height: 160px;
}

body > .el-container {
  margin-bottom: 40px;
}
```

```
.el-container:nth-child(5) .el-aside,
.el-container:nth-child(6) .el-aside {
  line-height: 260px;
}

.el-container:nth-child(7) .el-aside {
  line-height: 320px;
}
</style>
```

该示例的运行效果如图18-9所示。若要了解更多布局容器可查阅官网。

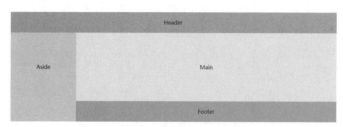

图 18-9　Container 布局容器示例效果

2. Color色彩

Element 为了避免视觉传达差异，使用一套特定的调色板来规定颜色，为所搭建的产品提供一致的外观视觉感受。

（1）主色

Element 主要品牌颜色是干净清爽、简洁友好的蓝色，如图18-10所示。

图 18-10　Element 色彩的主色效果

（2）辅助色

辅助色指除了主色外的场景色，需要在不同的场景中使用不同的颜色。

表示成功（Success）使用绿色调（#67C23A）；表示警告（Warning）使用黄色调（#E6A23C）；表示危险（Danger）使用红色调（#F56C6C）；表示信息（Info）使用灰色调（#909399），如图18-11所示。

图 18-11　Element 色彩的辅助色效果

（3）中性色

中性色用于文本、背景和边框颜色。运用不同的中性色，可表现层次结构，如图18-12所示。

图 18-12　Element 色彩的中性色效果

18.4　Typography 字体和 Border 边框

1. Typography 字体

Element UI对字体进行统一规范，力求在各个操作系统下都有最佳展示效果。

（1）字号

字号按层级划分有辅助文字、正文（小）、正文、小标题、标题、主标题，示例如图18-13所示。

层级	字体大小	举例
辅助文字	12px Extra Small	用 Element 快速搭建页面
正文（小）	13px Small	用 Element 快速搭建页面
正文	14px Base	用 Element 快速搭建页面
小标题	16px Medium	用 Element 快速搭建页面
标题	18px large	用 Element 快速搭建页面
主标题	20px Extra large	用 Element 快速搭建页面

图 18-13　Element UI 字号示例

（2）行高

Element UI字体行高包括无行高、紧凑、常规、宽松等几种，示例效果如图18-14所示。

图 18-14　Element UI 字号行高示例

（3）字体家族代码

Element UI字体有多种，字体家族代码如下：

```
font-family: "Helvetica Neue",Helvetica,"PingFang SC","Hiragino Sans GB",
"Microsoft YaHei"," 微软雅黑 ",Arial,sans-serif;
```

2. Border 边框

Element UI对边框进行统一规范，可用于按钮、卡片、弹窗等组件。

（1）边框

边框主要有实线和虚线两种，实线为1px，虚线为2px。

（2）圆角

圆角主要有无圆角、小圆角、大圆角、圆形圆角等样式，效果如图18-15所示。

图 18-15　Element UI 圆角效果示例

（3）投影

投影有基础投影和浅色投影两种样式，如图18-16所示。

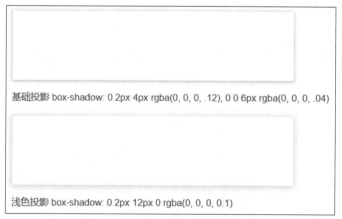

图 18-16　Element UI 投影效果示例

18.5 Icon 图标和 Button 按钮

1. Icon 图标

对于Icon图标，直接通过设置类名为图标的名称来使用即可。Icon图标示例如图18-17所示。

图 18-17　Element UI 的几个 Icon 图标示例

图18-17中的图标对应的代码如下：

```
<i class="el-icon-edit"></i>
<i class="el-icon-share"></i>
<i class="el-icon-delete"></i>
<el-button type="primary" icon="el-icon-search">搜索 </el-button>
```

Element UI提供了常见的图标及其名称，如图18-18所示。需要说明的是，图18-19列出的为部分Icon图标，更多内容可参见官网。

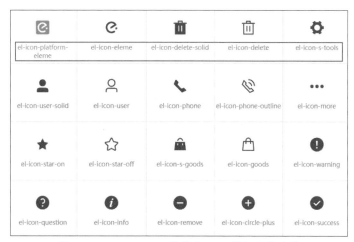

图 18-18　Element UI 的部分 Icon 图标及其名称

2. Button 按钮

基础的Button按钮如图18-19所示。

图 18-19　Element UI 的基础按钮运行效果

使用type、plain、round和circle属性来定义 Button 的样式，其代码如下：

```
<el-row>
  <el-button> 默认按钮 </el-button>
  <el-button type="primary"> 主要按钮 </el-button>
  <el-button type="success"> 成功按钮 </el-button>
  <el-button type="info"> 信息按钮 </el-button>
  <el-button type="warning"> 警告按钮 </el-button>
  <el-button type="danger"> 危险按钮 </el-button>
</el-row>

<el-row>
  <el-button plain> 朴素按钮 </el-button>
  <el-button type="primary" plain> 主要按钮 </el-button>
  <el-button type="success" plain> 成功按钮 </el-button>
  <el-button type="info" plain> 信息按钮 </el-button>
  <el-button type="warning" plain> 警告按钮 </el-button>
  <el-button type="danger" plain> 危险按钮 </el-button>
</el-row>

<el-row>
  <el-button round> 圆角按钮 </el-button>
  <el-button type="primary" round> 主要按钮 </el-button>
  <el-button type="success" round> 成功按钮 </el-button>
  <el-button type="info" round> 信息按钮 </el-button>
  <el-button type="warning" round> 警告按钮 </el-button>
  <el-button type="danger" round> 危险按钮 </el-button>
</el-row>
<el-row>
  <el-button icon="el-icon-search" circle></el-button>
  <el-button type="primary" icon="el-icon-edit" circle></el-button>
  <el-button type="success" icon="el-icon-check" circle></el-button>
  <el-button type="info" icon="el-icon-message" circle></el-button>
  <el-button type="warning" icon="el-icon-star-off" circle></el-button>
  <el-button type="danger" icon="el-icon-delete" circle></el-button>
</el-row>
```

（1）禁用状态

禁用状态表示按钮不可用，如图18-20所示。

图 18-20　Element UI 的禁用状态的按钮效果

可以使用disabled属性来定义按钮是否可用，它接收一个Boolean值，false表示不可用，默认值为false，相应代码如下：

```
<el-row>
  <el-button disabled> 默认按钮 </el-button>
  <el-button type="primary" :disabled="false"> 主要按钮 </el-button>
  <el-button type="success" disabled> 成功按钮 </el-button>
  <el-button type="info" disabled> 信息按钮 </el-button>
  <el-button type="warning" disabled> 警告按钮 </el-button>
  <el-button type="danger" disabled> 危险按钮 </el-button>
</el-row>
<el-row>
  <el-button plain disabled> 朴素按钮 </el-button>
  <el-button type="primary" plain disabled> 主要按钮 </el-button>
  <el-button type="success" plain disabled> 成功按钮 </el-button>
  <el-button type="info" plain disabled> 信息按钮 </el-button>
  <el-button type="warning" plain disabled> 警告按钮 </el-button>
  <el-button type="danger" plain disabled> 危险按钮 </el-button>
</el-row>
```

（2）文字按钮

文字按钮的效果如图18-21所示。

文字按钮　　文字按钮

图 18-21　Element UI 的文字按钮效果

文字按钮的代码如下：

```
<el-button type="text"> 文字按钮 </el-button>
<el-button type="text" disabled> 文字按钮 </el-button>
```

（3）图标按钮

带图标的按钮可增强辨识度（有文字）或节省空间（无文字），如图18-22所示。

图 18-22　Element UI 的图标按钮效果

设置icon属性即可，icon 的列表可以参考 Element 的 icon 组件，也可以设置在文字右边的 icon，只要使用<i>标签即可，可以使用自定义图标，代码如下：

```
<el-button type="primary" icon="el-icon-edit"></el-button>
<el-button type="primary" icon="el-icon-share"></el-button>
<el-button type="primary" icon="el-icon-delete"></el-button>
<el-button type="primary" icon="el-icon-search"> 搜索 </el-button>
<el-button type="primary"> 上传 <i class="el-icon-upload el-icon--right"></i></el-button>
```

（4）按钮组

按钮组常用于多项类似操作，如图18-23所示。

图 18-23   Element UI 的按钮组效果

使用<el-button-group>标签嵌套所需按钮，示例代码如下：

```
<el-button-group>
  <el-button type="primary" icon="el-icon-arrow-left">上一页 </el-button>
  <el-button type="primary">下一页 <i class="el-icon-arrow-right el-icon--right">
  </i></el-button>
</el-button-group>
<el-button-group>
  <el-button type="primary" icon="el-icon-edit"></el-button>
  <el-button type="primary" icon="el-icon-share"></el-button>
  <el-button type="primary" icon="el-icon-delete"></el-button>
</el-button-group>
```

（5）加载中按钮

单击按钮后进行数据加载操作，在按钮上显示加载状态，如图18-24所示。

图 18-24   Element UI 的加载中按钮效果

要设置为 loading 状态，只要设置loading属性为true即可，代码如下：

```
<el-button type="primary" :loading="true">加载中 </el-button>
```

（6）不同尺寸按钮

Button 组件提供除了默认值以外的3种尺寸，可以在不同场景下选择合适的按钮尺寸，其效果
如图18-25所示。

图 18-25   Element UI 的不同尺寸按钮效果

额外的尺寸有medium、small、mini，可通过设置size属性来配置它们，代码如下：

```
<el-row>
  <el-button>默认按钮 </el-button>
  <el-button size="medium">中等按钮 </el-button>
  <el-button size="small">小型按钮 </el-button>
  <el-button size="mini">超小按钮 </el-button>
</el-row>
<el-row>
  <el-button round>默认按钮 </el-button>
  <el-button size="medium" round>中等按钮 </el-button>
```

```
  <el-button size="small" round> 小型按钮 </el-button>
  <el-button size="mini" round> 超小按钮 </el-button>
</el-row>
```

18.6 Radio 单选按钮和 Checkbox 复选框

1. Radio 单选按钮

Radio 单选按钮用于在一组备选项中进行单选，如图18-26所示。由于选项默认可见，因此不宜过多，若选项过多，建议使用 Select 选择器。

图 18-26　Element UI 的单选按钮效果

要使用 Radio 组件，只需要设置v-model绑定变量，选中意味着变量的值为相应 Radio label属性的值，label可以是String、Number或Boolean。示例代码如下：

```
<template>
  <div id="app">
    {{radio}}
    <el-radio v-model="radio" label="1"> 备选项 </el-radio>
    <el-radio v-model="radio" label="2"> 备选项 </el-radio>
  </div>
</template>
<script>
export default {
  name: "App",
  data() {
    return {
      radio: '1'
    };
  }
};
</script>
```

（1）禁用状态

单选按钮不可用的状态如图18-27所示。

图 18-27　Element UI 的禁用单选按钮效果

只要在el-radio元素中设置disabled属性即可，它接收一个Boolean类型值，true为禁用。

```
<template>
  <el-radio disabled v-model="radio" label=" 禁用 "> 备选项 </el-radio>
  <el-radio disabled v-model="radio" label=" 选中且禁用 "> 备选项 </el-radio>
</template>

<script>
  export default {
    data () {
      return {
        radio: ' 选中且禁用 '
      };
    }
  }
</script>
```

（2）单选按钮组

单选按钮组用于在多个互斥的选项中进行选择的场景，如图18-28所示。

图 18-28　Element UI 的单选按钮组效果

结合el-radio-group元素和el-radio子元素可以实现单选按钮组，在el-radio-group中绑定v-model，在el-radio中设置好label即可，无须再给每个el-radio绑定变量。另外，可使用change事件来响应变化，它会传入一个参数value，代码如下：

```
<template>
  <el-radio-group v-model="radio">
    <el-radio :label="3"> 备选项 </el-radio>
    <el-radio :label="6"> 备选项 </el-radio>
    <el-radio :label="9"> 备选项 </el-radio>
  </el-radio-group>
</template>

<script>
  export default {
    data () {
      return {
        radio: 3
      };
    }
  }
</script>
```

2. Checkbox 复选框

Checkbox 复选框单独使用可以表示两种状态之间的切换，如图18-29所示，写在标签中的内容为 Checkbox 复选框后的介绍。

图 18-29　Element UI 的复选框效果

在el-checkbox元素中定义v-model绑定变量，在单一的checkbox中，默认绑定变量的值是Boolean类型，选中则为true，代码如下：

```
<template>
  <!-- 'checked' 为 true 或 false -->
  <el-checkbox v-model="checked">备选项 </el-checkbox>
</template>
<script>
  export default {
    data() {
      return {
        checked: true
      };
    }
  };
</script>
```

（1）禁用状态

复选框的禁用状态效果如图18-30所示。

图 18-30　Element UI 的复选框禁用效果

设置disabled属性即可显示禁用效果，代码如下：

```
<template>
  <el-checkbox v-model="checked1" disabled>备选项 1</el-checkbox>
  <el-checkbox v-model="checked2" disabled>备选项 </el-checkbox>
</template>
<script>
  export default {
    data() {
      return {
        checked1: false,
        checked2: true
      };
    }
  };
</script>
```

（2）复选框组

复选框组适用于多个复选框绑定到同一个数组的情景，通过选中来表示这一组选项中选择的项，效果如图18-31所示。

图 18-31　Element UI 的复选框组效果

checkbox-group元素能把多个 checkbox 管理为一组，只需要在 Group 中使用v-model绑定Array类型的变量即可。el-checkbox 的 label属性是该 checkbox 对应的值，若该标签中无内容，则该属性也充当 checkbox 复选框后的介绍。label与数组中的元素值相对应，如果存在指定的值则为选中状态，否则为不选中。示例代码如下：

```
<template>
  <el-checkbox-group v-model="checkList">
    <el-checkbox label=" 复选框 A"></el-checkbox>
    <el-checkbox label=" 复选框 B"></el-checkbox>
    <el-checkbox label=" 复选框 C"></el-checkbox>
    <el-checkbox label=" 禁用 " disabled></el-checkbox>
    <el-checkbox label=" 选中且禁用 " disabled></el-checkbox>
  </el-checkbox-group>
</template>

<script>
  export default {
    data () {
      return {
        checkList: [' 选中且禁用 ',' 复选框 A']
      };
    }
  };
</script>
```

 18.7 Input 输入框和 InputNumber 计数器

1. Input 输入框

Input输入框的基础用法效果如图18-32所示。

请输入内容

图 18-32　Element UI 的 Input 输入框基础用法效果

Input输入框的实现代码如下：

```
<el-input v-model="input" placeholder=" 请输入内容 "></el-input>
<script>
export default {
  data() {
    return {
      input: ''
    }
  }
}
</script>
```

（1）可清空

使用clearable属性即可得到一个可清空的输入框，代码如下：

```
<el-input
  placeholder=" 请输入内容 " v-model="input" clearable>
</el-input>

<script>
  export default {
    data() {
      return {
        input: ''
      }
    }
  }
</script>
```

（2）密码框

使用show-password属性即可得到一个可切换显示/隐藏的密码框，运行效果如图18-33所示。

请输入密码

图 18-33　Element UI 的 Input 输入框基础用法效果

密码框的实现代码如下：

```
<el-input placeholder=" 请输入密码 " v-model="input" show-password></el-input>

<script>
  export default {
    data() {
      return {
        input: ''
      }
    }
  }
```

```
</script>
```

（3）带 Icon 的输入框

可以通过 prefix-icon 和 suffix-icon 属性在 Input 组件首部和尾部增加显示图标，也可以通过 slot 来放置图标，效果如图18-34所示。

图 18-34　Element UI 带 Icon 的输入框效果

带 Icon 的输入框的实现代码如下：

```html
<div class="demo-input-suffix">
  // 属性方式
  <el-input
    placeholder=" 请选择日期 " suffix-icon="el-icon-date" v-model="input1">
  </el-input>
  <el-input
    placeholder=" 请输入内容 " prefix-icon="el-icon-search"
    v-model="input2">
  </el-input>
</div>
<div class="demo-input-suffix">
  //slot 方式
  <el-input placeholder=" 请选择日期 "  v-model="input3">
    <i slot="suffix" class="el-input__icon el-icon-date"></i>
  </el-input>
  <el-input placeholder=" 请输入内容 " v-model="input4">
    <i slot="prefix" class="el-input__icon el-icon-search"></i>
  </el-input>
</div>

<script>
export default {
  data() {
    return {
      input1: '',
      input2: '',
      input3: '',
      input4: ''
    }
  }
}
</script>
```

（4）文本域

文本域用于输入多行文本信息，通过将 type 属性的值指定为 textarea，即变为文本域，实现代码如下：

```
<el-input type="textarea" :rows="2" placeholder=" 请输入内容 "
  v-model="textarea">
</el-input>

<script>
export default {
  data() {
    return {
      textarea: ''
    }
  }
}
</script>
```

2. InputNumber 计数器

InputNumber 计数器仅允许输入标准的数字值，可定义范围。InputNumber 计数器基础用法的效果如图18-35所示。

图 18-35　InputNumber 计数器基础用法效果

要使用计数器，只需要在el-input-number元素中使用v-model绑定变量即可，变量的初始值即为默认值，实现代码如下：

```
<template>
  <el-input-number v-model="num" @change="handleChange" :min="1" :max="10"
label=" 描述文字 "></el-input-number>
</template>
<script>
  export default {
    data() {
      return {
        num: 1
      };
    },
    methods: {
      handleChange(value) {
        console.log(value);
      }
    }
  };
</script>
```

（1）禁用状态的计数器

disabled属性接收一个Boolean值，设置为true即可禁用整个组件，如果只需要控制数值在某一范围内，可以设置min属性和max属性。InputNumber 计数器禁用状态的效果如图18-36所示。

图 18-36 InputNumber 计数器禁用状态效果

实现代码如下：

```
<template>
  <el-input-number v-model="num" :disabled="true"></el-input-number>
</template>
<script>
  export default {
    data() {
      return {
        num: 1
      }
    }
  };
</script>
```

（2）步数

InputNumber 计数器允许定义递增递减的步数控制，其效果如图18-37所示。

图 18-37 InputNumber 计数器设置步数运行效果

只需要设置step属性就可以控制步长，实现代码如下：

```
<template>
  <el-input-number v-model="num" :step="2"></el-input-number>
</template>
<script>
  export default {
    data() {
      return {
        num: 5
      }
    }
  };
</script>
```

如果要控制只能输入步数的倍数，可以设置step-strictly属性为true，该属性是Boolean类型。

（3）精度

设置 precision 属性可以控制数值精度，接收一个 Number类型。precision 的值必须是一个非负整数，并且不能小于 step 的小数位数，效果如图18-38所示。

图 18-38　InputNumber 计数器设置精度效果

对 InputNumber 计数器设置精度，实现代码如下：

```html
<template>
  <el-input-number v-model="num" :precision="2" :step="0.1" :max="10"></el-
input-number>
</template>
<script>
  export default {
    data() {
      return {
        num: 1
      }
    }
  };
</script>
```

（4）尺寸

对于 InputNumber 计数器的输入框，额外提供了 medium、small、mini 三种尺寸的数字输入框，效果如图18-39所示。

图 18-39　InputNumber 计数器三种尺寸效果

对数字输入框额外增加三种尺寸效果的实现代码如下：

```html
<template>
  <el-input-number v-model="num1"></el-input-number>
  <el-input-number size="medium" v-model="num2"></el-input-number>
  <el-input-number size="small" v-model="num3"></el-input-number>
  <el-input-number size="mini" v-model="num4"></el-input-number>
</template>
<script>
  export default {
    data() {
      return {
        num1: 1,
        num2: 1,
        num3: 1,
        num4: 1
      }
    }
  };
</script>
```

18.8 Select 选择器和 Cascader 级联选择器

1. Select 选择器

当选项过多时，可通过下拉菜单展示并选择内容。

Select 选择器基础用法的效果如图18-40所示，其适用于广泛的基础单项选择。

图 18-40　Select 选择器基础用法的效果

v-model的值为当前被选中的el-option的 value 属性值，实现代码如下：

```
<template>
  <el-select v-model="value" placeholder=" 请选择 ">
    <el-option v-for="item in options":key="item.value"
      :label="item.label" :value="item.value">
    </el-option>
  </el-select>
</template>

<script>
  export default {
    data() {
      return {
        options: [{
          value: ' 选项 1',
          label: ' 黄金糕 '
        }, {
          value: ' 选项 2',
          label: ' 双皮奶 '
        }, {
          value: ' 选项 3',
          label: ' 蚵仔煎 '
        }, {
          value: ' 选项 4',
          label: ' 龙须面 '
```

```
    }, {
       value: '选项 5',
       label: '北京烤鸭'
    }],
       value: ''
    }
  }
}
</script>
```

（1）有禁用选项的选择器

有禁用选项的选择器效果如图18-41所示。

图 18-41　Select 选择器禁用效果

在el-option中，设定disabled值为 true，即可禁用该选项，实现代码如下：

```
<template>
  <el-select v-model="value" placeholder=" 请选择 ">
    <el-option v-for="item in options" :key="item.value"
      :label="item.label" :value="item.value"
      :disabled="item.disabled">
    </el-option>
  </el-select>
</template>

<script>
  export default {
    data() {
      return {
        options: [{
          value: '选项 1',
          label: '黄金糕'
        }, {
          value: '选项 2',
          label: '双皮奶 ',
          disabled: true
        }, {
          value: '选项 3',
```

```
          label: ' 蚵仔煎 '
        }, {
          value: ' 选项 4',
          label: ' 龙须面 '
        }, {
          value: ' 选项 5',
          label: ' 北京烤鸭 '
        }],
          value: ''
      }
    }
  }
</script>
```

（2）禁用状态

为el-select设置disabled属性，则整个选择器不可用，实现代码如下：

```
<template>
  <el-select v-model="value" disabled placeholder=" 请选择 ">
    <el-option
      v-for="item in options"
      :key="item.value"
      :label="item.label"
      :value="item.value">
    </el-option>
  </el-select>
</template>
```

（3）清空单选

Select选择器包含清空按钮，可将选择器清空为初始状态，效果如图18-42所示。

图 18-42　可清空单选的选择器效果

为el-select设置clearable属性，则可将选择器清空。需要注意的是，clearable属性仅适用于单选，实现代码如下：

```
<template>
  <el-select v-model="value" clearable placeholder=" 请选择 ">
    <el-option
      v-for="item in options"
      :key="item.value"
      :label="item.label"
      :value="item.value">
    </el-option>
  </el-select>
</template>
```

```
<script>
  export default {
    data() {
      return {
        options: [{
          value: '选项1',
          label: '黄金糕'
        }, {
          value: '选项2',
          label: '双皮奶'
        }, {
          value: '选项3',
          label: '蚵仔煎'
        }, {
          value: '选项4',
          label: '龙须面'
        }, {
          value: '选项5',
          label: '北京烤鸭'
        }],
        value: ''
      }
    }
  }
</script>
```

2. Cascader 级联选择器

当一个数据集合有清晰的层级结构时，可通过级联选择器逐级查看并选择，如图18-43所示。

图 18-43　Cascader 级联选择器效果

Cascader 级联选择器有两种触发子菜单的方式。第一种是单击click触发子菜单，这是默认的；第二种是鼠标悬浮hover触发子菜单，如图18-43所示。只需为 Cascader 的options属性指定选项数组即可渲染出一个级联选择器。通过props.expandTrigger可以定义展开子级菜单的触发方式。实现代码如下：

```
<div class="block">
  <span class="demonstration">默认 click 触发子菜单 </span>
```

```html
<el-cascader
  v-model="value"
  :options="options"
  @change="handleChange"></el-cascader>
</div>
<div class="block">
  <span class="demonstration">hover 触发子菜单</span>
  <el-cascader
    v-model="value"
    :options="options"
    :props="{ expandTrigger: 'hover' }"
    @change="handleChange"></el-cascader>
</div>

<script>
  export default {
    data() {
      return {
        value: [],
        options: [{
          value: 'zhinan',
          label: '指南',
          children: [{
            value: 'shejiyuanze',
            label: '设计原则',
            children: [{
              value: 'yizhi',
              label: '一致'
            }, {
              value: 'fankui',
              label: '反馈'
            }, {
              value: 'xiaolv',
              label: '效率'
            }, {
              value: 'kekong',
              label: '可控'
            }]
          }, {
            value: 'daohang',
            label: '导航',
            children: [{
              value: 'cexiangdaohang',
              label: '侧向导航'
            }, {
              value: 'dingbudaohang',
```

```
          label: '顶部导航'
        }]
    }]
}, {
    value: 'zujian',
    label: '组件',
    children: [{
        value: 'basic',
        label: 'Basic',
        children: [{
            value: 'layout',
            label: 'Layout 布局'
        }, {
            value: 'color',
            label: 'Color 色彩'
        }, {
            value: 'typography',
            label: 'Typography 字体'
        }, {
            value: 'icon',
            label: 'Icon 图标'
        }, {
            value: 'button',
            label: 'Button 按钮'
        }]
    }, {
        value: 'form',
        label: 'Form',
        children: [{
            value: 'radio',
            label: 'Radio 单选按钮'
        }, {
            value: 'checkbox',
            label: 'Checkbox 复选框'
        }, {
            value: 'input',
            label: 'Input 输入框'
        }, {
            value: 'input-number',
            label: 'InputNumber 计数器'
        }, {
            value: 'select',
            label: 'Select 选择器'
        }, {
            value: 'cascader',
            label: 'Cascader 级联选择器'
```

```
    }, {
      value: 'switch',
      label: 'Switch 开关'
    }, {
      value: 'slider',
      label: 'Slider 滑块'
    }, {
      value: 'time-picker',
      label: 'TimePicker 时间选择器'
    }, {
      value: 'date-picker',
      label: 'DatePicker 日期选择器'
    }, {
      value: 'datetime-picker',
      label: 'DateTimePicker 日期时间选择器'
    }, {
      value: 'upload',
      label: 'Upload 上传'
    }, {
      value: 'rate',
      label: 'Rate 评分'
    }, {
      value: 'form',
      label: 'Form 表单'
    }]
  }, {
    value: 'data',
    label: 'Data',
    children: [{
      value: 'table',
      label: 'Table 表格'
    }, {
      value: 'tag',
      label: 'Tag 标签'
    }, {
      value: 'progress',
      label: 'Progress 进度条'
    }, {
      value: 'tree',
      label: 'Tree 树形控件'
    }, {
      value: 'pagination',
      label: 'Pagination 分页'
    }, {
      value: 'badge',
      label: 'Badge 标记'
```

```
    }]
}, {
  value: 'notice',
  label: 'Notice',
  children: [{
    value: 'alert',
    label: 'Alert 警告 '
  }, {
    value: 'loading',
    label: 'Loading 加载 '
  }, {
    value: 'message',
    label: 'Message 消息提示 '
  }, {
    value: 'message-box',
    label: 'MessageBox 弹框 '
  }, {
    value: 'notification',
    label: 'Notification 通知 '
  }]
}, {
  value: 'navigation',
  label: 'Navigation',
  children: [{
    value: 'menu',
    label: 'NavMenu 导航菜单 '
  }, {
    value: 'tabs',
    label: 'Tabs 标签页 '
  }, {
    value: 'breadcrumb',
    label: 'Breadcrumb 面包屑 '
  }, {
    value: 'dropdown',
    label: 'Dropdown 下拉菜单 '
  }, {
    value: 'steps',
    label: 'Steps 步骤条 '
  }]
}, {
  value: 'others',
  label: 'Others',
  children: [{
    value: 'dialog',
    label: 'Dialog 对话框 '
  }, {
```

```
            value: 'tooltip',
            label: 'Tooltip 文字提示 '
          }, {
            value: 'popover',
            label: 'Popover 弹出框 '
          }, {
            value: 'card',
            label: 'Card 卡片 '
          }, {
            value: 'carousel',
            label: 'Carousel 走马灯 '
          }, {
            value: 'collapse',
            label: 'Collapse 折叠面板 '
          }]
        }]
      }, {
        value: 'ziyuan',
        label: ' 资源 ',
        children: [{
          value: 'axure',
          label: 'Axure Components'
        }, {
          value: 'sketch',
          label: 'Sketch Templates'
        }, {
          value: 'jiaohu',
          label: ' 组件交互文档 '
        }]
      }]
    };
  },
  methods: {
    handleChange(value) {
      console.log(value);
    }
  }
};
</script>
```

对于选项部分，通过在数据源中设置 disabled 属性为true，即可声明该选项是禁用的。

18.9 Switch 开关和 Slider 滑块

1. Switch 开关

表示两种相互对立的状态间的切换，多用于触发开或关。

（1）基本用法

绑定v-model到一个Boolean类型的变量。可以使用active-color属性与inactive-color属性来设置开关的背景色，效果如图18-44所示。

图 18-44　Switch 开关基础用法效果

Switch 开关的实现代码如下：

```
<el-switch
  v-model="value" active-color="#13ce66" inactive-color="#ff4949">
</el-switch>

<script>
  export default {
    data() {
      return {
        value: true
      }
    }
  };
</script>
```

（2）文字描述

使用active-text属性与inactive-text属性可以来设置开关的文字描述。通过value1、value2的值确定是选择哪个，效果如图18-45所示。

图 18-45　带文字描述的 Switch 开关

对开关进行文字描述，其实现代码如下：

```
<template>
  <div id="app">
    {{value1}}
    <el-switch v-model="value1" active-text="按月付费" inactive-text="按年付费" >
```

```
    </el-switch>
        <el-switch
          style="display: block"
          v-model="value2"
          active-color="#13ce66"
          inactive-color="#ff4949"
          active-text=" 按月付费 "
          inactive-text=" 按年付费 "
        ></el-switch>
        <!-- <HelloWorld msg="Welcome to Your Vue.js App"/> -->
      </div>
    </template>


    <script>
    // import HelloWorld from "./components/HelloWorld.vue";
    export default {
      data() {
        return {
          value1: true,
          value2: true
        };
      }


    };
    </script>
```

2. Slider滑块

通过拖动滑块在一个固定区间内进行选择。

（1）基础用法

在拖动滑块时显示当前值，有如图18-46所示几种效果。

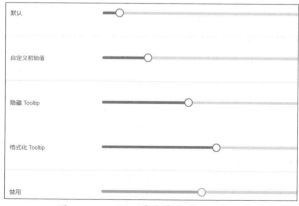

图 18-46 Slider 滑块基础用法的效果

拖动滑块的实现代码如下：

```
<template>
  <div class="block">
    <span class="demonstration"> 默认 </span>
    <el-slider v-model="value1"></el-slider>
  </div>
  <div class="block">
    <span class="demonstration"> 自定义初始值 </span>
    <el-slider v-model="value2"></el-slider>
  </div>
  <div class="block">
    <span class="demonstration">隐藏 Tooltip</span>
    <el-slider v-model="value3" :show-tooltip="false"></el-slider>
  </div>
  <div class="block">
    <span class="demonstration">格式化 Tooltip</span>
    <el-slider v-model="value4" :format-tooltip="formatTooltip"></el-slider>
  </div>
  <div class="block">
    <span class="demonstration">禁用 </span>
    <el-slider v-model="value5" disabled></el-slider>
  </div>
</template>

<script>
  export default {
    data() {
      return {
        value1: 0,
        value2: 50,
        value3: 36,
        value4: 48,
        value5: 42
      }
    },
    methods: {
      formatTooltip(val) {
        return val / 100;
      }
    }
  }
</script>
```

（2）离散值

选项可以是离散的，如图18-47所示。

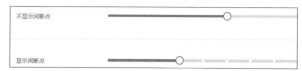

图 18-47　Slider 滑块选项为离散的效果

改变step的值可以改变步长，通过设置show-stops属性可以显示间断点，代码如下：

```
<template>
  <div class="block">
    <span class="demonstration"> 不显示间断点 </span>
    <el-slider
      v-model="value1"
      :step="10">
    </el-slider>
  </div>
  <div class="block">
    <span class="demonstration"> 显示间断点 </span>
    <el-slider
      v-model="value2"
      :step="10"
      show-stops>
    </el-slider>
  </div>
</template>

<script>
  export default {
    data() {
      return {
        value1: 0,
        value2: 0
      }
    }
  }
</script>
```

18.10　Upload 上传

通过单击或者拖曳可以上传文件。

1. 单击上传

Upload单击上传的效果如图18-48所示。

图 18-48　Upload 单击上传基本效果

通过 slot 可以传入自定义的上传按钮类型和文字提示。可通过设置limit和on-exceed来限制上传文件的个数和定义超出限制时的行为。可通过设置before-remove来阻止文件移除操作，基本实现代码如下：

```html
<template>
  <div id="app">
    <el-upload
      class="upload-demo"
      :action="url"   // 是执行上传动作的后端接口，这里写成动态获取，在 data 指明
      accept="image/jpeg,image/gif,image/png" // 文件上传类型
      :on-preview="handlePreview" // 单击文件列表中已上传文件时的钩子
      :on-remove="handleRemove" // 文件列表移除文件时的钩子
      :before-remove="beforeRemove"  // 删除文件之前的钩子
      multiple    // 允许一次上传多个
      :limit="5"    // 最大允许上传个数
      :on-exceed="handleExceed" // 文件超出个数限制时的钩子
      :file-list="fileList"   // 上传的文件列表
    >
      <el-button size="small" type="primary"> 单击上传 </el-button>
      <div slot="tip" class="el-upload__tip"> 只能上传 jpg/gif/png 文件，且不超过
500KB</div>
    </el-upload>
  </div>
</template>

<script>
export default {
  data() {
    return {
      fileList: [
        {
          name: "logo.png",
          url:"./assets/logo.png"
        },
        {
          name: " 湄洲岛 .jpeg",
          url:"./assets/1.jpg"
        }
      ],
```

```
      url:'https://jsonplaceholder.typicode.com/posts/' // 后端接口
    }

  },
  methods: {
    // 当文件被删除时激发
    handleRemove(file, fileList) {
      console.log(file, fileList),
      console.log(' 文件被移除 ')
    },
    // 单击图片时激发
    handlePreview(file) {
      console.log(file);
      console.log(' 文件被单击 ')
    },
    handleExceed(files, fileList) {
      this.$message.warning(
        ' 当前限制选择 5 个文件, 本次选择了 ${
          files.length
        } 个文件, 共选择了 ${files.length + fileList.length} 个文件'
      );
    },
    beforeRemove(file) {
      return this.$confirm(' 确定移除 ${file.name}？ ');
    }
  }
};
</script>
```

2. 用户头像上传

用户头像上传效果如图18-49所示。

图 18-49　Upload 用户头像上传效果

使用 before-upload 可以限制用户上传图片的格式和大小，实现代码如下：

```
<el-upload
  class="avatar-uploader"
  action="https://jsonplaceholder.typicode.com/posts/"
```

```
    :show-file-list="false"
    :on-success="handleAvatarSuccess"
    :before-upload="beforeAvatarUpload">
    <img v-if="imageUrl" :src="imageUrl" class="avatar">
    <i v-else class="el-icon-plus avatar-uploader-icon"></i>
</el-upload>

<style>
  .avatar-uploader .el-upload {
    border: 1px dashed #d9d9d9;
    border-radius: 6px;
    cursor: pointer;
    position: relative;
    overflow: hidden;
  }
  .avatar-uploader .el-upload:hover {
    border-color: #409EFF;
  }
  .avatar-uploader-icon {
    font-size: 28px;
    color: #8c939d;
    width: 178px;
    height: 178px;
    line-height: 178px;
    text-align: center;
  }
  .avatar {
    width: 178px;
    height: 178px;
    display: block;
  }
</style>

<script>
  export default {
    data() {
      return {
        imageUrl: ''
      };
    },
    methods: {
      handleAvatarSuccess(res, file) {
        this.imageUrl = URL.createObjectURL(file.raw);
      },
      beforeAvatarUpload(file) {
        const isJPG = file.type === 'image/jpeg';
```

```
            const isLt2M = file.size / 1024 / 1024 < 2;

            if (!isJPG) {
                this.$message.error('上传头像图片只能是 JPG 格式！');
            }
            if (!isLt2M) {
                this.$message.error('上传头像图片大小不能超过 2MB!');
            }
            return isJPG && isLt2M;
        }
    }
}
</script>
```

实战练习

1. 安装Element UI。

2. 利用Layout布局一个3行6列的表格。

3. 利用布局容器布局如图18-50所示的效果。

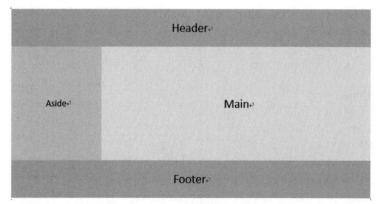

图 18-50　实战练习 3 效果

4. 利用Element UI相关组件布局如图18-51所示的效果。

项目编号	202003050001		项目名称	IMS一体化运维系统
归属部门	软件部2		负责人	MR.LIU
创建日期	⏱ 2020-03-03 14:38:24		备注	无忧信息
销售合同额			销售收入	

图 18-51　实战练习 4 效果

高手点拨

通过本章的学习，主要掌握以下知识与技能。

1. 掌握Element UI的安装。

2. 掌握Layout布局的应用。

3. 掌握Container布局容器和Color色彩的应用。

4. 掌握Typography 字体和Border边框的应用。

5. 掌握Icon图标和Button按钮的应用。

6. 掌握Radio单选按钮和Checkbox复选框的应用。

7. 掌握Input输入框和InputNumber计数器的应用。

8. 掌握Select选择器和Cascader级联选择器的应用。

9. 掌握Switch开关和Slider滑块的应用。

10. 掌握Upload上传的应用。

第 19 章

Vuex 状态管理应用实战

Vuex 是一个专为 Vue.js 应用程序开发的状态管理模式，它采用集中式存储管理应用所有组件的状态，并以相应的规则保证状态以一种可预测的方式发生变化。本章将学习 Vuex 状态管理的应用。

Vuex 的作用

Vuex用来集中管理各个组件中要用到的数据，以方便共享数据。在前面的学习中，各个组件之间的数据要共享，需要通过父子组件之间、非父子组件之间数据的传递（子组件接收父组件数据通过props属性、子组件通过$emit发送数据），对于小项目来说，这种方法很方便。但是对于大项目，这种方法就很不方便，会显得很乱，这时可以使用Vuex。

Vuex 可以帮助管理共享状态，状态可以理解为数据，一般指组件中的数据，即data中封装的属性，它们是私有的。

使用Vuex 进行状态管理也附带了更多的概念和框架。这需要对短期和长期效益进行权衡。

如果不打算开发大型单页应用，使用 Vuex 可能是烦琐冗余的。如果要开发的应用比较简单，最好不要使用 Vuex。但是，如果需要构建一个中大型单页应用，很可能会考虑如何更好地在组件外部管理状态（集中统一管理），Vuex 将会成为自然而然的选择。

Vuex管理的数据为全局数据，各个组件都可以访问到，可以很容易实现数据的一致性。

创建 Vuex 状态管理器

1. 初始化Vuex工程项目（采用Vue CLI脚手架搭建）

进入项目的根目录，执行如下命令：

```
vue create vuex-demo1
```

可以采用第17章保存的预配置（xzx-vue-cli）进行初始化。

2. 安装Vuex

初始化工程项目之后，执行如下命令：

```
cd vuex-demo1
cnpm install --save vuex // 安装 Vuex，为生产依赖
```

运行测试项目：

```
npm run serve
```

3. 创建Vuex状态管理器文件

原来要存储或使用数据，一般是通过组件的data、computed选项存储，或者来自父子组件传递过来的数据，而现在要集中管理，它的实质是单独创建文件进行存储、管理。

用VS Code打开上面初始化后的项目vuex-demo1，在src文件夹下创建store文件夹，然后在store

文件夹下创建index.js文件，用于配置Vuex，也即存储及管理数据。

4. 编写src/store/index.js文件（创建store对象并导出该对象）

分析：创建一个存储、管理数据的仓库（store），在里面存储数据，并导出该仓库对象store，以便其他组件使用。

① 通过new Vuex.Store({ })实例化store对象。

② 第①步需要用到Vuex插件，所以就需要用Vue.use(Vuex)来引入。

③ 第②步用到Vue、Vuex，所以就先需要导入Vue、Vuex，Vuex实际是Vue的一个插件，因此使用Vuex就要先导入Vue。

④ 存储数据靠store对象中的state选项，它是一个对象，里面可以存储很多数据属性。

⑤ 导出store供外面使用。

根据以上思路分析，编写的代码如下：

```
import Vue from 'vue'
// Vuex 是 Vue 的一个插件，所以先要导入 Vue
import Vuex from 'vuex'
// 引入 Vuex 插件，也就是告知可以使用 Vuex 插件对象了
Vue.use(Vuex)

// 实例化一个 store 对象，存储数据的仓库
const store=new Vuex.Store({
    state:{ //state 是 Vuex.Store 的选项，是 Vuex 管理的状态对象（共享的数据属性），
            // 下面可以设置很多属性数据
        count:1
    }
})
// 导出 store 对象，这样在外面（其他组件）就可以使用 store
export default store
```

上面斜体和斜体加粗代码可以合在一起写，这样就无须定义store对象。上面斜体代码中的state对象也可以单独定义，如下所示：

```
var state={
    count:1 // 初始值假设为 1
}
```

那么斜体代码就可以改为如下代码：

```
const store=new Vuex.Store({
    state // 这里 state 本质是 state:state，只不过选项名称与要赋的值名称相同，采用
          //ECMAScript 6 语法，可以简写
})
```

19.3 Vuex 状态管理器的基本应用

1. Vuex状态管理器的核心文件index.js应用（读取状态值）

Vuex状态管理器的核心文件index.js已经创建好了，如何应用呢？

可以在入口文件main.js导入，并注入Vue实例中。main.js代码如下：

```
import Vue from "vue";
import App from "./App.vue";
import router from "./router";
// 导入 store 对象。默认导入的就是 store 文件夹下的 index.js，所以 index.js 可以省略
import store from "./store"
//import store from "./store/index.js"
Vue.config.productionTip = false;


new Vue({
  router,
  store,// 注入 store 对象，这是 ECMAScript 6 语法，完整的是 store:store
  render: h => h(App)
}).$mount("#app");
```

Vuex状态管理器也可以在其他组件中使用。比如在views下面的Home.vue组件中使用（Home.vue组件原有内容全部删除）。

```
<template>
  <div>
    获取 store 仓库中 count 对象值 :{{ this.$store.state.count}}
  </div>
</template>
```

> **说 明**
>
> this.$store 访问实际就是 index.js 下的 store 对象，this.$store.state.count 访问就是 store 对象下的 state 对象下的 count 属性。

运行之后，结果如图19-1所示，正确获取到了Vuex状态管理器下的共享数据count属性。

Home | About

获取store仓库中count对象值:1

图 19-1　Home 组件获取 store 对象中的属性值

接下来在About.vue中引用下Vuex状态管理器下的共享数据count属性。About.vue代码修改如下：

```
<template>
  <div class="about">
```

```
    <h1> 获取 store 仓库中 count 对象值 :{{this.$store.state.count}}</h1>
  </div>
</template>
```

运行结果如图19-2所示，由此可以看出正确获取到了数据。

图 19-2 About 组件获取 store 对象中的属性值

2. 修改Vuex状态值

前面仅仅是把Vuex状态值获取到并展示出来，那么如何修改呢？

（1）修改store/index.js——增加mutations选项

修改store/index.js文件，为store对象增加mutations选项，并在该选项下定义方法去改变state数据。后续会增加更多改变数据的方法，并都封装在store对象中，后面如果哪个组件想改变数据，就可以触发store里相应方法。代码如下：

```
import Vue from 'vue'
//Vuex 是 Vue 的一个插件，所以先要导入 Vue
import Vuex from 'vuex'
// 引入 Vuex 插件，也就是告知可以使用 Vuex 插件对象了
Vue.use(Vuex)

// 实例化一个 store 对象，存储数据的仓库
const store=new Vuex.Store({
    state:{ //state 是 Vuex.Store 的选项，是 Vuex 管理的状态对象（共享的数据属性），
            // 下面可以设置很多属性数据
        count:1
    },
    mutations:{ // 通过 mutations 去定义方法改变 state 状态数据
        increment(state) // 参数 state 就是获取上面的 state
        {
            state.count++;
        }
    }
})
// 导出 store 对象，这样在外面（其他组件）就可以使用 store
export default store
```

（2）在组件中通过store对象的commit去触发mutations选项下的方法

比如在Home.vue组件中去改变触发，代码如下：

```
<template>
  <div>
    获取 store 仓库中 count 对象值 :{{this.$store.state.count}}
```

```
    <button @click="addCount"> 增加 </button>
  </div>
</template>
<script>
export default {
  methods: {
    addCount(){ // 该方法要去触发 store 对象下的改变数据的方法（increment）
    // 通过 store 对象（this.$store）的 commit 去触发，也就是参数是 mutations 下的相应方法名
      this.$store.commit('increment')
    }
  },
}
</script>
```

（3）为mutations选项增加一个减小数据的方法，然后到组件中去触发

store/index.js增加了斜体部分代码：

```
import Vue from 'vue'
//Vuex 是 Vue 的一个插件，所以先要导入 Vue
import Vuex from 'vuex'
// 引入 Vuex 插件，也就是告知可以使用 Vuex 插件对象了
Vue.use(Vuex)

// 实例化一个 store 对象，存储数据的仓库
const store=new Vuex.Store({
    state:{ //state 是 Vuex.Store 的选项，是 Vuex 管理的状态对象（共享的数据属性），
            // 下面可以设置很多数据属性
        count:1
    },
    mutations:{ // 通过 mutations 去定义方法改变 state 状态数据
        increment(state) // 参数 state 就是获取上面的 state
        {
            state.count++;
        },
        decrement(state){
            state.count--;
        }
    }
})
// 导出 store 对象，这样在外面（其他组件）就可以使用 store
export default store
```

Home.vue代码增加了斜体部分代码如下：

```
<template>
  <div>
    获取 store 仓库中 count 对象值 :{{this.$store.state.count}}
    <button @click="addCount"> 增加 </button>
```

```
    <button @click="decrement">减小 </button>
  </div>
</template>
<script>
export default {
  methods: {
    addCount(){ // 该方法要去触发 store 对象下的改变数据的方法（increment）
      // 通过 store 对象（this.$store）的 commit 去触发
      this.$store.commit('increment')
    },
    decrement(){
      this.$store.commit('decrement')
    }
  },
}
</script>
```

测试运行之后，效果如图19-3所示。

Home | **About**

获取store仓库中count对象值:5 　增加　｜　减小

图 19-3　Home 组件对 store 对象中的属性值进行增加和减小

在Home组件下改变count 的值，在About组件下也看到了更新后的数据，如图19-4所示。说明各组件间共享了Vuex的状态值。

Home | About

获取store仓库中count对象值:5

图 19-4　About 组件使用的也是 store 对象中的属性值

19.4　Vuex 状态管理器的基本使用改进——提交载荷

19.3节单击【增加】或【减小】按钮，每次只能变化1，那么这个变化节奏能不能由使用方决定呢？也就是由触发mutations的组件决定呢？答案是可以，即通过提交载荷。

也就是说，通过this.$store.commit()除了触发方法外，还可以传入额外的参数，这个额外的参数就是mutations的载荷。当然，这里也要先去修改store对象中mutations选项下的方法。修改的代码见如下斜体部分：

```
import Vue from 'vue'
//Vuex 是 Vue 的一个插件，所以先要导入 Vue
import Vuex from 'vuex'
// 引入 Vuex 插件，也就是告知可以使用 Vuex 插件对象了
Vue.use(Vuex)


// 实例化一个 store 对象，存储数据的仓库
const store=new Vuex.Store({
    state:{ //state 是 Vuex.Store 的选项，是 Vuex 管理的状态对象（共享的数据属性），
            // 下面可以设置很多属性数据
        count:1
    },
    mutations:{ // 通过 mutations 去定义方法改变 state 状态数据
        increment(state,n) // 参数 state 就是获取上面的 state
        {
            state.count+=n;
        },
        decrement(state,n){
            state.count-=n;
        }
    }
})
// 导出 store 对象，这样在外面（其他组件）就可以使用 store
export default store
```

使用方Home.vue就可以传入参数（载荷），修改代码如下斜体加粗部分：

```
<template>
  <div>
    获取 store 仓库中 count 对象值 :{{this.$store.state.count}}
    <button @click="addCount">增加 </button>
    <button @click="decrement">减小 </button>
  </div>
</template>
<script>
export default {
  methods: {
    addCount(){ // 该方法要去触发 store 对象下的改变数据的方法（increment）
      // 通过 store 对象（this.$store）的 commit 去触发
      this.$store.commit('increment',5)
    },
    decrement(){
      this.$store.commit('decrement',5)
    }
  },
}
</script>
```

运行之后，结果分别如图19-5和图19-6所示。

图 19-5　Home 组件按节奏改变 store 对象中的属性值

图 19-6　About 组件获取到更新后的 store 对象中的属性值

 ## 19.5　通过 action 提交突变并修改状态数据

1. Vuex状态管理图解

前面修改数据是通过在组件中提交突变去触发方法，但是官方不建议这么做。原因如下：既然选择Vuex框架，就得按这个框架规范来使用；便于追踪数据状态的变化。

Vuex状态管理图解如图19-7所示。

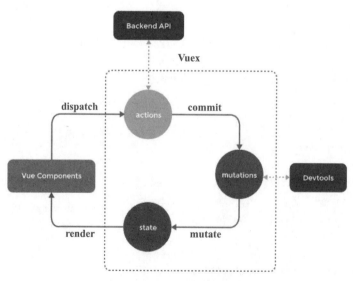

图 19-7　Vuex 状态管理图解

官方建议通过组件先发出（dispatch）actions，由actions去提交（commit）突变（mutations），通过突变去改变（mutate）state。在组件中通过 this.$store.dispatch('actionName') 触发actions。简单

地说，组件发出一个动作，动作提交改变，由mutations到state里面去改变数据，数据改变之后重新
渲染组件。

actions在哪里？从图19-7中可以看出actions也属于Vuex里的对象（因为图中虚线框框住的几个
对象外写了Vuex，表示对应的几个步骤对象都是定义在store/index.js文件中）。actions也支持载荷。

2. store/index.js增加actions

对store/index.js代码actions，如以下斜体部分代码所示：

```
import Vue from 'vue'
//Vuex 是 Vue 的一个插件，所以先要导入 Vue
import Vuex from 'vuex'
// 引入 Vuex 插件，也就是告知可以使用 Vuex 插件对象了
Vue.use(Vuex)


// 实例化一个 store 对象，存储数据的仓库
const store=new Vuex.Store({
    state:{ //state 是 Vuex.Store 的选项，是 Vuex 管理的状态对象（共享的数据属性），
            // 下面可以设置很多属性数据
        count:1
    },
    mutations:{ // 通过 mutations 去定义方法改变 state 状态数据
        increment(state,n) // 参数 state 就是获取上面的 state
        {
            state.count+=n;
        },
        decrement(state,n){
            state.count-=n;
        }
    },
    actions:{ //action 支持载荷（额外传递参数 n）
        add(context,n){ //context 为上下文对象，能获取 store 里的所有相关信息。
                        // 通过控制台输出看出参数 context 是一个对象，包含 commit 方法、
                        //dispatch 方法和 state 对象等
 //console.log(context)
            // 由原来组件中提交突变改为通过 actions 去提交突变
            // 也就是触发 increment 来改变 state 数据
            context.commit('increment',n)
        }
    }
})
// 导出 store 对象，这样在外面（其他组件）就可以使用 store
export default store
```

3. 组件通过dispatch触发动作，间接修改state

将原来在组件中提交突变改为在组件中触发动作，再由动作去提交突变，Home.vue的代码改
变如下：

```
<template>
  <div>
    获取 store 仓库中 count 对象值 :{{this.$store.state.count}}
    <button @click="addCount">增加 </button>
    <button @click="decrement">减小 </button>
  </div>
</template>
<script>
  export default {
    methods: {
      addCount(){ // 该方法要去触发 store 对象下的改变数据的方法（increment）
        // 触发 actions 修改 state
        this.$store.dispatch('add',10)
      },
      decrement(){
        this.$store.commit('decrement',5)
      }
    },
  }
</script>
```

4. 把actions中的方法参数改为按需传入

上面actions中的add方法传入的是context，能获取到store的所有相关对象，可以改为按需传入，也就是add方法下面需要用到什么对象就传入什么对象，下面的"减小"改为按需传入，但是这种写法不支持载荷。

对main.js进行修改，代码如下：

```
import Vue from 'vue'
//Vuex 是 Vue 的一个插件，所以先要导入 Vue
import Vuex from 'vuex'
// 引入 Vuex 插件，也就是告知可以使用 Vuex 插件对象了
Vue.use(Vuex)

// 实例化一个 store 对象，存储数据的仓库
const store=new Vuex.Store({
    state:{ //state 是 Vuex.Store 的选项，是 Vuex 管理的状态对象（共享的数据属性），
            // 下面可以设置很多属性数据
        count:1
    },
    mutations:{ // 通过 mutations 去定义方法改变 state 状态数据
        increment(state,n) // 参数 state 就是获取上面的 state
        {
            state.count+=n;
        },
        decrement(state){ // 改为不支持载荷
            state.count--;
```

```
            }
        },
        actions:{
            add(context,n){ //context 为上下文对象，能获取 store 的所有相关信息，包含
                            //commit 方法、dispatch 方法和 state 对象等
                // 由原来组件中提交突变改为通过 actions 去提交突变
                // 也就是触发 increment 来改变 state 数据
                //console.log(context)
                context.commit('increment',n)
            },
// 没有传入 context 参数，而是传入需要的参数 commit 和 state，如果无须打印 state 下的 count 值，
// 也就无须传入。注意参数外面需要 { }，花括号内就是要传入的对象
            decrement({commit,state})
            {
                console.log(state.count)
                commit('decrement')
            }
        }
})
// 导出 store 对象，这样在外面（其他组件）就可以使用 store
export default store
```

对Home.vue组件代码进行修改（斜体部分），代码如下所示：

```
<template>
  <div>
    获取 store 仓库中 count 对象值 :{{this.$store.state.count}}
    <button @click="addCount"> 增加 </button>
    <button @click="decrement"> 减小 </button>
  </div>
</template>
<script>
export default {
  methods: {
    addCount(){ // 该方法要去触发 store 对象下的改变数据的方法（increment）
      // 触发 actions 修改 state
      this.$store.dispatch('add',10)
    },
    decrement(){
        //this.$store.commit('decrement',5)
        this.$store.dispatch('decrement') //'decrement' 为 action 名称
    }
  },
}
</script>
```

19.6 派生属性 getters

1. getters的理解

getters同样属于store对象的一个属性，通过getters属性可以对上面state对象下的count属性进行扩展（派生），类似于计算属性，对state对象下的属性进行计算，可形成新的属性。

2. getters的应用

（1）为store/index.js代码增加getters属性

需求：增加一个msg属性，当count属性值大于80时，msg为"看电视"；当count属性值大于20时，msg为"看电影"；否则msg为"打篮球"。index.js部分代码如下，增加了斜体部分。

```
...
// 实例化一个 store 对象, 存储数据的仓库
const store=new Vuex.Store({
    state:{ //state 是 Vuex.Store 的选项, 是 Vuex 管理的状态对象（共享的数据属性）, 是一个
            // 对象, 下面可以设置很多属性数据
        count:1
    },
    mutations:{ // 通过 mutations 去定义方法改变 state 状态数据
        increment(state,n) // 参数 state 就是获取上面的 state
        {
            state.count+=n;
        },
        decrement(state){
            state.count--;
        }
    },
    actions:{
        add(context,n){ //context 为上下文对象, 能获取 store 的所有相关信息
            // 由原来组件中提交突变改为通过 actions 下面去提交突变
            // 也就是触发 increment 来改变 state 数据
            //console.log(context)
            context.commit('increment',n)
        },
        decrement({commit,state})
        {
            console.log(state.count)
            commit('decrement')
        }
    },
    getters:{
        msg(state){
            if(state.count>80)
```

```
            {
                return "看电视"
            }
            else if(state.count>20)
            {
                return "看电影"
            }
            else{
                return "打篮球"
            }
        }
    }
})
// 导出 store 对象，这样在外面（其他组件）就可以使用 store
export default store
```

（2）Home.vue组件增加派生属性

对Home.vue组件增加派生属性，代码如下所示，斜体部分为派生属性：

```
<template>
  <div>
    获取 store 仓库中 count 对象值 :{{this.$store.state.count}}
    <button @click="addCount"> 增加 </button>
    <button @click="decrement"> 减小 </button>
    <br>
    派生属性值: {{this.$store.getters.msg}}
  </div>
</template>
```

组件中读取派生属性方法为 this.$store.getters.×××，其中×××为派生属性名。运行之后，效果如图19-8所示。

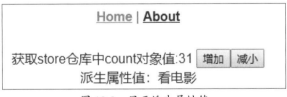

图 19-8　显示派生属性值

思考：为例子增加一个判断奇偶性的派生属性。

参考代码如下：

```
isEvenOrOdd(state){
    return state.count%2==0?" 偶数 ":" 奇数 "
}
```

3. store实例对象的属性总结

一个store对象中包含以下核心属性。

● state：定义属性（状态/数据），就是要集中管理维护的数据，也就是在多个组件中需要用到的数据，放到这里来进行集中管理。数据都通过在store中进行改变。

● getters：一般用来对state中的属性进行扩展。

● actions：用来定义方法（动作），动作提交突变，这里一般不写处理逻辑，就是用来提交突变的（如commit('decrement')）。

> **说 明**
>
> 一般要在组件中触发动作，this.$store.dispatch('actionName')，由动作提交突变。

● commit：提交变化（突变），什么变化呢？就是在mutations选项中定义的方法。

● mutations：定义变化/方法来改变数据，处理逻辑一般都在这里写。

> **注 意**
>
> 一般不要直接在 actions 下修改数据，只要显示提交变化即可（提交一个变化的方法，在 mutations 中实现方法处理数据），目的是追踪到状态的变化，符合 Vuex 设计。

19.7 Vuex 模块化管理

上面采用的是单一的状态树管理模式，随着项目的功能增多，store对象里的内容必然会越来越多，如"商品"模块、"购物车"模块、"会员"模块等，而每个模块都有自己的state、mutations、actions、getters等。如果全部写在一个store对象里，那么这个store对象就会非常庞大，且可读性会很差。因此，需要进行模块化管理，让每个模块拥有自己的state、mutations、actions、getters。示例代码如下：

```
const moduleA = {
  state: { … },
  mutations: { … },
  actions: { … },
  getters: { … }
}

const moduleB = {
  state: { … },
  mutations: { … },
  actions: { … }
}

const store = new Vuex.Store({
  modules: {
    a: moduleA,//moduleA
```

```
        b: moduleB
    }
})
```

```
store.state.a //moduleA 的状态（数据），模块名在后
store.state.b //moduleB 的状态（数据）
```

下面将上面示例改进为分模块化管理。

（1）改进store/index.js

对每个模块单独定义一个变量，存储它的state、mutations、actions、getters对象；下面代码中写了home和goods两个模块，然后在实例化Vuex.Store对象时通过modules指明模块对象。

```
import Vue from 'vue'
//Vuex 是 Vue 的一个插件，所以先要导入 Vue
import Vuex from 'vuex'
// 引入 Vuex 插件，也就是告知可以使用 Vuex 插件对象了
Vue.use(Vuex)
const home={
    state:{ //state 是 Vuex.Store 的选项，是 Vuex 管理的状态对象（共享的数据属性），
            // 下面可以设置很多属性数据
        count:1
    },
    mutations:{ // 通过 mutations 去定义方法改变 state 状态数据
        increment(state,n) // 参数 state 就是获取上面的 state
        {
            state.count+=n;
        },
        decrement(state){
            state.count--;
        }
    },
    actions:{
        add(context,n){ //context 为上下文对象，能获取 store 的所有相关信息
            // 由原来组件中提交突变改为通过 actions 去提交突变
            // 也就是触发 increment 来改变 state 数据
            //console.log(context)
            context.commit('increment',n)
        },
        decrement({commit,state})
        {
            console.log(state.count)
            commit('decrement')
        }
    },
    getters:{
        msg(state){
```

```
            if(state.count>80)
            {
                return "看电视"
            }
            else if(state.count>20)
            {
                return "看电影"
            }
            else{
                return "打篮球"
            }
        }
    }
}
const goods={
    state:{
    },
    mutations:{
    },
    actions:{
    },
getters:{
    msg1(){
            return "嘿嘿"
        }
    }
}
// 实例化一个 store 对象，存储数据的仓库
const store=new Vuex.Store({
    modules:{
        home,//home:home
        goods
    }
})
// 导出 store 对象，这样在外面（其他组件）就可以使用 store
export default store
```

（2）改进组件Home.vue

因为store/index.js改为了模块化管理，所以Home.vue组件里原有的方法this.\$store.state.count获取不到count值。需要改为this.\$store.state.home.count（home名称就是对应模块变量的名称），其他代码不变。

> **注 意**
>
> home 与 state 的顺序不能调换。获取 getters 下属性不用改，依然是 this.\$store.getters.msg。各模块之间的扩展属性不要同名，比如不能有两个 msg，否则会报出错。

19.8 Vuex 模块化管理改进——Vuex 标准项目结构

1. Vuex标准项目结构

在第19.7节中，虽然每个模块单独拥有自己的state、mutations、actions、getters对象，但是还是都写在了一个文件（store/index.js），那么这个文件就会非常庞大，也不适合。因此，官方推荐了一个标准化的Vuex项目结构，如图19-9所示。

```
├── index.html
├── main.js
├── api
│   └── ... # 抽取出API请求
├── components
│   ├── App.vue
│   └── ...
└── store
    ├── index.js          # 我们组装模块并导出 store 的地方
    ├── actions.js        # 根级别的 action
    ├── mutations.js      # 根级别的 mutation
    └── modules
        ├── cart.js       # 购物车模块
        └── products.js   # 产品模块
```

图 19-9　Vuex 标准项目结构

实际上就是把每个拥有自己的state、mutations、actions、getters对象的模块再单独形成一个JS文件，并抽出根级别的actions、mutations，以方便存放一些公共的对象。

图19-9中cart.js、products.js都会拥有自己的state、mutations、actions、getters对象。

2. 例子改进

在store文件夹下新建modules文件夹，在modules文件夹下再新建home.js文件。然后把store/index.js文件中的home对象直接全部复制到home.js文件中，并把它作为默认对象导出，代码如下：

```
export default{
    state:{ //state 是 Vuex.Store 的选项，是 Vuex 管理的状态对象（共享的数据属性），是一个
            // 对象，下面可以设置很多属性数据
        count:1
    },
    mutations:{ // 通过 mutations 去定义方法改变 state 状态数据
        increment(state,n) // 参数 state 就是获取上面的 state
        {
            state.count+=n;
        },
        decrement(state){
            state.count--;
        }
```

```
        },
        actions:{
            add(context,n){ //context 为上下文对象，能获取 store 的所有相关信息
                // 由原来组件中提交突变改为通过 actions 去提交突变
                // 也就是触发 increment 来改变 state 数据
                //console.log(context)
                context.commit('increment',n)
            },
            decrement({commit,state})
            {
                console.log(state.count)
                commit('decrement')
            }
        },
        getters:{
            msg(state){
                if(state.count>80)
                {
                    return "看电视"
                }
                else if(state.count>20)
                {
                    return "看电影"
                }
                else{
                    return "打篮球"
                }
            }
        }
    }
```

为了更好地体现模块化及导出对象，会把里面的state、mutations、actions、getters对象单独定义。最终代码如下：

```
const state={
    count:1
}
const getters={
    msg(state){
        if(state.count>80)
        {
            return "看电视"
        }
        else if(state.count>20)
        {
            return "看电影"
        }
```

```
        else{
            return " 打篮球 "
        }
    }
}
const mutations={
    increment(state,n) // 参数 state 就是获取上面的 state
    {
        state.count+=n;
    },
    decrement(state){
        state.count--;
    }
}
const actions={
    add(context,n){ //context 为上下文对象，能获取 store 的所有相关信息
        // 由原来组件中提交突变改为通过 actions 去提交突变
        // 也就是触发 increment 来改变 state 数据
        //console.log(context)
        context.commit('increment',n)
    },
    decrement({commit,state})
    {
        console.log(state.count)
        commit('decrement')
    }
}
export default {
    state,
    getters,
    mutations,
    actions
}
```

返回store/index.js，在该文件中导入home.js即可：

```
import Vue from 'vue'
// Vuex 是 Vue 的一个插件，所以先要导入 Vue
import Vuex from 'vuex'
import home from './modules/home'
// 引入 Vuex 插件，也就是告知可以使用 Vuex 插件对象了
Vue.use(Vuex)

const goods={
    state:{
    },
    mutations:{
```

```
    },
    actions:{
    },
    getters:{
        msg1(){
            return "嘿嘿"
        }
    }
}
// 实例化一个 store 对象, 存储数据的仓库
const store=new Vuex.Store({
    modules:{
        home,//home:home
        goods
    }
})
// 导出 store 对象, 这样在外面 (其他组件) 就可以使用 store
export default store
```

测试Home.vue组件代码, 查看是否一样获取到了Home.vue组件的count属性值。把store/index.js下的goods模块也单独抽取成一个文件, 即在modules文件夹下新建goods.js文件, 代码如下:

```
const state={

}
const getters={

}
const mutations={

}
const actions={

}
export default {
    state,
    mutations,
    actions,
    getters
}
```

返回store/index.js中, 导入modules/goods.js即可。

```
import Vue from 'vue'
// Vuex 是 Vue 的一个插件, 所以先要导入 Vue
import Vuex from 'vuex'
import home from './modules/home'
import goods from './modules/goods'
```

```
// 引入 Vuex 插件，也就是告知可以使用 Vuex 插件对象了
Vue.use(Vuex)

// 实例化一个 store 对象，存储数据的仓库
const store=new Vuex.Store({
    modules:{
        home,//home:home
        goods
    }
})
// 导出 store 对象，这样在外面（其他组件）就可以使用 store
export default store
```

Vuex状态管理的数据，默认只是在各个路由之间切换，能共享收到Vuex管理的状态（数据），但是如果刷新浏览器，Vuex状态管理的数据会恢复到初始值。如果想永久保存，可以使用浏览器的Local Storage/Session Storage，刷新页面后重新返回Local Storage/Session Storage里面去获取数据。

Local Storage与Session Storage的区别：Local Storage表示如果没有手动去清空浏览器，本地存储就会永久保存；Session Storage表示只要浏览器关闭后就会清空数据。

 ## 19.9　增加逻辑判断

1. 单击【减小】按钮需求改变

现在将【减小】按钮的需求改变下，就是在当前数字的值大于50时，单击【减小】按钮才能减1，否则不变化。

要改变此需求，只需要对home.js文件中实现减小功能的actions加一个条件判断，代码如下：

```
decrement({commit,state})
    {
        console.log(state.count)
        //commit('decrement')
        if(state.count>50)
        {
            commit('decrement')
        }
    }
```

2. 单击【增加】按钮需求改变

单击【增加】按钮，要先判断当前用户的权限，权限允许才执行增加操作。这里就需要发送一个异步请求，到后端去获取用户权限，这里利用Promise模拟发送异步请求。

模拟场景：每隔3秒随机产生一个1～10的随机整数，如果小于等于5，表示执行成功，否则表

示执行失败。

说明：Math.ceil() 函数用于返回大于或等于一个给定数字（参数）的最小整数，Math.random() 函数用于产生一个位于[0,10)的随机数。

代码如下：

```
add(context, n) { //context 为上下文对象，能获取 store 的所有相关信息
    // 由原来组件中提交突变改为通过 actions 去提交突变
    // 也就是触发 increment 来改变 state 数据
    //console.log(context)
    //context.commit('increment',n)
    // 模拟发送异步操作（比如要到后端去验证用户身份）
    var p = new Promise((resolve, reject) => {
        setTimeout(() => {
            var num = Math.ceil(Math.random() * 10); //生成 1 ~ 10 的随机整数
            if (num <= 5) {
                console.log(num)
                resolve(' 异步操作成功 ');
            }
            else {
                console.log(num)
                reject(' 数字太大了 ');
            }
        }, 3000)// 每隔 3 秒执行下面的 commit('increment') 提交数据变化
    });
    p.then(resp => {
        console.log(resp)
        context.commit('increment', n)
    }).catch(err => {
        console.log(err)
    });
},
```

 ## 19.10 事件类型及创建根级别的 store 对象文件

1. 事件类型

在actions中通过 "commit('increment');" 去提交变化，括号中的参数名称由自己命名，通常称之为事件类型，这个名称一定要与mutations中的方法名保持一致。对于这个事件类型名称，一般会定义为一个常量，放到一个公共的位置，这样后续修改就方便了。

因此，在src/store下面新建一个types.js文件，内容如下：

```
/* 定义事件类型常量 */
```

```
const INCREMENT='INCREMENT'
const DECREMENT='DECREMENT'
// 导出
export default{
    INCREMENT,
    DECREMENT
}
```

在home.js文件中使用types.js中的常量，就要在home.js中先导入，代码如下：

```
import type from '···/types.js' // 导入上一级的 type.js
```

导入之后，type就是一个对象了。

那么原来的"commit('increment',n);"就可改为"commit(type.INCREMENT,n);"，原来的"increment(state,n)"就可改为"[type.INCREMENT](state,n)"，其中，"[ ]"不能少，少了就变成"对象.属性"了，不再是一个事件名，这是ECMAScript 6语法的规则。

对于【减小】按钮一样更改。更改后的home.js代码如下：

```
import type from '···/types.js' // 导入上一级的 type.js
const state = {
    count: 1
}
const getters = {
    msg(state) {
        if (state.count > 80) {
            return " 看电视 "
        }
        else if (state.count > 20) {
            return " 看电影 "
        }
        else {
            return " 打篮球 "
        }
    },
    isEvenOrOdd(state){
        return state.count%2==0?" 偶数 ":" 奇数 "
    }
}
const mutations = {
    // increment(state, n) // 参数 state 就是获取上面的 state
    [type.INCREMENT](state, n)
    {
        state.count += n;
    },
    // decrement(state)
    [type.DECREMENT](state)
    {
```

```
                state.count--;
        }
}
const actions = {
    add(context, n) { //context 为上下文对象，能获取 store 的所有相关信息
            // 由原来组件中提交突变改为通过 actions 去提交突变
            // 也就是触发 increment 来改变 state 数据
            //console.log(context)
            //context.commit('increment',n)
            // 模拟发送异步操作（比如要到后端去验证用户身份）
            var p = new Promise((resolve, reject) => {
                setTimeout(() => {
                    var num = Math.ceil(Math.random() * 10); //生成 1 ~ 10 的随机整数
                    if (num <= 5) {
                        console.log(num)
                        resolve(' 异步操作成功 ');
                    }
                    else {
                        console.log(num)
                        reject(' 数字太大了 ');
                    }
                }, 3000)// 每隔 3 秒执行下面的 commit('increment') 提交数据变化
            });
            p.then(() => {
                //context.commit('increment', n)
                context.commit(type.INCREMENT, n)
            }).catch(() => {
                console.log(' 异步操作失败 ')
            });
    },
    decrement({ commit, state }) {
        console.log(state.count)
        //commit('decrement')
        if (state.count > 50) {
            commit(type.DECREMENT)
        }

    }
}
export default {
    state,
    getters,
    mutations,
    actions
}
```

2. 创建根级别的store对象文件

在store文件夹下创建getters.js、actions.js、mutations.js文件，存放各个模块公共的对象。例如，在store文件夹下创建一个根级别的getters.js，把判断奇偶性的派生属性移到根级别的getters.js下面，代码如下：

```
const getters={
    isEvenOrOdd(state){
        //return state.count%2==0?" 偶数 ":" 奇数 "
        return state.home.count%2==0?" 偶数 ":" 奇数 "
        // 说明：state 指传入的状态数据，这里没问题，能获取到传入过来的数据。但是 state.count
        // 获取数据会有问题。为什么呢？假设还有一个购物车模块 goods.js，这里面也有一个 count,
        // 而这个 getters 是根级别的，那么 state.count 是取 home 模块还是 goods 模块呢？所以上
        // 面应改为 state.home.count
    }
}
// 必须要导出
export default getters;
```

注释掉home.js下判断奇偶性的代码如下：

```
/*  isEvenOrOdd(state){
        return state.count%2==0?" 偶数 ":" 奇数 "
    } */
```

如果创建了有根级别的getters、actions、mutations，那么在store/index.js文件中也需要导入和导出，代码如下：

```
import Vue from 'vue'
// Vuex 是 Vue 的一个插件，所以先要导入 Vue
import Vuex from 'vuex'
import home from './modules/home'
import goods from './modules/goods'
import getters from './getters.js'
//import actions from './actions.js'
//import mutations from './mutations.js'
// 引入 Vuex 插件，也就是告知可以使用 Vuex 插件对象了
Vue.use(Vuex)

// 实例化一个 store 对象，存储数据的仓库
const store=new Vuex.Store({
    getters, // 如果有根级别的 getters、actions、mutations，也需要导出
    //actions,
    //mutations,
    modules:{
        home,// 完整写法 home:home
        goods
    }
})
```

```
// 导入 store 对象，这样在外面（其他组件）就可以使用 store
export default store
```

说明：在Home.vue组件中使用时无须更改，那么如下两行代码是如何找到isEvenOrOdd和msg属性的呢？

```
<h1>{{this.$store.getters.isEvenOrOdd}}</h1>
 派生属性值：{{this.$store.getters.msg}}
```

因为在store/index.js中最后导出了getters和home，所以就会先到根级别去找isEvenOrOdd和msg，如果没有找到，就会到home.js文件下去找。

⏱ 实战练习

1. Vuex有哪几种属性？

2. Vuex的state特性是什么？

3. Vuex的getters特性是什么？

4. Vuex的mutations特性是什么？

5. Vue.js中Ajax请求代码应该写在组件的methods中还是Vuex的actions中？

⚙ 高手点拨

通过本章的学习，主要掌握以下知识与技能。

1. 能熟练安装Vuex。

2. 理解Vuex的使用场景及使用优势。

3. 掌握Store对象的核心属性及其用法。

4. 掌握Vuex模块化管理的标准结构。

5. 能在实际应用中灵活应用Vuex进行集中管理数据。

第20章

Mock 数据生成器和创建服务接口实战精讲

现在比较流行的一种 Web 应用架构模式就是前后端分离。在开发阶段，前后端工程师约定好数据交互接口，实现并行开发和测试。也就是前端工程师并不依赖于后端开发工程师开发的数据和接口，那么前端开发过程中需要的测试数据和接口在哪里呢？可以通过 Mock 来生成数据和创建服务接口，本章就来学习 Mock 相关知识。

20.1 Mock 初步了解

1. Mock概述

Mock指Mock.js，用于生成随机数，拦截Ajax请求。为什么需要生成随机数呢？因为前后端分离开发，前端人员与后端人员并行开发，前端人员不应依赖于后端人员开发好的数据及接口。前端代码通过发送Ajax请求调用后端数据，这个时候Mock.js拦截下来，并提供测试数据给前端，那么这个测试数据如何来呢？Mock.js有一套法则用来生成随机数，可以生成非常真实的模拟数据，与从后端调用的数据一样。

2. 初始化项目及Mock.js安装

① 新建项目文件夹mock-demo，进入文件夹，打开cmd窗口，通过npm init -y命令初始化一个项目。

② 进入项目文件夹mock-demo，通过npm install mock.js命令安装Mock.js（Mockjs@1.1.0）。

③ 用VS Code打开项目所在文件夹mock-demo，在下面新建一个文件，如mockdemo.js。

④ 在mockdemo.js中编写生成数据规则，代码如下：

```
// 导入 mock.js
const Mock=require('mock.js')
// 通过 Mock 对象的 mock 方法定义生成数据的规则，方法参数是一个对象，可以定义很多规则
// 定义一个变量接收随机生成的数据
const data=Mock.mock({
    // 生成 5 条图书列表数据，由于是多条，就应该是一个数组，数据为图书的属性信息
    'bookList|5':[{
        'id':1,
        'name':' 计算机基础 '
    }]
})
// 通过控制台输出
console.log(data)
```

⑤ 通过node命令测试生成的数据，结果如图20-1所示。可以看到生成了5条记录，并且id都为1，name都为计算机基础。

```
PS F:\Vue.js全家桶零基础入门到进阶项目实战\源代码\第20章\mock-demo> node mockdemo.js
{
  bookList: [
    { id: 1, name: '计算机基础' },
    { id: 1, name: '计算机基础' },
    { id: 1, name: '计算机基础' },
    { id: 1, name: '计算机基础' },
    { id: 1, name: '计算机基础' }
  ]
}
```

图 20-1　通过 mock 生成 5 条图书信息

⑥ 格式化输出。

第1种方法是将第④步加粗代码改为如下代码：

```
console.log(JSON.stringify(data))// 转为 json 字符串简单输出
```

输出结果格式如下：

```
{"bookList":[{"id":1,"name":" 计算机基础 "},{"id":1,"name":" 计算机基础 "},
{"id":1,"name":" 计算机基础 "},{"id":1,"name":" 计算机基础 "},{"id":1,"name":
" 计算机基础 "}]]
```

第2种方法是将第④步加粗代码改为以下这种形式：

```
console.log(JSON.stringify(data,null,2))// 不同级别缩进两个字符格式化输出
```

其中，null为处理函数，这里不需要；2代表不同级别会缩进两个字符。此时输出结果格式如图20-2所示。

```
{
  "bookList": [
    {
      "id": 1,
      "name": "计算机基础"
    },
    {
      "id": 1,
      "name": "计算机基础"
    },
    {
      "id": 1,
      "name": "计算机基础"
    },
    {
      "id": 1,
      "name": "计算机基础"
    },
    {
      "id": 1,
      "name": "计算机基础"
    }
  ]
}
```

图 20-2　通过 mock 生成 5 条图书信息按指定格式输出

以上生成的数据，如条数（5）、id（1）、name（计算机基础）都为固定的，后面学习丰富的语法规范，可以生成丰富的随机数。

Mock.js 的语法规范有两种：数据模板定义（Data Template Definition，DTD）规范和数据占位符定义（Data Placeholder Definition，DPD）规范。下面分别进行讲解。

20.2　Mock 数据模板定义规范

1. Mock数据模板定义规范语法

什么是数据模板呢？如下代码就使用了数据模板。

```
'bookList|5':[{
    'id':1,
    'name':' 计算机基础 '
}]
```

数据模板的每个属性由3部分组成：属性名、规则、属性值。语法如下：

```
属性名 |[ 规则 ]：属性值
```

其中，规则是可选的。生成的规则通常有以下7种。

```
'name|min-max': value
'name|count': value
'name|min-max.dmin-dmax': value
'name|min-max.dcount': value
'name|count.dmin-dmax': value
'name|count.dcount': value
'name|+step': value
```

生成规则的含义需要依赖属性值的类型才能确定。

2. 属性值是数字（number）

属性值为number的常见用法如下。

```
'name|+1': number
```

上述代码表示属性值自动加 1，初始值为 number 。

```
'name|min-max': number
```

上述代码表示生成一个大于等于 min 、小于等于 max 的整数，属性值 number 只是用来确定类型。

```
'name|min-max.dmin-dmax': number
```

上述代码表示生成一个浮点数，整数部分大于等于 min 、小于等于 max ，小数部分保留 dmin 到 dmax 位。

例1：代码如下。

```
'bookList|5':[{
    'id|+1':1,
    'name|2':'计算机基础'
}]
```

上面代码的含义是生成5条bookList信息，id值从1开始，依次加1，name值为重复两遍"计算机基础"，输出结果如图20-3所示。

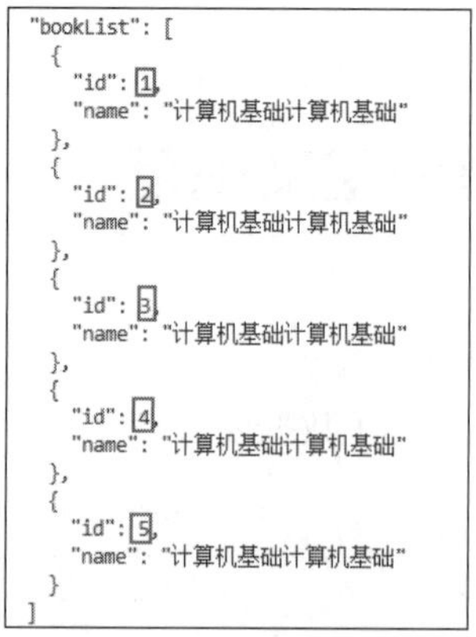

```
"bookList": [
  {
    "id": 1,
    "name": "计算机基础计算机基础"
  },
  {
    "id": 2,
    "name": "计算机基础计算机基础"
  },
  {
    "id": 3,
    "name": "计算机基础计算机基础"
  },
  {
    "id": 4,
    "name": "计算机基础计算机基础"
  },
  {
    "id": 5,
    "name": "计算机基础计算机基础"
  }
]
```

图 20-3　例 1 输出结果

例2: 代码如下。

```
'bookList|5':[{
    'id|+1':1,
    'name|2':' 计算机基础 ',
    'age|18-60':1  // 随机生成年龄为 18 ~ 60, 1 只是用来确定数据类型
}]
```

例2在例1的基础上增加了age属性, 取值为18~60, 某次输出结果如图20-4所示。

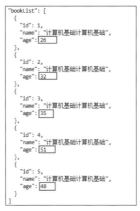

图 20-4　例 2 输出结果

例3: 代码如下。

```
'bookList|2':[{
    'id|+1':1,
    'name|2':' 计算机基础 ',
    'age|18-60':1,
    'price|20-99.1-2':1
}]
```

例3在例2的基础上增加了price属性, 其整数取值为20~99, 小数位数为1~2位, 并且只生成两条bookList信息, 某次输出结果如图20-5所示。

```
"bookList": [
  {
    "id": 1,
    "name": "计算机基础计算机基础",
    "age": 36,
    "price": 27.2
  },
  {
    "id": 2,
    "name": "计算机基础计算机基础",
    "age": 22,
    "price": 93.79
  }
]
```

图 20-5　例 3 输出结果

3. 属性值是字符串（string）

属性值为string的常见用法如下。

```
'name|count': string
```

以上代码表示通过重复 string 生成一个字符串，重复次数为 count 。

```
'name|min-max': string
```

上述代码表示通过重复 string 生成一个字符串，重复次数大于等于 min，小于等于 max 。

例4：代码如下。

```
const data=Mock.mock({
    'bookList|5':[{
        'id':1,
        'name|1-4':'计算机基础' // "计算机基础"随机重复1～4次
    }]
})
```

该例中的name属性表示"计算机基础"随机重复1～4次，某次输出结果如图20-6所示。

```
"bookList": [
  {
    "id": 1,
    "name": "计算机基础计算机基础计算机基础"
  },
  {
    "id": 1,
    "name": "计算机基础计算机基础计算机基础"
  },
  {
    "id": 1,
    "name": "计算机基础计算机基础"
  },
  {
    "id": 1,
    "name": "计算机基础计算机基础计算机基础计算机基础"
  },
  {
    "id": 1,
    "name": "计算机基础计算机基础计算机基础"
  }
]
```

图 20-6　例 4 输出结果

4. 属性值是布尔型（boolean）

属性值为boolean的常见用法如下。

```
'name|1': boolean
```

上述语法表示随机生成一个布尔值，值为 true 的概率是 1/2，值为 false 的概率同样是 1/2。

```
'name|min-max': value
```

上述语法表示随机生成一个布尔值，值为 value 的概率是 min / (min + max)，值为 !value 的概率是 max / (min + max)。

例5：代码如下。

```
'bookList|3':[{
        'id|+1':1,
        'name|2':'计算机基础',
        'age|18-60':1,
        'price|20-99.1-2':1,
        'isHot|1':false
}]
```

例5在例3的基础上增加了isHot属性，表示出现false的概率是1/2，并且改为生成3条bookList信息，某次输出结果如图20-7所示。

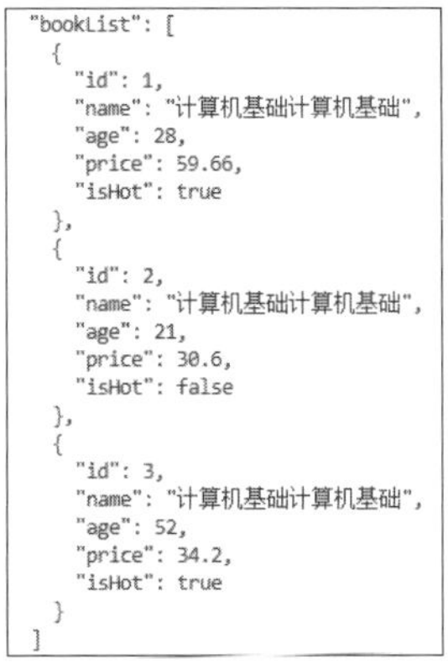

```
"bookList": [
  {
    "id": 1,
    "name": "计算机基础计算机基础",
    "age": 28,
    "price": 59.66,
    "isHot": true
  },
  {
    "id": 2,
    "name": "计算机基础计算机基础",
    "age": 21,
    "price": 30.6,
    "isHot": false
  },
  {
    "id": 3,
    "name": "计算机基础计算机基础",
    "age": 52,
    "price": 34.2,
    "isHot": true
  }
]
```

图 20-7　例 5 输出结果

例6：代码如下。

```
'bookList|3':[{
    'id|+1':1,
    'name|2':' 计算机基础 ',
    'age|18-60':1,
    'price|20-99.1-2':1,
    'isHot|1':false,
    'isRecommend|1-2':false
}]
```

例6在例5的基础上增加了isRecommend属性，表示isRecommend属性值为false的概率是1/3，为true的概率为2/3，某次输出结果如图20-8所示。

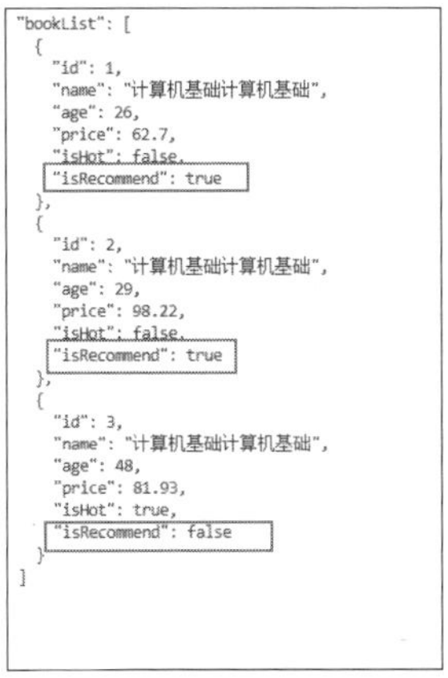

```
"bookList": [
  {
    "id": 1,
    "name": "计算机基础计算机基础",
    "age": 26,
    "price": 62.7,
    "isHot": false,
    "isRecommend": true
  },
  {
    "id": 2,
    "name": "计算机基础计算机基础",
    "age": 29,
    "price": 98.22,
    "isHot": false,
    "isRecommend": true
  },
  {
    "id": 3,
    "name": "计算机基础计算机基础",
    "age": 48,
    "price": 81.93,
    "isHot": true,
    "isRecommend": false
  }
]
```

图 20-8　例 6 输出结果

5. 属性值是对象（object）

属性值为object的常见用法如下。

```
'name|count': object
```

以上代码表示从属性值 object 中随机选取 count 个属性。

```
'name|min-max': object
```

以上代码表示从属性值 object 中随机选取 min 到 max 个属性。

例7：代码如下。

```
'bookList|3':[{
    'id|+1':1,
    'name|2':' 计算机基础 ',
    'age|18-60':1,
    'price|20-99.1-2':1,
    'isHot|1':false,
    'isRecommend|1-2':false,
    'order|2':{id:1,num:5,datetime:'2020-3-23'}
}]
```

例7在例6的基础上增加了order对象属性，该对象具有id、num、datetime属性。order后面的2表示从id、num、datetime三个属性中随机取两个属性，某次输出结果如图20-9所示。

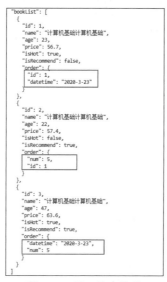

图 20-9　例 7 输出结果

如果例7中order属性后面的2改为1-2，则表示从id、num、datetime3个属性中随机取1～2个属性构成对象作为order的属性值。

6. 属性值是数组(array)

属性值为array的常见用法如下。

```
'name|count': array
```

以上代码表示通过重复属性值 array 生成一个新数组，重复次数为 count。

```
'name|min-max': array
```

以上代码表示通过重复属性值 array 生成一个新数组，重复次数大于等于 min，小于等于 max。

例8：代码如下。

```
'bookList|1-3':[{ // 随机生成 1 ~ 3 个数组元素值
    'id|+1':1,
    'name|2':' 计算机基础 ',
    'age|18-60':1,
    'price|20-99.1-2':1,
    'isHot|1':false,
    'isRecommend|1-2':false,
    //'order|2':{id:1,num:5,datetime:'2020-3-23'}
    'order|1-2':{id:1,num:5,datetime:'2020-3-23'}
}]
```

例8中bookList后面的1-3表示后面的数组元素值随机生成1～3次，某次输出结果如图20-10所示。

```
"bookList": [
  {
    "id": 1,
    "name": "计算机基础计算机基础",
    "age": 26,
    "price": 39.18,
    "isHot": true,
    "isRecommend": false,
    "order": {
      "datetime": "2020-3-23"
    }
  },
  {
    "id": 2,
    "name": "计算机基础计算机基础",
    "age": 34,
    "price": 25.5,
    "isHot": true,
    "isRecommend": true,
    "order": {
      "num": 5,
      "id": 1
    }
  }
]
```

图 20-10　例 8 输出结果

7. 属性值是函数（function）

属性值为function的常见用法如下：

```
'name': function
```

执行函数 function，取其返回值作为最终的属性值。属性值为函数的一般放最后面。

例9：代码如下。

```
'bookList|3':[{
    'id|+1':1,
    'name|2':' 计算机基础 ',
    'age|18-60':1,
    'price|20-99.1-2':1,
    'isHot|1':false,
    'isRecommend|1-2':false,
    //'order|2':{id:1,num:5,datetime:'2020-3-23'}
    'order|1-2':{id:1,num:5,datetime:'2020-3-23'},
    'discount':function(){
        return parseInt(Math.random()*100)>60 ? 0.8 : 0.5}
}]
```

例9在例8的基础上增加了discount属性，该属性是一个函数，即把函数的返回值作为其属性值。此函数是将产生的随机数乘以100，取整后大于60返回0.8，否则返回0.5。某次输出结果如图20-11所示。

```
"bookList": [
  {
    "id": 1,
    "name": "计算机基础计算机基础",
    "age": 57,
    "price": 25.5,
    "isHot": true,
    "isRecommend": false,
    "order": {
      "datetime": "2020-3-23"
    },
    "discount": 0.8
  },
  {
    "id": 2,
    "name": "计算机基础计算机基础",
    "age": 30,
    "price": 56.1,
    "isHot": false,
    "isRecommend": false,
    "order": {
      "id": 1
    },
    "discount": 0.5
  },
  {
    "id": 3,
    "name": "计算机基础计算机基础",
    "age": 34,
    "price": 22.43,
    "isHot": true,
    "isRecommend": false,
    "order": {
      "id": 1,
      "datetime": "2020-3-23"
    },
    "discount": 0.5
  }
]
```

图 20-11　例 9 输出结果

8. 属性值是正则表达式（regexp）

属性值为regexp的常见用法如下：

`'name': regexp`

表示根据正则表达式 regexp 反向生成可以匹配它的字符串。

例10： 代码如下。

```
'bookList|2':[{
    'id|+1':1,
    'name|2':' 计算机基础 ',
    'age|18-60':1,
    'price|20-99.1-2':1,
    'isHot|1':false,
    'isRecommend|1-2':false,
    // 'order|2':{id:1,num:5,datetime:'2020-3-23'}
    'order|1-2':{id:1,num:5,datetime:'2020-3-23'},
    'postcode':/\d{6}/,     // 邮政编码，生成邮政编码有专用的 @zip
    'discount':function(){
        return parseInt(Math.random()*100)>60 ? 0.8 : 0.5
    }
}]
```

例10在例9的基础上增加了postcode属性，该属性是一个正则表达式，用来生成随机的6位数字，并且改为生成两条bookList信息。某次输出结果如图20-12所示。

```
"bookList": [
  {
    "id": 1,
    "name": "计算机基础计算机基础",
    "age": 47,
    "price": 32.7,
    "isHot": true,
    "isRecommend": true,
    "order": {
      "num": 5
    },
    "postcode": "637033",
    "discount": 0.5
  },
  {
    "id": 2,
    "name": "计算机基础计算机基础",
    "age": 58,
    "price": 43.67,
    "isHot": true,
    "isRecommend": false,
    "order": {
      "num": 5,
      "id": 1
    },
    "postcode": "164076",
    "discount": 0.8
  }
]
```

图 20-12　例 10 输出结果

> **注　意**
>
> 正则表达式以"/"开始和结束，且外面不需要单引号，有单引号就表示为字符串。例如，"/\d{5,10}/"
> 表示取 5 ~ 10 位数字。

20.3　Mock 数据占位符定义规范

20.2节中Mock数据模板定义规范语法生成的数据有的不够真实，比如字符串生成的name，那么可以结合Mock数据占位符定义规范来使用。语法如下：

```
'属性名': @占位符
```

1. 基本类型占位符

基本类型占位符用于随机生成基本数据类型的数据，常用的占位符有natural、integer、string、boolean、float，natural为自然数，即大于0的整数。

例11：代码如下。

```
const Mock=require('mockjs')
const data=Mock.mock({
    'bookList|4':[{
        'id|+1':1,
        'name':'@string',
        'price':'@float',
        'isHot':'@boolean',
        'num':'@natural'
        }]
```

```
})
console.log(JSON.stringify(data,null,2))
```

例11表示随机生成4条bookList信息，每条bookList信息由id、name、price、isHot、num等属性组成。id属性初始值为1，后面每条信息的id属性值在前面一个id属性值基础上加1；name属性值为字符串；price属性为float类型数据；isHot属性为boolean类型数据；num属性为自然数。某次输出结果如图20-13所示。

```
"bookList": [
  {
    "id": 1,
    "name": "*R*2",
    "price": -583734957171440.5,
    "isHot": false,
    "num": 8780866608051176
  },
  {
    "id": 2,
    "name": "Jwd",
    "price": -5377040374849833,
    "isHot": true,
    "num": 5476870087356582
  },
  {
    "id": 3,
    "name": "2mS27!L",
    "price": -70351237151224.37,
    "isHot": true,
    "num": 4908524764634572
  }
]
```

图 20-13 例 11 输出结果

2. 日期占位符

日期占位符用于随机生成日期类型的数据，其语法如下：

占位符（format）

format为输出格式，有以下几种：

```
date/date(format)
time/time(format)
datetime/datetime(format)
```

例12：代码如下。

```
const data=Mock.mock({
    'bookList|3':[{
        'id|+1':1,
        'orderDate':'@date',
        'birthday':'@date("yyyy/MM/dd")',
        'loginDate':'@datetime("yyyy/MM/dd HH:mm:ss")',
        'time1':'@time'
    }]
})
```

例12中orderDate属性为默认日期格式，birthday属性指定为"yyyy/MM/dd"的格式，loginDate属性指定为"yyyy/MM/dd HH:mm:ss"的格式，time1属性为时间。输出结果如图20-14所示。

```
"bookList": [
    {
        "id": 1,
        "orderDate": "2003-02-20",
        "birthday": "2000/04/28",
        "loginDate": "1990/04/20 16:52:09",
        "time1": "19:16:54"
    },
    {
        "id": 2,
        "orderDate": "1991-11-24",
        "birthday": "2002/09/22",
        "loginDate": "1972/09/25 03:40:51",
        "time1": "21:56:12"
    },
    {
        "id": 3,
        "orderDate": "1987-07-21",
        "birthday": "2016/03/04",
        "loginDate": "2014/01/15 10:50:52",
        "time1": "02:38:28"
    }
]
```

图 20-14　例 12 输出结果

3. 图像占位符

图像占位符可以随机生成图片地址，生成的地址可以用浏览器查看图片效果。语法如下：

image/image(format)

输出格式有以下几种：

```
// Random.image()
Random.image()
// Random.image(size)
Random.image('200x100')
// Random.image(size, background )
Random.image('200x100', '#FF6600')
// Random.image( size, background, text)
Random.image('200x100', '#4A7BF7', 'Hello')
// Random.image( size, background, foreground, text)
Random.image('200x100', '#50B347', '#FFF', 'Mock.js')
// Random.image( size, background, foreground, format, text)
Random.image('200x100','#894FC4', '#FFF', 'png', '!')
```

例13：代码如下。

```
'bookList|3':[{
    'id|+1':1,
    'pic':'@image',
    'img':"@image('200x100','#894FC4')"
}]
```

该例中pic属性为随机生成的图片，img属性生成的图片大小为200*100px，背景颜色为#894FC4，输出结果如图20-15所示。

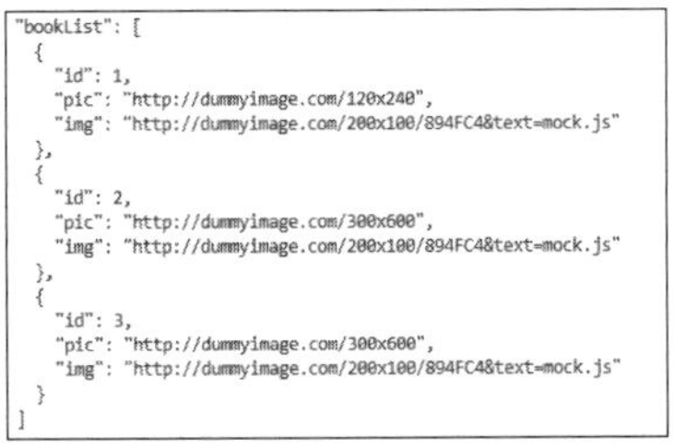

```
"bookList": [
    {
        "id": 1,
        "pic": "http://dummyimage.com/120x240",
        "img": "http://dummyimage.com/200x100/894FC4&text=mock.js"
    },
    {
        "id": 2,
        "pic": "http://dummyimage.com/300x600",
        "img": "http://dummyimage.com/200x100/894FC4&text=mock.js"
    },
    {
        "id": 3,
        "pic": "http://dummyimage.com/300x600",
        "img": "http://dummyimage.com/200x100/894FC4&text=mock.js"
    }
]
```

图 20-15　例 13 输出结果

4. 文本占位符

文本占位符用于随机生成一段文本，常见的占位符有以下几种。

- title/ title(format)——英文。
- ctitle/ctitle(format)——中文。
- sentence/sentence(format)——英文（内容一般比较多）。
- csentence/csentence(format)——中文（内容一般比较多）。
- paragraph/ paragraph (format)——英文（段落）。
- cparagraph/cparagraph(format)——中文（段落）。

例14：代码如下。

```
'bookList|3': [{
        'id|+1': 1,
        'title': '@title',
        'ctitle': '@ctitle(4,10)',// 随机生成中文汉字 4 ~ 10 个
        // 'content': '@csentence(50,100)',// 生成的汉字个数为 50 ~ 100 个
        'paragraph': '@cparagraph(3)'// 生成的句子为 3 个
}]
```

该例中title属性表示随机的字符串，ctitle属性为随机生成中文汉字4～10个，paragraph属性为由3个中文句子构成的段落，注释掉的content属性为生成汉字个数为50～100的句子，输出结果如图20-16所示。

```
"bookList": [
  {
    "id": 1,
    "title": "Lokmrn Vfo Bpswuyexkp",
    "ctilte": "进照军需也主节记",
    "paragraph": "和始复林数离它型持热想动分回什。形京要外八比提动行发们干达。革新素构回劳建此白没王道华图。"
  },
  {
    "id": 2,
    "title": "Kmgcmb Blchcm Cuscbvd Hucmjimtn Rfcnguorl",
    "ctilte": "位因非作维",
    "paragraph": "所断系种号出有入许花工感业际物议种。了么你小无何放身压表拉传间到得信儿比。大化运应风再确天山素志他出南体。"
  },
  {
    "id": 3,
    "title": "Welmp Qdakej Newhhhd Uvvbpt",
    "ctilte": "可油速断斗",
    "paragraph": "业花节周度以面非七带这级华。所性此指拉马声快开外低流心。手圆还细工维意属交要放温称见海量还细。"
  }
]
```

图 20-16　例 14 输出结果

5. 名称占位符

名称占位符用于随机生成名称，常见占位符有以下几种。

- first ——英文名。
- last ——英文姓。
- name ——英文姓名。
- cfirst ——中文姓。
- clast ——中文名。
- cname ——中文姓名。

例15：代码如下。

```
'bookList|3': [{
        'id|+1': 1,
        'name':'@cname',
        'xing':'@cfirst',
        'ming':'@clast'
}]
```

例15中name属性为随机生成中文姓名，xing属性为随机生成中文姓，ming属性为随机生成中文名，输出结果如图20-17所示。

```
"bookList": [
  {
    "id": 1,
    "name": "康娜",
    "xing": "尹",
    "ming": "桂英"
  },
  {
    "id": 2,
    "name": "常秀英",
    "xing": "蔡",
    "ming": "明"
  },
  {
    "id": 3,
    "name": "彭娟",
    "xing": "汪",
    "ming": "娟"
  }
]
```

图 20-17　例 15 输出结果

6. Web占位符

Web占位符用于随机生成 URL、域名、IP 地址、邮件地址等，常见占位符有以下几种。

- url([protocol], [host])：生成 URL。其中，protocol表示协议；host表示域名和端口号，要设置host，必须要设置protocol。
- domain：生成域名。
- ip：生成IP地址。
- email：生成E-mail。

例16：代码如下。

```
'bookList|3': [{
        'id|+1': 1,
        'weburl':'@url',
        'url2':'@url("http")',
        'url3':'@url("http","baidu.com")',
        'domain':'@domain',
        'ip':'@ip',
        'email':'@email'
}]
```

输出结果如图20-18所示。

```
"bookList": [
  {
    "id": 1,
    "weburl": "gopher://dyxrl.gd/byqi",
    "url2": "http://kveqqhd.bw/ubmepqhe",
    "url3": "http://baidu.com/yoggka",
    "domain": "cedi.org.cn",
    "ip": "78.75.84.219",
    "email": "u.qcmfoksle@jvbbjad.is"
  },
  {
    "id": 2,
    "weburl": "mid://gognvn.np/bqwbs",
    "url2": "http://ehhlhxsm.gr/vydzhttyvq",
    "url3": "http://baidu.com/vqivmmvrb",
    "domain": "tcdikxxpqd.sz",
    "ip": "222.252.122.30",
    "email": "x.lcbu@esyb.cn"
  },
  {
    "id": 3,
    "weburl": "cid://qfr.hu/vkmmtjhm",
    "url2": "http://twjwb.km/xskgabli",
    "url3": "http://baidu.com/vopvkpp",
    "domain": "ysvumcieb.nl",
    "ip": "3.95.238.91",
    "email": "g.riqro@itrihlherp.cy"
  }
]
```

图 20-18　例 16 输出结果

7. 地址占位符

地址占位符主要用于随机生成区域、省市县、邮政编码，常见占位符有以下几种。

- region：生成区域，如华中。
- county/county(true)：生成县/生成省市县。
- zip：生成邮政编码。

例17：代码如下。

```
'bookList|3': [{
        'id|+1': 1,
       'region':'@region',
       'address1':'@county',
       'address2':'@county(true)',
       'code':'@zip'
}]
```

运行之后，输出结果如图20-19所示。

```
"bookList": [
  {
    "id": 1,
    "region": "华北",
    "address1": "武义县",
    "address2": "山东省 潍坊市 昌邑市",
    "code": "967544"
  },
  {
    "id": 2,
    "region": "华中",
    "address1": "乐平市",
    "address2": "广东省 汕头市 潮阳区",
    "code": "186368"
  },
  {
    "id": 3,
    "region": "华北",
    "address1": "玛沁县",
    "address2": "吉林省 通化市 集安市",
    "code": "327141"
  }
]
```

图 20-19　例 17 输出结果

8. 数据模板与数据占位符的结合使用

数据模板与数据占位符可以结合在一起使用，用于表达更复杂的数据生成规则。

例18：代码如下。

```
'bookList|3': [{
    'id|+1': 1,
    'phone|11':'@integer(0,9)'
}]
```

该例中phone|11为数据模板语法，@integer(0,9)为数据占位符语法，两者结合在一起使用，表示随机生成11位数字，输出结果如图20-20所示。

```
"bookList": [
  {
    "id": 1,
    "phone": "78935352644"
  },
  {
    "id": 2,
    "phone": "83546156548"
  },
  {
    "id": 3,
    "phone": "17154861731"
  }
]
```

图 20-20 例 18 输出结果

20.4 使用 Easy Mock 创建后端服务接口

前面讲的Mock能生成各种模拟数据，但是不能以服务形式对外提供接口，即外界不能调用，因此Easy Mock 就诞生了。

Easy Mock 是一个可视化，并且能快速生成模拟数据的服务，是杭州大搜车无线团队出品的一个极其简单、高效、可视化并且能快速生成模拟数据的在线 Mock 服务。内置了Mock.js，因此可以方便地生成模拟数据并且对外提供接口服务。

1. 登录或注册

通过Easy Mock 官网第一次登录时输入的账号、密码，也就是注册的过程，如图20-21所示。注册时需要记住自己登录的账号和密码，因为密码没有找回功能。登录之后的默认界面如图20-22所示。

图 20-21　Easy Mock 登录页面

图 20-22　Easy Mock 登录后的初始页面

2. 使用Easy Mock创建后端服务接口

单击图20-22右下角的●号，即可打开如图20-23所示的创建项目窗口。

图 20-23　Easy Mock 创建项目窗口

设置完上面信息之后，单击【创建】按钮，即可创建一个项目，并返回界面，如图20-24所示。在主界面中单击项目，即可打开如图20-25所示的界面。

图 20-24　Easy Mock 创建项目后返回主界面

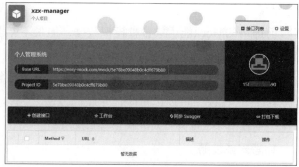

图 20-25　管理 Easy Mock 接口界面

在图20-25所示的界面中单击【创建接口】按钮，打开如图20-26所示的界面，设置接口信息，左侧写的就是Mock生成数据的语法（Mock.js配置代码），右侧需要设置请求的方式（URL是相对基础路径的，也就是Base URL/test）。

图 20-26　创建 Easy Mock 接口界面

Mock.js配置代码如下：

```
// 生成 5 条图书列表数据，由于是多条，就应该是一个数组，数据是图书的属性信息
'bookList|5': [{
  'id|+1': 1,
  'name|2': ' 计算机基础 ',
  'age|18-60': 1,
  'price|20-99.1-2': 1,
  'isHot|1': false,
  'isRecommend|1-2': false,
  // 'order|2':{id:1,num:5,datetime:'2020-3-23'}
  'order|1-2': {
    id: 1,
    num: 5,
    datetime: '2020-3-23'
  },
  'postcode': /\d{6}/,
  'discount': function() {
    return parseInt(Math.random() * 100) > 60 ? 0.8 : 0.5
  }
}]
```

设置完成上面的信息之后，单击【创建】按钮，如果没有问题就返回如图20-27所示的界面
（有问题会有相应的提示，如接口不能重名），可以看到创建好了一个接口。

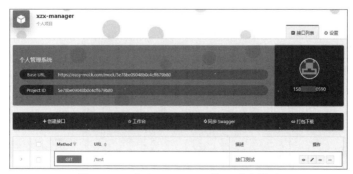

图 20-27　显示 Easy Mock 接口列表界面

单击【操作】栏下面的第一个【预览】按钮即可看到如图20-28所示的效果。单击右侧【Send】按钮会重新发送数据，在右侧显示随机生成的模拟数据，也就相当于是从后端发过来的数据，接口地址就是上面浏览器地址栏的地址，但是地址栏中"#"后面的部分可以不要。这就是以服务形式提供的数据。

【操作】栏下面第二个按钮是【编辑】按钮，可以对生成数据的模板语法规则进行修改，重新生成数据。

【操作】栏下面第三个按钮是【复制链接】按钮，也就是复制接口地址。

【操作】栏下面第四个按钮具有克隆、下载、删除等功能。克隆就是复制一份接口，然后单击【编辑】按钮就可以在原来的基础上修改接口信息，如图20-29所示。单击【下载】按钮就会把当前的Mock语法规则下载下来，下载后是一个压缩文件，解压后是一个json文件，文件名就是接口名称。如果有多个接口，可以一起打包下载。单击【删除】按钮就可以删除当前接口。

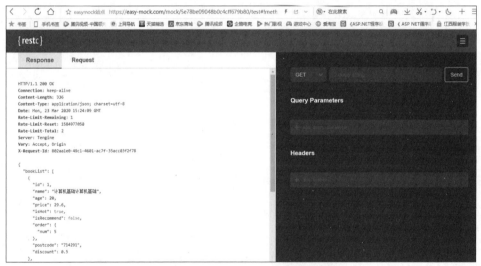

图 20-28　Easy Mock 接口预览窗口

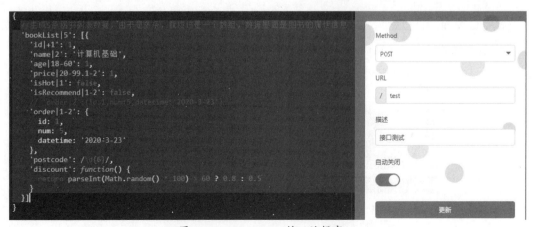

图 20-29　Easy Mock 接口编辑窗口

接下来创建一个"新增"数据的接口。新增数据之后，服务器应该返回一些提示信息给客户端。假设返回信息如图20-30左侧所示。

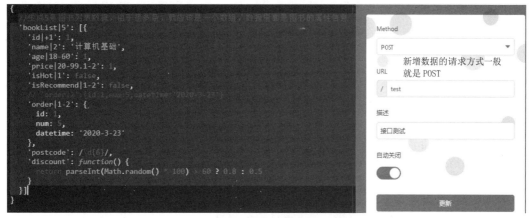

图 20-30　创建新增数据接口窗口

单击【创建】按钮即可成功创建一个接口（add）。回到主界面，单击【操作】栏下面的【预览】按钮，打开后发现右侧的请求方式默认就是POST，单击【Send】按钮发送请求，在左侧就会显示相应结果，如图20-31所示。如果需要这个接口直接复制接口地址即可。

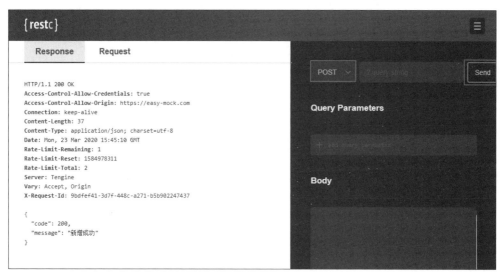

图 20-31　预览新增数据接口窗口

实战练习

1. 分析下面Mock数据结果。

```
// 导入 mockjs
const Mock=require('mockjs')
```

```
var data = Mock.mock({
    'list|4': [{
    'id|+1': 1,
    'number|1-10': 7,
    // 英文姓名
    'name' :'@name',
    // 颜色
    'color': '@color',
    // 英文标题
    'title': '@title',
    // 链接
    'url': '@url("http")',
    // 邮箱
    'email': '@email',
    // 图片
    'image': "@image('200x200', '#50B347', '#FFF', 'Mock.js')",
    // 时间
    'date': '@date("yyyy-MM-dd HH:mm:ss")',
    'date2': '@dateTime',
    // 汉字
    'ctitle': '@ctitle(8)',
    // 汉字姓名
    'canme': '@cname()',
    // 地址
    'cadd': '@province' + '@city' + '@county',
    // 手机号
    'phone': /^1[385][0-9]\d{8}/,
    // 价格
    'price': '@natural(10,100)',
    }]
});
console.log(JSON.stringify(data, null, 4))
```

2. 创建一个Easy Mock接口，mock.js配置为第1题的。

⚙️ 高手点拨

通过本章的学习，主要掌握以下知识与技能。

1. 掌握Mock数据模板定义规范。

2. 掌握Mock数据占位符定义规范。

3. 掌握Easy Mock生成模拟数据并创建后端服务接口的方法。

第 **4** 篇

综合进阶项目篇

第 21 章

图书信息管理系统基础框架搭建实战

前面已经学习了 Vue 入门准备实操篇、基础核心案例篇、中级进阶实战篇，接下来学习综合进阶项目篇。本篇以图书信息管理系统为实战项目进行讲解，综合运用前面 3 篇所学知识及必要的扩充知识来实现单页面前后端分离项目。本章讲解图书信息管理系统基础框架的搭建。

21.1 项目介绍

1. 项目展示

图书信息管理系统是一个单页面前后端分离项目,其主要界面如图21-1和图21-2所示。

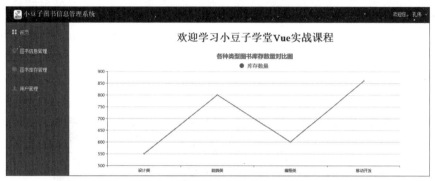

图 21-1 图书信息管理系统主界面

图 21-2 图书信息管理系统图书信息管理界面

2. 项目技术栈

本项目用到的技术如下。

- Vue.js(2.6.11):构建用户界面的 MVVM 框架,核心思想为数据驱动、组件化。
- Vue CLI(@vue/cli 4.2.3):Vue的脚手架工具。
- webpack:项目打包构建工具。
- vue-router(3.1.5):官方提供的路由器,使用Vue.js构建单页面应用程序变得轻而易举。
- Axios(axios@0.19.2):官方推荐的发送异步请求插件。
- Vuex(3.1.3):一个专为 Vue.js 应用程序开发的状态管理模式。简单来说,Vuex就是集中管理数据的，也是官方推荐的插件。

- Element（2.13.1）：一套为开发者、设计师和产品经理准备的基于 Vue 2.0 的桌面端组件库。
- Easy Mock：一个可视化且能快速生成模拟数据的持久化服务，内置Mock.js（1.1.0），旨在帮助前端独立于后端进行开发，帮助编写单元测试。
- ECharts（4.7.0）：动态生成图表。

 21.2 项目脚手架搭建、更改标题、图标及初始化配置

1. 项目脚手架搭建

在前面已经安装过Node.js、@vue/cli，并且保存过一个预配置（xzx-vue-cli）。下面就利用这个预配置来创建项目（名称：book-manager）的脚手架，如图21-3所示。

说明：如果前面没有保留预配置，在此选择Manually select features进行手动配置也可以。

图 21-3　项目脚手架搭建

创建好项目的脚手架之后，执行下面命令运行项目，效果如图21-4所示。

```
cd book-manager
npm run serve
```

图 21-4　项目脚手架搭建后运行初始效果

2. 更改标题及图标

项目脚手架搭建之后，利用VS Code打开项目的主页面文件（唯一的网页文件）public/index.
html，如图21-5所示。

```html
<html lang="en">
  <head>
    <meta charset="utf-8">
    <meta http-equiv="X-UA-Compatible" content="IE=edge">
    <meta name="viewport" content="width=device-width,initial-scale=1.0">
    <link rel="icon" href="<%= BASE URL %>favicon.ico">      把public/favicon.ico
    <title><%= htmlWebpackPlugin.options.title %></title>     图片改为小豆子图标，
  </head>                                                      复制过去
  <body>      动态生成的是应为book-manager，
              把它改为中文名称
    <noscript>
      <strong>We're sorry but <%= htmlWebpackPlugin.options.title %> doesn't work
      properly without JavaScript enabled. Please enable it to continue.</strong>
    </noscript>
    <div id="app"></div>                                      这些默认文本删除
    <!-- built files will be auto injected -->
  </body>
</html>
```

图 21-5　项目 index.html 初始效果

然后做下面3件事情。

● 把自己的Logo图标改名为favicon.ico，然后复制到项目的public文件夹下。

● 把<title>节下动态生成的项目名称改为中文的"图书信息管理系统"。

● 把默认的<noscript>节的内容全部删除。

3. 初始化配置

在项目的根目录下创建配置文件vue.config.js，配置内容代码如下（可以直接复制第17章vue-
cli-demo2下的）：

```js
module.exports = {
devServer: { // 开发环境的配置，当然生产环境就会失败，后续再配置
    port: 8888, // 可以输入 npm run serve 进行测试
    open: true, // 启动项目会自动打开浏览器运行
    https: false,
    host: "localhost" // 主机名，也可以是 127.0.0.1
    },
    lintOnSave: false, // 关闭格式检查
    productionSourceMap: false, // 打包时不生成 .map 文件，加快打包构建
};
```

21.3　安装并配置 Element UI

1. 安装Element UI

执行下面命令可以安装Element UI：

```
npm i element-ui -S
```

注 意

在第 18 章安装 Element UI 采用的命令是 vue add element，后面导入 Element UI 也有点不一样。

2. 入口文件main.js导入Element UI

安装好Element UI，在入口文件main.js中导入Element UI。由于需要用到比较多的组件，就完整导入（不按需导入），导入代码如下：

```
import Vue from "vue";
// 引入 Element 组件库，放在 Vue 下面
import ElementUI from 'element-ui' //element-ui 不能写错，是组件名称。这里引入的是 JS
                                   // 文件，还要单独引入 CSS 文件
import 'element-ui/lib/theme-chalk/index.css';//index.css 这个文件已经在项目的相应
                                              // 目录下
import App from "./App.vue";
import router from "./router";

Vue.use(ElementUI);// 指明要使用 Element UI 组件
Vue.config.productionTip = false;
new Vue({
  router,
  render: h => h(App)
}).$mount("#app");
```

其中，"Vue.config.productionTip = false;"的含义是什么？

意思是指当前处于开发阶段，无须显示生产模式提示的信息，若不设置（即为true），浏览器会做出如图21-6所示的提示。

> (i) You are running Vue in development mode.
>   Make sure to turn on production mode when deploying for production.
>   See more tips at *https://vuejs.org/guide/deployment.html*

图 21-6　生产模式提示信息

3. 安装Element UI Snippets插件

为了更方便地使用Element，为VS Code安装插件Element UI Snippets，安装后会有Element UI相关智能提示。

21.4　封装 Axios 对象

因为项目中的很多组件都要通过 Axios 发送异步请求，所以为了更好处理异步请求，就需要封

装一个 Axios 对象。

1. 安装Axios

在项目目录下安装，命令如下：

```
npm i -S axios
```

安装完成之后，可以到项目的package.json文件下查看下相关的依赖。

2. 在项目的src/utils（存放工具文件）下创建myaxios.js并在该文件中封装一个Axios对象

为了测试请求数据，在public文件夹下新建data.json。输入如下数据：

```
[
    {"id":1,"bookname":"vue 前端设计 ","price":58},
    {"id":2,"bookname":".net core 实战开发 ","price":88},
    {"id":3,"bookname":"C# 程序设计 ","price":68}
]
```

json文件不能使用单引号，标准是使用双引号，使用单引号容易出问题，在JS文件中单引号、双引号都没问题。

3. 原生Axios发送请求

myaxios.js文件初始内容如下：

```
import axios from 'axios'
// 采用原生的 axios 发送 GET 请求
// 表示发送 GET 请求，请求 data.json 文件（会自动到 public 文件夹下找，不能显示写出 public），
// 请求成功输出 resp.data，请求失败则输出 "请求失败"
axios.get('/data.json')
    .then(resp => {
        console.log(resp.data)
    })
    .catch(err => {
        console.log(" 请求失败 ")
    })
```

要使用myaxios.js就要在相应的组件中导入该JS文件，比如在Helloworld.vue中导入。在Helloworld.vue增加加粗代码：

```
<script>
  import myaxios from '···/utils/myaxios.js'
  export default {
    name: "HelloWorld",
    props: {
      msg: String
    }
};
</script>
```

运行之后，效果如图21-7所示。请求成功，并输出了请求到的数据。

图 21-7   原生 Axios 实现的请求数据

4. 改进/封装原生的Axios

参考官网代码如图21-8所示，即通过Axios的create方法返回Axios对象。

```
axios.create([config])

const instance = axios.create({
  baseURL: 'https://some-domain.com/api/',
  timeout: 1000,
  headers: {'X-Custom-Header': 'foobar'}
});
```

图 21-8   创建 Axios 对象方法截图

先封装一个简单的Axios对象myaxios，代码如下：

```
// 这里变量 myaxios 就是自己创建出来的 Axios 对象
const myaxios=axios.create({
    baseURL: '/api',// 基础路径就是 Axios 对象发送请求时路径的前缀
    timeout: 5000, // 单位是毫秒
})
```

然后修改为使用自己创建的Axios对象myaxios，进行发送异步请求：

```
myaxios.get('data.json')
    .then(resp => {
        console.log(resp.data)
    })
    .catch(err => {
        console.log(" 请求失败 ")
    })
```

运行出错，输出"请求失败"，这是因为此时请求的是api/data.json，而public下没有api文件夹。

除非在public下创建一个api文件夹，然后把data.json移到该文件夹下。因此，在创建Axios对象时把 "baseURL: '/api'," 改为 "baseURL: '/'," 这个时候就是在public 根目录下找，再次测试就可请求到数据了。

测试自定义的myaxios对象没问题后就可以导出myaxios对象了，方便其他地方使用。然后再把测试代码注释掉或者删除，之后的myaxios.js内容如下：

```
import axios from 'axios'
// 表示发送 GET 请求，请求 data.json 文件（会自动到 public 文件夹下找，不能显示写出 public），
// 请求成功输出 data，请求失败则输出 "请求失败"
/* axios.get('data.json')
    .then(resp => {
        console.log(resp.data)
    })
    .catch(err => {
        console.log("请求失败")
    }) */
// 这里变量 myaxios 就是自己创建出来的 Axios 对象
const myaxios=axios.create({
    baseURL: '/',// 基础路径就是 Axios 对象发送请求时路径的前缀
    timeout: 5000,// 单位是毫秒
})
/* myaxios.get('data.json')
    .then(resp => {
        console.log(resp.data)
    })
    .catch(err => {
        console.log("请求失败")
    }) */
export default myaxios// 导出自定义的 Axios 对象 myaxios
```

为了让系统更健壮、更友好等，在Axios对象里还经常要封装发送请求的拦截器和响应拦截器。这是为什么呢？比如以下发送请求的拦截应用场景。

① 前端发送要上传的图片，这时就可以先拦截下来，对它进行压缩处理，然后再上传到后端。

② 发送前经拦截器清空一些无用字段。

③ 一些固定的请求头信息会用到这种情况。

④ 在向后端请求数据时，先拦截显示正在加载的数据图标。

响应拦截的应用场景如下。

① 后端返回的数据不适合前端UI组件直接使用，拦截下来先处理。

② 后端返回一种怪异的数据格式（不是json），需要先拦截下来，处理成适合前端的格式（json）。

③ 根据后端返回的status，提前封装判断是成功还是错误，如果是错误，将在前端给用户提示。

④ 后端给出响应时，响应拦截关闭加载数据图标。

所以就先在myaxios.js文件里写好拦截器代码结构，直接复制官网的代码即可。具体处理函数代码可以后续再写。

```
// 请求拦截器
axios.interceptors.request.use(function (config) {
    //Do something before request is sent
    return config;// 一定要返回，然后再发送到后端
  }, function (error) {
    //Do something with request error
    return Promise.reject(error); // 抛出错误信息
  });

// 响应拦截器
axios.interceptors.response.use(function (response) {
    //Any status code that lie within the range of 2xx cause this function to trigger
    //Do something with response data
    return response;// 一定要返回这个响应，否则前端获取不到
  }, function (error) {
    // Any status codes that falls outside the range of 2xx cause this function to
    //trigger
    // Do something with response error
    return Promise.reject(error);
  });
```

21.5 使用封装后的 Axios 对象发送请求返回数据到前端

21.4节封装了一个用于发送Ajax的对象myaxios，并且测试myaxios对象的有效性的代码，也直接写在myaxios.js中。实际上，为了更好地解耦，发送Ajax请求的代码要另外写在别的文件中。因此，接下来在src文件夹下新建文件夹api，然后新建test.js文件，即src/api/test.js。

说明：一般都是在api文件夹下创建对应的JS文件，在JS文件中向服务端接口发送Ajax请求。

1. 编写test.js

导入自定义的Axios对象myaxios，然后发送Ajax请求。

```
//import myaxios from '···/utils/myaxios' // 用下面的代码更好，@ 能直接定位到 src 目录
import myaxios from '@/utils/myaxios'//@ 就表示 src 目录的
myaxios.get('data.json')
    .then(resp => {
        console.log(resp.data)
    })
    .catch(err => {
```

```
        console.log(" 请求失败 ")
    })
```

2. 使用test.js

在组件HelloWorld.vue中去使用时，不要导入utils文件夹下的，而是导入api文件夹下的test.js文件，从而发送Ajax请求。

```
<script>
// import myaxios from '···/utils/myaxios.js'
import testApi from '@/api/test.js'
export default {
  name: "HelloWorld",
  props: {
    msg: String
  }
};
```

3. 运行测试

运行测试，正确获取到了data.json中的数据。

4. 改写test.js

改进发送Ajax请求的语法形式，以便灵活改写发送Ajax的method。

```
//import myaxios from '···/utils/myaxios' // 用下面的代码更好，@ 能直接定位到 src 目录
import myaxios from '@/utils/myaxios'//@表示是 src 目录的
/* myaxios.get('data.json')
    .then(resp => {
        console.log(resp.data)
    })
    .catch(err => {
        console.log(" 请求失败 ")
}) */
myaxios({
        method:'get',
        url:'data.json'
    }).then(resp => {
        console.log(resp.data)
})
```

这里响应结果直接在控制台输出了，不合理，实际开发中响应结果应该返回给前端，让前端进行展示或处理。那如何改进呢？

5. 持续改进test.js文件，方便响应的数据返回到前端组件中

myaxios()实际返回的是一个promise对象，然后通过该对象的then()方法进行响应处理。将上面加粗代码改成下面的写法：

```
const promise1 = myaxios({
    method: 'get',
```

```
        url: 'data.json'
    })
promise1.then(resp => {
        console.log(resp.data)
    })
```

现在不应该在这里直接给出响应，那么只返回myaxios()执行结果就好。因此可改为如下代码：

```
export default {
    getList(){
        const promise1 = myaxios({
            method: 'get',
            url: 'data.json'
        })
        return promise1
    }
}
```

上述代码中，export default 导出的是一个对象，对象里面定义一个方法getList()，通过这个方法返回myaxios()执行结果，是一个promise对象。

6. 持续改进前端组件HelloWorld.vue以获取到Ajax请求的响应数据

代码如下：

```
<script>
// import myaxios from '···/utils/myaxios.js'
import testApi from "@/api/test.js"; // 导入 test 对象
export default {
    // 钩子函数，组件创建完毕时执行
    created() {
        this.fetchData();
    },
    methods: {
        fetchData() { // 通过导入的 test 对象的 getList() 返回的是 promise 对象，然后就可以通
                      // 过 then 执行成功的回调，通过 catch 执行失败的回调
            testApi.getList()
                .then(resp => {
                    console.log(resp.data);
                })
                .catch(err => {
                    console.log("请求失败 ");
                });
        }
    },
    name: "HelloWorld",
    props: {
        msg: String
    }
```

```
};
</script>
```

在HelloWorld.vue组件中获取数据后，就可以在该组件中渲染数据了。如何渲染呢？首先定义data，用来存储数据，返回值是一个数组；然后在请求成功后，把获取到的数据赋给该数组；最后把数组在template中展示出来。（HelloWord.vue中template原有的一些内容删除了。）

```
<template>
    <div class="hello">
    <h1>{{ msg }}</h1>
    <h3>{{ list }}</h3>
    <ul>
      <li v-for="(value,index) in list" :key="index">{{ value.bookname }}</li>
    </ul>
    </div>
</template>

<script>
//import myaxios from '···/utils/myaxios.js'
import testApi from "@/API/test.js"; // 导入 test 对象
export default {
  data(){
    return {
      list:[]
    }
  },
  // 钩子函数，组件创建完毕时执行
  created() {
    this.fetchData();
  },
  methods: {
    fetchData() { // 通过导入的 test 对象的 getList() 返回的是 promise 对象，然后就可以
                  // 通过 then 执行成功的回调，通过 catch 执行失败的回调
      testApi.getList()
        .then(resp => {
          console.log(resp.data);
          this.list=resp.data
        })
        .catch(err => {
          console.log(" 请求失败 ");
        });
    }
  },
  name: "HelloWorld",
  props: {
    msg: String
```

```
    }
};
</script>
```

21.6 开发环境通过代理解决跨域请求

1. 跨域引发的问题

假设test.js不是访问当前项目下的data.json，把data.json复制到第19章项目的public目录下，并启动运行第19章的项目，测试能否访问到data.json数据，如图21-9所示。访问成功后，把第19章的这个地址作为获取数据的接口地址：http://localhost:8081/data.json。

图 21-9　访问 data.json 中的数据

在本章的项目下去访问上面接口获取数据，将test.js代码修改为如下：

```
export default {
    getList(){
        const promise1 = myaxios({
            method: 'get',
            url: ' http://localhost:8081/data.json'
        })
        return promise1
    }
}
```

保存运行，发现系统报错（请求失败），这就是跨域访问所带来的的问题。因为本章当前项目的访问地址是http://localhost:8888/，端口号不同，即是跨域。

2. 通过代理服务解决

前端与后端（API服务）之间存在跨域，不能直接访问，因为中间代理服务能够直接访问后端，所以可以先让前端发送请求到中间代理服务器上，然后再通过中间代理服务器进行转发。

在开发环境中，可在 vue.config.js 文件中使用 devServer.proxy 选项进行代理配置。

由于本章的项目不能访问http://localhost:8081这个地址，所以可先将test.js中请求的URL改为如下代码（在data.json前任意加一个前缀，如dev-apis）：

```
export default {
    getList(){
        const promise1 = myaxios({
            method: 'get',
            url: ' /dev-apis/data.json'
        })
        return promise1
    }
}
```

然后修改项目vue.config.js文件如下（增加devServer.proxy 选项进行代理配置）：

```
module.exports = {
    // publicPath:'/my-app' // 暂时不配置, 后面打包部署时再配置
    devServer: { // 开发环境的配置, 当然此配置生产环境运行就会失败
        port: 8888,
        open: true,
        https: false,
        host: "localhost", // 主机名, 也可以是 127.0.0.1 或做真机测试时的 0.0.0.0
        proxy:{ // 设置 /dev-apis 去代理访问
          '/dev-apis':{
            target:'http://localhost:8081/',
            changeOrigin:true,// 开启代理服务进行请求转发
            pathRewrite: {
              '^/dev-apis': ''   // 重写路径
          }
          }
        }
    },
    lintOnSave: false, // 默认为 true, 警告仅仅会被输出到命令行, 且不会使得编译失败
    productionSourceMap: false, // 打包时, 不生成 .map 文件, 加快打包构建
};
```

上述代码中，proxy选项值为对象，对象的键就为test.js中设置的请求前缀，然后值又为一个对象，其中target为目标服务器地址，即要通过这个代理访问地址；设置"changeOrigin:true,"表示开启代理服务进行请求转发；通过"pathRewrite:"进行路径重写，把dev-apis替换为空，不重写时访问到的就是http://localhost:8081/dev-apis/data.json，通过这个属性把dev-apis替换为空，这样就能访问到http://localhost:8081/data.json。

启动运行测试，正常获取到了数据。

> **注 意**
>
> 作为服务接口地址的项目也应是启动状态。另外，vue.config.js 更改了，需要重新启动运行项目。

3. 配置访问的前缀（基础路径）

由于基础路径（dev-apis）可能多个地方用到，为了后续修改的方便，可以定义一个常量作为基础路径。

在test.js文件中增加：

```
const BASE_URL='/dev-apis'// 定义路径前缀作为常量
```

然后修改访问地址URL属性，将 '/dev-apis/data.json'改为：

```
BASE_URL+'/data.json'
```

这样，即是用BASE_URL代替前缀dev-apis，然后与data.json进行拼接。

再次运行测试，即可正常获取到数据。

21.7 根据不同环境动态更改 vue.config.js 配置

1. 配置.env.development文件

上面vue.config.js的proxy中的路径前缀和访问目标都是固定不变的，代码如下：

```
 proxy:{
        '/dev-apis':{
          target:' http://localhost:8081/',
          changeOrigin:true,// 开启代理服务，进行请求转发
          pathRewrite: {// 访问的就是 http://localhost:8081/apis/data.json，通过这个属
                        // 性把 apis 替换为空，这样就能访问到了
            '^/dev-apis': ''   // 重写路径
          }
      }
}
```

实际开发中，在开发环境下和生成环境下肯定是不同的，那么能否做到根据环境不同自动更换呢？当然可以。

在项目根目录下分别创建两个文件env.development和.env.production，名称不能写错，它们分别是针对开发环境和生产环境的配置。

（1）把target属性值改为动态的

在.env.development文件中添加以下代码：

```
# 接口服务地址，就是 vue.config.js 中的 target 值
```

```
VUE_APP_SERVICE_URL = 'http://localhost:8081/'
```

变量名必须以VUE_APP开头，这样在vue.config.js中process.env.VUE_APP_****就会自动获取到.env.development文件中VUE_APP_****的变量值。然后在vue.config.js中将target的值修改为process.env.VUE_APP_SERVICE_URL。

（2）接口地址前缀的动态配置

首先在.env.development文件中添加以下代码：

```
#开发环境路径前缀
VUE_APP_BASE_API = '/dev-apis'
```

然后在vue.config.js中将/dev-apis的值修改为如下加粗代码，注意外面要有[ ]。此时vue.config.js中proxy对象值代码如下：

```
proxy:{
        // '/dev-apis':{
        [process.env.VUE_APP_BASE_API]:{
          //target:' http://localhost:8081/',
          target:process.env.VUE_APP_SERVICE_URL,
          changeOrigin:true,// 开启代理服务进行请求转发
          pathRewrite: {// 访问的就是 http://localhost:8081/dev-apis/data.json, 通过这
                        // 个属性把 dev-apis 替换为空，这样就能访问到了
            // '^/dev-apis': ''  // 重写路径
            ['^'+process.env.VUE_APP_BASE_API]:''
          }
        }
}
```

再次运行测试，发现能够正常运行。需要注意的是，作为服务接口地址的项目也要启动。另外，vue.config.js更改了，需要重新启动项目。

同时再把test.js中路径前缀常量值进行修改，即将

```
const BASE_URL='/dev-apis'
```

改为如下代码：

```
const BASE_URL=[process.env.VUE_APP_BASE_API]
```

2. 配置.env. production 文件

由于跨域请求在生产环境下不是进行代理配置，需要通过Nginx配置，在本书最后一章讲解。这里先只写如下的路径前缀：

```
#生产环境路径前缀
VUE_APP_BASE_API = '/prod-apis'
```

3. 再改进自定义的myaxios

把myaxios中 "baseURL:" 的值由'/'改为process.env.VUE_APP_BASE_API，代码如下：

```
const myaxios=axios.create({
    // baseURL: '/',// 基础路径就是 Axios 对象发送请求时路径的前缀
```

```
        baseURL: process.env.VUE_APP_BASE_API,
        timeout: 5000,// 单位是毫秒
})
```

这样在test.js中用到base_URL的地方就都不需要了，因为在myaxios里面已经封装了前缀。此时test.js相关代码就变为如下：

```
export default{
    getList(){
        const promise1=myaxios({
            method:'get',
            url:'/data.json'
        })
        return promise1
    }
}
```

这样，以后关于开发环境路径前缀和代理转发（接口服务地址）的修改都只要在.env.development文件中进行即可。

⏱ 实战练习

根据本章所讲步骤搭建图书信息管理系统基础框架，包括脚手架的搭建，更改项目标题、图标，安装Element UI，封装Axios对象，建立vue.config.js配置文件，配置开发环境时通过代理解决跨域请求等。

⚙ 高手点拨

通过本章的学习，主要掌握以下知识与技能。

1. 掌握项目脚手架的搭建、更改项目标题及图标、初始化配置。

2. 掌握封装Axios的方法并灵活使用。

3. 掌握开发环境中解决跨域请求的方案。

4. 掌握根据不同环境动态更改vue.config.js配置技术。

第 22 章

图书信息管理系统登录
模块实现

第 21 章已经搭建好了图书信息管理系统项目的基础框架，本章将实现
图书信息管理系统的登录模块。

系统登录页面设计

1. 新建登录组件

在views文件夹（放路由组件的）下新建login文件夹，然后新建登录组件index.vue（这样命名的好处是导入组件时只要找到文件夹位置即可，后面index.vue名称不用写，因为默认会找index.vue），编写简单测试代码如下：

```
<template>
    <div>
        登录页面
    </div>
</template>
```

2. 配置路由

打开router/index.js文件，把原来的Home、About组件的相关路由全部删除掉（导入Home组件代码也删除）。当前完整代码如下：

```
import Vue from "vue";
import VueRouter from "vue-router";
// 导入登录组件，后面的 index.vue 可以不写，因为默认就会找 index.vue
import Login from "…/views/login/index.vue"
Vue.use(VueRouter);

const routes = [
  { // 配置登录路由
    path: "/login",
    name: "login",
    component: Login
  },
];

const router = new VueRouter({
  mode: "history",
  base: process.env.BASE_URL,
  routes
});

export default router;
```

3. 删除组件

删除views下原来的Home.vue和About.vue组件。

4. 清理根组件App.vue代码

保留下面这些即可，并增加一个字体样式（原来样式清除了），以便统一字体。

```
<template>
  <div id="app">
    <!-- 显示路由组件位置    -->
    <router-view />
  </div>
</template>
<style lang="scss">
  body {
    font: " 微软雅黑 ";
  }
</style>
```

运行测试，会看到一个空白页面，因为当前显示的是App.vue组件，而该组件中没有内容，然后手动在地址栏后输入"/login"路由，显示登录页面，如图22-1所示。

图 22-1   登录页面初始状态

 # 22.2　使用 Element 完善系统登录页面设计

1. 登录页面index.vue表单初步设计

直接根据Element UI中的表单进行修改（参考Element UI官网Form表单——典型表单即可）。完善后的代码如下：

```
<template>
  <div id="login-container">
    <el-form ref="form" :model="form" label-width="60px" class="login-form">
      <h2 class="login-title"> 小豆子图书信息管理系统 </h2>
    <el-form-item label=" 用户名 ">
      <el-input v-model="form.username"  placeholder=" 请输入用户名 "></el-input>
  </el-form-item>
  <el-form-item label=" 密码 ">
    <el-input v-model="form.password" type="password"  placeholder=" 请输入密码 ">
  </el-input>
    </el-form-item>
    <el-form-item>
      <el-button type="primary" @click="onSubmit">登录 </el-button>
    </el-form-item>
  </el-form>
  </div>
```

```
</template>
<script>
  export default {
    data() {
      return {
        form: {
          username: '',
          password: '',
        }
      }
    },
    methods: {
      onSubmit() {
        console.log('submit!');
      }
    }
  }
</script>
```

测试运行后，效果如图22-2所示。

图 22-2　初步改进的登录页面

2. 登录页面index.vue表单美化

在index.vue中加入样式代码如下：

```
<style scoped>
  .login-form{
      width:350px;
      background-color: #fff;
      padding: 15px;
      border-radius: 20px;
      height: 250px;
      left:50%;
      top:50%;
      margin-left:-175px;
      margin-top:-125px;
      position: absolute;
  }
  #login-container{
      position: absolute;
      width:100%;
      height: 100%;
```

```
        background-image: url('···/···/assets/login-bg.png');
    }
    .login-title{
        color: #606266;
        text-align: center;
    }
</style>
```

在App.vue中也加入一个样式，代码如下：

```
<style lang="scss">
  body {
    font: " 微软雅黑 ";
    margin: 0px auto;
  }
</style>
```

最终效果如图22-3所示。

图 22-3   经美化处理的登录页面

3. 添加登录表单验证功能

Form 组件提供了表单验证的功能，只需要通过 rules 属性传入约定的验证规则，并将 Form-Item 的 prop 属性设置为需校验的字段名即可。

在index.vue中增加以下4处加粗代码：

```
① <el-form :rules="rules" ref="form" :model="form" label-width="60px" class=
"login-form">
```

```
② <el-form-item label=" 用户名 " prop="username">
    <el-input v-model="form.username" placeholder=" 请输入用户名 "></el-input>
  </el-form-item>
```

```
③ <el-form-item label=" 密码 " prop="password">
    <el-input v-model="form.password" type="password" placeholder=" 请输入密码 ">
    </el-input>
  </el-form-item>
```

```
④ data() {
```

```
      return {
        form: {
          username: '',
          password: '',
        },
         rules: {
                  username: [
                      {required: true, message: '请输入用户名', trigger: 'blur'},
                  ],
                  password: [
                      {required: true, message: '请输入密码', trigger: 'blur'},
                      {min: 6, max: 32, message: '密码长度在 6 到 32 个字符',
                      trigger: ['blur', 'change']}
                  ]
              }
          }
      },
```

4. 登录功能实现

目前不管用户名和密码如何输入，都会触发onSubmit方法提交数据，通过控制台可以看到输出了submit。

实际需要的是当表单全部校验通过后才能提交数据到后端，并与后端存在的用户名进行比对。

（1）修改onSubmit方法

修改onSubmit方法，代码如下：

```
    methods: {
        onSubmit() {
            console.log('submit!');
        }
    }
```

改为如下代码（实际上是直接复制Element官网的自定义校验规则代码）：

```
  methods: {
    submitForm(formName) {
      this.$refs[formName].validate(valid => {
        if (valid) {   //valid 为 true 时表示所有表单校验通过
          alert("submit!");
        } else {
          console.log("error submit!!");
          return false;
        }
      });
    }
  }
```

（2）对应提交方法由原来的onSubmit改为submitForm

根据submitForm方法参数可知，需要传入一个要提交的表单，也就是<el-form>标签中ref属性值，另外单击【登录】按钮时也要提交表单。即涉及如下两处代码：

① `<el-form :rules="rules" ref="form" :model="form" label-width="60px" class="login-form">`

② `<el-button type="primary" @click="submitForm(form)">` 登录 `</el-button>`

运行测试，发现会报出如下错误：

`TypeError: this.$refs[formName] is undefined。`

如何解决呢？这是因为版本问题，需要在 "ref="form"" 前面加 ":"。再次运行测试，则会正常。

22.3 使用 Easy Mock 为登录验证创建模拟接口

把数据提交到后端，后端要做两件事情：第一，查找是否存在对应的登录用户名与密码；第二，返回响应（是否成功登录）给客户端。

1. 修改服务接口基础地址

打开Easy Mock官网并登录，如图22-4所示，复制Base URL后面的代码，这就是在Easy Mock上的服务接口基础地址。

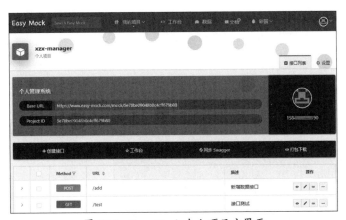

图 22-4　Easy Mock 个人项目主界面

打开.env.development文件，用上面复制的代码替换原VUE_APP_SERVICE_URL的属性值，即代码如下：

```
# 接口服务地址，就是 vue.config.js 中的 target 值
VUE_APP_SERVICE_URL = 'https://www.easy-mock.com/mock/5e78be09048b0c4cff679b80'
```

2. 创建服务接口（配置mock.js）

假设后端只要请求成功，状态码就统一规定为 200。

（1）创建登录认证接口

创建一个登录认证的接口，如图22-5所示。

图 22-5　创建登录认证接口界面

请求URL：/user/login 。

请求方式：POST 。

描述：登录认证。

接口响应（这里假设只有成功情况，失败情况的信息不写）的信息如下：

```
{
  "code": 200, // 状态码
  "flag": true,
  "message": '验证成功',
  "data":
      { "token": "admin" }
}
```

（2）添加响应用户信息模拟接口

添加响应用户信息模拟接口，如图22-6所示。

图 22-6　创建登录响应用户信息接口界面

请求URL：/user/info/{token} 。{token}是一个占位符，后续请求该接口时传入token，注意标点符号均为英文的。

请求方式：GET 。

描述：响应用户信息。

Mock.js代码如下：

```
{
  "code": 200,
  "flag": true,
  "message": ' 成功获取用户信息 ',
  "data":
  {
    "id|1-1000": 1,          //1 ~ 1000 随机取值
    "name": "@cname",        // 随机生成中文姓名
    "roles": ["manager"]     // 固定 manager
  }
}
```

运行测试，添加响应用户信息接口，即在图22-4所示的个人项目主界面中预览本接口，打开如图22-7所示窗口，单击【Send】按钮，出现如图22-7所示的左侧信息，表示成功获取到用户信息，就可以登录到主页面了。

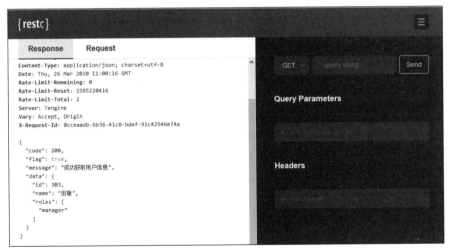

图 22-7　预览登录响应用户信息接口界面

 22.4　登录业务逻辑实现

1. 创建API接口文件login.js

在src/api/下创建login.js，用于发送Ajax请求调用API接口。

导入自己封装的myaxios，代码如下：

```
import myaxios from '@/utils/myaxios'//@表示 src 目录位置
```

导出普通函数对象。在test.js中导出的是默认对象，这里改用导出普通函数对象，方便后面按需导入。代码如下：

```
// 发送 Ajax 请求，传入用户名、密码，用于验证用户是否有资格
export function login(username,password){
  return  myaxios({
      url:'/user/login', // 最前面的 "/" 不要少
      method:'post',       //url 和 method 两个属性值与前面创建接口时保持一致
      data:{               // 发送请求，并带数据过去
          username,        //username:username
          password
      }
    })
}
// 发送 Ajax 请求，传入 token，用于获取用户信息
export function getUserInfo(token){
  return myaxios({
      url:'/user/info/${token}',// 由于这里需要拼接占位符，所以用 ''
      method:'get'
    })
}
```

通过myaxios发送异步请求，返回值是一个promise格式的异步对象，后续就可以通过promise异步对象的then执行成功的回调，通过catch执行失败的回调。

2. 使用login.js发送异步请求

在登录组件index.vue中导入login.js，从而使用其发送异步请求。先导入login.js，代码如下：

```
//import loginAPI from '@/API/login' //login.js 中 js 可以省略，不过这种导入方式导入的
                                   // 是默认对象，而在 login.js 中导出的是普通函数对象，
                                   // 所以换下面的按需导入
import { login, getUserInfo } from "@/API/login"; //这里导入之后在下面就可以使用了（按
                                   //需导入）
```

使用login和getUserInfo两个方法发送异步请求。主要实现思路如下。

① 对登录表单进行校验，如果校验通过，则执行②，否则进行校验失败处理。

② 表单校验成功。调用login方法，传入用户名和密码，即会发生Ajax请求到后端进行处理。如果后端处理成功，则通过then方法执行成功处理的回调，并获取token。

③ 通过getUserInfo方法传入获取到的token，然后发送Ajax到后端去获取用户信息。如果获取成功，则把用户信息和token信息存入当前浏览器中，最后跳转到首页。如果获取失败，则给出相应的警告信息。

index.vue中methods选项完整代码如下：

```
methods: {
    submitForm(formName) {
      this.$refs[formName].validate(valid => {
```

```
if (valid) {
  //valid 为 true 时表示所有表单校验通过
  //alert("submit!");
  login(this.form.username, this.form.password).then(response =>
  { //response 为后端返回的信息
    const resp = response.data;
    console.log(resp, resp.flag, resp.data.token); // 通过控制台可以看到打印的
                                          // 就是服务器端返回的数据

    if (resp.flag) {
      // 表示验证成功，不过由于服务器端只会返回 true，但是也要做判断，因为实际开发
      // 中可能返回 false
      // 验证成功会返回一个 token，通过 token 去获取用户信息
      getUserInfo(resp.data.token).then(response => {
        // 获取用户信息
        const respUser = response.data;
        if(respUser.flag)// 用户信息获取成功
        {
            console.log(respUser.data);
            // 利用浏览器的本地存储保存 token 及用户信息
            localStorage.setItem(
            "xdz-manager-user",
            JSON.stringify(respUser.data)
            );
            //respUser.data 不转 json 格式不方便后面读取，因为是一个 Object 对象，
            // 如图 22-8 所示，所以外面包了一层格式转换函数
            localStorage.setItem("xdz-manager-token", resp.data.token);
            // 前往首页，首页组件后面再做，现在为空
            this.$router.push("./");
        }
        else// 用户信息获取失败
        {
            this.$message({
            message: respUser.message,
            type: "warning"
            });
        }

      });
    } else {
      // 认证不通过，弹出提示信息，这步要看效果就要改下接口（flag:false，message:
      // 验证失败）
      //alert(resp.message) 这个弹窗不美观，改用 Element UI（Message 消息提示）
      this.$message({
        message: resp.message,
        type: "warning"
      });
    }
```

```
        });
    } else {
        console.log("error submit!!");
        return false;
    }
    });
  }
}
```

运行验证登录效果，并查看是否在本地存入用户及token信息，运行正确，在本地浏览器中存入了用户及token信息，如图22-9所示。至此，登录模块基本实现完毕。

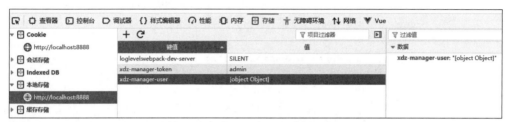

图 22-8　用户信息存入本地浏览器格式为对象

图 22-9　用户及 token 信息存入本地浏览器

⏱ 实战练习

根据本章所讲步骤完成图书信息管理系统的登录模块。

⚙ 高手点拨

通过本章的学习，主要掌握以下知识与技能。

1. 掌握利用Element UI相关组件设计登录页面。

2. 掌握为表单添加验证功能的方法。

3. 熟练掌握利用Easy Mock创建后端服务接口的方法。

4. 掌握利用自己封装的Axios等技术实现登录业务逻辑。

5. 掌握把信息存储到本地浏览器中的方法。

第 23 章
图书信息管理系统主页功能初步实现

第 22 章已经实现了图书信息管理系统登录模块，但是登录进入的主页只是一个空白页，本章就来初步实现图书信息管理系统主页。

23.1 主页布局设置

1. 主页布局初步设置

在src/component下新建Layout.vue主页文件，简单代码如下：

```
<template>
    <div>
          主页布局
    </div>
</template>
```

2. 配置路由

在src/router/index.js中加入以下代码。

① 导入主页布局组件Layout.vue。

```
import Layout from "@/components/Layout.vue" //.vue 可以不写，如果 Layout.vue 名称
                                             // 为 index.vue，整个名称可以省略
```

② 添加路由。

```
const routes = [
  {// 配置登录路由
    path: "/login",
    name: "login",
    component: Login
  },
    {// 配置主页路由
    path: "/",
    name: "layout",
    component: Layout
  },
];
```

③ 运行测试，确保路由配置成功。

3. 细化主页布局

代码如下：

```
<template>
  <div>
    <div class="header">头部 </div>
    <div class="navbar">左侧导航 </div>
    <div class="main">主区域 </div>
  </div>
</template>
<style scoped>
/* 头部区域 */
```

```
.header {
  position: absolute;
  line-height: 50px;
  background-color: #130505;
  left:0px;
  right:0px;
  top:0px;
}
.navbar {
  position: absolute;
  width: 200px;
  background-color: #545c64;// 这块背景颜色要与左侧导航背景颜色一致
  left:0px;
  bottom:0px;
  top:50px;
  overflow-y:auto;
}
.main {
  position: absolute;
  background-color: #1e2020;
  left:200px;
  right:0px;
  bottom:0px;
  top:50px;
  padding:10px;
  overflow-y:auto;
}
</style>
```

此时运行效果如图23-1所示。

图 23-1 主页布局初步框架

注 意

为了更好地显示背景图片的文字，将上面三块区域中的字体颜色设置为了白色，实际开发这些文字后续都会删除，所以不用设置字体颜色为白色。

4. 抽出头部、导航、主区域三个子组件

在components文件夹下创建三个文件夹：AppHeader、AppNavbar、AppMain，然后在这三个文件夹下分别新建一个index.vue组件文件，如图23-2所示，把它们都作为Layout.vue的子组件。

把父组件Layout.vue的相关div都抽到（移到）对应的子组件中，样式可以保留在父组件Layout.vue中。

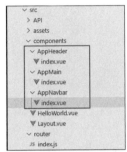

图 23-2　主页的子组件文件结构

（1）AppHeader/index.vue

```
<template>
    <div class="header">头部</div>
</template>
```

（2）AppNavbar/index.vue

```
<template>
    <div class="navbar">左侧导航</div>
</template>
```

（3）AppMain/index.vue

```
<template>
    <div class="main">主区域</div>
</template>
```

5. 主页父组件重构

父组件Layout.vue再导入头部、导航、主区域三个子组件，然后组装到父组件中。

导入子组件的三个步骤为导入、注册、使用，此时Layout.vue代码如下（样式省略）：

```
<template>
  <div>
    <!-- 使用：第一种写法，但建议使用第二种写法 -->
    <!-- <AppHeader></AppHeader>
    <AppNavbar></AppNavbar>
    <AppMain></AppMain>-->
    <!-- 使用：第二种写法（通过 "-" 连接两个单词，且首字母小写）  -->
    <app-header></app-header>
    <app-navbar></app-navbar>
    <app-main></app-main>
  </div>
</template>
<script>
// 导入：三个组件分别用了三种写法
import AppHeader from "./AppHeader/index.vue";
```

```
import AppNavbar from "./AppNavbar/index";
import AppMain from "./AppMain";
export default {
// 注册: 均采用了 ECMAScript 6 简写语法
  components: {
    AppHeader,
    AppNavbar,
    AppMain
  }
};
</script>
```

23.2 利用 Element 设计头部组件

针对components/AppHeader/index.vue设计。

1. 设计左侧的Logo及Title

把准备好的Logo图片（如mylogo.png）复制到src/assets目录下，Title设置为"小豆子图书信息管理系统"，把Logo图片和Title内容都作为超链接内容，结合样式进行效果控制，代码如下：

```
<template>
    <div class="header">
      <a href="/"  style="padding-left:30px">
          <img class="logo" src="@/assets/mylogo.png">
          <span class="title">小豆子图书信息管理系统 </span>
      </a>
    </div>
</template>
<style scoped>
    .logo{
        /* 与 padding 属性冲突，所以针对 <a> 标签设置 padding-left 属性 */
        border-radius:5px;
        vertical-align: middle;
        width:25px;
    }
    .title{
        position: absolute;
        color:#fff;
        padding-left: 5px;
        font-size: 20px;
    }
</style>
```

2. 设计右侧的下拉菜单

参照Element UI官网的Dropdown下拉菜单——指令事件进行修改，代码如下：

```html
<template>
  <div class="header">
    <a href="/" style="padding-left:30px">
      <img class="logo" src="@/assets/mylogo.png" />
      <span class="title">小豆子图书信息管理系统 </span>
    </a>
    <el-dropdown @command="handleCommand">
      <span class="el-dropdown-link">
        下拉菜单
        <i class="el-icon-arrow-down el-icon--right"></i>
      </span>
      <el-dropdown-menu slot="dropdown">
        <el-dropdown-item icon="el-icon-edit" command="a">修改密码 </el-dropdown-item>
        <el-dropdown-item icon="el-icon-user" command="b">退出系统 </el-dropdown-item>

      </el-dropdown-menu>
    </el-dropdown>
  </div>
</template>
<script>
export default {
    methods: {
      handleCommand(command) {
        this.$message('click on item ' + command);
      }
    }
}
</script>

<style scoped>
.logo {
  /* 与 padding 属性冲突，所以针对 <a> 标签设置 padding-left 属性 */
  border-radius: 5px;
  vertical-align: middle;
  width: 25px;
}
.title {
  position: absolute;
  color: #fff;
  padding-left: 5px;
  font-size: 20px;
}
```

```
.el-dropdown-link {
  cursor: pointer;
  color: #fff;
}
.el-icon-arrow-down {
  font-size: 12px;
}
/* 下拉菜单，先测试后面这部分样式，使其靠右 */
.el-dropdown {
  float: right;
  margin-right:30px;
}
</style>
```

单击下拉菜单中的【修改密码】和【退出系统】，分别弹出提示 "click on item a" 和 "click on item b"，具体功能后续再完善。

 ## 23.3 利用 Element 设计左侧导航组件

1. 左侧导航初步设计

利用Element UI中的NavMenu 导航菜单进行修改。设置class="el-icon-s-platform"属性值更改图标。根据要实现的效果进行修改的AppNavbar/index.vue代码如下：

```
<template>
    <!-- default-active 默认选中的菜单项值为当前激活菜单的 index -->
    <div class="navbar">
        <el-menu
            default-active="1"
            class="el-menu-vertical-demo"
            @open="handleOpen"
            @close="handleClose"
            background-color="#545c64"
            text-color="#fff"
            active-text-color="#ffd04b">
        <el-menu-item index="1">
            <i class="el-icon-menu"></i>
            <span slot="title"> 首页 </span>
        </el-menu-item>
        <el-submenu index="2">
            <template slot="title">
                <i class="el-icon-location"></i>
                <span> 图书信息管理 </span>
            </template>
            <el-menu-item-group>
```

```
          <el-menu-item index="2-1"> 图书类别管理 </el-menu-item>
          <el-menu-item index="2-2"> 图书信息管理 </el-menu-item>
        </el-menu-item-group>
      </el-submenu>
      <el-submenu index="3">
        <template slot="title">
          <i class="el-icon-s-platform"></i>
          <span> 图书库存管理 </span>
        </template>
        <el-menu-item-group>
          <el-menu-item index="3-1"> 库存查询 </el-menu-item>
          <el-menu-item index="3-2"> 入库查询 </el-menu-item>
          <el-menu-item index="3-3"> 出库查询 </el-menu-item>
        </el-menu-item-group>
      </el-submenu>
      <el-menu-item index="4">
        <i class="el-icon-s-check"></i>
        <span slot="title"> 用户管理 </span>
      </el-menu-item>
    </el-menu>
  </div>
</template>
<script>
  export default {
    methods: {
      handleOpen(key, keyPath) {
        console.log(key, keyPath);
      },
      handleClose(key, keyPath) {
        console.log(key, keyPath);
      }
    }
  }
</script>
```

预览效果如图23-3所示，发现右侧有一条白色竖线，可以加个样式将其去掉，代码如下。

图 23-3　主页的左侧导航菜单

```
<style scoped>
  .el-menu{
```

```
      border-right:none;
  }
</style>
```

2. 绑定路由

由于需要单击不同菜单项跳转到不同的组件，所以要对上面菜单开启路由模式（默认是没有开启状态的）。为el-menu设置绑定属性"＝router="true""，修改后的AppNavbar/index.vue代码如下：

```
<template>
  <div class="navbar">
    <!-- default-active 默认选中的菜单项 -->
    <!-- :router="true" 为开启路由模式，这个时候 index 代表的就是路由 -->
    <el-menu
      :router="true"
      default-active="/home"
      class="el-menu-vertical-demo"
      @open="handleOpen"
      @close="handleClose"
      background-color="#545c64"
      text-color="#fff"
      active-text-color="#ffd04b">
    <el-menu-item index="/home">
      <i class="el-icon-menu"></i>
      <span slot="title"> 首页 </span>
    </el-menu-item>
    <el-submenu index="2">
      <template slot="title">
        <i class="el-icon-location"></i>
        <span> 图书信息管理 </span>
      </template>
      <el-menu-item-group>
        <el-menu-item index="/booktype"> 图书类别管理 </el-menu-item>
        <el-menu-item index="/bookinfo"> 图书信息管理 </el-menu-item>
      </el-menu-item-group>
    </el-submenu>
    <el-submenu index="3">
      <template slot="title">
        <i class="el-icon-s-platform"></i>
        <span> 图书库存管理 </span>
      </template>
      <el-menu-item-group>
        <el-menu-item index="/kucunsearch"> 库存查询 </el-menu-item>
        <el-menu-item index="/rukusearch"> 入库查询 </el-menu-item>
        <el-menu-item index="/chukusearch"> 出库查询 </el-menu-item>
      </el-menu-item-group>
    </el-submenu>
    <el-menu-item index="/user">
```

```
            <i class="el-icon-s-check"></i>
            <span slot="title">用户管理 </span>
        </el-menu-item>
    </el-menu>
    </div>
</template>
```

3. 创建路由组件

views一般是存放路由的文件夹，在该文件夹中创建各路由组件。创建图书信息管理文件夹book，在该文件夹下面创建bookinfo.vue和booktype.vue组件。创建库存管理文件夹kucun，在该文件夹下面创建chukusearch.vue、kucunsearch.vue、rukusearch.vue组件。创建首页文件夹home，在该文件夹下面创建index.vue组件。创建用户管理文件夹user，在该文件夹

下创建user.vue组件，效果如图23-4所示。

图 23-4　各路由组件结构图

对于以上各个组件内容，简单代码如下：

```
<template>
    <div>
        图书类别管理，不同组件使用不同文字即可
    </div>
</template>
```

23.4　为左侧导航配置路由

接下来单击不同菜单项把相应的组件内容渲染到主区域（AppMain/index.vue）中显示。

1. 调通【首页】路由/home

打开src/router/index.js文件编辑。先导入路由组件，再设置路由。要设置为layout的子路由，为什么呢？结合【首页】路由/home的渲染出口来理解。因为首页最终是显示/渲染在layout组件的main区域，即出口在layout组件中，不是在App.vue中，所以要作为layout的子路由。此时src/router/index.js文件代码如下：

```
import Vue from "vue";
import VueRouter from "vue-router";
// 导入登录组件，后面的 index.vue 可以不写，因为默认就会找 index.vue
import Login from "…/views/login/index.vue"
import Layout from "@/components/Layout.vue" // .vue 可以不写，如果 Layout.vue 名称为
                                             // index.vue，整个名称可以省略
import Home from "@/views/home/index.vue"
```

```
Vue.use(VueRouter);

const routes = [
  { // 配置登录路由
    path: "/login",
    name: "login",
    component: Login
  },
  { // 配置主页路由
    path: "/",
    name: "layout",
    component: Layout,
    children: [// 设置为 layout 的子路由
      {
        path: "/home",
        component: Home,
      }
    ]
  },
];
const router = new VueRouter({
  mode: "history",
  base: process.env.BASE_URL,
  routes
});

export default router;
```

【首页】路由/home的渲染出口在哪？

因为当单击导航【首页】路由/home时，其路由设置为layout的子路由，那么它的出口（渲染地方）就为layout组件，而layout是由三个子组件构成的，它的出口设置在哪呢？因为单击【首页】是显示在主区域中，所以把子组件AppMain/index.vue作为【首页】路由/home路由出口，即打开AppMain/index.vue文件，修改如下：

```
<template>
    <div class="main">
        <!-- 子组件路由出口，即渲染在此处 -->
        <router-view></router-view>
    </div>
</template>
```

为了美观，调整以下两处。

① 打开【首页】路由组件，即打开src/views/home/index.vue文件，添加文字并居中显示，代码如下：

```
<template>
    <div>
```

```
        <h1> 欢迎学习小豆子学堂 Vue 实战课程 </h1>
    </div>
</template>
<style scoped>
  h1{
        text-align: center;
    }
</style>
```

② 去掉主区域的背景颜色。打开components/Layout.vue，修改main样式，去掉背景颜色。再次
运行，此时效果如图23-5所示。

图 23-5　测试首页路由显示效果

2.调通其他导航菜单路由

打开src/router/index.js文件，全部作为layout.vue的子路由，步骤如下。

① 导入路由组件。

② 配置为layout.vue的子路由。

完成后代码如下：

```
import Vue from "vue";
import VueRouter from "vue-router";
// 导入登录组件，后面的 index.vue 可以不写，因为默认会找 index.vue
import Login from "…/views/login/index.vue"
import Layout from "@/components/Layout.vue" // .vue 可以不写，如果 Layout.vue 名称为
                                            // index.vue，整个名称可以省略
import Home from "@/views/home/index.vue"
import Booktype from "@/views/book/booktype.vue"
import Bookinfo from "@/views/book/bookinfo.vue"
import Kucunsearch from "@/views/kucun/kucunsearch.vue"
import Chukusearch from "@/views/kucun/chukusearch.vue"
import Rukusearch from "@/views/kucun/rukusearch.vue"
import User from "@/views/user/user.vue"
Vue.use(VueRouter);

const routes = [
  { // 配置登录路由
    path: "/login",
    name: "login",
    component: Login
  },
```

```
    { // 配置主页路由
      path: "/",
      name: "layout",
      component: Layout,
      children: [
        {
          path: "/home",
          component: Home,
        },
        {
          path: "/booktype",
          component: Booktype,
        },
        {
          path: "/bookinfo",
          component: Bookinfo,
        },
        {
          path: "/kucunsearch",
          component: Kucunsearch,
        },
        {
          path: "/chukusearch",
          component: Chukusearch,
        },
        {
          path: "/rukusearch",
          component: Rukusearch,
        },
        {
          path: "/user",
          component: User,
        },
      ]
    },
];

const router = new VueRouter({
  mode: "history",
  base: process.env.BASE_URL,
  routes
});

export default router;
```

测试效果如图23-6所示。单击左侧各个导航菜单都能在右侧主区域显示相应内容。

图 23-6　测试各个路由显示效果

 23.5　利用 Element UI 实现主区域显示当前路径

接下来在主区域的上面显示当前所在模块的路径，这个当前路径的显示不放到各个路由组件中，而是抽取出来，放在 AppMain/index.vue 中，当然也可以单独抽取为一个组件，然后在AppMain/index.vue 中引入组件也可以的。

1. Element UI官网相关导航代码

利用Element UI官网中的Breadcrumb，复制其代码进行修改。

```
<el-breadcrumb separator-class="el-icon-arrow-right">
  <el-breadcrumb-item :to="{ path: '/' }">首页 </el-breadcrumb-item>
  <el-breadcrumb-item>活动管理 </el-breadcrumb-item>
  <el-breadcrumb-item>活动列表 </el-breadcrumb-item>
  <el-breadcrumb-item>活动详情 </el-breadcrumb-item>
</el-breadcrumb>
```

首页要根据当前实际路径动态显示。":to"是指要跳转到的路由，默认为"/"，需要改为动态的，即 $route.path，这在本项目中意义不大，因为跳转到的就是当前页面，所以看不到效果，要测试效果可以在$route.path 后面任意加个参数，如 ":to="{ path: $route.path+ '/a'}""。

2. 完善当前路径的显示

为了动态显示每个路径的名称，需要先在每个路径中添加meta属性，打开router/index.js，修改后的代码如下：

```
const routes = [
  { // 配置登录路由
    path: "/login",
    name: "login",
    component: Login
  },
  { // 配置主页路由
    path: "/",
    name: "layout",
```

```
component: Layout,
children: [
  {
    path: "/home",
    component: Home,
    meta:{title:' 首页 '}
  },
  {
    path: "/booktype",
    component: Booktype,
    meta:{title:' 图书类别管理 '}
  },
  {
    path: "/bookinfo",
    component: Bookinfo,
    meta:{title:' 图书信息管理 '}
  },
  {
    path: "/kucunsearch",
    component: Kucunsearch,
    meta:{title:' 库存查询 '}
  },
  {
    path: "/chukusearch",
    component: Chukusearch,
    meta:{title:' 出库查询 '}
  },
  {
    path: "/rukusearch",
    component: Rukusearch,
    meta:{title:' 入库查询 '}
  },
  {
    path: "/user",
    component: User,
    meta:{title:' 用户管理 '}
  },
]
```

那么，怎么获取meta属性值呢？通过路由对象$route.meta.title即可获取，即把固定的名称改为{{$route.meta.title}}。

3. 完善当前路径的二级路径显示

所谓的二级路径显示，比如显示为"图书信息管理 > 图书类别管理""图书信息管理 > 图书信息管理""图书库存管理 > 库存查询"等。修改后的代码如下：

```
<el-breadcrumb separator-class="el-icon-arrow-right">
```

```
    <el-breadcrumb-item v-show="$route.path == '/booktype'|| $route.path ==
'/bookinfo'">图书信息管理</el-breadcrumb-item>
        <el-breadcrumb-item
          v-show="$route.path == '/kucunsearch' || $route.path == '/rukusearch'||
$route.path == '/chukusearch'">图书库存管理</el-breadcrumb-item>
        <el-breadcrumb-item v-show="$route.path != '/home'"
          :to="{ path: $route.path }"
        >{{$route.meta.title}}</el-breadcrumb-item>
      </el-breadcrumb>
```

通过v-show决定是显示图书信息管理还是图书库存管理。通过$route.path决定对应路由，当v-show为true时显示对应路由，具体代码如下：

```
<el-breadcrumb separator-class="el-icon-arrow-right">
        <el-breadcrumb-item v-show="$route.path == '/booktype'|| $route.path ==
'/bookinfo'">图书信息管理</el-breadcrumb-item>
        <el-breadcrumb-item
          v-show="$route.path == '/kucunsearch' || $route.path ==
'/rukusearch'|| $route.path == '/chukusearch'">图书库存管理</el-breadcrumb-item>
        <el-breadcrumb-item v-show="$route.path != '/home'"
          :to="{ path: $route.path }"
        >{{$route.meta.title}}</el-breadcrumb-item>
      </el-breadcrumb>
```

此外，【首页】路由不显示出当前路径，当路由为/home时不显示当前路径，不为home时才显示当前路径。

4. 美化当前路由二级路径的显示

为显示的当前路由二级路径区域加上边框投影等样式，代码如下：

```
/* el-breadcrumb 标签最终会渲染为 el-breadcrumb 类 */
   .el-breadcrumb{
        height:10px;
        padding:15px;
        border-radius: 5px;
        /* 复制 element border 边框投影效果 */
        box-shadow: 0 2px 12px 0 rgba(0, 0, 0, 0.1);
        margin-bottom: 10px;   /* 让 main 下面内容与上面距离加大点 */
        }
```

为了更美观，把主区域padding设置为5px，在layout.vue下修改，代码如下：

```
.main {
  position: absolute;
  /*    background-color: #1e2020; */
  left: 250px;
  right: 0px;
  bottom: 0px;
  top: 50px;
  padding: 5px; /*    原来为 10px */
```

```
    overflow-y: auto;
 }
```

为显示的当前路由二级路径前面加上一个竖线以达到美化目的。这里不建议加在"图书信息管理"或者"图书库存管理"前面，否则要对这个样式进行控制显示与隐藏。为了简单点，在最前面通过<span>标签显示一个竖线。为了美观，通过设置左边框形式显示竖线，但是<span>标签没有内容，则不能显示，所以需要把它的显示设置为与背景颜色相同，即白色，代码如下：

```
<span class="line">|</span>
 .line{
        position: absolute;
        color:white;
        border-left: 3px solid red;
        left:10px;
    }
```

5. 调整首页导航效果

目前首页效果如图23-7所示，即当为首页时也显示了当前路径的区域，现在需要把这块投影区域（显示当前路径总区域）不显示，怎么办呢？只需要把控制首页是否显示的属性代码"v-show="$route.path != '/home'""移到<el-breadcrumb>标签下即可。

欢迎学习小豆子学堂Vue实战课程

图 23-7　单击【首页】路由显示了空白的当前路径效果

至此，AppMain/index.vue的完整代码如下：

```
<template>
  <div class="main">
    <el-breadcrumb  v-show="$route.path != '/home'" separator-class="el-icon-
arrow-right">
      <span class="line">|</span>
      <el-breadcrumb-item  v-show="$route.path == '/booktype'|| $route.path ==
'/bookinfo'">图书信息管理</el-breadcrumb-item>
      <el-breadcrumb-item
        v-show="$route.path == '/kucunsearch' || $route.path == '/rukusearch'||
 $route.path == '/chukusearch'"
      >图书库存管理</el-breadcrumb-item>
      <el-breadcrumb-item
        :to="{ path: $route.path }"
      >{{$route.meta.title}}</el-breadcrumb-item>
    </el-breadcrumb>
    <!-- 子组件路由出口，即渲染在此处 -->
    <router-view></router-view>
  </div>
</template>
```

```
<style scoped>
/* <el-breadcrumb>标签最终会渲染为 el-breadcrumb 类 */
    .el-breadcrumb{
        height:10px;
        padding:15px;
        border-radius: 5px;
        /* 复制 element border 边框投影效果 */
        box-shadow: 0 2px 12px 0 rgba(0, 0, 0, 0.1)
    }
    .line{
        position: absolute;
        color:white;
        border-left: 3px solid red;
        left:10px;
    }
}
</style>
```

如果觉得<el-breadcrumb>标签内容比较多，则可以抽取出一个组件，然后在AppMain/index.vue
中进行导入组件、注册组件、使用组件即可。

 # 23.6 退出系统功能实现

1. 初步修改单击退出系统的响应方法

退出系统在头部组件中，即打开AppHeader/index.vue修改单击时响应的methods，初步修改代
码如下：

```
methods: {
    handleCommand(command) {
      switch(command)
      {
        case 'a':
        // 修改密码
        this.$message('单击了修改密码 ');
        break;
        case 'b':
        // 退出系统
        this.$message('单击了退出系统 ');
        break;
      }
    }
}
```

2. 设计后端处理响应接口

退出时要进行后端验证，让后端把token删除。为什么呢？因为登录时后端返回一个token给前

端，服务器也会保存，下次请求一般都要携带这个token，与服务器端的token进行比对，所以要退出系统，也要让后端删除相应的token。（类似住酒店最后退房时要把钥匙还给服务员，服务员才给你退房。）

打开easy-mock，创建接口，接口信息如下。

● Mock配置代码：

```
{
  "code": 200, // 状态码
  "flag": true,
  "message": ' 退出成功 ',
}
```

● Method：POST。

● URL：user/logout/{token}。

● 描述：退出系统。

3. 编写调用退出系统接口方法

打开src/API/login.js文件：

```
export function logout(token){
    return myaxios({
        url:'/user/logout/',
        method:'post',
        data:{
            token // 完整写法为 token:token
        }
    })
}
```

4. 编写调用退出系统方法logout

打开components/AppHeader/index.vue文件。导入api/login.js组件。调用logout方法，参数token从浏览器中获取，退出后清除浏览器存储的token及用户数据，然后返回登录页面；如果退出失败，给出服务器端的响应信息。

完整代码如下：

```
<script>
// 这里是按需导入，因为在 login.js 中不是导出默认成员（export default），而是导出普通函数
import {logout} from "@/api/login.js"
export default {
    methods: {
        handleCommand(command) {
            switch(command)
            {
                case 'a':
                    // 修改密码
                    this.$message(' 单击了修改密码 ');
                    break;
                case 'b':
```

```
                // 退出系统
                // 调用 logout 方法，需要传入一个 token，token 在哪呢？在登录时（login/
                // index.vue）通过 localStorage 记住了 token 信息，如下代码：
                // localStorage.setItem("xdz-manager-token", resp.data.token);
                // 所以 token 就在 localStorage
                const token=localStorage.getItem("xdz-manager-token")
                logout(token).then(response=>{
                    const resp=response.data
                    if(resp.flag)// 退出成功
                    {
                        // 清除本地浏览器 token 和用户数据
                        localStorage.removeItem("xdz-manager-token")
                        localStorage.removeItem("xdz-manager-user")
                        // 跳到登录页面，即改变路由
                        this.$router.push('/login')
                    }
                    else{ // 失败给出提示消息
                        this.$message({
                            message: resp.message,// 获取接口返回的 message
                            type: 'warning',
                            duration:1000 // 设置停留时间 1 秒
                        });
                    }
                })
                break;
            default:
                break;
            }
        }
    }
}
</script>
```

正常退出后发现token及user数据都没有了，如图23-8所示。

图 23-8　正常退出系统后本地浏览器中存储的 token 及 user 数据清空

重新登录，浏览器还存储有token及user数据，如图23-9所示。

图 23-9　登录后本地浏览器中存储有 token 及 user 数据

要观察调用接口，在控制台下切换到【网络】选项，如图23-10所示。

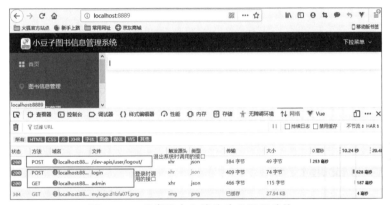

图 23-10　观察退出和登录系统调用的接口

重新登录发现进入的主页有误，打开views/login/index.vue，修改前往首页的 "./" 为 "/home"。

```
// 前往首页
//this.$router.push("./");
this.$router.push("/home");
```

再重新登录就正常了，如图23-11所示。

图 23-11　正常登录系统后的效果

模拟退出失败的场景，修改Easy Mock接口。Mock配置代码如下：

```
{
  "code": 200, // 状态码
  "flag": false,
  "message": ' 退出失败 ',
}
```

再次测试退出系统，弹出"退出失败"警告，当把鼠标放到"退出失败"的提示框上，此提示并不会消失，但离开1秒后就会消失，如图23-12所示。

图 23-12　退出失败给出提示的效果

最后需要把接口改为退出成功。如果报出下面错误提示，有可能是请求的URL与接口里设置的不相符。

```
Unhandled promise rejection Error: "Request failed with status code 404"
```

23.7　路由权限校验

1. 存在问题及解决方案

问题：退出系统后再单击回退按钮，还能进入系统且正常使用。实际上，不需要通过登录页面，也可以直接输入相应路由就能进入系统。换句话说，那个登录页面并没有什么作用。此外，系统启动即可进入系统首页，如何做到当用户未登录或退出后不让访问非登录页面呢？采用Vue Router路由的钩子函数（beforeEach），在路由跳转之前校验此路由是否具有访问权限。

基本用法格式如下：

```
const router = new VueRouter({ ... })
router.beforeEach((to, from, next) => {
  // ...
})
```

其中，三个参数的含义如下。

● to：将要进入的目标路由。

● from：将要离开的路由对象。

● next：是一个方法，可以指定路由地址进行路由跳转。

2. 实操演示

在src目录下单独创建permission.js用于校验权限。在路由跳转之前，判断用户是否登录过，登录过则允许访问非登录页面，否则返回登录页面。具体逻辑看下面代码注释：

```
// 导入 VueRouter 对象
import router from './router/index.js'
import { getUserInfo } from './api/login'
// 利用 VueRouter 对象 router 的 beforeEach 方法进行校验
// 前面登录逻辑是：提交用户名、密码到后端校验，校验成功获取 token，通过 token 到后端获取用
// 户信息
router.beforeEach((to, from, next) => {
    // 获取 token
    const token = localStorage.getItem("xdz-manager-token")
    // 如果没有获取到 token
    if (!token) {      // 要访问非登录页面，则不允许访问，让其返回登录页面
        if (to.path !== '/login') {
            next({ path: '/login' })
        } else {// 访问的就是登录页面 /login
            next() // 不需要传入参数，默认就是默认路由
        }
    }
    else {
        // 获取到 token
        // 请求登录路由 /login，那就让其进入目标路由 /login
        if (to.path === '/login') {
            next()
        }
        else {
            // 请求的是非登录页面，查看本地是否存有用户信息
            const userinfo = localStorage.getItem("xdz-manager-user")
            if (userinfo) {
                // 本地获取到用户信息，则直接跳转到目标路由
                next()
            }
            else {   // 如果本地没有用户信息就通过 token 去获取
                getUserInfo(token).then(response => {// 使用 getUserInfo 方法，上面需
                                                    // 要先导入 login.js
                    const respUser = response.data
                    if(respUser.flag)
                    {
                        // 如果获取到用户信息，则保存到本地，并让其进入
                        localStorage.setItem("xdz-manager-user",JSON.stringify
                                                    (respUser.data))
                        next()
                    }
                    else{// 如果没有获取到用户信息（比如 token 失效），就返回到登录页面
```

```
                    next({path:'/login'})
                }
            })
        }
    }
})
```

全局引入permission.js，使用它进行校验权限。在main.js中导入permission.js，代码如下：

```
// 登录权限校验 / 拦截
import './permission'
```

测试效果，这时需要进行是否登录的校验，如果登录了会在本地浏览器中保存用户及token信息，如图23-13所示。也可以手动清除浏览器存储数据，再进入任何一个路由都会返回到登录页面。

图 23-13　测试路由权限校验效果

如果浏览器没有存储用户token和用户信息（正常退出），通过VS Code启动运行也会跳转到登录页面。若已经登录，但没有退出（本地浏览器有token和用户数据），这时通过VS Code启动时默认界面如图23-14所示，显示了空白的二级路径信息的投影区域。

图 23-14　首页存在不足的效果

如何去掉主区域的显示二级路径信息的投影区域呢？

若启动时不是跳转到登录页面，而是来到首页，即让它不显示二级路径信息的投影区域，则将AppMain/index.vue中的如下加粗代码

```
<el-breadcrumb v-show="$route.path != '/home'" separator-class="el-icon-
arrow-right">
```

改为

```
v-show="$route.path != '/home' && $route.path != '/'"
```

即可。不过这个修改实际意义不大，因为后续上线后用户没有登录过必然会进入登录页面。

现在问题：系统刚启动时打开主页，路由为"／"，显示的是布局页Layout，主区域是空白的（因为主区域这时没有任何内容可显示），如图23-15所示。如何做到让它打开主页跳转到/home页呢？即打开时显示如图23-16所示效果。

图 23-15　首页路由"/"显示空白效果　　图 23-16　首页路由"/"跳转到"/home"显示效果

只需要在配置主页路由下加上redirect:'/home'，即下面加粗代码：

```
const routes = [
  { // 配置登录路由
    path: "/login",
    name: "login",
    component: Login
  },
  { // 配置主页路由
    path: "/",
    name: "layout",
    component: Layout,
    redirect: '/home',
    children: [
        {
          path: "/home",
          name: "home",
          component: Home,
          meta:{title:' 首页 '}

        },
        {
        path: "/booktype",
        component: Booktype,
        meta:{title:' 图书类别管理 '}
        },
        {
        path: "/bookinfo",
        component: Bookinfo,
        meta:{title:' 图书信息管理 '}

        },
        {
        path: "/kucunsearch",
```

```
            component: Kucunsearch,
            meta:{title:' 库存查询 '}
        },
        {
            path: "/chukusearch",
            component: Chukusearch,
            meta:{title:' 出库查询 '}
        },
        {
            path: "/rukusearch",
            component: Rukusearch,
            meta:{title:' 入库查询 '}
        },
        {
            path: "/user",
            component: User,
            meta:{title:' 用户管理 '}
        },
      ]
    },

    ];

const router = new VueRouter({
  //mode: "history",
  base: process.env.BASE_URL,
  routes
});


export default router;
```

⏱ 实战练习

根据本章所讲步骤完成图书信息管理系统的主页功能。

⚙ 高手点拨

通过本章的学习，主要掌握以下知识与技能。

1. 掌握结合 Element UI 实现主页布局设计。

2. 掌握结合 Element UI 实现主页导航路由及显示当前访问路径。

3. 掌握退出系统功能的实现及路由的权限校验技术。

第 24 章
图书信息管理系统增删改查实现

前面几章已讲解了图书信息管理系统框架的搭建、登录模块的实现、主页功能的初步实现，接下来本章就来实现图书信息管理系统的增删改查功能。

24.1 使用 Easy Mock 添加图书信息列表服务接口

1. 分析图书信息列表功能

图书信息列表功能的运行效果如图24-1所示。

序号	书号	书名	作者	出版社	出版日期	价格	数量	操作
1	8446127104737	见瓶非由业许出使真象活	罗涛	北京理工大学出版社	1974/11/10	58.4	366	编辑 删除
2	1454882240530	各年消间日王养	孟伟	北京大学出版社	2011/05/24	42.6	236	编辑 删除
3	8852961872623	示线直学去气被于	鄜娜	北京理工大学出版社	1984/07/27	70	786	编辑 删除
4	1033857193624	学业觜近土比商反林起抑	陶检	人民邮电出版社	1985/01/02	86.7	557	编辑 删除
5	6661521214361	安小书水议中动	蘁明	北京大学出版社	1990/07/11	14.5	221	编辑 删除
6	5861032361847	门导先西火指空完根	蔡娟	北京理工大学出版社	2012/01/23	12.2	555	编辑 删除

共 150 条　10条/页　< 1 2 3 4 5 6 … 15 > 前往 1 页

图 24-1　图书信息列表功能运行效果

图24-1具有的模块及布局有以下三个部分。

- 查询区域。

- 数据列表展示区域及数据编辑区域。

- 分页导航区域。

2. 添加图书信息列表服务模拟接口

① 接口信息如下。

- 请求URL：/bookinfo/list。

- 请求方式Method：GET。

- 描述：图书信息列表。

② Mock.js 配置代码如下：

```
{
  "code": 200,
  "flag": true,
  "message": "查询成功",
  "data|30": [{// 产生 30 条记录
    "id|+1": 1, // id 从 1 开始连续编号
    "bookISBN": /[0-9]{13}/, // 13 位数的 ISBN 号
    "bookName": "@ctitle(4,12)", // 书名为 4 ~ 12 个汉字
    "author": "@cname", // 中文作者姓名
    "press|1": ['清华大学出版社 ', ' 北京大学出版社 ', ' 北京理工大学出版社 ', ' 人民
邮电出版社 '], // 出版社名称四者选一
```

```
    "publicationdate": '@date("yyyy/MM/dd")', // 出版日期
    "price": "@float(10,99,0,1)", // 价格 10 ~ 99 元, 小数点为 0 ~ 1 位
    "quantity|50-1000": 1, // 库存数量 50 ~ 1000,1 只为标记为数字类型
    "bookType|1": ['1', '2', '3', '4'], // 图书类型为 1、2、3、4 之一
  }]
}
```

③ 打开 Easy Mock 创建图书信息列表服务模拟接口, 如图 24-2 所示。

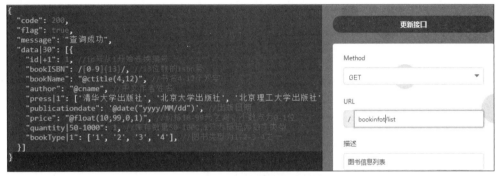

图 24-2　Easy Mock 创建图书信息列表服务接口

 ## 24.2　创建调用图书信息列表服务接口获取数据的 API

1. 创建 API——bookinfo.js

在 src/API 下创建一个 API, 名称就叫 bookinfo.js, 编写代码如下:

```
// 导入自定义 Axios
import myaxios from '@/utils/myaxios'


// 这里导出为一个对象, 在该对象里面定义函数, 不管定义多少个函数, 要使用的时候一般都会使用,
// 无须按需导入, 当然导出一个个普通函数也可以
export default{
    // 获取图书信息列表
    getBookInofList(){
        // 通过 myaxios 发送异步请求获取数据
      return  myaxios({ // 注意, 不要忘记 return, 要返回这个对象 (是一个 promise 对象),
                        // 因为后面要通过该返回 promise 的 then 方法获取数据
            url:'bookinfo/list',
            method:'get'
        })
    }
}
```

2. 组件中调用API获取数据到组件中

打开路由组件src/views/book/bookinfo.vue，修改代码如下：

```
<template>
    <div>
        图书信息管理
    </div>
</template>
<script>
    import bookinfoApi from '@/api/bookinfo'
    export default {
        // 数据在组件初始化后就要获取，所以定义在 created 钩子函数中去调用接口方法获取数据
        created(){
            this.fetchData();
        },
        methods:{
            fetchData(){
                bookinfoApi.getBookInofList().then(response=>{
                    const resp=response.data
                    console.log(resp)
                })
            }
        }
    }
</script>
```

运行测试，从控制台中看到成功获取了30条数据，如图24-3所示。

图 24-3　控制台输出获取到的图书信息数据

3. 封装数据

把获取到的数据封装到data属性中，以便下一步在template中展示。修改bookinfo.vue代码如下所示：

```
<template>
    <div>
        图书信息管理
    </div>
</template>
<script>
    import bookinfoApi from '@/api/bookinfo'
```

```
    export default {
        data(){
            return{
                bookinfolist:[]   // 定义数组，以便接收从后端获取到的数据列表
            }
        },
        // 数据在组件初始化后就要获取，所以定义在 created 钩子函数中去调用接口方法获取数据
        created(){
            this.fetchData();
        },
        methods:{
            fetchData(){
                bookinfoApi.getBookInfoList().then(response=>{
                    const resp=response.data
                    this.bookinfolist=resp.data // 这里的 this 不能少，resp.data 就是
                                                // 从后端获取到的图书信息数据

                    console.log(resp)
                })
            }
        }
    }
</script>
```

24.3 利用 Element UI 展示图书信息列表数据

打开src/views/bookinfo.vue文件，参考Element UI官网中的"表格|流体高度表格"下template部分源代码，将其复制到bookinfo.vue文件对应位置。然后修改列字段等，操作列使用Element UI表格"自定义列模板"中的源代码进行修改，并设置操作类列宽度为150。

添加两个需要的方法handleEdit和handleDelete，否则单击【编辑】和【删除】按钮时会报错。

增加【编辑】按钮类型为type="primary"，【删除】按钮类型为type="danger"，使效果美观。

完整代码如下：

```
<template>
 <div>
   <!-- data 为要绑定的数据，border 为显示表格边框（本例不加），max-height 为表格最大高度，
由于数据多，大于此高度会自动显示滚动条 -->
   <el-table
    :data="bookinfolist"
    style="width: 100%" max-height="380">
    <!-- fixed 为固定此列；prop 为字段名；label 为表头名；type 设置为 index 就会自动添加
索引（即序号），从 1 开始 -->
```

```
    <el-table-column fixed type="index" label=" 序号 " width="60"></el-table-
column>
    <el-table-column prop="bookISBN" label=" 书号 " width="150"></el-table-
column>
    <el-table-column prop="bookName" label=" 书名 " width="200"></el-table-
column>
    <el-table-column prop="author" label=" 作者 " width="100"></el-table-column>
    <el-table-column prop="press" label=" 出版社 " width="150"></el-table-
column>
    <el-table-column prop="publicationdate" label=" 出版日期 " width="150"></el-
table-column>
    <el-table-column prop="price" label=" 价格 " width="100"></el-table-column>
    <el-table-column prop="quantity" label=" 数量 " width="100"></el-table-
column>
    <el-table-column prop="bookType" label=" 图书类型 " width="100"></el-table-
column>
    <!-- fixed 为固定列 -->
    <el-table-column fixed="right" label=" 操作 " width="150">
        <!-- scope.$index 为获取当前行的索引，scope.row 为获取当前行数据，编辑修改时只要
传一个行对应的 id 即可，说明 id 虽然没有显示出来，但是 bookinfolist 中是含有 id 的 -->
      <template slot-scope="scope">
        <el-button
          size="mini"
          type="primary"
          @click="handleEdit(scope.row.id)">编辑 </el-button>
        <el-button
          size="mini"
          type="danger"
          @click="handleDelete(scope.row.id)"> 删除 </el-button>
      </template>
    </el-table-column>
  </el-table>
 </div>
</template>
<script>
import bookinfoApi from '@/api/bookinfo'
export default {
    data(){
        return{
            bookinfolist:[]
        }
    },
    // 数据在组件初始化后就要获取，所以定义在 created 钩子函数中去调用接口方法获取数据
    created(){
        this.fetchData();
    },
```

```
methods:{
    fetchData(){
        bookinfoApi.getBookInofList().then(response=>{
            const resp=response.data
            this.bookinfolist=resp.data // 这里的 this 不能少
            console.log(resp)
        })
    },
    handleEdit(id){
        console.log(" 编辑 "+id)
    },
    handleDelete(id){
        console.log(" 删除 "+id)
    }
}
}
</script>
```

运行测试，效果如图24-4所示，把后端获取的数据正确地显示出来了。

序号	书名	作者	出版社	出版日期	价格	数量	图书类型	操作
1	尤属后他以休党瑧	程洋	人民邮电出版社	2015/06/16	31	997	2	编辑 删除
2	米百更	石静	北京理工大学出版社	2013/03/21	15.8	697	4	编辑 删除
3	和府油前厂六还标	汤芳	北京大学出版社	1993/05/12	27	947	4	编辑 删除
4	长商识工服	吴超	清华大学出版社	2006/02/05	90	745	3	编辑 删除
5	遥万在著	黄明	清华大学出版社	2018/09/05	62	765	3	编辑 删除
6	中金养义行高海效专	邱秀兰	人民邮电出版社	1986/03/13	32.5	501	3	编辑 删除

图 24-4   从后端获取到数据并正确显示

24.4 利用过滤器转换图书类型并重新渲染

24.3节的图书类型是数字1、2、3、4，对用户来说，很难理解，需要转换为对应的中文图书类型。例如，1代表编程类，2代表前端类，3代表设计类，4代表移动开发类。这可以通过过滤器进行转换。

① 在bookinfo.vue中定义一个全局的图书类型选项数组对象，注意定义位置，代码如下：

```
const bookTypeOptions=[
    { type:'1',name:' 编程类 '},
    { type:'2',name:' 前端类 '},
    { type:'3',name:' 设计类 '},
    { type:'4',name:' 移动开发类 '}
```

```
]
export default {
…
}
```

② 在bookinfo.vue中为导出的默认对象添加定义局部过滤器成员，代码及含义如下：

```
filters:{
        bookTypeFilter(type){
            // 数组对象有一个 find 方法，查找数组中的一个数据 / 对象
            // 参数是一个回调，obj 代表的是数组中要查找的对象。对象的 type 值等于传入过来
            // 的值，就获取这个对象，比如传入的 type 为 2，那自然就到 bookTypeOptions 数组
            // 中查找 type=2 的那个对象，并返回
            const booktypeobj= bookTypeOptions.find(obj=>obj.type===type)
            //booktypeobj 对象存在就返回它的 name 值，即类型的中文名，否则返回 null
            return booktypeobj?booktypeobj.name:null
        }
    }
```

③ 为绑定的字段数据使用过滤器。即把bookType所在列改为如下：

```
<el-table-column prop="bookType" label=" 图书类型 " width="100">
       <!--scope 表示作用域插槽 :data 绑定的数据 -->
        <template slot-scope="scope">
           <span>{{scope.row.bookType | bookTypeFilter}}</span>
        </template>
</el-table-column>
```

④ 再次运行测试，图书类型就会变为中文，如图24-5所示。

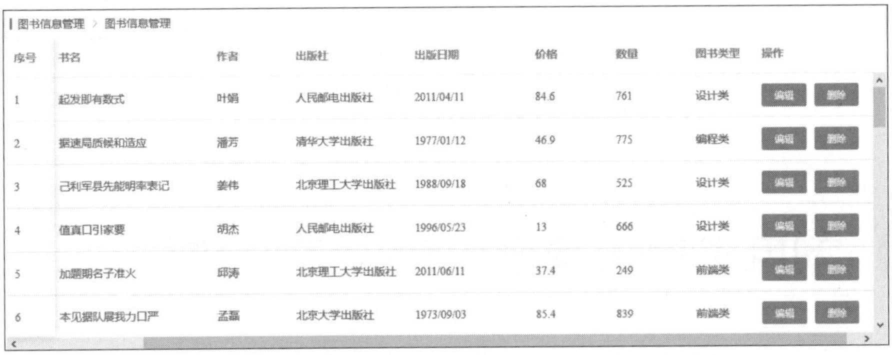
图书信息管理 > 图书信息管理

序号	书名	作者	出版社	出版日期	价格	数量	图书类型	操作
1	起发即有数式	叶娟	人民邮电出版社	2011/04/11	84.6	761	设计类	编辑 删除
2	据速局质候和造应	潘芳	清华大学出版社	1977/01/12	46.9	775	编程类	编辑 删除
3	己利军县先能明率表记	姜伟	北京理工大学出版社	1988/09/18	68	525	设计类	编辑 删除
4	值真口引家要	胡杰	人民邮电出版社	1996/05/23	13	666	设计类	编辑 删除
5	加题期名子准火	邱涛	北京理工大学出版社	2011/06/11	37.4	249	前端类	编辑 删除
6	本见据队展我力口严	孟磊	北京大学出版社	1973/09/03	85.4	839	前端类	编辑 删除

图 24-5　图书类型由数字变为中文名称的图书信息列表

如果把bookTypeOptions定义在data中，代码如下：

```
data(){
        return{
            bookinfolist:[],
            bookTypeOptions:[
                { type:'1',name:' 编程类 '},
                { type:'2',name:' 前端类 '},
```

```
                 { type:'3',name:' 设计类 '},
                 { type:'4',name:' 移动开发类 '}
             ]
        }
    },
```

则过滤器的代码就要使用this去获取bookTypeOptions对象，而在过滤器中不能引用当前实例this。即过滤器中的代码要这样写：

```
// 在过滤器中不能引用当前实例 this
const booktypeobj= this.bookTypeOptions.find(obj=>obj.type===type)
```

测试运行，发现获取不到数据，并且报错。

思考：上面过滤器的实现，如果不定义一个全局图书类型选项数组，可不可以通过发送Ajax请求，即通过API接口到后端去获取图书类型（前端传递类型编号到后端）？当然可以。

 24.5 **查询图书信息**

通过前面内容的讲解，已经能够展示图书信息了，接下来实现图书信息的查询。

24.5.1 利用 Element 实现图书信息列表分页查询

要实现分页查询，就需要前端传入要查询的页码、每页有多少条记录到后端，后端根据此进行查询并返回数据给前端，从而在前端展示。如果需要查询分页，就还需要传入查询条件。

1. 添加分页查询接口

① 接口信息如下。

● 请求URL：/bookinfo/list/search/{page}/{size}。page为要查询的页码，size为每页显示记录数，通过这两个值就可以查询出当前请求要响应的数据。

● 请求方式Method：POST。

● 描述：图书信息数据分页。

② Mock.js配置代码及含义如下：

```
{
  "code": 200,
  "flag": true,
  "message": " 查询成功 ",
  "data": {
    "total": "@integer(60,220)", // 响应的记录总数为 60 ~ 220
    "rows|10": [{ // 当前查询的数据，每次查询 10 条，即模拟每次在 60 ~ 220 条记录里查
                 // 询出 10 条记录
```

```
            "id|+1": 1, //id 从 1 开始连续编号
            "bookISBN": /[0-9]{13}/, //13 位数的 ISBN 号
            "bookName": "@ctitle(4,12)", // 书名为 4 ~ 12 个汉字
            "author": "@cname", // 中文作者姓名
            "press|1": [' 清华大学出版社 ', ' 北京大学出版社 ', ' 北京理工大学出版社 ', ' 人
民邮电出版社 '], // 出版社四者选一
            "publicationdate": '@date("yyyy/MM/dd")', // 出版日期
            "price": "@float(10,99,0,1)", // 价格为 10 ~ 99 元，小数为 0 或 1 位
            "quantity|50-1000": 1, // 库存数量为 50 ~ 1000,1 只为标记，为数字类型
            "bookType|1": ['1', '2', '3', '4'], // 图书类型为 1、2、3、4 之一
        }]
    }
}
```

Easy Mock创建分页查询接口信息如图24-6所示。

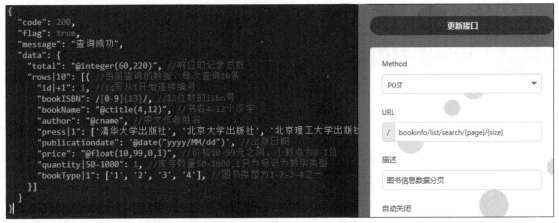

图 24-6 分页查询接口创建信息

2. 修改API/bookinfo.js，增加分页查询方法

打开src/API/bookinfo.js，增加分页查询方法，代码如下：

```
export default{
    // 获取图书信息列表
    getBookInofList(){
        // 通过 myaxios 发送异步请求获取数据
        return  myaxios({ // 注意，不要忘记 return，要返回这个对象（是一个 promise 对象），
                        // 因为后面要通过该返回的 promise 对象的 then 方法获取数据
            url:'bookinfo/list',
            method:'get'
        })
    },
    // 分页查询方法
    search(page,size,searchWhere){
        return  myaxios({
```

```
            url:'bookinfo/list/search/${page}/${size}',
            method:'post',
            data:searchWhere //searchWhere 没有传值就是空值，即无条件分页查询
        })
    }
}
```

3. 组件中调用API获取数据到组件中

打开src/views/bookinfo.vue。组件中要展示数据时不应该调用getBookInofList方法，这个方法查询的是所有数据。要根据条件查询，当然查询出来的数据还是放在bookinfolist数组中。修改data中代码如下：

```
data(){
    return{
        bookinfolist:[],
        total: 0, // 总记录数
        currentPage: 1, // 当前页，默认第 1 页
        pageSize: 10, // 每页显示条数，为 10 条
        searchWhewe: {}, // 查询条件
        /*  bookTypeOptions:[
            { type:'1',name:' 编程类 '},
            { type:'2',name:' 前端类 '},
            { type:'3',name:' 设计类 '},
            { type:'4',name:' 移动开发类 '}
        ] */
    }
},
```

同时更改组件刚创建时的调用方法，还要注意现在的数据是在resp.data.rows里面，代码如下：

```
fetchData(){
            // bookinfoApi.getBookInofList().then(response=>{
            // 下面参数必须写 this，否则获取不到
            bookinfoApi.search(this.currentPage,this.pageSize,this.searchWhewe).
then(response=>{
                const resp=response.data
                this.bookinfolist=resp.data.rows // 这里的 this 不能少
                //console.log(resp.data.rows)
                this.total = resp.data.total;
            })
        },
```

测试效果如图24-7所示。现在只有10条记录，当前查询的是第1页的10条记录。

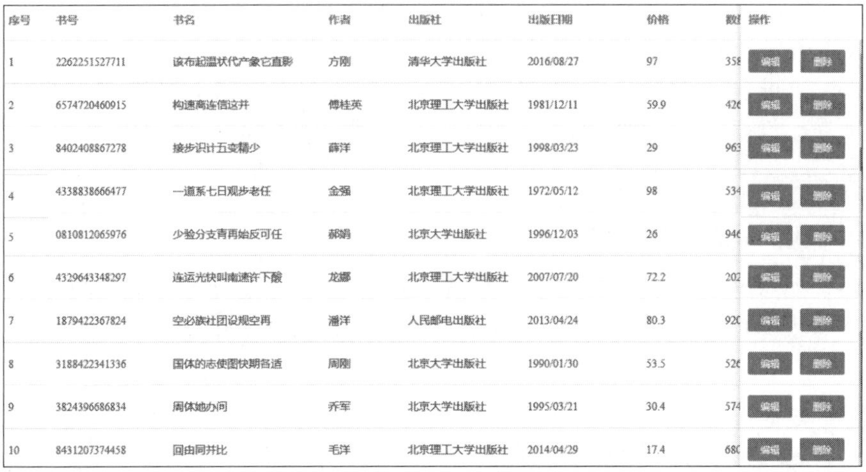

序号	书号	书名	作者	出版社	出版日期	价格	数量	操作
1	2262251527711	该布起温状代产象它直影	方刚	清华大学出版社	2016/08/27	97	358	编辑 删除
2	6574720460915	构速离连信这井	傅桂英	北京理工大学出版社	1981/12/11	59.9	426	编辑 删除
3	8402408867278	接步识计五变精少	薛洋	北京理工大学出版社	1998/03/23	29	963	编辑 删除
4	4338838666477	一道系七日观步老任	金强	北京理工大学出版社	1972/05/12	98	534	编辑 删除
5	0810812065976	少验分支青再始反可任	郝娟	北京大学出版社	1996/12/03	26	946	编辑 删除
6	4329643348297	连运光快叫南速许下酸	龙娜	北京理工大学出版社	2007/07/20	72.2	202	编辑 删除
7	1879422367824	空必旗社团设规空再	潘洋	人民邮电出版社	2013/04/24	80.3	920	编辑 删除
8	3188422341336	国体的志使图快期各适	周刚	北京大学出版社	1990/01/30	53.5	526	编辑 删除
9	3824396686834	周体地办问	乔军	北京大学出版社	1995/03/21	30.4	574	编辑 删除
10	8431207374458	回由同并比	毛洋	北京理工大学出版社	2014/04/29	17.4	680	编辑 删除

图 24-7　分页查询初始效果

4. 为组件添加分页组件

利用Element UI官网的Pagination 可以分页完整版的组件。打开src/views/bookinfo.vue。复制Element UI分页组件的完整功能版本对应的分页代码（下面灰色底纹代码）到当前组件src/views/bookinfo.vue中，注意位置在<template>的<div>里面，与<el-table></el-table>并列。

```
<el-pagination
        @size-change="handleSizeChange"
        @current-change="handleCurrentChange"
        :current-page="currentPage4"
        :page-sizes="[100, 200, 300, 400]"
        :page-size="100"
        layout="total, sizes, prev, pager, next, jumper"
        :total="400">
</el-pagination>
```

此时运行查看效果，如图24-8所示。

图书信息管理 > 图书信息管理								
序号		书名	作者	出版社	出版日期	价格	数量	操作
1	542005	始万义体族采即引量比数	毛军	人民邮电出版社	1976/07/12	90	187	编辑 删除
2	563552	划调当委节	卢军	北京理工大学出版社	1998/03/08	17	781	编辑 删除
3	116162	传备清所在	夏涛	北京理工大学出版社	2007/07/02	75.4	566	编辑 删除
4	306363	总知儿品示想	郭芳	北京理工大学出版社	2006/11/11	52.4	198	编辑 删除
5	043522	火利选划拉	廖丽	人民邮电出版社	2002/06/20	52.9	133	编辑 删除
6	042564	深易红求没这多话	乔娜	清华大学出版社	1997/11/24	47.7	236	编辑 删除

共 400 条　　100条/页 ∨　　< 1 2 3 4 > 前往 1 页

图 24-8　初步加了分页组件的分页查询效果

分页总条数是400，是固定的，应该是来自后端API返回的数据，每页100条等都要修改为动态的，修改代码如下：

```
<el-pagination
    @size-change="handleSizeChange"
    @current-change="handleCurrentChange"
    :current-page="currentPage"
    :page-sizes="[10, 20, 30, 40]"
    :page-size="pageSize"
    layout="total, sizes, prev, pager, next, jumper"
    :total="total"
></el-pagination>
```

斜体代码含义是分页组件的布局。total显示总记录数，sizes设置每页显示多少条记录，prev显示上一页的标记"<"，pager显示当前页码，next显示下一页的标记">"，jumper显示前往第几页。

编写当每页大小改变时所触发的方法——handleSizeChange，代码如下：

```
handleSizeChange: function(size) {//size 接收到的就是调整后的每页多少条记录
    this.pageSize = size;
    //console.log(this.pagesize);
    this.fetchData()
},
```

编写当页码改变时所触发的方法——handleCurrentChange，代码如下：

```
handleCurrentChange: function(currentPage) {// currentPage 接收到的就是当前的页码,
                                // 包括单击前往到页码
    this.currentPage = currentPage;
     //console.log(this.currentPage); // 单击第几页
     this.fetchData()
},
```

测试效果如图24-9所示。能够根据前端选择发送相应的pageSize和currentPage到后端请求数据，并在前端展示，如图24-10所示。

现在前端只显示10条数据，因为后端接口设定的就是要发送10条数据。在实际开发中，后端可根据前端发送的pageSize和currentPage去处理数据并返回到前端展示。

图 24-9　分页查询效果

图 24-10　根据 pageSize 和 currentPage 查询数据

24.5.2　利用 Element 布局按条件查询图书信息

1. 搜索组合框表单初步设计

搜索组合框是一个表单且是行内的，即显示在一行（不过一行显示不下也会显示到下一行），因此使用Element UI行内表单布局，复制其代码修改下面两点。

① 将formInline改为searchWhewe，表示绑定搜索条件。

② 删除查询的@click="onSubmit"，以免报错。

修改后代码如下：

```
<!-- 条件查询 :inline="true" 表示行内显示 / 一行显示；:model 绑定查询条件（在 data 里要有）
-->
    <el-form :inline="true" :model="searchWhewe" class="demo-form-inline">
      <el-form-item label=" 审批人 ">
        <el-input v-model="searchWhewe.user" placeholder=" 审批人 "></el-input>
      </el-form-item>
      <el-form-item label=" 活动区域 ">
        <el-select v-model="searchWhewe.region" placeholder=" 活动区域 ">
          <el-option label=" 区域一 " value="shanghai"></el-option>
          <el-option label=" 区域二 " value="beijing"></el-option>
        </el-select>
      </el-form-item>
      <el-form-item>
        <el-button type="primary"> 查询 </el-button>
      </el-form-item>
    </el-form>
```

运行之后，预览效果，将会发现在页面上面会显示出当前路径区域。

2. 搜索组合框表单完善

接下来对搜索组合框做如下调整，来进行完善。

① 调整上面距离style="margin-top:20px"。

② 增加字段及更改size模式。

③ 绑定查询条件属性searchWhewe.XXX，data中searchWhewe:{}要在{}中写明有哪些查询条件属性，并赋初值为''即可。

④ 调整各字段宽度。

⑤ 增加出版日期条件（利用Element UI选择日期范围）。

⑥ 调整各字段宽度。

⑦ 为查询按钮绑定单击事件。

调整后的完整代码如下：

```
<!-- 条件查询 :inline="true" 表示行内显示 / 一行显示；:model 绑定查询条件（在 data 里要有）
-->
    <el-form :inline="true" :model="searchWhewe" class="demo-form-inline" style=
"margin-top:20px">
      <el-form-item label=" 书名 " size="mini">
        <el-input v-model="searchWhewe.bookName" placeholder=" 书名 " style="width:
150px"></el-input>
      </el-form-item>
      <el-form-item label=" 出版社 " size="mini">
        <el-input v-model="searchWhewe.press" placeholder=" 出版社 " style="width:
150px"></el-input>
      </el-form-item>
      <el-form-item label=" 图书类型 " size="mini">
        <!-- bookTypeOptions 要绑定到 data 中才会生效，否则找不到 bookTypeOptions -->
        <el-select v-model="searchWhewe.bookType" placeholder=" 图书类型 " style=
"width:120px">
          <el-option v-for="option in bookTypeOptions"
          :key="option.type"
          :label="option.name"
          :value="option.type"></el-option>
        </el-select>
      </el-form-item>
      <el-form-item label=" 出版日期 " size="mini">
      <el-date-picker size="mini"
      v-model="searchWhewe.publicationdate"
      type="daterange"
      align="right"
      unlink-panels
      range-separator=" 至 "
      start-placeholder=" 开始日期 "
      end-placeholder=" 结束日期 "
      :picker-options="pickerOptions">
      </el-date-picker>
```

```
        </el-form-item>
        <el-form-item size="mini">
            <el-button type="primary" @click="fetchData"> 查询 </el-button>
        </el-form-item>
    </el-form>


data() {
    return {
        bookinfolist: [],
        total: 0, // 总记录数
        currentPage: 1, // 当前页，默认第 1 页
        pageSize: 10, // 每页显示条数，为 10 条
        searchWhewe: {
bookName:'',
        press:'',
        bookType:'',
        publicationdate:''
} ,// 查询条件
        bookTypeOptions,// 等价于 bookTypeOptions:bookTypeOptions
        pickerOptions: {
            shortcuts: [{
              text: ' 最近一周 ',
              onClick(picker) {
                const end = new Date();
                const start = new Date();
                start.setTime(start.getTime() - 3600 * 1000 * 24 * 7);
                picker.$emit('pick', [start, end]);
              }
            }, {
              text: ' 最近一个月 ',
              onClick(picker) {
                const end = new Date();
                const start = new Date();
                start.setTime(start.getTime() - 3600 * 1000 * 24 * 30);
                picker.$emit('pick', [start, end]);
              }
            }, {
              text: ' 最近三个月 ',
              onClick(picker) {
                const end = new Date();
                const start = new Date();
                start.setTime(start.getTime() - 3600 * 1000 * 24 * 90);
                picker.$emit('pick', [start, end]);
              }
            }]
        },
```

```
    /*  value1: '',
      value2: '' */
  };
},
```

然后运行测试，效果如图24-11所示。

图 24-11 增加了搜索功能的图书信息管理界面

从搜索结果发现界面并没有按照条件进行显示数据，这并不是说明设计有问题，而是请求的
后端接口固定返回了10条记录。要看前端设计是否有问题，只要查看是否把选择的条件发送到了后
端。打开控制台，看【网络】选项卡下的请求载荷，如图24-12所示，那就是根据查询条件发送到
后端的数据。后端可以根据这个数据进行条件拼接进而查询。

图 24-12 查看前端是否发送了搜索条件到后端

24.5.3 　为条件查询设置重置功能

如果不刷新浏览器，图书类型的下拉框是没办法重置的，所以需要增加一个重置功能，当然也会将其他input框重置。实现步骤如下。

① 直接复制Element官网中的Form表单中的【重置】按钮代码。

```
<el-button @click="resetForm('ruleForm')"> 重置 </el-button>
```

参数ruleForm指的是要重置的表单的ref属性，因此要为表单添加ref属性（ref属性相当于id属性，因为后面不是通过id去获取标签，而是通过ref去获取标签）。Form表单增加ref属性的代码如下：

```
<el-form  ref="searchForm" :inline="true" :model="searchWhewe"
```

因此，【重置】按钮代码改为如下（外面的单引号不能少）：

```
<el-button @click="resetForm(' searchForm ')"> 重置 </el-button>
```

② 添加方法resetForm。先复制Element官网提供的方法，代码如下：

```
resetForm(formName) {
        this.$refs[formName].resetFields();
    }
```

③ 测试发现【重置】按钮没有效果，这是因为<el-form-item>标签缺少prop属性，所以需要为所有需要重置表单的<el-form-item>标签加上相关的prop属性。

④ 再次进行测试，发现可以实现重置效果了，为了更美观，把出版日期的宽度调整为220px，即

```
style="width:220px"
```

调整后的完整代码如下：

```
<template>
  <div>
    <!-- 条件查询 :inline="true" 表示行内显示 / 一行显示；:model 绑定查询条件（在 data 里
要有）-->
    <el-form  ref="searchForm" :inline="true" :model="searchWhewe" class="demo-
form-inline" style="margin-top:20px">
      <el-form-item label=" 书名 " size="mini" prop="bookName">
        <el-input v-model="searchWhewe.bookName" placeholder=" 书名 " style="width:
150px"></el-input>
      </el-form-item>
      <el-form-item label=" 出版社 " size="mini" prop="press">
        <el-input v-model="searchWhewe.press" placeholder=" 出版社 " style="width:
150px"></el-input>
      </el-form-item>
      <el-form-item label=" 图书类型 " size="mini" prop="bookType">
        <!-- bookTypeOptions 要绑定到 data 中才会生效，否则找不到 bookTypeOptions -->
        <el-select v-model="searchWhewe.bookType" placeholder=" 图书类型 " style=
"width:120px">
          <el-option v-for="option in bookTypeOptions"
          :key="option.type"
```

```
            :label="option.name"
            :value="option.type"></el-option>
        </el-select>
      </el-form-item>
      <el-form-item label=" 出版日期 " size="mini" prop="publicationdate">
      <el-date-picker size="mini" style="width:225px"
      v-model="searchWhewe.publicationdate"
      type="daterange"
      align="right"
      unlink-panels
      range-separator=" 至 "
      start-placeholder=" 开始日期 "
      end-placeholder=" 结束日期 "
      :picker-options="pickerOptions">
    </el-date-picker>
    </el-form-item>
      <el-form-item size="mini">
        <el-button type="primary" @click="fetchData"> 查询 </el-button>
        <el-button @click="resetForm('searchForm')"> 重置 </el-button>
      </el-form-item>
    </el-form>
```
<!-- data 为要绑定的数据，border 为显示表格边框（本例不加），max-height 为最大高度，由于数据多，大于此高度会自动显示滚动条 -->
```
    <el-table :data="bookinfolist" style="width: 100%" max-height="380">
```
<!-- fixed 为固定此列，prop 为字段名，label 为表头名，type 设置为 index 就会自动添加索引（即序号），从 1 开始 -->
```
      <el-table-column fixed type="index" label=" 序号 " width="60"></el-table-column>
      <el-table-column prop="bookISBN" label=" 书号 " width="150"></el-table-column>
      <el-table-column prop="bookName" label=" 书名 " width="200"></el-table-column>
      <el-table-column prop="author" label=" 作者 " width="100"></el-table-column>
      <el-table-column prop="press" label=" 出版社 " width="150"></el-table-column>
      <el-table-column prop="publicationdate" label=" 出版日期 " width="150"></el-table-column>
      <el-table-column prop="price" label=" 价格 " width="100"></el-table-column>
      <el-table-column prop="quantity" label=" 数量 " width="100"></el-table-column>
      <el-table-column prop="bookType" label=" 图书类型 " width="100">
```
<!-- scope 代表的是当前行对象 -->
```
        <template slot-scope="scope">
          <span>{{scope.row.bookType | bookTypeFilter}}</span>
        </template>
```

```
            </el-table-column>
            <!-- fixed 为固定列 -->
            <el-table-column fixed="right" label=" 操作 " width="150">
```
<!-- scope.$index 为获取当前行的索引，scope.row 为获取当前行数据，编辑修改时只
要传一个行对应的 id 即可，说明 id 虽然没有显示出来，但是 bookinfolist 中是含有 id 的 -->
```
                <template slot-scope="scope">
                    <el-button size="mini" type="primary" @click="handleEdit(scope.row.
id)"> 编辑 </el-button>
                    <el-button size="mini" type="danger" @click="handleDelete(scope.row.
id)"> 删除 </el-button>
                </template>
            </el-table-column>
        </el-table>
        <!-- 分页组件 -->
        <el-pagination
            @size-change="handleSizeChange"
            @current-change="handleCurrentChange"
            :current-page="currentPage"
            :page-sizes="[10, 20, 30, 40]"
            :page-size="pageSize"
            layout="total, sizes, prev, pager, next, jumper"
            :total="total"
        ></el-pagination>
    </div>
</template>
<script>
import bookinfoApi from "@/API/bookinfo";
const bookTypeOptions = [
    { type: "1", name: " 编程类 " },
    { type: "2", name: " 前端类 " },
    { type: "3", name: " 设计类 " },
    { type: "4", name: " 移动开发类 " }
];
export default {
    data() {
        return {
            bookinfolist: [],
            total: 0, // 总记录数
            currentPage: 1, // 当前页，默认第 1 页
            pageSize: 10, // 每页显示条数，为 10 条
            searchWhewe: {
                bookName:'',
                press:'',
                bookType:'',
                publicationdate:''
            } ,// 查询条件
```

```
          bookTypeOptions,// 等价于 bookTypeOptions:bookTypeOptions
        /*  bookTypeOptions:[
                { type:'1',name:' 编程类 '},
                { type:'2',name:' 前端类 '},
                { type:'3',name:' 设计类 '},
                { type:'1',name:' 移动开发类 '}
            ] */
      pickerOptions: {
          shortcuts: [{
            text: ' 最近一周 ',
            onClick(picker) {
              const end = new Date();
              const start = new Date();
              start.setTime(start.getTime() - 3600 * 1000 * 24 * 7);
              picker.$emit('pick', [start, end]);
            }
          }, {
            text: ' 最近一个月 ',
            onClick(picker) {
              const end = new Date();
              const start = new Date();
              start.setTime(start.getTime() - 3600 * 1000 * 24 * 30);
              picker.$emit('pick', [start, end]);
            }
          }, {
            text: ' 最近三个月 ',
            onClick(picker) {
              const end = new Date();
              const start = new Date();
              start.setTime(start.getTime() - 3600 * 1000 * 24 * 90);
              picker.$emit('pick', [start, end]);
            }
          }]
        },
        /*  value1: '',
          value2: '' */
    };
  },
// 数据在组件初始化后就要获取，所以定义在 created 钩子函数中去调用接口方法来获取数据
created() {
  this.fetchData();
},
methods: {
  handleSizeChange: function(size) {
    this.pageSize = size;
    console.log(this.pagesize);
```

```
      this.fetchData()
    },
    handleCurrentChange: function(currentPage) {
      this.currentPage = currentPage;
      console.log(this.currentPage); // 单击第几页
      this.fetchData()
    },
    fetchData() {// 组件刚创建完毕加载获取数据方法
        //bookinfoApi.getBookInofList().then(response => {
        // 下面参数必须写 this，否则获取不到数据
        bookinfoApi.search(this.currentPage,this.pageSize,this.searchWhewe).then
(response=>{
        const resp = response.data;
        this.bookinfolist = resp.data.rows; // 这里的 this 不能少
        this.total = resp.data.total;
        //console.log(resp.data.rows)
      });
    },
    handleEdit(id) {
      console.log(" 编辑 " + id);
    },
    handleDelete(id) {
      console.log(" 删除 " + id);
    },
    // 重置方法
    resetForm(formName) {
        this.$refs[formName].resetFields();
      }
  },
  filters: {
    bookTypeFilter(type) {
      // 数组对象有一个 find 方法，查找数组中的一个数据 / 对象
      // 参数是一个回调，obj 代表的是数组中要查找的对象
      /* const booktypeobj= bookTypeOptions.find(obj=>{
            if(obj.type===type)
            return obj
          }) */
      const booktypeobj = bookTypeOptions.find(obj => obj.type === type);
      // 在过滤器中不能引用当前实例 this
      //const booktypeobj= this.bookTypeOptions.find(obj=>obj.type===type)
      return booktypeobj ? booktypeobj.name : null;
    }
  }
};
</script>
```

24.6   添加图书信息

本节主要讲解在界面中如何实现添加图书信息功能。

24.6.1   利用 Element 实现新增图书信息对话框

1. 添加【新增】对话框

将【新增】按钮放在【重置】按钮后面，代码可以先直接复制【查询】按钮的。

```
<el-button @click="resetForm('searchForm')"> 重置 </el-button>
<el-button type="primary" @click="fetchData"> 新增 </el-button>
```

2. 将Element中的【Dialog】对话框改造为新增图书信息对话框

进入Element官网，找到【Dialog】对话框，选择【自定义内容】→【打开嵌套表单的 Dialog】
选项，效果如图24-13所示。

图 24-13   打开嵌套表单的 Dialog 效果

实现的基本原理：单击按钮改变dialogFormVisible的属性值，如果为true就显示el-dialog对话框，
为false 就不显示。因为dialogFormVisible属性值绑定的是visible.sync属性，这个属性可以决定对话框
是显示与隐藏（控制dialogFormVisible为true或false，也就是控制visible.sync为true或false）。官方默认
代码如下：

```
<el-button type="text" @click="dialogFormVisible = true"> 打开嵌套表单的 Dialog
</el-button>

<el-dialog title=" 收货地址 " :visible.sync="dialogFormVisible">
  <el-form :model="form">
    <el-form-item label=" 活动名称 " :label-width="formLabelWidth">
      <el-input v-model="form.name" autocomplete="off"></el-input>
    </el-form-item>
    <el-form-item label=" 活动区域 " :label-width="formLabelWidth">
      <el-select v-model="form.region" placeholder=" 请选择活动区域 ">
        <el-option label=" 区域一 " value="shanghai"></el-option>
        <el-option label=" 区域二 " value="beijing"></el-option>
      </el-select>
```

```
      </el-form-item>
    </el-form>
    <div slot="footer" class="dialog-footer">
      <el-button @click="dialogFormVisible = false">取 消</el-button>
      <el-button type="primary" @click="dialogFormVisible = false">确 定</el-button>
    </div>
  </el-dialog>
```

在上述代码中，其中一些属性介绍如下。

① dialogFormVisible属性要在data中定义。不定义得不到该属性，即不能通过按钮去改变它的值。初始设置为false，即

```
dialogFormVisible:false,
```

② :model="form"指明了表单的数据都绑定到form上，由于form下面还有具体属性（form.xxx），所以form要在data中定义为对象，里面可以有很多属性，即

```
form:{
    },
```

③ :label-width是标签宽度，这里不用设置，因此全部删除，采用默认的宽度。

④ title为对话框的标题，改为"添加图书信息"，代码如下：

```
<el-dialog title=" 添加图书信息 " :visible.sync="dialogFormVisible">
```

⑤ autocomplete含义为开启，如果以前输入过一些数据，当第二次再输入相同的数据时，会提示之前输入过的数据列表，可以在数据列表进行选择，从而可以快速输入。这里设置为off，即关闭，也可以删除此属性。

把【新增】按钮的click属性改为dialogFormVisible=true（表示单击打开对话框），代码如下：

```
<el-button type="primary" @click="dialogFormVisible=true">新增</el-button>
```

接下来完善【添加图书信息】对话框。调整后的完整代码如下：

```
<!-- 设置对话框宽度为 500px-->
  <el-dialog title=" 添加图书信息 " :visible.sync="dialogFormVisible" width="500px" >
      <el-form
        :model="form"
        label-width="100px"
        ref="addForm"
        label-position="right"
        style="width:400px;margin-top:-20px;"
      >
<!--form 为要绑定的对象，在 data 中必须定义为一个对象，后面通过 form.xxx 指定具体表单，
label-width 指定表单前面标签（比如书号）的宽度，label-position 指定标签靠右对齐，ref 为表单
ref 属性（类似于 id 属性，后面单击【确定】按钮要靠该属性提交表单），样式为设置表单的宽度 -->
        <el-form-item label=" 书号 ">
          <el-input v-model="form.bookISBN" size="mini"></el-input>
        </el-form-item>
        <el-form-item label=" 书名 ">
```

```
                <el-input v-model="form.bookName" size="mini"></el-input>
            </el-form-item>
            <el-form-item label=" 作者 ">
                <el-input v-model="form.author" size="mini"></el-input>
            </el-form-item>
            <el-form-item label=" 出版社 ">
                <el-input v-model="form.press" size="mini"></el-input>
            </el-form-item>
            <el-form-item label=" 出版日期 ">
<!-- 直接复制 Element 官网默认的选择日期效果 -->
                <el-date-picker v-model="form.publicationdate" type="date" size=" mini"
placeholder=" 选择日期 "></el-date-picker>

            </el-form-item>
            <el-form-item label=" 价格 ">
                <el-input v-model="form.price" size="mini"></el-input>
            </el-form-item>
            <el-form-item label=" 数量 ">
                <el-input v-model="form.quantity" size="mini"></el-input>
            </el-form-item>
            <el-form-item label=" 图书类型 ">
                <el-select v-model="form.bookType" size="mini" placeholder=" 图书类
型 " style="width:120px">
                    <el-option
                    v-for="option in bookTypeOptions"
                    :key="option.type"
                    :label="option.name"
                    :value="option.type"
                    ></el-option>
                </el-select>
            </el-form-item>
        </el-form>
        <div slot="footer" class="dialog-footer">
            <el-button @click="dialogFormVisible = false">取 消 </el-button>
            <el-button type="primary" @click="dialogFormVisible = false">确 定 </el-
button>
        </div>
    </el-dialog>

data() {
    return {
    dialogFormVisible: false,
    form: {
        quantity: 500// 设置初值
    },
```

运行测试，表单效果如图24-14所示。

图 24-14　【添加图书信息】对话框初步效果

可以发现【确定】和【取消】两个按钮相对偏大，因此把这两个按钮的size设置为mini，即小型的，代码如下：

```
 <div slot="footer" class="dialog-footer">
        <el-button @click="dialogFormVisible = false" size="mini">取 消 </el-
button>
        <el-button type="primary" @click="dialogFormVisible = false" size="mini">
确 定 </el-button>
</div>
```

另外，发现【确定】和【取消】这两个按钮距离上面内容太远，因此设置样式，代码如下：

```
<style scoped>
.dialog-footer{
   margin-top:-50px
}
```

测试之后，效果如图24-15所示。

图 24-15　【添加图书信息】对话框效果

24.6.2　图书信息表单校验和添加图书信息完善

1. 图书信息表单校验

如果表单校验没有通过就不允许提交数据。参考Element官网，表单校验主要有以下几个步骤。

① 为表单el-form绑定:rules="rules"属性。

② 在data属性中增加rules对象，在对象里面定义规则，不过需要在校验规则的表单项el-form-item中增加prop属性。

③ 设置规则，每个规则是一个数组。

添加表单校验规则代码如下：

```
rules:{// 表单校验规则
        bookISBN: [
                { required: true, message: ' 请输入书号 ', trigger: 'blur' },
            ],
        bookName: [
                { required: true, message: ' 请输入书名 ', trigger: 'blur' },
            ],
        publicationdate: [
                { required: true, message: ' 请选择日期 ', trigger: ['blur',
'change']},
            ],

    }
```

required表示必须输入，message表示校验失败的提示消息，trigger表示触发校验的时机，blur为失去焦点时触发，change表示内容改变时触发。此时预览效果如图24-16所示，在必须输入字段名前会自动加一个红色的*。

图 24-16　添加了校验规则的【添加图书信息】对话框

提醒：在表单内输入信息时，要及时显示校验提示文字，一般设置为失去焦点事件。

思考：如果数量要求为数值型数据呢？

官方方案是数字类型的验证需要在 v-model 处加上 .number 的修饰符，这是 Vue 自身提供的用于将绑定值转化为 number 类型的修饰符。同时不要忘记加prop属性，此时数量表单代码修改如下：

```
<el-form-item label=" 数量 prop="quantity">
        <el-input v-model.number="form.quantity" size="mini"></el-input>
</el-form-item>
```

同时rules对象需要增加quantity属性的校验规则，代码如下：

```
rules: {
    // 表单校验规则
    bookISBN: [{ required: true, message: " 请输入书号 ", trigger: "blur" }],
    bookName: [{ required: true, message: " 请输入书名 ", trigger: "blur" }],
    publicationdate: [
      { required: true, message: " 请选择日期 ", trigger: "change" }
    ],
    quantity:[  { required: true, message: ' 数量不能为空 ' ,trigger:'blur'},
{ type: 'number', message: ' 数量必须为数字值 ',trigger:'blur' }]
  },
```

思考：v-model.number="form.quantity"中.number能否不写？不能。因为只有转换为number才能跟校验规则rules里的 type: 'number'数据类型保持一致，否则总提示"数量必须为数字值"。

④ 修改【确定】按钮的单击事件，原始事件代码如下：

```
<el-button type="primary" @click="dialogFormVisible = false" size="mini"> 确定
</el-button>
```

目前实际只是关闭对话框，没有提交数据，将加粗代码改为如下：

```
@click="addData('addForm')" // 注意单引号不能少
```

在methods下增加addData方法，进入Element官网，单击左侧的【Form表单】，然后找到【表单验证】，复制这个示例里面的提交表单代码，如下所示：

```
addData(formName){
    this.$refs[formName].validate((valid) => {
        if (valid) {
          alert('submit!');
        } else {
          console.log('error submit!!');
          return false;
        }
    });
  }
```

此时，如果对话框中没有输入数据就会给出相应的提示，如图24-17所示。上面验证通过后只是弹出'submit!'提示框，而实际需要提交表单数据到后端去处理，因此需要调用后端接口。

图 24-17 【添加图书信息】对话框校验规则提示

2. 编写后端添加图书信息服务接口

打开Easy Mock，新增图书信息服务接口，接口信息如下。

- 请求URL：/addbookinfo。
- 请求方式Method：POST。
- 接口描述：添加图书信息。
- Mock.js配置，代码如下：

```
{
  "code": 200,
  "flag": true,
  "message":" 添加成功 "
}
```

3. 编写请求后端服务接口的方法

打开src/API/bookinfo.js，增加添加图书信息的方法，代码如下：

```
// 添加图书信息
add(bookform){
 return   myaxios({
       url:'/addbookinfo',
       method:'post',
       data:bookform
    })
}
```

4. 完善methods下的addData方法

原来表单校验成功只是弹出'submit!'提示，现对其进行改进，应该把表单数据提交到后端，由后端处理数据。后端处理成功后，在前端就需要重新获取数据展示，并关闭添加数据的对话框。如果后端处理失败，就给出相应的警告信息。完整代码如下：

```
addData(formName){
```

```
    this.$refs[formName].validate((valid) => {
        if (valid) {
            // 提交表单数据到后端，form 必须在 data 中有定义
            bookinfoApi.add(this.form).then(response=>{
                const resp=response.data
                if(resp.flag){
                    // 添加数据成功，刷新列表数据
                    this.fetchData()
                    // 关闭添加数据的对话框，下面的 this 不能少
                    this.dialogFormVisible = false
                }
                else{
                    this.$message({
                        message:resp.message,
                        type:'warning'
                    })
                }
            })
            //alert('submit!');
        } else {
            console.log('error submit!!');
            return false;
        }
    });
}
```

运行测试，效果如图24-18所示。

图 24-18　新增图书信息测试

如何查看是否把数据发送到了后端呢？打开控制台——网络，如图24-19所示，看到请求载荷（Request Payload）数据（框住的代码），说明数据发送到了后端。图24-19左侧的"10"表示重新刷新了数据，每页显示10条记录。

图 24-19　查看新增图书信息是否发送到了后端

假设书名部分需要有多行文本输入的效果（如图24-20所示），参见Element官网可知只需要为相应表单的<el-input>标签添加type="textarea"属性即可，代码如下：

```
<el-input v-model="form.bookName" size="mini" type="textarea"></el-input>
```

图 24-20　书名支持多行文本的图书信息对话框

24.6.3　添加数据完善——重置表单数据和校验结果

通过【新增】按钮添加数据后，下次再单击【新增】按钮弹出的对话框会保留上一次的数据和校验的结果，如图24-21所示。这样对下次输入数据是不方便的，当然刷新浏览器可以清空，但是这样不方便，为此，在单击【新增】按钮后不仅要弹出添加的对话框，待提交数据关闭对话框后，还要重置表单数据和校验结果。那么如何解决呢？

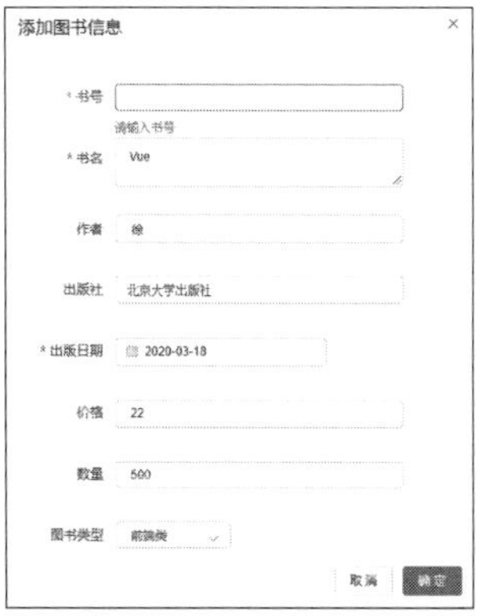

图 24-21　新增图书信息对话框保留上次数据

核心就是要执行【重置】按钮的那条语句，即执行 "this.$refs[formName].resetFields();"，具体步骤及注意事项如下。

① 【新增】按钮事件更改，不再仅仅是弹出一个对话框。

```
<el-button type="primary" @click="dialogFormVisible=true">新增</el-button>
```

改为一个普通事件名，如addHandle，即

```
<el-button type="primary" @click="addHandle">新增</el-button>
```

② 在methods下添加addHandle方法，代码如下：

```
// 添加数据并重置表单数据和校验结果
addHandle(){
    // 先弹出添加数据的对话框
    this.dialogFormVisible = true;
    // 添加重置代码，注意：与上面重置方法调用的不一样，这里要指明要重置的表单 addForm，
    // 上面是传入的表单
    this.$refs['addForm'].resetFields();
  }
```

测试：发现只有添加了prop属性的书号、书名等能做到重置，因此需要对其他字段都添加prop属性。然后再测试就能正常实现重置功能，即单击【取消】或者【确定】按钮之后，再次单击【新增】按钮，弹出的【添加图书信息】对话框的表单和校验结果都重置了。

> **说 明**
>
> 说明：如果测试效果没有重置且报错，原因可能是对话框刚弹出来，表单可能还没有加载完毕，就重置了表单。解决方案：需要等表单加载完毕之后再进行重置，可以使用 Vue 内置的 $nextTick()，该方法需要一个回调，而这个回调就是在表单加载完毕之后才执行的。
>
> ```
> this.$nextTick(()=>{
>         this.$refs['addForm'].resetFields();
> })
> ```

运行测试，这个时候发现表单里不能输入数据，怎么办呢？这个问题与前面在做重置搜索条件的时候一样，当时是为搜索条件对象指明了具体的属性，代码如下：

```
searchWhewe: {
        bookName: "",
        press: "",
        bookType: "",
        publicationdate: ""
}, // 查询条件
```

因此也需要用同样的方法为表单对象（名称为form）指明具体的属性，代码如下：

```
form: {
        bookISBN:'',
        bookName:'',
        author:'',
        press:'',
        publicationdate:'',
```

```
        quantity: 500,// 设置初值
        price:0,
        bookType:''
    },
```

再次测试，比较完美地实现了表单数据的重置和校验结果的重置。

 24.7　图书信息的编辑功能实现

编辑功能实际上包括根据id查询出要修改的记录，然后根据id修改对应的记录。

1. Easy Mock添加修改图书信息需要的两个接口

① 根据id查询图书信息的接口，如图24-22所示。

图 24-22　根据 ID 查询图书信息的接口编辑

- 请求URL：/bookinfo/{id}。
- 请求方法Method：GET。
- 接口描述：根据ID查询图书信息接口。
- Mock.js配置：假设查询到id固定为8，其他随机，代码如下。

```
{
  "code": 200,
  "flag": true,
  "message": " 查询成功 ",
  "data": { // 这里返回值不为数组，即外面不要有 [ ] 套住
    "id": 8, // 固定返回 id 为 8 的
    "bookISBN": /[0-9]{13}/, //13 位数的 ISBN 号
    "bookName": "Vue 实战开发 ", // 固定下书名，方便后面测试
    "author": "@cname", // 中文作者姓名
    "press|1": [' 清华大学出版社 ', ' 北京大学出版社 ', ' 北京理工大学出版社 ', ' 人民
邮电出版社 '], // 出版社四者选一
    "publicationdate": '@date("yyyy/MM/dd")', // 出版日期
```

```
    "price": "@float(10,99,0,1)", // 价格为 10 ~ 99 元，小数点为 0 或 1 位
    "quantity|50-1000": 1, // 库存数量 50 ~ 1000，1 为标记为数字类型
    "bookType|1": ['1', '2', '3', '4'], // 图书类型为 1、2、3、4 之一
  }
}
```

② 根据id修改图书信息的接口。

- 请求URL：/bookinfo/{id}。
- 请求方法Method：PUT。
- 接口描述：根据id修改图书信息接口。
- Mock.js配置，代码如下：

```
{
  "code": 200,
  "flag": true,
  "message": " 修改成功 ",
}
```

2. 在bookinfo.js中添加调用接口的方法

在bookinfo.js中添加对应的方法，来调用后端接口处理数据，代码如下：

```
// 根据 id 查询图书信息
getBookById(id){
        return myaxios({
            url:'/bookinfo/${id}',
            method:'get'
        })
},
// 修改图书信息，这里需要传入完整图书对象 bookObj，根据 id 修改
    updateBook(bookObj){
        return myaxios({
            url:'/bookinfo/${bookObj.id}',
            method:'put',
            data:bookObj
    })
}
```

3. 修改编辑方法handleEdit

找到【编辑】按钮的代码，如下所示：

```
<el-button size="mini" type="primary" @click="handleEdit(scope.row.id)">编辑
</el-button>
```

① 目前使用的handleEdit方法如下：

```
handleEdit(id) {
    console.log(" 编辑 " + id);
  },
```

② 初步改进后，代码如下：

```
handleEdit(id) {
    console.log(" 编辑 " + id);
    this.addHandle() // 调用这个方法就是弹出【新增】对话框（【编辑】对话框复用这个），
                     // 如果原来有数据都会重置
    bookinfoApi.getBookById(id).then(response=>{
      const resp=response.data
      if(resp.flag)// 查询成功
      {
          //console.log(resp.data)
         this.form=resp.data // 这里把查询到的数据直接赋给了添加数据时用的表单对象
                             //form，因为编辑操作还是复用添加对话框
      }
  else{
        // 提示获取数据失败
        this.$message({
          message:resp.message,
          type:'warning'
        })
      }
    })
},
```

测试：单击【编辑】按钮可以获取数据并在对话框中展示出来，接下来的问题是单击对话框中的【确定】按钮，目前执行的是添加操作，那么如何动态调整为更新操作呢？即如何做到单击【新增】按钮打开对话框，然后单击对话框中的【确定】按钮执行addData('addForm')，而单击【编辑】按钮打开的对话框中，再单击【确定】按钮能够执行更新操作呢？

分析：绑定表单数据的对象 form，执行新增时没有id属性，如图24-23所示（不需要id属性，可以为form对象增加一个id属性，初值为null，以方便判断，代码如下），而执行编辑时是根据id查询的，经过this.form=resp.data 之后，form是有id属性的，如图24-24所示。

```
form: {
      id:null,
      bookISBN:'',
      bookName:'',
      author:'',
      press:'',
      publicationdate:'',
      quantity: 500,// 设置初值
      price:0,
      bookType:''
},
```

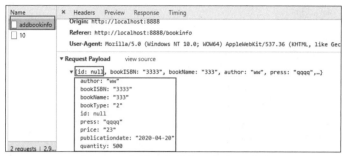

图 24-23　新增图书信息不需要 id 属性

图 24-24　编辑图书信息需要 id 属性

因此单击【确定】按钮方法的代码可以改为如下（如果表单的id属性为null，则执行添加操作，否则执行更新操作）：

```
<el-button type="primary" @click="form.id===null?addData('addForm'):updateData
('addForm')" size="mini">确 定</el-button>
```

然后编写更新方法updateData，先简单在控制台输出update，代码如下：

```
updateData(){
    console.log("update")
},
```

接着运行测试是否正确。接下来完善updateData方法，代码如下：

```
updateData(formName){
    //console.log("update")
    this.$refs[formName].validate((valid) => {
        if (valid) {// 表单验证通过
            bookinfoApi.updateBook(this.form).then(response=>{
                const resp=response.data
                if(resp.flag)// 更新成功
                {
                    // 刷新数据列表
                    this.fetchData()
                    this.form.id=null        // 不要忘记把 id 置空，否则再次单击【新增】按钮时
                                             // 打开对话框，单击【确定】按钮时执行的就是修改操作
                                             // 关闭对话框
                    this.dialogFormVisible=false
                }
                else{
```

```
                this.$message({
                    message:resp.message,
                    type:'warning'
                })
            }
        })
    }
    else {
        // 验证不通过
        return false;
    }
})
},
```

最后再运行测试，单击某个记录的【编辑】按钮，弹出如图24-25所示的对话框，并可修改部分字段。

图 24-25　编辑图书信息对话框

修改完成之后，单击【确定】按钮，然后查看控制台的效果，如图24-26～图24-28所示。

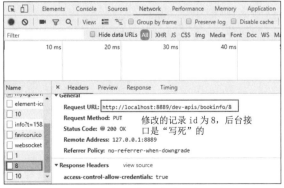

图 24-26　编辑图书信息窗口控制台 1

图 24-27　编辑图书信息窗口控制台 2

图 24-28　编辑完图书信息重新刷新数据

最后把对话框标题改为"图书信息编辑"，代码如下：

```
<el-dialog title=" 图书信息编辑 " :visible.sync="dialogFormVisible" width=
"500px" >
```

 结合 Element UI 实现图书信息删除

1. 利用Element UI的MessageBox弹框的"确认消息"删除提示框

进入Element官网，在组件中找到MessageBox弹框下的"确认消息"类别，复制代码到处理删除的方法中，初步修改代码如下：

```
handleDelete(id) {
    //console.log(" 删除 " + id);
    this.$confirm(' 确认删除这条记录吗 ?', ' 提示 ', {
        confirmButtonText: ' 确定 ',
        cancelButtonText: ' 取消 ',
        type: 'warning'
    }).then(() => {
        console.log('delete')
        /* this.$message({
          type: 'success',
          message: ' 删除成功！'
        }); */
    }).catch(() => {
        // 取消不需要任何操作，会自动关闭对话框
```

```
        console.log('cancel')
    });
},
```

测试删除效果，单击某条记录后面的【删除】按钮，弹出如图24-29所示的提示框。

24-29　删除提示框

此时单击图24-29所示提示框中的【取消】按钮，只是关闭对话框而已，而单击【确定】按钮后当前也只是在控制台输出delete，现在需要改为执行删除操作。

2. 利用Easy Mock添加删除图书信息的接口

添加删除图书信息接口的步骤如下。

- 请求URL：/bookinfo/{id}。
- 请求方法Method：DELETE。
- 接口描述：根据id删除图书信息接口。
- Mock.js配置：假设查询到id固定为8，其他随机。

```
{
    "code": 200,
    "flag": true,
    "message": " 删除成功 ",
}
```

3. 在bookinfo.js中添加调用接口的方法

添加调用接口的方法的代码如下：

```
// 删除图书信息
deleteBookById(id){
        return myaxios({
            url:'/bookinfo/${id}',
            method:'delete',
        })
}
```

4. 组件中调用上面方法实现删除逻辑

打开src/views/book/bookinfo.vue，完善删除逻辑。原来只是在控制台输出delete现在要改为真正删除操作，也就是调用前面写的删除接口来执行删除操作。后端执行删除成功会给出相应提示，同时前端会刷新数据。代码如下：

```
handleDelete(id) {
    //console.log(" 删除 " + id);
    this.$confirm(" 确认删除这条记录吗 ?", " 提示 ", {
        confirmButtonText: " 确定 ",
```

```
                cancelButtonText: " 取消 ",
                type: "warning"
            })
            .then(() => {
                //console.log('delete')
                bookinfoApi.deleteBookById(id).then(response => {
                    const resp = response.data;
                    // 下面先给出提示，再刷新数据列表；先刷新数据再给出提示也可以
                    this.$message({
                        message: resp.message,
                        type: resp.flag ? "success" : "error"// 动态显示提示类型
                    });
                    if(resp.flag){// 删除成功，刷新数据列表
                        this.fetchData()
                    }
                });
            })
            .catch(() => {
                // 取消不需要任何操作，会自动关闭对话框
                console.log("cancel");
            });
        },
```

然后测试删除操作，删除成功后会给出如图24-30所示的删除成功提示。

图 24-30　删除成功提示

　　此外执行了删除操作后，进入控制台的"网络/Network"（见图24-31）可以看出发送了要删除的记录的id值（id=2）到后端去了，请求方式是delete，删除之后前端重新刷新数据，即重新查找当前页的10条记录，如图24-32所示。

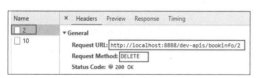

图 24-31　控制台查看删除操作

图 24-32　控制台查看重新刷新当前页数据

　　至此，图书信息的增删改查操作全部完成了。

24.9　子组件的创建及应用

　　本节讲解子组件的创建及应用，即能够当右击出版社右侧的文本框时会弹出窗口，以供选择

出版社，如图24-33所示。

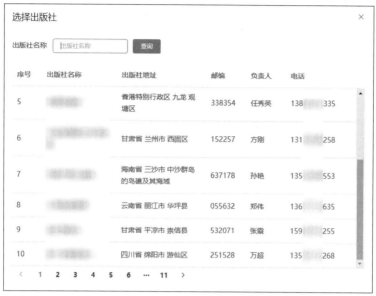

图 24-33 选择出版社窗口

24.9.1 快速创建出版社组件

1. 创建Easy Mock接口

① 查询所有出版社信息模拟数据接口，其URL、Method等信息如图24-34所示。

- URL：/press/list。
- Method：GET。
- 描述：出版社信息列表。
- Mock.js配置代码及含义如下：

```
{
  "code": 200,
  "flag": true,
  "message": " 查询成功 ",
  "data|20": [{
    "id|+1": 1, //id 从 1 开始连续编号
    "pressName": "@ctitle(4,10)", // 出版社名称为 4 ~ 10 个汉字
    "pressAddress": "@county(true)", // 加上 true 自动生成省市区 / 县
    "code": "@zip", // 邮编
    "chargePerson": "@cname", // 作者中文姓名
    "phone": /1[35][0-9]{9}/ // 手机号码
  }]
}
```

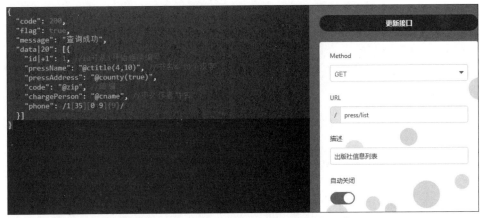

图 24-34　创建查询出版社信息的模拟接口界面

② 分页查询的模拟数据接口信息如图24-35所示。接口信息如下。

- URL：press/list/search/{page}/{size}。
- Method：POST。
- 描述：出版社信息数据分页。

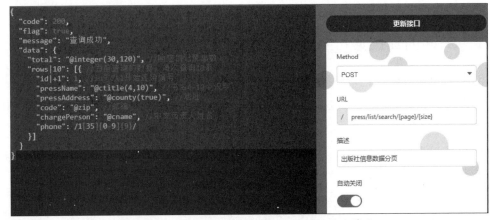

图 24-35　创建出版社信息数据分页模拟接口界面

- Mock.js配置代码及含义如下：

```
{
  "code": 200,
  "flag": true,
  "message": " 查询成功 ",
  "data": {
    "total": "@integer(30,120)", // 响应的记录总数
    "rows|10": [{ // 当前查询的数据，每次查询 10 条
      "id|+1": 1, //id 从 1 开始连续编号
      "pressName": "@ctitle(4,10)", // 出版社名称为 4 ~ 10 个汉字
      "pressAddress": "@county(true)", // 地址
```

```
        "code": "@zip", // 邮编
        "chargePerson": "@cname", // 中文负责人姓名
        "phone": /1[35][0-9]{9}/
    }]
  }
}
```

2. 创建接口API文件press.js

在api文件夹下创建press.js文件（发送异步请求，请求Mock模拟数据接口，获取数据），其内容为复制的bookinfo.js内容，保留如下一个分页查询数据的方法即可，注意修改URL地址，代码如下：

```
// 导入自定义 axios
import myaxios from '@/utils/myaxios'

// 这里导出为一个对象，在该对象里面定义函数，不管定义多少个函数，要使用的时候一般就都会使用，
// 无须按需导入，导出一个个普通函数也可以
export default{
    // 分页查询方法
    search(page,size,searchWhere){
     return  myaxios({
            url:'/press/list/search/${page}/${size}',
            method:'post',
            data:searchWhere //searchwhere 没有传值就是空置，即是无条件分页查询
        })
    },
  }
```

3. 创建出版社组件

创建出版社组件的效果如图24-33所示。

在views文件夹下创建press文件夹，再创建文件press.vue，复制bookinfo.vue中的全部代码到press.vue中。然后修改，主要思路如下。

（1）条件查询部分

第一，只保留出版社名称，因为只提供按出版社名称查询，主要修改prop等属性名称。

第二，删除【重置】和【新增】按钮，相应的methods里的方法也删除。

（2）表单数据部分

删除和修改列名称即可（与Easy Mock配置中列名保存一致）。

（3）分页组件部分

```
layout="prev, pager, next"//layout 属性只保留三个，其他不变
```

（4）导入接口API文件press.js

将原来的

```
import bookinfoApi from "@/api/bookinfo";
```

改为导入

```
import pressApi from "@/api/press.js";
```

（5）导出默认对象export default部分

删除不相关的属性及方法，修改后的press.vue代码如下：

```
<template>
  <div>
    <!-- 条件查询，:inline="true" 表示行内显示 / 一行显示；:model 绑定查询条件（在 data 里
要有）-->
    <el-form
      ref="searchForm"
      :inline="true"
      :model="searchWhewe"
      class="demo-form-inline"
      style="margin-top:-10px"
    >
      <el-form-item label=" 出版社名称 " size="mini" prop="pressName">
        <el-input v-model="searchWhewe.pressName" placeholder=" 出版社名称 " style=
"width:150px"></el-input>
      </el-form-item>
      <el-form-item size="mini">
        <el-button type="primary" @click="fetchData">查询 </el-button>
      </el-form-item>
    </el-form>
    <!-- data 为要绑定的数据，border 为显示表格边框（本例不加），max-height 为最大高度，
由于数据多，大于此高度会自动显示滚动条 -->
    <el-table :data="presslist" style="width: 100%" max-height="400">
      <!-- fixed 为固定此列，prop 为字段名，label 为表头名，type 设置为 index 就会自动添加
索引（即序号），从 1 开始 -->
      <el-table-column fixed type="index" label=" 序号 " width="60"></el-table-
column>
      <el-table-column prop="pressName" label=" 出版社名称 " width="150"></el-
table-column>
      <el-table-column prop="pressAddress" label=" 出版社地址 " width="180">
</el-table-column>
      <el-table-column prop="code" label=" 邮编 " width="80"></el-table-column>
      <el-table-column prop="chargePerson" label=" 负责人 " width="80"></el-
table-column>
      <el-table-column prop="phone" label=" 电话 " width="150"></el-table-
column>
    </el-table>
    <!-- 分页组件 -->
    <el-pagination
      @size-change="handleSizeChange"
      @current-change="handleCurrentChange"
      :current-page="currentPage"
      :page-sizes="[10, 20, 30, 40]"
```

```
        :page-size="pageSize"
        layout="prev, pager, next"
        :total="total"
      ></el-pagination>
    </div>
</template>
<script>
import pressApi from "@/API/press.js";

export default {
  data() {
    return {
      presslist: [],
      total: 0, // 总记录数
      currentPage: 1, // 当前页，默认第 1 页
      pageSize: 10, // 每页显示条数，为 10 条
      searchWhewe: {
        pressName: "",
      } // 查询条件
    };
  },
  // 数据在组件初始化后就要获取，所以定义在 created 钩子函数中去调用接口方法获取数据
  created() {
    this.fetchData();
  },
  methods: {
    handleSizeChange: function(size) {
      this.pageSize = size;
      console.log(this.pagesize);
      this.fetchData();
    },
    handleCurrentChange: function(currentPage) {
      this.currentPage = currentPage;
      console.log(this.currentPage); // 单击第几页
      this.fetchData();
    },
    fetchData() {
        // 组件刚创建完毕加载数据方法
        //pressApi.getPressList().then(response => {
        // 下面参数必须写 this，否则获取不到
         pressApi
        .search(this.currentPage, this.pageSize, this.searchWhewe)
        .then(response => {
        const resp = response.data;
        this.presslist = resp.data.rows; // 这里的 this 不能少
        this.total = resp.data.total;
```

```
        console.log(resp.data.rows);
      });
    }
  }
};
</script>
<style scoped>
.dialog-footer {
  margin-top: -50px;
  padding-bottom: 0px;
}
</style>
```

24.9.2 把出版社组件作为图书信息的子组件来输入出版社

1. 在bookinfo.vue中使用子组件press.vue

（1）导入子组件

打开src/views/book/bookinfo.vue，把src/views/press/press.vue组件作为其中子组件导入，代码如下：

```
// 导入子组件
import Press from "@/views/press/press.vue"
```

（2）注册子组件

注册子组件的代码如下：

```
export default {
  // 注册组件
  components:{
    Press
  },
```

（3）使用子组件

①把子组件Press作为对话框使用，即要在外面包一层<el-dialog>，并设置相关属性，复制原来新增数据对话框中的代码进行修改即可，代码如下：

```
<!-- 【选择出版社】对话框 -->
<el-dialog title=" 选择出版社 " :visible.sync="dialogPressVisible" width="800px">
  <Press></Press>
</el-dialog>
```

②在data中添加dialogPressVisible属性（自己命名的一个用于控制对话框显示与否的属性），并设置初始为false，即不显示对话框。

2. 查询时禁止文本框输入，而单击时显示【选择出版社】对话框

① 为其加入一个readonly属性即可禁止输入数据（只读）。

② 加入一个@click.native="dialogPressVisible=true"单击事件（单击时显示对话框），注意elform-item 是组件，要在组件元素监听原生事件click，需要使用 .native修饰符。

代码如下：

```
<el-form-item label=" 出版社 " size="mini" prop="press" @click.native=" dialogPress
Visible=true">
        <el-input readonly v-model="searchWhewe.press" placeholder=" 出版社 " style=
"width:150px"></el-input>
</el-form-item>
```

运行测试后，效果如图24-36所示，单击【出版社】文本框，打开了【选择出版社】对话框。

图 24-36　正确打开子组件对话框

存在问题：el-input 设置了readonly属性，就不能再进行输入，但如果用户想输入呢？这时就不能设置readonly属性。这时用户可以输入，但是只要在文本框中单击就会激发单击事件，弹出【选择出版社】对话框，也不好输入。因此，就调整为右击弹出【选择出版社】对话框，而右击除了弹出【选择出版社】对话框，还会有原生的右击事件发生，所以再通过.prevent修饰符去阻止。单击事件改为 @click.right.prevent.native（.right表示右击修饰符），代码如下：

```
<el-form-item label=" 出版社 " size="mini" prop="press"
    @click.right.prevent.native=" dialogPressVisible=true">
        <el-input  v-model="searchWhewe.press" placeholder=" 出版社 " style=
"width:150px"></el-input>
</el-form-item>
```

24.9.3　单击子组件表格中数据回显到父组件中

单击子组件表格中数据回显到父组件中，实质就是子组件要向父组件传递数据，解决方案如下。

参见Element 官网中"Table表格"组件中的单选功能。Table 组件提供了单选的支持，只需要配置highlight-current-row属性即可实现单选。之后由current-change事件来管理选中时触发的事件，它会传入currentRow、oldCurrentRow。如果需要显示索引，可以增加一列el-table-column，设置type

属性为index即可显示从 1 开始的索引号。

1. 增加属性和事件

打开src/views/press/press.vue，为其中表格增加属性和事件，代码如下：

```
<el-table :data="presslist" style="width: 100%" max-height="400" highlight-
current-row
@current-change="CurrentChange">
```

注 意

函数名不要使用 handleCurrentChange，因为前面处理翻页时已经使用过该名称。

2. 在methods中添加方法CurrentChange

代码如下：

```
// 当单击表格的某一行时，会调用这个函数进行处理
CurrentChange(currentRow,oldCurrentRow){
    console.log(currentRow)  // 输出的就是单击的那行数据
}
```

3. 子组件如何向父组件传递数据

总体思路回顾：把子组件中的数据发送到父组件中去。

在子组件中使用vm.$emit(事件名,数据)触发一个自定义事件，事件名自定义。要发送多个数据，直接用逗号隔开即可。

父组件在使用子组件的地方监听子组件触发的事件，并在父组件中定义方法获取数据。步骤如下。

① 子组件触发事件及发送数据。当单击表格的某一行时，会调用下面函数进行处理，代码如下：

```
CurrentChange(currentRow,oldCurrentRow){
  //console.log(currentRow)
  this.$emit('sendData',currentRow)
}
```

② 父组件监听事件，同时给出事件函数名（自定义为getData）。代码如下：

```
<!-- 【选择出版社】对话框 -->
<el-dialog title=" 选择出版社 " :visible.sync="dialogPressVisible" width="750px">
  <Press @sendData="getData"></Press>
</el-dialog>
```

③ 在父组件下编写事件函数getData，初始代码如下：

```
getData(currentRow){
    console.log(' 父组件 ',currentRow)
  }
```

测试能不能获取到子组件单击时的那行数据，如图24-37所示。从控制台中可以看到正确获取到单击的那行数据。

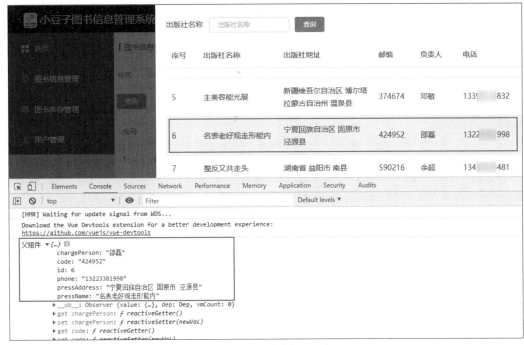

图 24-37　获取到选择行的数据

④ 编写父组件下事件函数getData进行数据回显，代码如下：

```
getData(currentRow){
    //currentRow 获取到了单击的那行数据
    //console.log(' 父组件 ',currentRow)
    // 将出版社名称赋给相应的搜索框，而它绑定的是 searchWhewe.press
    this.searchWhewe.press=currentRow.pressName
    // 下面最好把当前单击记录的 id 也赋过去，这样在父组件中单击【查询】按钮时就会把当前记
    // 录的 id 也发送过去，方便后端使用（不传不影响功能实现），该 id 也可以在 data 中的
    //searchWhewe 对象中定义出来，初值设置为 null 即可
    this.searchWhewe.id=currentRow.id
    // 关闭当前的【选择出版社】对话框
    this.dialogPressVisible=false
  }
```

注 意

> 上面加粗的 this 不能少，否则获取不到属性。

运行测试，在子组件选择出版社的对话框中单击某出版社，就把相应的出版社名称回显到主窗口搜索区域的【出版社】文本框中。获取到出版社信息后，单击【查询】按钮，就可把出版社名称和id一起发送到后端了，如图24-38所示，这样后端根据需要即可使用。

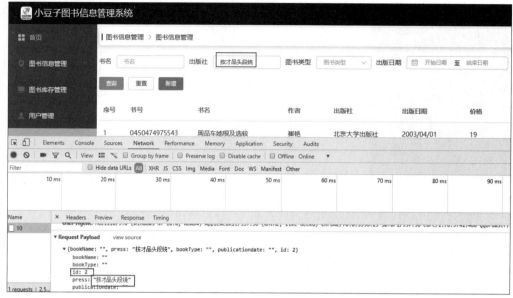

图 24-38 根据条件查询同时出版社 id 也发送到后端

实战练习

1. 根据本章所讲步骤完成图书信息的增删改查功能。

2. 完善图书信息管理系统其他导航的增删改查功能。

高手点拨

通过本章的学习，主要掌握以下知识与技能。

1. 巩固利用 Easy Mock 创建模拟数据接口的知识。

2. 掌握如何调用模拟数据接口获取数据的 API。

3. 熟练掌握利用 Element UI 创建各类表单、对话框。

4. 综合运用 Element UI 等相关知识实现对数据的增删改查（含分页查询）。

5. 掌握利用子组件回显数据的应用。

第 25 章
修改密码功能及完善系统

　　第 24 章已经完成了图书信息管理系统的主要功能：增删改查，含分页查询。图书信息管理系统的大部分功能已经完成，本章来实现修改密码功能及完善系统其他功能，如数据加载时显示 Loading 效果。

25.1 修改密码、创建模拟接口及封装发送异步请求 方法

1. 修改密码思路分析

① 单击【修改密码】按钮弹出【修改密码】对话框。

② 检测用户输入的旧密码是否正确，需要提供用户id和输入的旧密码到后端去处理，后端检查旧密码是否正确，返回信息给前端。

③ 校验完旧密码后，校验两次输入的新密码是否一致，校验通过后把用户id和新密码传到后端，进行用户密码修改。

④ 后端响应更新成功，就关闭【修改密码】对话框，并返回登录页面。

因此，需要创建两个模拟接口。

2. 使用Easy Mock创建模拟后端处理接口

① 创建旧密码校验接口。

- 请求URL：/user/pwd 。
- 请求方式Method：POST 。
- 请求参数：userId和oldPassword 。
- 描述：校验旧密码是否正确。
- Mock.js配置代码如下：

```
{
  "code": 200,
  "flag": true,
  "message": " 旧密码正确 "
}
```

② 创建更新密码接口。

- 请求URL：/user/pwd 。
- 请求方式method：put 。
- 请求参数：userId和newPassword 。
- 描述：更新密码。
- Mock.js配置代码如下：

```
{
  "code": 200,
  "flag": true,
  "message": " 密码修改成功 "
}
```

3. 创建API文件发送异步请求调用模拟接口

在src/api下创建password.js文件，定义方法发送异步请求调用模拟接口处理。编写代码如下：

```
import myaxios from '@/utils/myaxios'
export default{
    // 校验旧密码
    checkPwd(userId,oldPassword)
    {
        return myaxios({
            url:'/user/pwd',
            method:'post',
            data:{
                userId,
                oldPassword
            }
        })
    },
    // 更新密码
    updatePwd(userId,newPassword)
    {
        return myaxios({
            url:'/user/pwd',
            method:'put',
            data:{
                userId,
                newPassword
            }
        })
    }
}
```

 ## 25.2 实现修改密码组件及重置功能

1. 实现修改密码组件

打开src/components/AppHeader/index.vue，初步编写修改密码的方法。

① 首先修改密码组件是一个对话框，可以复制bookinfo.vue中的对话框相关代码。

```
<el-dialog title=" 修改密码 " :visible.sync="dialogFormVisible" width="500px">
    <!-- 下面的出版社组件要删除 -->
    <Press @sendData="getData"></Press>
</el-dialog>
```

② 上面斜体部分改为修改密码的表单，直接复制Element官方Form表单中自定义校验规则的示

例代码：

```
<el-form
        :model="ruleForm"
        status-icon
        :rules="rules"
        ref="ruleForm"
        label-width="100px"
        class="demo-ruleForm"
    >
        <el-form-item label=" 密码 " prop="pass">
            <el-input type="password" v-model="ruleForm.pass" autocomplete=
"off"></el-input>
        </el-form-item>
        <el-form-item label=" 确认密码 " prop="checkPass">
            <el-input type="password" v-model="ruleForm.checkPass" autocomplete=
"off"></el-input>
        </el-form-item>
        <el-form-item label=" 年龄 " prop="age">
            <el-input v-model.number="ruleForm.age"></el-input>
        </el-form-item>
        <el-form-item>
            <el-button type="primary" @click="submitForm('ruleForm')"> 提交 </el-
button>
            <el-button @click="resetForm('ruleForm')"> 重置 </el-button>
        </el-form-item>
</el-form>
```

③ 定义相关 data 属性。前面三处带下划线的属性或对象名称必须在 data 中定义。

```
export default {
  data(){
    return{
      dialogFormVisible:false,
      ruleForm:{

      },
      rules:{

      }
    }
  }
},
```

④ 调整表单的效果，代码如下：

```
<!--【修改密码】对话框 -->
<el-dialog title=" 修改密码 " :visible.sync="dialogFormVisible" width="500px">
    <el-form
        :model="ruleForm"
```

```
        status-icon
        :rules="rules"
        ref="ruleForm"
        label-width="100px"
    >
        <el-form-item label=" 旧密码 " prop="oldpass">
            <el-input type="password" v-model="ruleForm.oldpass" autocomplete=
"off"></el-input>
        </el-form-item>
        <el-form-item label=" 新密码 " prop="newpass">
            <el-input type="password" v-model="ruleForm.newpass" autocomplete=
"off"></el-input>
        </el-form-item>
        <el-form-item label=" 确认密码 " prop="checkpass">
            <el-input type="password" v-model="ruleForm.checkPass" autocomplete=
"off"></el-input>
        </el-form-item>
        <el-form-item>
            <el-button type="primary" @click="submitForm('ruleForm')"> 提交 </el-
button>
            <el-button @click="resetForm('ruleForm')"> 重置 </el-button>
        </el-form-item>
    </el-form>
</el-dialog>
```

⑤ 编写修改密码方法，代码如下：

```
methods: {
    handleCommand(command) {
        switch (command) {
            case "a":
                // 修改密码
                //this.$message(" 单击修改密码 ");
                this.updatePwd()
                break;
            case "b":
...

    // 更新密码
    updatePwd(){
        // 显示【修改密码】对话框
        this.dialogFormVisible=true //this 不要忘记了
    }
}
```

运行测试，打开系统主页，展开右上角的下拉菜单，单击【修改密码】，将会打开【修改密码】对话框，如图25-1所示。

图 25-1　【修改密码】对话框初始效果

从图25-1中发现文本框偏大，上下间距较大，因此再调整，代码如下：

```
<!--【修改密码】对话框 -->
<el-dialog title=" 修改密码 " :visible.sync="dialogFormVisible" width="400px">
    <el-form
        :model="ruleForm"
        status-icon
        :rules="rules"
        ref="ruleForm"
        label-width="100px"
        style="width:300px;margin-top:-30px;margin-bottom:-20px;"
size="mini"
>
```

运行测试，此时【修改密码】对话框的效果如图25-2所示。

图 25-2　【修改密码】对话框效果

2. 实现重置功能

在methods下添加如下方法：

```
resetForm(formName) {
    this.$refs[formName].resetFields();
}
```

25.3 利用 Element 自定义校验规则校验密码及确认密码

本节主要是在 components/AppHeader/index.vue 中编写代码。

1. 校验密码时旧密码、新密码、确认密码必须输入

直接复制 bookinfo.vue 中的校验规则，稍作修改，修改完成之后代码如下：

```
rules:{
        oldpass: [{ required: true, message: " 旧密码不能为空 ", trigger: "blur" }],
        newpass: [{ required: true, message: " 新密码不能为空 ", trigger: "blur" }],
        checkpass: [{ required: true, message: " 确认密码不能为空 ",
trigger: "blur" }],
    }
```

测试效果如图25-3所示，可以看出在失去焦点时都能校验旧密码、新密码、确认密码是否为空。

图 25-3 对旧密码、新密码、确认密码校验是否为空的效果

文本框右侧若出现⊗，表示校验失败；若出现⊘，表示校验成功。实现这种效果只需要在<el-form>标签中添加status-icon属性。

2. 编写"提交"按钮方法

直接复制bookinfo.vue中的判断表单是否校验成功代码，代码如下：

```
// 提交修改密码
submitForm(formName) {
    // 首先校验表单是否通过，直接复制 bookinfo.vue 中的代码
    this.$refs[formName].validate(valid => {
      if (valid) {
        // 校验成功
        console.log("success");
      } // 校验失败
      else {
        return false;
      }
    });
```

```
        }
    }
```

3. 增加自定义校验规则校验旧密码

上面的校验只是简单的不为空的校验，接下来校验旧密码是否正确。

思路：当旧密码框失去焦点后，发送当前用户id及输入的密码到后端，由后端进行处理。后端接口及API都写好了，这个需要采用自定义校验规则。

① 针对旧密码加入如下规则。

```
rules: {
    oldpass: [
        { required: true, message: " 旧密码不能为空 ", trigger: "blur" },
        { validator: validateOldPass, trigger: 'blur' }
    ],
```

validator表示自定义校验规则，validateOldPass是校验旧密码规则名称。

② 自定义校验规则。校验规则需要用到用户id，那么用户id怎么获取？用户登录之后通过本地存储了用户信息，如图25-4所示。

图 25-4　用户登录之后本地存储了用户信息

因此需要在data中再返回一个user，代码如下：

```
//localStorage.getItem('xdz-manager-user') 获取的是字符串形式, 需要转为对象格式, 方
// 便获取对象中的某属性（id、name 等）
    user: JSON.parse(localStorage.getItem('xdz-manager-user')),
```

③ 顺便把头部组件原来的"下拉菜单"改为"欢迎您，***"。获取登录的用户之后，就可以通过user.name获取用户姓名，代码如下：

```
<span class="el-dropdown-link">
    欢迎您，{{user.name}}
    <i class="el-icon-arrow-down el-icon--right"></i>
</span>
```

④ 编写自定义校验规则validateOldPass，注意写在return上面。

导入向后端发送异步请求的API，代码如下：

```
import passwordApi from '@/api/password'
```

接下来就可以使用passwordApi.checkPass()进行向后端发送请求，代码如下：

```
export default {
  data() {
    // 自定义校验规则传入三个参数 rule、value 和 callback（参考官网）
    const validateOldPass=(rule, value, callback)=>{
      //console.log(rule)//rule 指要校验字段的相关信息（字段名、字段类型等）
      //console.log(value)//value 指输入的值，因此就是通过 value 参数去与后端获取到的旧密
                        // 码相比较
      passwordApi.checkPwd(this.user.id,value).then(response=>{
        const resp=response.data
        if(resp.flag){// 校验通过，执行第三个参数 callback，且不带参数
callback()
        }
        else{// 校验失败，执行第三个参数 callback，需要传递参数为对象，参数可以是后端传
            // 过来的消息
          callback(new Error(resp.message))
        }
      })
    };// 注意不能是逗号，但可以没有标点符号，因为这里是一条语句，与下面的 return 并列
    return {
      //localStorage.getItem('xdz-manager-user') 拿到的是字符串形式，需要转为对象格式
      user:JSON.parse(localStorage.getItem('xdz-manager-user')),
      dialogFormVisible: false,
...
```

运行测试，如图25-5所示表示校验通过，因为模拟接口设置的就是校验通过。

图 25-5　校验旧密码是否正确

如果想对比不通过的效果，可把后端接口Mock.js配置改为校验不通过。代码如下：

```
{
  "code": 200,
  "flag": false,
  "message": " 旧密码不正确 "
}
```

再次运行测试，如图25-6所示表示校验不通过。

图 25-6　校验旧密码不通过

测试校验不通过的效果后，再把模拟接口的 Mock.js 配置改为校验通过。

4. 增加校验两次密码输入是否一致的校验规则

针对确认密码，加入如下加粗的一条校验语句。注意，最好设置为change或blur时就触发。

```
return {
    //localStorage.getItem('xdz-manager-user') 获取的是字符串形式，需要转为对象格式
    user:JSON.parse(localStorage.getItem('xdz-manager-user')),
    dialogFormVisible: false,
    ruleForm: {},
    rules: {
      oldpass: [
        { required: true, message: " 旧密码不能为空 ", trigger: "blur" },
          { validator: validateOldPass, trigger: 'blur' }
      ],
      newpass: [
        { required: true, message: " 新密码不能为空 ", trigger: "blur" }
      ],
      checkpass: [
        { required: true, message: " 确认密码不能为空 ", trigger: "blur" },
          { validator: validateCheckPass, trigger: ['change','blur'] }
      ]
    }
};
```

然后编写校验规则validateCheckPass，代码如下：

```
// 校验两次密码输入是否一致
const validateCheckPass=(rule, value, callback)=>{
    // 此处 value 表示输入的确认密码, this.ruleForm.newpass 获取输入的新密码。这里不需
    // 要判断为空情况，前面已有校验
    if(value!==this.ruleForm.newpass){
      // 不相等。这里提示文字是 "写死" 的，因为这里没有后端接口返回相应信息
      callback(new Error(' 两次输入密码不一致 '))
    }
```

```
        else
        {
            callback()// 相等，则通过
        }
    }
```

运行测试，效果如图25-7所示，能够对新密码和确认密码进行比较。

修改密码

* 旧密码 ···

* 新密码 ····

* 确认密码 ·····

两次密码输入不一致

提交 重置

图 25-7 校验旧密码不通过

为了程序的健壮性，最好给表单对象ruleForm指明具体的属性值（如下加粗代码），因为如果不指明属性，有时文本框会无法输入数据。

```
return {
    //localStorage.getItem('xdz-manager-user') 获取的是字符串形式，需要转为对象格式
    user:JSON.parse(localStorage.getItem('xdz-manager-user')),
    dialogFormVisible: false,
    ruleForm: {
        oldpass:'',
        newpass:'',
        checkpass:''
    }
},
```

25.4 修改密码业务逻辑的实现

1. 封装退出系统方法，实现修改密码逻辑

上面的校验规则已完成，接下来把用户id和输入的新密码提交到后端去处理。即调用API（password.js）中的updatePwd(userId,newPassword)方法处理，即完善submitForm(formName) 方法。

① 封装退出系统方法，以便复用，代码如下：

```
methods: {
    handleCommand(command) {
        switch (command) {
            case "a":
```

```javascript
            // 修改密码
            //this.$message(" 单击了修改密码 ");
            this.updatePwd();
            break;
          case "b":
            // 退出系统，代码封装成一个方法，方便后面复用
            this.LogoutSystem();
            break;
          default:
            break;
        }
    },
    // 退出系统
    LogoutSystem() {
      // 调用 logout 方法，需要传入 一个 token，那么 token 在哪呢？在登录时（login/index.vue）
      // 通过 localStorage 记住了 token 信息，代码如下
      //localStorage.setItem("xdz-manager-token", resp.data.token);
      // 所以 token 就到 localStorage
      const token = localStorage.getItem("xdz-manager-token");
      logout(token).then(response => {
        const resp = response.data;
        if (resp.flag) {
          // 退出成功
          // 清除本地浏览器 token 和用户数据
          localStorage.removeItem("xdz-manager-token");
          localStorage.removeItem("xdz-manager-user");
          // 跳到登录页面，即改变路由
          this.$router.push("/login");
        } else {
          // 失败则给出提示消息
          this.$message({
            message: resp.message, // 获取接口返回的 message
            type: "warning",
            duration: 1000 // 设置停留时间 1 秒
          });
        }
      });
    },
```

② 完善修改密码方法，代码如下：

```javascript
// 提交修改密码
submitForm(formName) {
  // 首先校验表单是否通过，直接复制 bookinfo.vue 中的代码
  this.$refs[formName].validate(valid => {
    if (valid) {
      // 校验成功
```

```
        console.log("scuccess");
          passwordApi
            .updatePwd(this.user.id, this.ruleForm.newpass)
            .then(response => {
              const resp = response.data;
              // 不论失败还是成功都给出提示
              this.$message({
                message: resp.message,
                type: resp.flag ? "success" : "warning"
              });
              if (resp.flag) {
                // 更新成功
                // 清除本地存储的用户信息，并回到登录页面重新登录，代码跟上面退出系统
                // 的代码一致。为了复用代码，才把上面退出系统代码封装成一个方法
                this.LogoutSystem();
                // 关闭对话框
                this.dialogFormVisible=false
              } else {
                // 这里逻辑可以不要
              }
            });
        } // 校验失败
        else {
          return false;
        }
      });
    }
  }
```

运行测试：密码修改成功会跳到登录页面，并清除本地存储的用户数据。重新登录后，本地又会存储用户的数据信息，如图25-8所示。

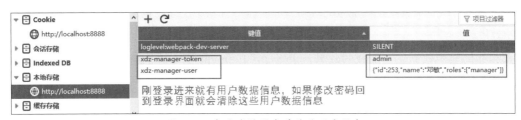

图 25-8　本地存储器查看登录用户信息

2. 打开【修改密码】对话框先清除原来表单中的内容

现在还存在的问题是：打开【修改密码】对话框输入信息，如果校验没有通过，关闭对话框，再次打开对话框，表单中上次输入的信息依然保存着。如何做到每次打开【修改密码】对话框时文本框的内容都是空的呢？

只要在打开【修改密码】对话框后清除对话框表单内容即可。与bookinfo.vue打开添加对话框

时先清除表单原有内容一样，即只要复制其代码到 updatePwd 中，修改表单名称即可，代码如下：

```
// 更新密码
updatePwd() {
    // 显示【修改密码】对话框
    this.dialogFormVisible = true;
    //this.$refs['ruleForm'].resetFields();
    // 如果仅仅上面那句不管用，用下面的
    this.$nextTick(() => {
        this.$refs["ruleForm"].resetFields();
    });
},
```

如果组件（*.vue文件）的style样式比较多，可以单独抽取出为一个CSS文件（比如index.css），然后在相应的组件中导入即可，如：

```
<style>
  @import '../assets/css/index.css'
</style>
```

25.5 全局设置数据加载 Loading 显示效果

如果数据量大或者网络比较差，数据加载会很慢，可能会导致用户认为没有数据显示等，所以数据加载过程中需要显示一个正在加载数据的效果。

因此就需要对每个数据加载组件都设置有正在加载的效果：在数据加载之前显示Loading效果，在数据加载之后此效果消失。数据的加载都是通过发送Ajax请求到后端去获取的，可以使用自己封装的发送Ajax请求的文件myaxios.js，在这里已经定义了一个请求拦截器和一个响应拦截器。在请求拦截器中就可以显示数据正在加载的效果，在响应拦截器中（即数据加载完毕了）关闭正在加载的显示效果。

那么如何显示数据正在加载的效果，可以参考Element官网中【Loading加载】下的【服务】效果。打开src/utils/myaxios.js，操作步骤如下。

① 按需导入Element UI组件Loading服务。

```
import { Loading } from 'element-ui';
```

② 创建Loading实例，执行Loading.service方法会产生正在加载的效果。

```
Loading.service(options);
```

options是一个对象，有很多属性可以设置，常见的有target、text、background。target指Loading 需要覆盖的 DOM 节点。可传入一个 DOM 对象或字符串。若传入字符串，则会将其作为参数传入 document.querySelector以获取到对应 DOM 节点，默认值为document.body。现只设置该属性（如下代码），测试效果如图25-9所示。可以看到针对body都有这种正在加载效果。

```
Loading.service({target:'body'});
```

图 25-9   整个 body 显示正在加载效果

实际上只需要针对右侧主区域在数据加载完毕之前显示正在加载的效果，即如图25-10所示框中的区域。因此，目标应该是app-main组件中的class="main"的div。代码改为如下：

```
Loading.service({target:'.main'});
```

图 25-10   显示正在加载效果的区域

那么此句写到哪里比较好呢？因为要在请求拦截时产生正在加载效果，所以要写在请求拦截器里面，同时注意拦截器的代码都要放在自定义的Axios之后，且要注意用自己创建的myaxios创建拦截器。即代码如下：

```
const myaxios=axios.create({
    //baseURL: '/',// 基础路径就是 Axios 对象发送请求时路径的前缀
```

```
    baseURL: process.env.VUE_APP_BASE_API,
    timeout: 5000,// 单位是毫秒
})
// 请求拦截器
myaxios.interceptors.request.use( config=>{
    Loading.service({target:'.main'});
    return config;// 一定要返回这个配置信息, 要不然前端获取不到。此外 main 前面的 "." 不能少
  }, error=> {
    return Promise.reject(error); // 抛出错误信息
  });
```

运行测试效果如图25-11所示, 一直显示正在加载。实际上当数据加载完毕后, 需要关闭正在加载的显示效果 (关闭需要通过Loading实例的close方法)。

图 25-11　一直显示正在加载的效果

为了更好地显示与关闭加载效果, 封装成一个全局对象, 定义在全局位置, 代码如下:

```
const loading={
    loadingInstance:null,// 定义 Loading 实例对象
    open:function(){
        // 创建 Loading 实例, 同时就会显示正在加载
        this.loadingInstance= Loading.service({target:'.main'})
    },
    close:function(){
        //Loading 实例不为空时, 则关闭正在加载窗口
        if(this.loadingInstance!=null){
            this.loadingInstance.close()
        }
    }
}
// 请求拦截器
myaxios.interceptors.request.use( config=>{
    //Do something before request is sent
```

```
        //Loading.service({target:'.main'});
        loading.open()// 打开正在加载的效果
        return config;// 一定要返回这个配置信息，要不然前端获取不到
    }, error=> {
        loading.close()// 出现错误关掉正在加载的效果
        return Promise.reject(error); // 抛出错误信息
    });
// 响应拦截器
myaxios.interceptors.response.use(function (response) {
        loading.close()
        return response;// 一定要返回这个响应，要不然前端获取不到
    }, function (error) {
        loading.close()
        return Promise.reject(error);
    });
```

此时再测试，在数据加载前会显示正在加载的效果，加载完毕会消失。

再设置两个属性。text属性用来设置正在加载时显示的提示文字，background属性用来设置正在加载区域的背景颜色。

```
this.loadingInstance= Loading.service({
        target:'.main',
        text:' 玩命加载中 ',
        background:'rgba(0,0,0,0.5)'// 黑色半透明
    })
```

此时再运行测试，效果如图25-12所示。

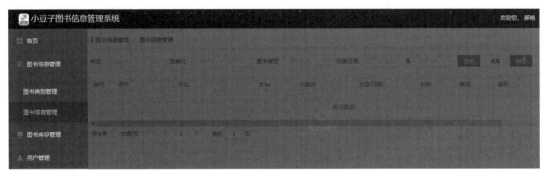

图 25-12　改进后的正在加载效果

现在问题是，在左侧不同的导航之间切换都会发生Ajax请求数据，都会通过拦截器调用loading.open，从而每次都会创建loadingInstance实例，这样不仅影响性能，还会影响效果，因为实例还没消失可能又创建了实例等，所以可以使用单例模式解决此问题。调整之后的代码如下：

```
const loading={
    loadingInstance:null,// 定义 Loading 实例对象
    open:function(){
        // 创建 Loading 实例，同时就会显示正在加载（通过 Loading.service 产生）
```

```
        if(this.loadingInstance===null)
        {
            this.loadingInstance= Loading.service({
                target:'.main',
                text:' 玩命加载中 ',
                background:'rgba(0,0,0,0.5)'
            })
        }
    },
    close:function(){
        // Loading 实例不为空时，则关闭正在加载窗口
        if(this.loadingInstance!=null){
            this.loadingInstance.close()
        }
// 关闭之后要设置 loadingInstance=null，否则 loadingInstance 实例不会为 null，后面调用
//open 无法进入创建实例代码，也无法执行 Loading.service 方法，也就不会显示正在加载效果
        this.loadingInstance=null
    }
}
```

25.6 全局处理 AXios 请求响应异常

发送Axios请求时网络不好或者服务器不稳定经常容易出现请求超时（Error：timeout of 5000ms exceeded）等异常，在控制台中可以看到异常消息，如图25-13和图25-14所示，但是一般用户不会去看控制台，那么如何处理全局异常呢？

```
⊘ ▶ Unhandled promise rejection Error: "Request failed with status code 500"
      createError   createError.js:16
      settle        settle.js:17
      handleLoad    xhr.js:61
```

图 25-13　控制台显示 500 错误

```
⊘ ▶ Unhandled promise rejection Error: "Request failed with status code 404"
      createError   createError.js:16
      settle        settle.js:17
      handleLoad    xhr.js:61
```

图 25-14　控制台显示 404 错误

发送Axios请求都是通过自己封装的myaxios，所以还是在该文件中处理。是在请求拦截器还是响应拦截器中处理呢？这个一般都在响应拦截器中处理，因为是后端服务器给出不正常的响应。后端返回的code不是200就为异常，改进步骤如下。

① 单独引入Message。

```
import { Message } from 'element-ui';
```

由于前面导入过Loading，所以改为如下写法：

```
import { Loading,Message } from 'element-ui';
```

② 响应拦截器加入以下处理代码。

```
// 响应拦截器
myaxios.interceptors.response.use(function (response) {
    // 关闭正在加载窗口
    loading.close()
const resp=response.data
// 如果不是 200，说明后端响应有问题，比如把校验旧密码的接口 code 改为不是 200，message 改为
// 系统正忙……
if(resp.code!=200)//200 不要加单引号，因为是数值型数据
{
    Message({
        message:resp.message || '系统异常',// 如果 resp.message 没有消息就显示系统异常
        type:'warning',
        duration:5000,
    showClose:true// 显示关闭按钮
    })
}
    return response;// 一定要返回这个响应，要不然前端获取不到
  }, function (error) {
    loading.close()
    //console.log(error.response,error.response.status)
                //error.response.status 获取到错误状态码，可以根据错误状态码给出更
                // 详细的提示（假设网络中断了，测试查看）
    Message({
        message:error.message,
        type:'error',
        duration:5000
    })
    return Promise.reject(error);
});
```

⏱ 实战练习

1. 根据本章所讲步骤完成图书信息管理系统的修改密码功能（含各种校验规则）。

2. 为图书信息管理系统设置数据加载Loading效果。

3. 为图书信息管理系统添加处理Axios请求响应异常。

高手点拨

通过本章的学习，主要掌握以下知识与技能。

1. 掌握结合Element UI实现修改密码功能。

2. 掌握设置数据正在加载的显示与关闭。

3. 掌握处理Axios请求响应异常。

第 26 章

利用 ECharts+Vue 生成
动态图表的技术

　　通过前面几章的讲解，已经实现了图书信息管理系统基本功能，但缺少通过图表来展示数据的功能，而根据数据动态生成图表在实际开发中是使用非常频繁的。ECharts 是用来生成各种图表的工具，其使用简单、灵活，本章学习利用 ECharts 结合 Vue 生成动态图表的技术。

26.1 根据图书类别、库存数量初步生成折线图

1. npm安装ECharts

进入项目根目录，打开cmd窗口，执行下面命令：

```
npm install echarts -S
```

2. 编写HTML代码，即用于展示图表的DOM元素

针对home组件来做，打开src/views/home/index.vue，增加下面加粗代码，即是为 ECharts 图表准备一个具体大小（宽和高）的 DOM，用于显示图表。

```
<template>
    <div>
        <h1>欢迎学习小豆子学堂 Vue 实战课程 </h1>
        <!-- 为 ECharts 准备一个具体大小（宽和高）的 DOM ，用于显示图表 -->
        <div ref="chartDemodiv" style="width: 100%; height: 400px;">
        </div>
    </div>
</template>
```

3. 编写JS代码

加入JS代码首尾部分，主要步骤如下。

① 导入ECharts。

② 基于准备好的DOM，初始化ECharts实例。

③ 指定图表的配置项和数据。

代码如下：

```
<script>
// 导入 ECharts
import echarts from "echarts";
export default {
  data() {
    return {
      chartDemo: null,
    };
  },
  mounted() {
    this.drawLine();
  },
  methods: {
    drawLine() {
    // 基于准备好的 DOM，初始化 ECharts 实例
    this.chartDemo = echarts.init(this.$refs['chartDemodiv'])
```

```
this.chartDemo.setOption({
// 指定图表的配置项和数据
title: {
  text: " 各种类型图书库存数量 ", // 为图表配置标题
  left: "center",// 图表标题居中对齐
  textStyle: {
    color: "red"// 图表标题文字颜色为红色
  }
},
tooltip: {
  // 配置提示信息:
  trigger: "axis", // 当 trigger 为 'item' 时，鼠标只有移到对应数据点才会显示
                   // 该点的数据；为 'axis' 时，鼠标移到该列的范围区域都会显示
                   // 对应的数据
  axisPointer: {
    type: "shadow" // 指示器类型: line 表示直线型,shadow 表示既阴影型,none 表示无,
                   //cross 表示十字准星型
  }
},
legend: {
  // 配置图例
  top: 30, // 设置图例与顶部间的距离，外面不要单引号，不加单位 px
  data: [
    {
      name: " 库存数量 ", //name 名称必须与 series 下的 name 属性保持一致才有效
      // 强制设置图例图标为圆
      icon: "circle",
      // 设置图例文本的效果
      textStyle: {
        color: "#545c64",
        fontFamily: " 微软雅黑 ",
        fontSize: 16
      }
    }
  ]
},
xAxis: {
  //x 轴
  type: "category", //type 为坐标轴类型, category 为维度轴, value 为度量轴
  data: [" 编程类 ", " 设计类 ", " 前端类 ", " 移动开发 "] //data 维度数据，只有
                                                    // 在维度轴才有效
},
yAxis: {
  //y 轴
  type: "value",
  min:500,// 刻度最小值
```

```
        interval:50// 设置刻度间隔值
    },
    series: [
        {
            name: "库存数量",
            data: [620, 932, 901, 934],// 先固定数据
            type: "line" // 图表类型
        }
    ]
    });
    }
  }
};
</script>
```

运行测试，效果如图26-1所示。

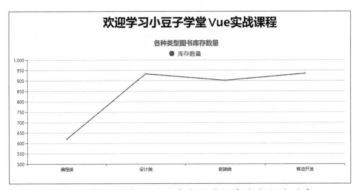

图 26-1　根据图书类别、库存数量初步生成折线图表

26.2　请求后端数据动态生成图表

上面横坐标及纵坐标数据都是"写死"的，实际生产环境应该根据数据库数据动态生成。ECharts是数据驱动的，可以做到重新设置数据，让图表随之重新渲染。

1. 创建Easy Mock模拟数据接口

接口信息设置如下，如图26-2所示。

- 请求URL：/book/getTypeSum。
- Method：GET。
- 接口描述：不同类型图书库存数量接口。
- Mock.js配置代码如下：

```
{
  "code": 200,
  "flag": true,
  "message": " 数据查询成功 ",
   "data": {
    "bookType": [" 设计类 ", " 前端类 ", " 编程类 ", " 移动开发 "],
    "quantitySum": [550, 800, 600, 860], // 库存数量
        }
}
```

图 26-2　根据图书类别查找库存数量的结果数据模拟接口

由于ECharts图表需要的data属性为数组形式，所以后端最好给前端传递这种格式数据。后端可以进行如下操作：后端统计查询出每种类别的数量，然后分别封装到两个集合里面（一个是类别集合，一个是数量集合），最后再封装成一个新的类和对象，并转为json格式传给前端。

2. 创建调用Easy Mock接口的API

在此就写到bookinfo.js下面，增加方法getTypeSum。

```
// 得到每种图书类型的数量
getTypeSum(){
    return myaxios({
        url:'/book/getTypeSum',
        method:'get',
    })
}
```

3. data属性添加对象属性

根据后端传过来的数据格式，需要在data属性中定义如下对象属性。

```
bookTypeData:{
    /* bookType:[" 编程类 ", " 设计类 ", " 前端类 ", " 移动开发 "],
    quantitySum:[620, 932, 901, 934] */
    bookType:[],
    quantitySum:[]
}
```

4. 获取后端数据

在组件创建完毕时执行，通过API调用方法发送Ajax请求数据。

```
created(){// 实例创建完毕
    this.getBookTypeSum();
  },
methods: {
    getBookTypeSum(){
        // 前面需要先导入 bookinfo.js
        bookinfoApi.getTypeSum().then(response => {
            const resp=response.data
          if(resp.flag)
          {
        // 后端获取数据分别赋给相应的对象属性
        this.bookTypeData.bookType=resp.data.bookType
        this.bookTypeData.quantitySum=resp.data.quantitySum
//console.log(this.bookTypeData.bookType)
//console.log(this.bookTypeData.quantitySum)
          }
          else{
              // 提示获取数据失败
              this.$message({
                  message:resp.message,
                  type:'warning'
              })
          }
        })
    },
...
```

5. 修改图表配置数据为动态的

把下面两处固定"写死"的数据改为从后端获取到，见下面加粗代码。

```
xAxis: {
    //x 轴
    type: "category", //type 坐标轴类型，category 为维度轴，value 为度量轴
    //data: ["编程类", "设计类", "前端类", "移动开发"] //data 维度数据，
                                            // 只有在维度轴才有效
    data:this.bookTypeData.bookType
},

series: [
        {
          name: "库存数量",
          data:this.bookTypeData.quantitySum,
          //data: [620, 932, 901, 934],
          type: "line" // 图表类型
        }
    ]
```

6. 测试及问题

运行测试，发现图表没有渲染出来。取消下面两处加粗代码的注释，可以看到正确获取到数据了，而且从控制台看到数据格式也符合需要的数据格式要求。

```
//console.log(this.bookTypeData.bookType)
//console.log(this.bookTypeData.quantitySum)
```

那么图表为什么没有渲染出来呢？因为 ECharts 并不知道数据发生了变化。

如果想要支持数据的自动刷新，必然需要一个监听器能够实时监听到数据的变化，然后告知 ECharts 重新设置数据。因此可以利用 watch，通过它监听数据变化，然后重新渲染。要监听的就是 ECharts 图表的配置数据是否变化。因此，要把有关图表的配置封装成计算属性。

7. 把图表的配置封装成计算属性

把图表的配置封装成计算属性的代码如下：

```
computed:{ // 指定图表的配置项和数据
    options(){
        const option={
        title: {
        text: " 各种类型图书库存数量 ", // 为图表配置标题
        left: "center",
        textStyle: {
          color: "red"
        }
      },
      tooltip: {
        // 配置提示信息
        trigger: "axis", // 当 trigger 为 'item' 时只会显示该点的数据；为 'axis' 时，
                         // 显示该列下所有坐标轴所对应的数据。
        axisPointer: {
          type: "shadow" // 指示器类型，line 表示直线型，shadow 表示阴影型，none 表示无，
                         //cross 表示十字准星型
        }
      },
      legend: {
        // 配置图例
        top: 30, // 设置图例与顶部间的距离，外面不要单引号
        data: [
          {
            name: " 库存数量 ", //name 名称必须与 series 下的 name 属性保持一致才有效
            // 强制设置图形为圆
            icon: "circle",
            // 设置图例文本效果
            textStyle: {
              color: "#545c64",
              fontFamily: " 微软雅黑 ",
```

```
                    fontSize: "16"
                }
            }
        ]
    },
    xAxis: {
        //x 轴
        type: "category", //type 为坐标轴类型，category 为维度轴，value 为度量轴
//data: [" 编程类 ", " 设计类 ", " 前端类 ", " 移动开发 "] //data 维度数据，只有
                                                    // 在维度轴才有效
        data:this.bookTypeData.bookType
    },
    yAxis: {
        //y 轴
        type: "value",
        min:500,// 刻度最小值
        interval:50// 设置刻度间隔值
    },
    series: [
        {
            name: " 库存数量 ",
            data:this.bookTypeData.quantitySum,
            //data: [620, 932, 901, 934],
            type: "line" // 图表类型
        }
    ]
}
return option;
    }
},
```

8. 更改绘制图表的方法

更改绘制图表的方法的代码如下：

```
drawLine() {
    // 基于准备好的 DOM，初始化 ECharts 实例
    this.chartDemo = echarts.init(this.$refs['chartDemodiv']);
    this.chartDemo.setOption(this.options,true)
        // 为 true 就可以删除 ECharts 画布历史数据重新渲染数据，虽为可选项，但是要加上，后
        // 面再次回到首页就会重新绘制，默认为 false，就会与前面的 options 合并
    }
```

9. 利用watch监听配置选项的变化（监听计算属性）

添加watch选项的代码如下：

```
// 数据自动刷新，必然需要一个监听机制告知 ECharts 重新设置数据
watch: {
```

```
    // 监听计算属性 options 的变化，newVal 表示新的配置数据，oldVal 表示旧的配置数据
    options(newVal, oldVal) {
        if (newVal!==oldVal) {
            this.chartDemo.setOption(newVal);
        }
    },
},
```

10. 测试

再次测试，效果如图26-3所示，成功获取了数据生成图表。

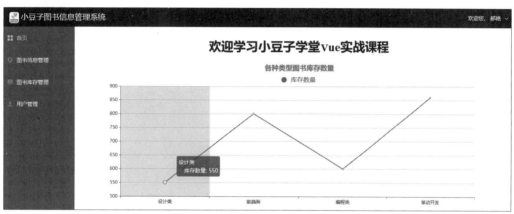

图 26-3　动态生成图表

11. 完善

上面图表显示位置虽然设置宽度为100%（代码如下），但是调整窗口大小，发现图表并没有自动缩放，怎么办呢？

```
<div ref="chartDemodiv" style="width: 100%; height: 400px;"></div>
```

在绘制图表的方法 drawLine中增加代码如下：

```
drawLine() {
    // 基于准备好的 DOM，初始化 ECharts 实例
    this.chartDemo = echarts.init(this.$refs['chartDemodiv']);
    this.chartDemo.setOption(this.options,true)
    // 让图表随着屏幕大小自动缩放
    window.addEventListener("resize", this.chartDemo.resize);
}
```

12. ECharts的图表类型

通过 type 设置图表类型，主要有以下几种图表类型。

```
type: 'bar'：柱状 / 条形图
type: 'line'：折线 / 面积图
type: 'pie'：饼图
type: 'scatter'：散点（气泡）图
type: 'effectScatter'：带有涟漪特效动画的散点（气泡）
```

```
type: 'radar': 雷达图
type: 'tree': 树型图
type: 'treemap': 树型地图
type: 'sunburst': 旭日图
type: 'boxplot': 箱形图
type: 'candlestick': K 线图
type: 'heatmap': 热力图
type: 'map': 地图
type: 'parallel': 平行坐标系的系列
type: 'lines': 线图
type: 'graph': 关系图
type: 'sankey': 桑基图
type: 'funnel': 漏斗图
type: 'gauge': 仪表盘
type: 'pictorialBar': 象形柱图
type: 'themeRiver': 主题河流
type: 'custom': 自定义系列
```

实战练习

1. 根据本章所讲步骤，基于图书类别、库存数量动态生成相应的折线图表。

2. 根据出版社、数量为图书信息管理系统动态生成柱状图表。

高手点拨

通过本章的学习，主要掌握利用ECharts+Vue生成动态图表的技术。

第|27|章
使用 Vuex 重构图书信息管理系统

至此，图书信息管理系统已经比较完善了，但是如果系统比较大，很可能会考虑如何更好地在组件外部管理状态，即集中统一管理。比如，本系统关于用户信息，在登录、退出及头部左侧显示用户等多个模块用到，因此本章对图书信息管理系统进行重构，将涉及用户的状态通过 Vuex 进行集中管理。

27.1 安装 Vuex 及封装用户数据编辑工具模块

1. 安装Vuex

进入项目根目录，打开控制台，执行下面语句（生产环境依赖）。

```
npm install -S vuex
```

2. 登录实现的思路回顾

输入用户名和密码到后端去获取用户的token，然后通过token去获取用户详细信息。接着把用户token和用户详细信息保存在本地浏览器中。

此外，用户token和用户信息在其他组件（如登录、退出系统）等都需要用到，因此可以使用Vuex把它们集中保存起来，以便其他组件使用。Vuex有一个缺陷就是通过它保存的数据，只要刷新浏览器就会还原为初始值（在各个路由之间切换，只要不刷新浏览器就会保存/使用最新Vuex状态值），因此还是要结合localStorage进行保存（因为很难保证用户不刷新浏览器）。为了更好地维护和复用用户token与用户信息，封装一个工具。

3. 封装对用户token与用户信息编辑的工具模块

在 src/utils/目录下创建 usertoken.js工具模块，封装对用户 token 与用户信息的编辑工具。就是结合localStorage，通过键值获取、保存token与用户信息，具体代码如下：

```
// 定义两个常量
const TOKEN_KEY = 'xdz-manager-token'
const USER_KEY = 'xdz-manager-user'

// 以下导出的都是非默认成员，方便后面组件按需导入
// 获取 token
export function getToken() {
    return localStorage.getItem(TOKEN_KEY)
}
// 保存 token
export function setToken(token) {
    return localStorage.setItem(TOKEN_KEY, token)
}
// 获取用户信息
export function getUser() {
    // 保存时用户信息是字符串，这里获取时需要把它转换为json对象
    return JSON.parse(localStorage.getItem(USER_KEY))
}
// 保存用户信息
export function setUser(user) {
    // 保存时用户信息是对象，把它转换为字符串保存
    localStorage.setItem(USER_KEY, JSON.stringify(user))
```

```
}
// 移除用户信息
export function removeToken() {
    localStorage.removeItem(TOKEN_KEY)
    localStorage.removeItem(USER_KEY)
}
```

27.2 创建并初步编写登录 Vuex 状态管理器

1. 编写store/index.js文件

要使用Vuex进行集中管理数据（状态），按照Vuex分模块的设计思想。先在src下创建store文件夹，然后创建一个根级别的index.js，组装模块并导出store（store对象是Vuex的核心对象），如图27-1所示。

```
├── index.html
├── main.js
├── api
│   └── ... # 抽取出API请求
├── components
│   ├── App.vue
│   └── ...
└── store
    ├── index.js      # 我们组装模块并导出 store 的地方
    ├── actions.js    # 根级别的 action
    ├── mutations.js  # 根级别的 mutation
    └── modules
        ├── cart.js      # 购物车模块
        └── products.js  # 产品模块
```

图 27-1　Vuex 分模块设计思想文件结构

初步编写index.js文件，代码如下（可以直接复制第19章内容然后进行修改）：

```
import Vue from 'vue'
//Vuex 是 Vue 的一个插件，所以先要导入 Vue
import Vuex from 'vuex'
import user from './modules/user'
// 引入 Vuex 插件，也就是告知可以使用 Vuex 插件对象了
Vue.use(Vuex)

// 实例化一个 store 对象，存储数据的仓库
const store=new Vuex.Store({
    //getters, // 如果有根级别的 getters、actions、mutations，也需要导出
    //actions,
    //mutations,
```

```
    modules:{
     /*      home,//home:home
        goods */
    user
    }
})
// 导出 store 对象，这样在外面（其他组件）就可以使用 store
export default store
```

本项目最主要的就是用户模块user，所以在store/index.js中要导入该模块并把该对象注入store里面，最后要导出store对象。

2. 创建用户模块user.js（需要定义state、mutations、actions等）

在src/store文件夹下创建modules文件夹，最后创建user.js文件，作为配置和管理用户相关数据的状态管理器。接下来编写user.js文件。

① 导入27.1节创建的工具文件usertoken.js。

```
import {getToken,setToken,getUser,setUser,removeToken} from '@/utils/usertoken.js'
```

② 导入API文件src/api/login.js。

登录、退出等相关操作需要API发送异步请求调用后端接口进行处理，因此需要导入该API。

```
import {login,getUserInfo,logout} from '@/api/login'
```

③ 按照Vuex模块化管理思想，单独定义Vuex的state、mutations、actions等对象（可以直接复制第19章项目下的内容），然后根据本项目的需求再做改进，代码如下：

```
import {getToken,setToken,getUser,setUser,removeToken} from '@ /utils/usertoken.js'
import {login,getUserInfo,logout} from '@/api/login'

const state={
    token:null,// 存储 token 信息，设置初值为 null
    user:null// 存储用户信息，设置初值为 null
}
const mutations={
    // 设置 token
    SET_TOKEN(state,token) // 参数 state 就是获取上面的 state
    {
        state.token=token;
    },
    // 设置用户信息
    SET_USER(state,user) // 参数 state 就是获取上面的 state
    {
        state.user=user;
    },
}
//actions 里定义实现逻辑
const actions={
```

```
//form 也是一个对象，就是后面由登录组件去发出（dispatch）动作（actions），然后由
//commit 去提交突变，所以这里的 form 是由后面登录组件传递过来的（登录表单是对象，
// 里面有用户名、密码）
Login({commit},form)
{
    login(form.username.trim(),form.password.trim()).then(response=>{
        const resp=response.data// 获取到的就是响应的数据对象
        commit('SET_TOKEN',resp.data.token)
                // 提交突变，并提交载荷（载荷就是获取到后端的 token），然后就会触发
                //SET_TOKEN 方法执行，从而实现设置 token
    })
}
}
export default {
    state,
    mutations,
    actions
}
```

3. 注册store

在入口文件main.js中注册store，代码如下：

```
import Vue from "vue";
// 引入 Element 组件库，放在 Vue 下面
import ElementUI from 'element-ui' //element-ui 不能写错，是组件名称。这里引入的是 js
                                    // 文件，还要单独引入 CSS 文件
import 'element-ui/lib/theme-chalk/index.css';//index.css 这个文件要在项目的相应
                                    // 目录下
import App from "./App.vue";
import router from "./router";
import store from './store/index' // 导入 store/index 模块
// 登录权限校验 / 拦截
import './permission'
Vue.use(ElementUI);// 指明要使用 Element UI 组件
//Vue.config.productionTip = false;// 默认的，改为动态生成
// 消息提示的环境配置，是否为生产环境
//false 为开发环境：Vue 会提供很多警告来方便调试代码
//true 为生产环境：不需要警告，因为会增加应用的体积
Vue.config.productionTip = process.env.NODE_ENV === 'production'
// 如果是生成环境 process.env.NODE_ENV 就为 production，如果是开发环境就为 development
new Vue({
  router,
  store,   // 注册到 Vue 实例中，然后在组件中才能使用
  render: h => h(App)
}).$mount("#app");
```

27.3 使用 Vuex 完善登录的实现

1. 改造登录组件处理登录的实现逻辑

打开views/login/index.vue，把submitForm方法中原来处理登录的逻辑删除掉，改为下面思路实现：通过在该组件中使用this.$store对象（前面已经通过main.js把store注入到了Vue实例中了，所以Vue实例，即this下就有store对象了）的dispatch去触发动作（actions），然后提交突变（mutations）去改变state状态值。代码如下：

```
methods: {
    submitForm(formName) {
        this.$refs[formName].validate(valid => {
            if (valid) {
                //valid 为 true 表示所有表单校验通过
                //alert("submit!");
                // 通过 store 对象的 dispatch 去触发动作, 同时提交载荷
                this.$store.dispatch('Login',this.form)
            } else {
                console.log("error submit!!");
                return false;
            }
        });
    }
}
```

运行测试，单击【登录】按钮之后，从后端获取token值admin，并赋给state对象下的token，如图27-2所示，说明通过Vuex初步实现了状态管理。

图 27-2 获取 token 值存储到 state

2. 改造用户模块user.js中的login方法

当前触发的login（actions）只是设置了token，没有下一步的动作（没有去获取到用户信息）。

在登录逻辑（submitForm方法）中获取token之后还要根据token去获取用户信息等逻辑处理。然而在执行完下面这条语句之后并不知道获取token是否成功。

```
this.$store.dispatch('Login',this.form)
```

如果上面语句执行成功，就根据token去获取用户信息；如果失败，则给出响应处理。因此想到了promise对象，如果在login（actions）中返回的是一个promise对象，就可以通过promise对象的then去实现获取用户信息的处理，通过catch去做异常的处理。因此，改进src/store/modules/user.js中的login方法，封装成一个promise对象并返回。

```
Login({commit},form)
  {
      //resolve 触发成功处理，reject 触发异常处理
      return  new Promise((resolve,reject)=>{
          //login 方法的返回值是一个 promise 对象（这是因为 API/login.js 里 login 方
          // 法是通过 Axios 返回的 promise 对象）
          login(form.username.trim(),form.password.trim()).then(response=>{
              const resp=response.data// 获取的就是响应的数据对象
              commit('SET_TOKEN',resp.data.token)
                  // 提交突变，并提交载荷（载荷就是获取到后端的 token），然后就会触发
                  //SET_TOKEN 方法执行，从而实现设置 token
              resolve(resp) // 执行成功的回调，即主调方调用成功把 resp 传给主调方
          }).catch(error=>{
              reject(error) // 执行失败的回调，即主调方调用失败把 error 传给主调方
          });
      })
  }
```

3. 继续改进登录组件处理登录的实现逻辑

上面login方法的返回值是一个promise对象，所以可以使用then执行回调。如果获取token就可以直接跳转到首页，可以不用通过token去获取用户信息，因为所有路由跳转都会经过权限校验permission.js，在这里会根据token去获取用户信息的。

```
submitForm(formName) {
    this.$refs[formName].validate(valid => {
      if (valid) {
        //valid 为 true 表示所有表单校验通过
        //alert("submit!");
        // 通过 store 对象的 dispatch 去触发动作，同时提交载荷
        this.$store.dispatch('Login',this.form).then(response=>{
          //response 就是响应回来的真实对象
          if(response.flag){
            // 前往首页即可，可以不用通过 token 去获取用户信息，因为权限校验 permission.js
            // 会处理的
            this.$router.push('/')
          }else
```

```
        {
          this.$message({
            message:response.message,
            type:'warning'
          })
        }
      })
    } else {
      console.log("error submit!!");
      return false;
    }
  });
  }
}
```

运行测试，发现不能进入首页，如图27-3所示，这是为什么呢？因为虽然获取了token，但是这里要跳转到首页（路由跳转），任何路由跳转都要经过permission.js进行权限校验，而在权限校验地方是通过到本地存储去获取token，而本地存储没有token，所以就会返回登录页面。因此，需要把token信息保存到本地。

图 27-3　本地没有 token 不能进入首页

4. 改造Vuex状态管理器src/store/modules/user.js

在把token赋给state.token时，同时要把它写入本地存储中。调用工具usertoken中的方法setToken，把token写入本地存储器。代码如下：

```
const mutations={
    // 设置 token
    SET_TOKEN(state,token) // 参数 state 就是获取上面的 state
    {
        state.token=token;
        // 调用工具 usertoken 中的方法 setToken 把 token 写入本地存储器
        setToken(token)
    },
```

再测试，发现进入了首页，并且在本地存储看到了保存的token和用户信息，如图27-4所示。

图 27-4　登录进入首页并把 token 和用户信息存入本地

当然，这里只是把token写进了本地存储，那么这个用户信息是什么时候写进来的呢？这是因为所有路由跳转时会经过permission.js进行校验，其校验逻辑如图27-5所示。这里是经过了框中的路线逻辑，即把用户信息存到本地存储器中。

图 27-5　路由跳转的校验思路

27.4 使用 Vuex 重构项目解决页面刷新回到登录页面问题

1. 路由拦截器permission.js中获取token由原来通过本地存储获取改为从Vuex状态管理中获取

假设不做27.3节的第4步（4. 改造Vuex状态管理器src/store/modules/user.js），即删除下面加粗带删除线的代码：

```
const mutations={
    // 设置 token
    SET_TOKEN(state,token) // 参数 state 就是获取上面的 state
    {
        state.token=token;
        // 调用工具 usertoken 中的方法 setToken 把 token 写入本地存储器
        setToken(token)
    },
```

那么测试不能进入主页，原因是在路由跳转时经过permission.js进行权限校验需要到本地存储获取token信息（如果没有setToken(token)，则本地不会有token）。既然使用Vuex对数据进行了集中管理，那么这里可以改为到user.js模块下获取state的token信息，即采用this.$store.state.user.token方式获取。需要注意的是，这里的permission.js不是组件（组件都是.vue结尾文件），所以就不能使用this（因为此时this代表的不是当前组件实例）。那么怎么使用user.js模块中状态管理的数据呢？

① 直接把store对象导入，代码如下：

```
import store from './store/index.js'    //index.js 可以不写
```

② 获取token，代码如下：

```
const token =store.state.user.token
```

permission.js文件变化如下，即加入两句代码和一句注释，如图27-6所示框中内容。

```
// 权限校验：在路由跳转之前，判断用户是否登录过，登录过则允许访问非登录页面，否则回到登录页面。
// 使用VueRouter对象
// 导入VueRouter对象
import router from './router/index.js'
import { getUserInfo } from './API/login'
import store from './store/index.js'    //index.js可以不写
// 利用VueRouter对象router的beforeEach方法进行校验
//前面登录逻辑是：提交用户名、密码到后端校验，校验成功获取token，通过token到后端获取用户信息
router.beforeEach((to, from, next) => {
    // 获取token
    // 不到本地存储获取token
    // const token = localStorage.getItem("xdz-manager-token")
    //改为到vuex的集中状态管理中获取，但是这里不能使用this,这因为这里不是组件，是JS模块而已，所以
    //我们可以直接把store对象导入
    // const token=this.$store.state.user.token
    const token =store.state.user.token
    // 如果没有获取到
```

图 27-6　改进 permission.js 文件

然后测试，获取token值，就能够登录了，如图27-7所示。

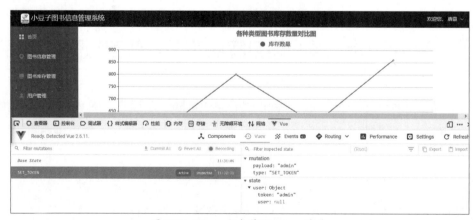

图 27-7　Vuex 方式获取 token 登录

2. 改变token初始值（到本地存储器获取）解决刷新浏览器回到登录页面问题

刷新浏览器就回到登录页面，同时会发现token已经不存在了，如图27-8所示。这就是因为：只要刷新浏览器，Vuex状态管理器存储的数据就会恢复到初始值，而Vuex中user模块的token初始值为null。

图 27-8　刷新浏览器回到登录页面

那么如何解决呢？在Vuex状态管理中启用如下加粗代码（前面该句已删除）是否可以呢？

```
const mutations={
    // 设置 token
    SET_TOKEN(state,token) // 参数 state 就是获取上面的 state
    {
        state.token=token;
        // 调用工具 usertoken 中的方法 setToken 把 token 写入本地存储器
        setToken(token)
    },
```

启用加粗代码后测试，发现能登录主页，但是只要刷新浏览器，就会回到登录页面。原因就是只要一刷新，Vuex状态管理器存储的数据就会恢复到初始值，而token的初始值为null，这个时候路由跳转前的校验是到Vuex状态管理中获取token值（const token =store.state.user.token），所以就获取不到token，因此就会跳到登录页面。那又该如何解决呢？

要求：在permission.js中进行权限校验，要通过到 Vuex状态管理中获取token值，即

```
const token =store.state.user.token
```

而不要再通过本地存储器获取。

方法：既然上面加粗代码把token已经写入了本地存储器中，那么初始值就可以设置为到本地存储器中去获取，即如图27-9所示框中的代码。

```
import {getToken,setToken,getUser,setUser,removeToken} from '@/utils/usertoken.js'
import {login,getUserInfo,logout} from '@/API/login'

const state={
    // token:null,//存储token信息
    token:getToken() //token初值改为通过getToken()到本地存储器中获取，就可以解决页面刷新token为
    null
    user:null//存储用户信息
}
```

图 27-9　Vuex 状态管理中 token 初始值改为到本地存储器中获取

再次测试，登录进入主页后，刷新浏览器不会回到登录页面。当然，如果手动把本地存储的 token信息删除，刷新后会跳转到登录页面。

 27.5 使用 Vuex 状态管理登录用户信息

接下来通过Vuex对登录用户信息进行集中管理。

1. 在用户模块文件user.js中编写根据token获取用户信息的actions

编写思路与编写登录获取token的思路一样。定义一个promise对象，同时设置好成功的回调和失败的回调并返回，这样在组件中触发该方法之后可以通过then去执行成功的回调，通过catch去处理没有获取用户信息的处理。具体代码如下：

```
//actions 里定义实现逻辑
const actions = {
    // 登录获取 token
    //form 也是一个对象，由登录组件去触发（dispatch）动作（actions），然后由 commit 去提交
    // 突变，所以这里的 form 是由后面登录组件传递过来的（登录表单是对象，里面有用户名、密码）
    Login({ commit }, form) {
        //resolve 触发成功处理，reject 触发异常处理
        return new Promise((resolve, reject) => {
            //login 方法的返回值是一个 promise 对象（这个是因为 API/login.js 里 login 方法
            // 是通过 Axios 返回的 promise 对象）
            login(form.username.trim(), form.password.trim()).then(response => {
                const resp = response.data// 获取到的就是响应的数据对象
                commit('SET_TOKEN', resp.data.token)
                        // 提交突变，并提交载荷（载荷就是获取到后端的 token），然后就会触发
                        //SET_TOKEN 方法执行，从而实现设置 token
                resolve(resp)
                        // 执行成功的回调，即主调方调用成功把 resp 传给主调方，resp 不
                        // 要加引号，否则调用得不到正确数据
            }).catch(error => {
                reject(error)
            });
        })
    },
    // 通过 token 获取用户信息
    GetUserInfo({ commit,state}) { //state 参数不要放在 " } " 外，因为那样是传递载荷
        return new Promise((resolve, reject) => {
            getUserInfo(state.token).then(response => {
                const respUser = respnose.data
                commit('SET_USER', respUser.data)//resp.data 就是用户信息
                resolve(respUser) // 执行成功的回调，即主调方调用成功把 respUser 传给
```

```
                    // 主调方
            }).catch(error => {
                reject(error)
            })
        })
    }
}
```

2. 改造路由跳转拦截器permission.js

前面已经编写好了根据token获取用户信息的actions（GetUserInfo），那么它由谁来触发呢？在路由跳转权限校验的permission.js中用到根据token去获取用户信息，即在permission.js中去触发，而permission.js中原来是根据token到本地存储器中去获取用户信息，而这违背了使用Vue进行集中状态管理思想，所以需要对permission.js进行改造。即把原来通过调用接口API的框中思想（如图27-10所示）的实现代码，改为通过Vuex状态管理实现。

路由跳转的校验思路：
1.到本地获取token
（1）没有获取到token
①访问非登录页面，则需要回到登录页面
②访问登录页面，则进入登录页面
（2）获取到token
①访问的是登录页面，则进入登录页面
②访问的是非登录页面，则查看本地是否存储有用户信息
a.本地有用户信息，则让其进入相应页面
b.本地没有用户信息，则通过token去获取用户信息
● 获取到了用户信息，则把用户信息写入本地存储
● 没有获取到用户信息，则转到登录页面

图 27-10　在本地获取和存储用户信息

具体代码如下：

```
/*  getUserInfo(token).then(response => {// 使用 getUserInfo 方法前需要先导入 login.js
                const respUser = response.data
                if(respUser.flag)
                {
                    // 如果获取到用户信息，则保存到本地，并让其进入
                    localStorage.setItem("xdz-manager-user",JSON.stringify
                                        (respUser.data))
                    next()
                }
                else{// 如果没有获取到用户信息（比如 token 失效），就回到登录页面
                    next({path:'/login'})
                }
            }) */
            // 同样这里也不是组件，不能用 this.$store.dispatch，而是要导入 store
            // 对象后直接使用 store.dispatch
            // 改为通过 Vuex 状态管理登录用户信息
            //response 就是被触发的动作 GetUserInfo 回调的值（后端接口返回的整个
            // 对象信息）
```

```
store.dispatch('GetUserInfo').then(response=>{
    if(response.flag)// 不要写成 response.data.flag, 因为传过来的 response
                     // 已经是 .data 后的整个对象, response.data 也就是用户
                     // 属性信息, 下面就没有 flag 了
    {
        next() // 继续访问
    }
    else{ // 没有获取到用户信息则回到登录页面
        next({path:'/login'})
    }
}).catch(error=>{
    // 这里不需要处理
})
```

运行测试效果如图27-11所示。虽然有报错[这个报错先忽略, 报错原因: 本地存储器现在没有用户信息（采用了集中存储管理），那么在左侧顶部获取用户信息是从本地存储器中获取, 这时获取不到, 所以报错], 但是可以成功看到state已经有了user信息, 说明触发动作GetUserInfo成功, 由它提交突变, 然后去设置用户信息成功。

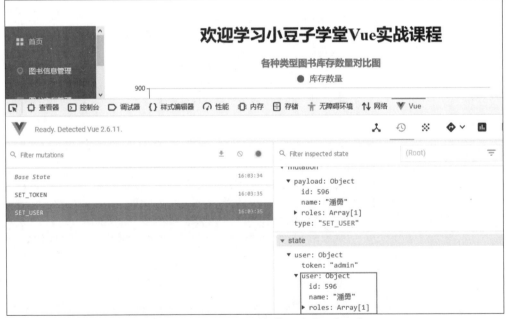

图 27-11　使用 Vuex 状态管理登录用户信息

接下来继续完善通过Vuex对登录用户信息进行集中管理的操作。

3. 完美使用Vuex状态管理思路改造premission.js

permission.js实现路由拦截的校验思路如图27-12所示。

图 27-12　路由跳转的校验思路图

把图27-12中框中思路的实现代码由从本地存储获取用户信息改为从Vuex状态管理器state中获取，即把下面注释掉的代码改为下面加粗的代码：

```
//const userinfo = localStorage.getItem("xdz-manager-user")
const userinfo=store.state.user.user
```

至此，permission.js就全部改变为使用Vuex状态管理设置和获取用户信息。

测试效果如图27-13所示，可以发现本地存储器中并没有用户信息，但能够在各个路由之间正常切换，说明用户信息是通过用户模块user.js进行设置和获取的。

图 27-13　各路由之间切换正常

4. 完善采用Vuex集中管理思想对user状态进行管理（user.js）

上面导致的问题是：刷新浏览器后，用户模块user.js下面的state状态user同样会恢复到初始值null。但是这里不会跳转到登录页面，这又是为什么呢？这是因为permission.js的设计思路是没有获取到用户信息会再重新发送请求获取用户信息，即执行store.dispatch('GetUserInfo')处的代码。

那么如何改进，刷新页面时不用重新发送请求获取用户信息呢？这里在action中获取到用户信息的同时把用户信息设置到状态属性，并存储到本地存储器中，代码如下：

```
const mutations = {
    // 设置 token
    SET_TOKEN(state, token) // 参数 state 就是获取上面的 state
    {
```

```
        state.token = token;
        // 调用工具 usertoken 中的方法 setToken，把 token 写入本地存储器
        setToken(token)
    },
    // 设置用户信息
    SET_USER(state, user) // 参数 state 就是获取上面的 state
    {
        state.user = user;
        setUser(user)
    },
}
//actions 里定义实现逻辑
const actions = {
 ...
    },
    // 通过 token 获取用户信息
    GetUserInfo({commit,state}) {
        return new Promise((resolve, reject) => {
            console.log(state.token)
            getUserInfo(state.token).then(response => {
                const respUser = response.data
                commit('SET_USER', respUser.data)//resp.data 就是用户信息
                resolve(respUser)// 执行成功的回调，即是主调方调用成功把 respUser 传给主
                                 // 调方
            }).catch(error => {
                reject(error)
            })
        })
    }
}
```

这时刷新浏览器，还是会把Vue状态管理中的user恢复到初值null，所以还是会去重新发送请求获取用户信息，那么还需要怎么改进呢？

把Vuex状态管理中的user初始值设置为通过本地存储器获取，代码如下：

```
const state = {
    //token:null,// 存储 token 信息初始值
    token: getToken(),//token 初值改为通过 getToken 到本地存储器中获取，就可以解决页面
                      // 刷新 token 为 null 的问题
    //user: null// 存储用户信息初始值
    user:getUser() //user 初始值为使用 getUser 到本地存储器中获取
}
```

至此，再进行测试，就比较完美了，而且上面的错误也解决了，因为现在登录后会在本地存储器中存储用户信息，所以页面的左侧顶部到本地存储器中获取用户信息就没有问题了。

使用 Vuex 状态管理退出系统

退出系统就是清除token和user信息回到登录页面。前面的实现思路是：先到本地获取token信息，然后传入token信息调用logout方法请求后端处理，如果后端处理成功就清除本地token和user信息，否则给出警告信息。

1. 在集中管理用户的user.js中增加退出系统的实现逻辑

采用Vuex进行状态管理，那么就不是到本地获取token信息，而是直接到Vuex状态中获取，具体逻辑代码改为如下：

```
// 退出系统
Logout({commit,state}){
    return new Promise((resolve,reject)=>{
        logout(state.token).then(response=>{
            const resp=response.data
            commit('SET_TOKEN','')
            commit('SET_USER',null)// 用户为对象，设置为空值要传入 null，不要传入
                                   //{}空对象，{} 不等价于 null
            removeToken()
            resolve(resp)
        }).catch(error=>{
            reject(error)
        })
    })
}
```

2. 调用组件中接口改为触发action（Logout）来实现退出系统

打开/AppHeader/index.vue，修改 LogoutSystem方法代码，修改后的代码如下：

```
// 退出系统
LogoutSystem() {
    this.$store.dispatch('Logout').then(response=>{
      if(response.flag)
      {
        // 清除本地存储的 token 和用户信息，这里不需要，因为在 Logout 中已经实现退出成功
        this.$router.push("/login");
      }else{
        // 若失败则给出提示消息
        this.$message({
          message: resp.message, // 获取接口返回的 message
          type: "warning",
          duration: 1000 // 设置停留时间为 1 秒
        });
      }
```

```
        })
    }
```

运行测试，即可实现了退出系统的功能。

3. 改进左侧顶部显示当前登录的用户名获取方法

打开components/AppHeader/index.vue，原来获取user的方法，由

```
user: JSON.parse(localStorage.getItem("xdz-manager-user")),
```

改为到Vuex状态中获取，即

```
user:this.$store.state.user.user,
```

以上使用了Vuex集中管理用户信息的状态，所谓集中管理主要就是在user.js文件中，集中实现了对用户的token、user进行存储、读取、改变等。当然，由于Vuex本身缺陷，所以一般还要结合本地存储localStorage一起使用。

⏱ 实战练习

根据本章所讲内容使用Vuex重构图书信息管理系统，主要就是对用户token、用户信息进行集中管理。

⚙ 高手点拨

通过本章的学习，要能灵活掌握在实际项目中使用Vuex进行集中状态管理的技术。领悟Vuex使用的一般规则，在大的项目中使用才会凸显优势。

第 28 章
项目上线部署及生产环境跨域问题解决

至此，图书信息管理系统项目已经开发完毕，接下来就是项目上线了，本章就来学习如何对项目进行打包、发布和部署等。

28.1 项目打包、准备好服务器及选择 Web 服务器

1. 项目打包

项目打包前，最好再检查下项目在本地运行是否都正常，运行正常之后，在VS Code的终端输入下面命令执行打包：

```
npm run build
```

项目打包后一般会在项目下生成一个dist目录，然后把整个目录复制下来，这里重命名（如xdz-book-manager），这个就是后面要部署的项目文件夹。

在服务器上需要安装相关依赖吗？ 不需要。打包后主要就是HTML、CSS、JS三种格式的文件。打包时会把在运行时要依赖的插件也一起打包到JS文件里（开发依赖运行时不需要），等于把开发过程中安装依赖所需要的部分都提取出来了，将其一起打包，这就是打包工具的"神奇"。

2. 准备好服务器（有服务器的IP和账号）

没有服务器的可以申请阿里云的免费服务器，主要步骤如下。

① 进入阿里云官网，找到如图28-1所示的【免费试用】链接，单击进入，在开发者专享【0元试用】区域选择地域和操作系统，这里选择操作系统为CentOS 7.6 64位的，如图28-2所示。

图 28-1　阿里云官网免费试用入口链接

图 28-2　阿里云官网服务器类型选择

② 单击【0元试用】，打开如图28-3所示的服务器配置相关信息对话框。

图 28-3　购买阿里云官网服务器配置相关信息

③ 单击图28-3中的【立即购买】按钮，弹出如图28-4所示的页面，即可看到自己服务器的IP地址。

图 28-4　阿里云官网服务器实例信息

④ 设置登录密码。单击图28-4中的【管理】按钮，打开如图28-5所示页面，选择【更多】下拉列表中的【重置实例密码】选项，弹出【重置密码】对话框，如图28-6所示。只需要输入新的密码即可，用户名不用输入，后续登录时用户名只需要输入root即可。

图 28-5　服务器实例管理页面

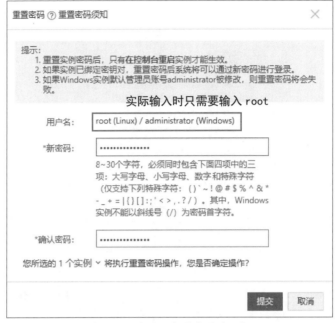

图 28-6　重置服务器密码对话框

至此，就可以拥有阿里云的服务器了。

3. 选择Web服务器——Nginx

服务器可以是Nginx、Tomcat 、Apache，一般选择Nginx。Nginx是一款轻量级的Web服务器/反向代理服务器及电子邮件（IMAP/POP3）代理服务器，其特点是占用内存少，并发能力强。事实上，Nginx的并发能力确实在同类型的网页服务器中表现较好，使用Nginx网站用户有百度、京东、新浪、网易、腾讯、淘宝等。Nginx（engine x）是一个高性能的HTTP和反向代理服务器，也是一个IMAP/POP3/SMTP服务器。

在连接高并发的情况下，Nginx是Apache服务器不错的替代品。Nginx能够支持高达 50000 个并发连接数的响应。

 28.2 上传文件到服务器和查看服务器安装的工具

1. 使用FileZilla连接服务器

以管理员身份打开FileZilla，然后输入远程服务器的IP、用户名、密码，端口默认就是22，单击【快速连接】按钮来连接远程服务器，如图28-7所示。

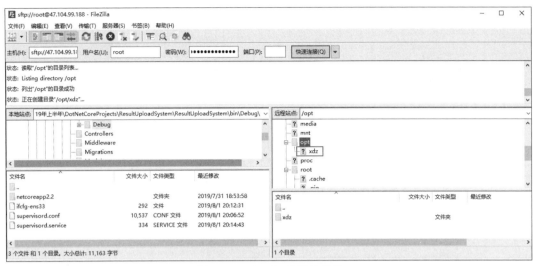

图 28-7　FileZilla 连接服务器

2. 在服务器端创建目录并上传本地文件到服务器

在服务器端的根目录下找到opt，然后在该目录下创建目录（比如xdz），方便本地的一些文件上传到此目录。

接着就把本书配套资料包（Nginx配置与安装包）文件夹下的nginx-1.16.0.tar.gz和install_nginx.sh（安装Nginx的脚本，运行该文件就能安装Nginx）上传到服务器的xdz目录下，如图28-8所示。

图 28-8　本地文件上传到服务器

3. 使用SecureCRT.exe/Xshell 6远程连接服务器端，操作服务器

以管理员身份打开SecureCRT.exe（一种Telnet客户端工具，方便通过Linux命令操作远程服务器），第一次运行的设置如图28-9～图28-12所示。

图 28-9　设置存储配置数据的文件夹　图 28-10　输入服务器 IP 和登录用户名

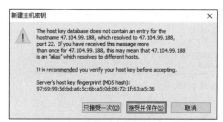

图 28-11　接受并保存主机密钥　　图 28-12　输入登录用户名和密码

连接上服务器的页面如图28-13所示。可能由于网络等原因，有时候需要多连接几次，才能连接上。

图 28-13　客户端正确连接服务端

4. 查看服务器上安装的工具

使用rpm -qa命令查看服务器上安装的工具，结果如图28-14所示。

图 28-14　查看服务器上安装的工具

后面安装Nginx的相关依赖，如果安装失败，可以通过这种方式查看是否已安装。

28.3 安装 Nginx 并启动 Nginx 服务

1. 安装Nginx包

① 安装GCC，编译Nginx，执行如下命令：

```
yum install gcc-c++
```

执行后将显示如图28-15所示的提示，表示确认上面安装信息，输入y即可。

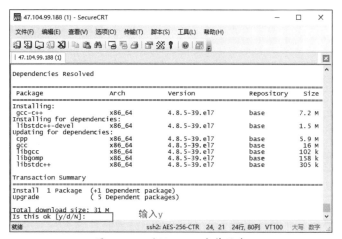

图 28-15　确认 GCC 安装信息

② 安装PCRE，Nginx 使用它解析正则表达式，执行如下命令：

```
yum install -y pcre pcre-devel
```

③ 安装 zlib，提供了很多种压缩和解压方式，Nginx使用它对HTTP包内容进行解压，执行如下命令：

```
yum install -y zlib zlib-devel
```

④ 安装 OpenSSL，Nginx 支持HTTP和HTTPS协议需要依赖它，执行如下命令：

```
yum install -y openssl openssl-devel
```

> **说明**
>
> 清屏快捷键为 Ctrl+l（小写字母 l）。

2. 赋予脚本执行权限

① 查看 /opt/xdz/install_nginx.sh 脚本内容。install_nginx.sh文件是安装Nginx的脚本，主要命令如下：

```
cd /opt/xdz          // 进入 install_nginx.sh 所在目录
ls                   // 列出目录下的文件
cat install_nginx.sh // 显示出文件内容
```

显示的install_nginx.sh内容如图28-16所示。

图 28-16　显示的 install_nginx.sh 内容

下面列出install_nginx.sh文件内容，并给出解释。

#!/bin/bash	// 此为注释内容
cd **/opt/xdz**	// 进入安装相应的目录
tar -zxvf nginx-1.16.0.tar.gz	// 解压 nginx-1.16.0.tar.gz
cd nginx-1.16.0/	// 进入解压后的目录
./configure \	// 将 Nginx 进行编译
--prefix=**/usr/local/nginx** \	// 前缀设置为 nginx 的安装目录
--with-http_stub_status_module \	// 打开服务 1
--with-http_ssl_module	// 打开服务 2
make && make install	// 开始安装

② 为所有者（u）增加脚本执行权限（+v）。执行此命令要是处于上面加粗的目录下。为防止当前目录出错，可以通过pwd命令查看当前目录。确认当前目录正确后执行如下命令：

```
chmod u+x install_nginx.sh
```

执行上面脚本没报错，则表示执行成功。

③ 执行脚本安装Nginx。执行下面命令也要已经是处于上面加粗目录下。

```
./install_nginx.sh
```

④ 进入Nginx安装目录，命令如下：

```
cd /usr/local/nginx
```

⑤ 查看当前所在目录，命令如下：

```
pwd
```

结果/usr/local/nginx正确。

⑥ 再进入sbin目录，命令如下：

```
cd sbin
```

输入ll（两个英文字母l），查看当前是否有Nginx，如图28-17所示。

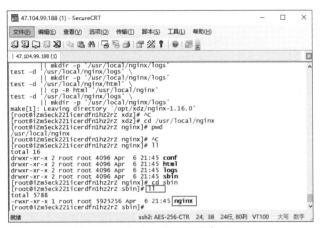

图 28-17　查看当前是否存在 Nginx

3. 启动Nginx服务

进入sbin目录后输入下面命令启动Nginx服务：

```
./nginx
```

可以通过输入下面两个命令进行查看。

① 查看启动的Nginx 进程。

```
ps -ef|grep nginx
```

② 输入curl localhost:80执行命令，查看Nginx是否成功启动，看到如图28-18所示页面即是
成功启动。

```
[root@iZm5eck221icerdfn1hz2rZ ~]# curl localhost:80
<!DOCTYPE html>
<html>
<head>
<title>Welcome to nginx!</title>
<style>
    body {
        width: 35em;
        margin: 0 auto;
        font-family: Tahoma, Verdana, Arial, sans-serif;
    }
</style>
</head>
<body>
<h1>Welcome to nginx!</h1>
<p>If you see this page, the nginx web server is successfully installed and
working. Further configuration is required.</p>

<p>For online documentation and support please refer to
<a href="http://nginx.org/">nginx.org</a>.<br/>
Commercial support is available at
<a href="http://nginx.com/">nginx.com</a>.</p>

<p><em>Thank you for using nginx.</em></p>
</body>
</html>
```

图 28-18　Nginx 成功启动页面

> **说 明**
>
> 通过 /usr/local/nginx/conf/nginx.conf 配置文件可查看端口 listen 是多少，默认是 80，如果更改了，比
> 如已配置为 8000 端口了，就需要输入 curl localhost:8000。

4. 常用的其他Nginx命令

● nginx -s reload：修改配置后重新加载生效。

- nginx -s stop：快速停止Nginx（强制关闭）。
- nginx -s quit：完整有序地停止Nginx（正常关闭）。

28.4 配置 nginx.conf 和上传打包后的项目

确保SecureCRT当前在Nginx安装目录（/usr/local/nginx），可以通过pwd查看当前目录。

1. 设置FileZilla默认文本编辑

为了更方便地直接查看和修改服务器端文件内容，如nginx.conf文件内容，可以设置FileZilla文本编辑，这里设置默认为通过notepade++查看。打开FileZilla，选择【编辑】→【设置】命令，弹出如图28-19所示的对话框。通过单击【浏览】按钮选择希望设置的文本编辑器，找到Notepad++的安装位置，选择notepad++.exe。一般选中【总是使用默认编辑器】单选按钮。

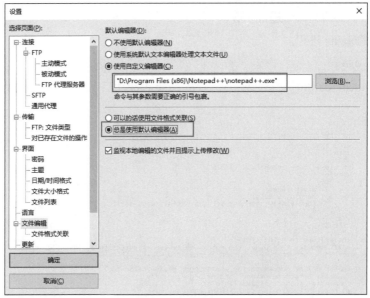

图 28-19　为 FileZilla 设置默认编辑器

2. 修改nginx.conf配置及生产环境下跨域问题的解决

通过FileZilla打开服务器端/usr/local/nginx/conf下的nginx.conf文件，右击该文件在弹出的快捷菜单中选择【查看】→【编辑】命令，由于上面的设置，会自动用noteoade++打开该文件。修改后的文件及其含义如下：

```
# 启动的进程数量
worker_processes  1;
events {
    # 单个进程的并发量
```

```
    worker_connections  1024; # 总并发量 = 进程数量 × 单个进程的并发量
}
http {
    include        mime.types;
    default_type  application/octet-stream;
    #access_log  logs/access.log  main;
    sendfile        on;
    #tcp_nopush        on;
    #keepalive_timeout  0;
    keepalive_timeout  65; # 连接服务器超时时长，65 秒
    #gzip  on;
    server { # 一个虚拟主机配置，多个虚拟机配置多个 server 即可
        listen        8000; # 端口号，改为 8000，默认 80，容易冲突
        server_name  localhost; # 如果有域名，这里写域名

        location / { # 配置默认访问页
            #root    html; # 网站根目录
            #打包后文件上传的目录就必须为 /usr/local/nginx/html（把打包后的文件夹
            #xdz-book-manager 上传到该目录下）
            root   /usr/local/nginx/html/xdz-book-manager;
            index  index.html index.htm; # 首页
        }
          #解决生产环境下的跨域问题
          location/prod-apis{ #取决于项目的 .env.production 中设置生成环境路径前缀
            # 代理转发后端服务接口
            #取决于 Easy Mock 中的 Base URL，如图 28-20 框中的代码，最后 “;” 不能少
            proxy_pass https://easy-mock.bookset.io/mock/5e7cb364a98e2502f92e9ee7;
        }
        #error_page  404    /404.html;
        # redirect server error pages to the static page /50x.html
        # 配置错误页面
        error_page    500 502 503 504  /50x.html;
        location = /50x.html {
            root    html;
        }
    }
}
```

图 28-20　Easy Mock 设置的 Base URL

3. 上传打包后的项目

将打包后的项目（xdz-book-manager整个文件夹）上传到服务器，位置为/usr/local/nginx/html，如图28-21所示。

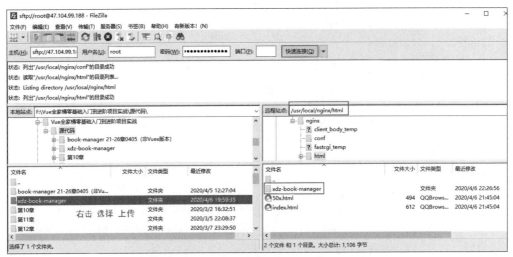

图 28-21　上传打包后的项目到服务器

28.5　开放阿里云服务端口

由于28.3节nginx.conf配置listen默认端口80修改为了8000，所以要开放阿里云相应的服务端口。进入阿里云服务器开放8000端口的步骤如下。

① 进入阿里云服务器控制台，如图28-22所示，在左侧选择【网络与安全】→【安全组】选项。

图 28-22　阿里云服务器控制台

② 打开安全组列表，单击【配置规则】按钮，如图28-23所示

图 28-23　阿里云服务器安全组列表

③ 这时打开如图28-24所示的对话框，主要填写端口范围和授权对象。端口范围就是要开放的端口，格式如图28-24中所写。授权对象填写0.0.0.0/0表示授权所有IP对象，也即任何人都可以访问。

图 28-24　编辑安全组规则

④ 单击图28-24中的【确定】按钮，回到安全组规则列表页，看到自己创建的规则即可，如图28-25所示。

图 28-25　安全组列表入方向页

⑤ 访问测试，打开浏览器输入IP:端口号，即http://47.104.99.188:8000，正常预览效果如图28-26所示。

图 28-26　正常访问到系统

如果出现无法预览的情况，可能需要重启Nginx服务，即要执行如下命令：

```
[root@localhost sbin]# ./nginx -s reload
```

注 意

上述命令是进入到 /usr/local/nginx/sbin 下执行。

如果执行重启Nginx服务，又将出现如下错误提示：

```
nginx: [error] open() "/usr/local/nginx/logs/nginx.pid" failed (2: No such file
or directory)
```

解决方法：执行下面使用nginx -c参数指定nginx.conf文件位置的代码。

```
[root@localhost nginx]# /usr/local/nginx/sbin/nginx -c /usr/local/nginx/conf/nginx.
conf
```

最后再重启Nginx服务，即执行如下命令：

```
[root@localhost sbin]# ./nginx -s reload
```

⏱ 实战练习

根据本章所讲步骤把自己开发的图书信息管理系统上传到阿里云服务器。

⚙ 高手点拨

通过本章的学习，主要掌握以下知识与技能。

1. 掌握项目上线的打包、发布与部署技术。

2. 掌握生产环境下跨域问题的解决技术。